稻田土壤重金属污染与修复

吴　川　高文艳　薛生国 ◇ 编著

中南大学出版社
www.csupress.com.cn
·长 沙·

图书在版编目(CIP)数据

稻田土壤重金属污染与修复／吴川，高文艳，薛生国编著. —长沙：中南大学出版社，2025.3
ISBN 978-7-5487-5636-1

Ⅰ. ①稻… Ⅱ. ①吴… ②高… ③薛… Ⅲ. ①稻田－土壤污染－重金属污染－研究②水稻－质量管理－研究 Ⅳ. ①X53②S511

中国国家版本馆 CIP 数据核字（2023）第 227416 号

稻田土壤重金属污染与修复
DAOTIAN TURANG ZHONGJINSHU WURAN YU XIUFU

吴　川　高文艳　薛生国　编著

□出 版 人	林绵优
□责任编辑	史海燕
□责任印制	唐　曦
□出版发行	中南大学出版社

社址：长沙市麓山南路　　　　邮编：410083
发行科电话：0731-88876770　　传真：0731-88710482

□印　　装　湖南省汇昌印务有限公司

□开　　本　710 mm×1000 mm　1/16　□印张 18.75　□字数 378 千字
□互联网+图书　二维码内容　图片 23 张
□版　　次　2025 年 3 月第 1 版　　□印次 2025 年 3 月第 1 次印刷
□书　　号　ISBN 978-7-5487-5636-1
□定　　价　98.00 元

前言

Foreword

水稻是世界第二、我国第一大粮食作物,世界范围内有近30亿人以水稻为主食。近年来水稻重金属污染事件引起了世界范围的广泛关注。我国的水稻产区主要分布在东北地区、东南沿海及中南地区,而我国南方矿产资源丰富,冶炼场地较多,不合理的采矿活动和排污方式,导致稻田重金属污染,稻米中重金属含量超标,危害人体健康。稻田土壤重金属污染防治和稻米的安全问题日益突显。

稻田重金属行为是水-土-气-微生物共同作用的过程,研究重金属在土壤-水稻系统的迁移转化是探明水稻重金属污染机制的关键。铁是稻田中重要的活性金属,稻田铁循环与土壤重金属行为密切相关,调控微生物耦合的铁还原与氧化过程可以降低土壤中重金属的迁移性。砷(As)和镉(Cd)是稻田土壤中最常见的有毒有害元素,且易从土壤迁移到水稻籽粒中,因此,稻田 As、Cd 污染防治是我国稻田重金属污染治理的重中之重。本书主要对湖南典型稻田的土壤-水稻系统砷生物地球化学过程进行系统研究,探讨铁循环介导的砷形态转化机制,研发经济持效的稻田砷镉污染修复材料,阐述我国稻米质量安全标准与控制技术。本书的相关成果可为砷地球化学循环研究者提供参考,对南方稻田重金属污染防控具有重要的理论意义和科学价值。

全书由中南大学吴川教授、高文艳博士、薛生国教授编著,中南大学出版社史海燕老师在全书的编写过程中做了大量的编辑工作,在此表示衷心感谢。

本书在编写过程参考了一些相关论文、书籍等文献，在此对其作者一并表示感谢。

因时间关系以及编者水平所限，书中定有欠妥之处，敬请读者予以批评指正。

目录 /
Contents

第 1 章　土壤–水稻系统砷迁移转化特征及影响机制

砷化合物是自然界中普遍存在的环境毒物，被美国环境保护局(EPA)、有毒物质和疾病登记处(ATS-DR)列为有害物质优先排序清单的首位(Zhu Y G et al.，2014)。在全球，砷(As)污染已成为一个严峻的环境问题，例如在东亚和东南亚地区，大约有 6000 万人面临 As 中毒的风险(Halder D et al.，2013)。As 会引起心血管疾病、糖尿病、周围神经病变和外周血管病等。孕妇接触 As 会引发流产、胎儿出生体重低以及发育迟缓。人长期饮用含 As 的水、食用含 As 食物或长期暴露在含 As 的环境中还会致癌(Zhao F J et al.，2015；Zhu Y G et al.，2014)。2014 年，环境保护部和国土资源部对我国土壤污染状况的调查表明，19.4%的农田土壤遭受污染，其中重金属和类金属污染土壤占 82.4%，而 As 是 5 种主要超标重金属元素之一(Zhao F J et al.，2015)。除火山活动、岩石风化等地球化学过程导致自然源 As 释放外，采矿、冶炼、喷洒杀虫剂、用含 As 地下水灌溉等人为活动也可导致土壤中 As 的高度累积(Wu C et al.，2016；Zhu Y G et al.，2014)。在 As 污染土壤中生长的水稻，由于其生存的淹水环境显著增加了 As 的迁移性和生物有效性，因而土壤中的 As 被大量吸收并在谷物中积累(Wu C et al.，2011；Wu C et al.，2015)。水稻是世界近 30 亿人的主食，尤其在亚洲，水稻 As 污染给以其为主食的人群带来了潜在的健康威胁(Pan W Y et al.，2014)。近年来，水稻 As 污染及 As 诱发癌症的报道屡见不鲜，引起了人们密切的关注。因此，研究土壤–水稻系统砷迁移转化特征及影响机制具有重要意义。

1.1　水稻根际氧化还原条件对土壤–水稻系统砷迁移转化的影响

1.1.1　As 形态及转运

1.1.1.1　As 形态及吸收

As 的迁移转运是导致其暴露风险的主要原因。在还原环境中，As 通常以亚砷酸盐阴离子($H_xAsO_3^{x-3}$)的三价态 As(Ⅲ)形式存在；在氧化环境中，As 通常以砷酸盐阴离子($H_xAsO_4^{x-3}$)的五价态 As(Ⅴ)形式存在，其中 As(Ⅴ)对铁、铝和锰的氧化物具有较强特异性亲合力，从而可以吸附在土壤/沉积物中的矿物质上(Ying S C et al.，2011)。除了无机砷As(Ⅲ)和As(Ⅴ)以外，土壤中还存在较低含量的有机砷，如单甲基砷(MMA)和二甲基砷(DMA)(Wu C et al.，2016)。无机砷的毒性远大于有机砷，而As(Ⅲ)的毒性是As(Ⅴ)的几十倍，因而总As浓度及其形态都是评价As环境污染风险的主要指标(Wu C et al.，2016)。

在稻田淹水条件下，土壤中释放出的As被水稻根系吸收，并进一步在谷物中累积。不同As形态吸收机制存在差异：无机砷酸盐[As(Ⅴ)]是一种磷酸盐类似物，可以被磷酸盐转运蛋白吸收从而进入根中；而无机亚砷酸盐[As(Ⅲ)]可通过水稻根部细胞的硅酸运输通道进入水稻植株，因而土壤中的硅酸会与As(Ⅲ)竞争运输通道从而减少水稻对As的吸收(Pan W Y et al.，2014；Seyfferth A L et al.，2012)。研究表明，转运蛋白Lsi1是水稻中As(Ⅲ)的主要摄取通道，而转运蛋白Lsi2对As(Ⅲ)迁移和在谷物中的积累起重要作用(Ma J F et al.，2008)。甲基砷是在As污染土壤中的微生物产生的亚砷酸甲基酶作用下自然生成的(Lomax C et al.，2012)。在厌氧条件下，例如在水稻稻田中，MMA进一步生成DMA，产生的DMA可以被吸收进入水稻，并在水稻中积累(Kersten M et al.，2015)。稻米中的DMA虽然对人类毒性较小，但其可能会在烹饪过程中反向转化为无机砷，从而产生更大的毒性(Kersten M et al.，2015)。

1.1.1.2　水稻As的代谢(根际、根-秸秆-谷粒)

在淹水条件下，水稻对As(Ⅲ)的吸收和转运能力很强且远高于As(Ⅴ)(Wang X et al.，2012；Zhao F J et al.，2010)(图1-1)。Wu等(Wu C et al.，2018)研究表明，水稻地上部分和地下部分As的主要形态都是亚砷酸盐。相对于其他谷类作物，水稻根系还原As(Ⅴ)的能力较强，吸收的As(Ⅴ)会快速还原成As(Ⅲ)，随后转移到木质部汁液中，对谷粒中As积累的贡献很高(Zhao F J et al.，2010)。Kopittke等(Kopittke P M et al.，2014)通过荧光X射线近边吸收光谱研究表明，根尖组织能够快速将As(Ⅴ)还原，使根被皮中只存在少量As(Ⅴ)，还原后产生的As(Ⅲ)主要集中在根皮层和中柱中，100%与硫醇基团络合。而被经根部直接吸收且未络合的As(Ⅲ)移动性很高，是木质部和韧皮部中主要的As形态，As(Ⅲ)-硫醇复合物的形成限制了As(Ⅲ)从根到茎的迁移。然而，Seyfferth等(Seyfferth A L et al.，2011)提出了水稻根系As的不同分布机制，其研究表明木质部通道中As的主要形态是As(Ⅴ)(约86%)，而还原态的As(Ⅲ)(71%)主要存在于与木质部相邻的液泡内，可能因为该研究所使用的是成熟水稻，而其他大多数研究使用的是水稻幼苗。因此，水稻根系As形态分布不同可能是由于根系成熟状况不同，还需要进一步研究不同生长阶段水稻根系As的分布情况(Seyfferth A L et al.，2011；Wang X et al.，2012)。

相对于木质部通道，韧皮部转移As是谷粒产生高浓度As的重要途径，DMA

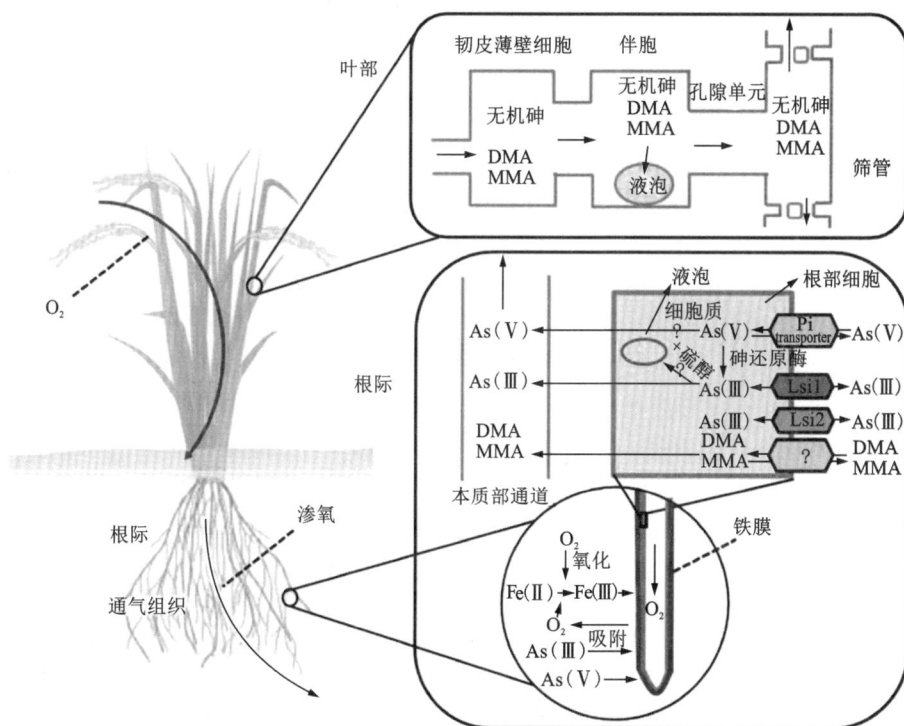

图 1-1　根际 Fe 和 As 的生物地球化学过程

到谷粒的迁移率比无机砷更高，且其分散在整个胚乳中，而无机砷集中存在于籽粒表皮的维管束中（Carey A et al.，2011；Wang X et al.，2012）。Song 等（Song W Y et al.，2014）研究发现，韧皮部伴胞内的一种液泡膜转运蛋白（OsABCC1）能够促使 As 进入液泡，从而降低谷粒中 As 的浓度。Carey 等（Carey A M et al.，2010）研究表明，亚砷酸盐主要是通过韧皮部迁移至水稻谷粒，而 DMA 可以通过韧皮部和木质部通道迁移至谷粒中，且两种通道作用贡献基本均匀，破坏韧皮部通道后，谷粒中亚砷酸盐的浓度降低了 90%，而 DMA 只降低了 55%。此外，DMA 与硫醇的络合可能会导致 DMA 在植物中的形态发生变化（Carey A M et al.，2010）。有机砷从叶到谷粒的迁移率比无机砷更高。Carey 等（Carey A et al.，2011）报道，DMA 和 MMA 能够高效地从旗叶转移到谷粒，而砷酸盐转移能力较低，其在旗叶内迅速被还原，产生的亚砷酸盐不再发生转移；此外，DMA 能够在谷物中迅速分散，而 MMA 和无机砷主要集中在进入点附近。Wu 等（Wu C et al.，2015）研究表明，谷壳中的 As 主要是无机砷，占总 As 的 82%~93%；而谷物中的 As 主要是无机砷和 DMA，DMA 占总 As 的 33%~64%。

1.1.2 根际氧化还原条件对水稻 As 吸收的影响

1.1.2.1 渗氧对水稻 As 吸收的影响

渗氧(radial oxygen loss, ROL)是指氧气通过水稻等湿地植物的根部通气组织向根际土壤扩散的过程(Wu C et al., 2015)。ROL 主要作用于生长在淹水环境下的植物根际土壤,对根际土壤的物理化学性质起着重要的作用,例如改变营养元素的可利用性、潜在毒性物质的含量和微生物群落结构及活动等(Wu C et al., 2015)。在淹水的土壤环境,水稻根部的 ROL 作用使得其根际土壤呈现好氧状态,这在很大程度上影响了根际土壤 As 的生物有效性(Pan W Y et al., 2014)。Wu 等(Wu C et al., 2015)研究表明,水稻根部 ROL 能力存在显著的基因型差异,与 As 的耐性呈显著正相关关系。水稻 ROL 能力与水稻根部孔隙度呈正相关关系,与 As 的积累呈显著负相关关系,ROL 能力越高,其吸收的无机砷含量越少(Wu C et al., 2011; Wu C et al., 2018)。Pan 等(Pan W Y et al., 2014)研究发现,水稻 ROL 改变了水稻根际土壤的 pH 和氧化还原电位,相较 ROL 能力低的水稻品种,ROL 能力高的水稻根际土壤中 As(Ⅲ)的比例更低。Wu 等(Wu C et al., 2015)发现,杂交稻的 ROL 显著低于常规稻,水稻根部和地上部分对于总 As 和无机砷的积累与水稻的 ROL 呈显著负相关关系。Wu 等(Wu C et al., 2016)研究表明,ROL 改变了土壤 As 的结合形态,根际土壤中非特异性吸附态、特异性吸附态和无定型铁铝氧化物结合合态 As 含量均高于非根际土壤。在水稻根部 ROL 作用下,还原性溶解的铁(氢)氧化物在水稻根表面形成铁膜,铁膜主要由水铁矿、针铁矿和纤铁矿构成,能够强烈吸附土壤溶液中的 As,从而降低 As 的迁移能力及毒性(Syu C H et al., 2013; Wu C et al., 2018)。水稻的 ROL 能力与水稻根部铁膜的含量显著相关,基因型、根部的位置以及曝气条件对铁膜的形成也都有显著的影响(Wu C et al., 2018)。Wu 等(Wu C et al., 2018)研究发现:间歇性排水条件下铁膜的形成量最高;根尖铁膜的形成量最高,随着与根尖距离的增大,铁膜的形成量逐渐减少。水稻 ROL 能力与根部铁膜形成和铁膜固定 As 的量呈显著正相关,其中铁膜固定的 As 主要为 As(Ⅴ),大约是 As(Ⅲ)的两倍,铁膜的形成减少了水稻地上部分和地下部分 As 的含量。Wu 等(Wu C et al., 2013)的研究表明,As 胁迫促进了水稻根表铁膜的形成,并且使 ROL 能力减弱。Pan 等(Pan W Y et al., 2014)研究表明,水稻根部铁膜形成量及其固定的 As 含量与根部 ROL 呈正相关关系,水稻根部铁膜形成量与水稻 As 含量呈显著负相关,ROL 能力高的水稻植株可以在根际土壤中氧化更多的亚砷酸盐,促进铁膜的形成,即可固定更多 As,降低植物地上组织对 As 的吸收,从而降低稻谷对无机砷的积累。因此,筛选和培养 ROL 能力强的水稻可能成为降低水稻根际 As 生物可利用性和水稻植物 As 累积的有效措施。

1.1.2.2　水稻根际通气条件对水稻 As 吸收和 As 转运载体表达的影响

水稻根系可以吸收无机砷和有机砷，有研究（Li R Y et al.，2009；Somenahally A C et al.，2011）表明，更多的氧气（例如通气条件、间歇性淹水）可以改变土壤中无机砷的形态。然而，关于间歇性淹水对土壤中有机砷浓度的影响还需要进一步研究。通气条件对水稻植物 As 的吸收和积累具有深远的影响。Takahashi 等（Takahashi Y et al.，2004）发现，As 还原促进了 As 的溶解释放；当土壤未被淹没时，As 吸附在铁（氢）氧化物上，然而在淹水条件下，铁（氢）氧化物还原溶解，As(V) 被还原为 As(Ⅲ)，促进了 As 从土壤释放到孔隙水中。Xu 等（Xu X Y et al.，2008）报道，通气条件可以极大地降低植物对 As 的生物可利用度，减少水稻中 As 的积累，与淹水处理相比，通气使无机砷的含量降低了 62% ～ 66%。Li 等（Li R Y et al.，2009）研究表明，淹水条件使土壤中亚砷酸盐的移动性增强，通气处理提高了水稻谷粒中无机砷的比例，但是相对于淹水处理，谷粒中无机砷的浓度仍相对较低。Hua 等（Hua B et al.，2011）报道，在淹水条件下，植物对 As 吸收能力较强可能与铁（氢）氧化物的溶解以及 As 的释放有关。Somenahally 等（Somenahally A C et al.，2011）研究表明，与连续淹水情况相比，间歇性淹水条件下根际和谷粒中总 As 浓度显著降低，因此可以通过改变通气条件来降低根际土壤和谷粒中溶解性 As 的浓度。Yamaguchi 等（Yamaguchi N et al.，2011）报道，淹水处理导致土壤 E_h 降低、pH 升高，土壤固相中的 As(Ⅲ) 百分含量增加，高达土壤总 As 的 80%。Honma 等（Honma T et al.，2016）研究表明，E_h 低于 −100 mV 会促使 As 从铁（氢）氧化物释放到土壤中，在中性条件下，E_h 低于 100 mV 有利于 As(V) 转化为 As(Ⅲ)。Li 等（Li H et al.，2011）研究表明，水稻不同的种植方式（水稻和旱稻）对不同形态 As 的吸收存在显著差异。Norton 等（Norton G J et al.，2012；Norton G J et al.，2012）研究表明，在淹水和非淹水条件下，谷粒中 As 浓度的差异非常显著，淹水条件下 As 平均浓度是非淹水条件下的 14 倍；淹水条件对旗叶和谷壳中的 As 浓度无显著影响。Hu 等（Hu P et al.，2015）研究表明，相对于通气处理，淹水和间歇性淹水处理使 DMA 浓度显著增加，这可能是导致水稻糙米中 As 总浓度增加的主要原因。Wu 等（Wu C et al.，2017）研究表明，与间歇性淹水相比，通气处理增加了水稻根部和地上部分的长度及生物量，显著降低了水稻根际 As 的总浓度；此外，通气条件显著增加了根际砷酸盐浓度，显著降低了亚砷酸盐浓度，且水稻根系总 P 浓度显著增高。与淹水处理相比，通气处理降低了水稻对总 As 和 As(Ⅲ) 的积累，促进了水稻吸收 As(V)，减少了水稻根部细胞硅酸运输通道基因 Lsi1 和 Lsi2 的表达，减少了水稻根部磷酸运输通道基因的表达，但是促进了水稻根部磷酸载体蛋白基因表达。因此，改变通气条件可能是降低水稻 As 含量以及 As 对水稻影响的一条潜在途径。

1.1.3 根际铁循环对水稻 As 吸收的影响

1.1.3.1 铁(氢)氧化物对 As 的吸附

土壤是由矿物质、有机质、微生物和水分等组成的多相混合体,矿物及有机质等对 As 在土壤中的吸附-解吸过程有着重要的作用,影响 As 在土壤中的迁移性、生物有效性和毒性(石荣等,2007;Ackermann J et al.,2010)。铁(氢)氧化物是土壤中广泛存在的矿物质,包括水铁矿、赤铁矿、针铁矿、纤铁矿及磁铁矿等多种类型(Guo H M et al.,2013)。由于比表面积较大和表面带正电荷等特性,铁(氢)氧化物对砷酸根等阴离子的吸附能力很强,因而常被作为修复剂去除水体或固定土壤中的 As(Ackermann J et al.,2010)。Wu 等(Wu C et al.,2016)研究表明土壤中 As 大部分为铁(氢)氧化物结合态。As 可以在铁(氢)氧化物表面形成内层双齿双核螯合形式的表面配位体,其吸附为专性吸附(石荣等,2007)。铁(氢)氧化物吸附 As 的能力受铁(氢)氧化物类型、As 形态及浓度、pH、离子强度、吸附时间及温度和溶解性有机碳(DOC)等因素影响(石荣等,2007;Yang C et al.,2015)。水稻田通常处于淹水条件下,水稻土壤中含 As 铁矿物中铁矿物的还原溶解、根表铁膜的生成、二次铁矿物的生成以及根际环境决定着土壤溶液中 As 的相对浓度和形态,因而研究水稻田中铁的氧化还原循环过程对了解 As 的迁移、毒性和环境归宿起着重要作用(图 1-2)(Borch T et al.,2010)。铁的生物地球化学循环包括铁还原与亚铁氧化两个过程,分别由异化铁还原菌(FeRB)和亚铁氧化菌(FeOB)提供基本驱动力(Kappler A et al.,2005)。异化铁还原菌能以胞外不溶性的铁(氢)氧化物为末端电子受体,通过氧化电子供体偶联 Fe(Ⅲ)还原,并从这一过程中贮存能量(O'Loughlin E J et al.,2010)。Laverman 等(Laverman A M et al.,1995)研究表明,细菌 SES-3 可以将 As(Ⅴ)和 Fe(Ⅲ)作为电子受体,通过还原 As(Ⅴ)和 Fe(Ⅲ)来获得能量维持生长。环境中铁(氢)氧化物的生物还原是一个重要的生物化学过程,不仅对铁矿物学形态产生影响,还会影响环境中 As 的形态和归宿(Lovley D R et al.,2004)。Lovley 等(Lovley D R et al.,2004)研究认为微生物介导的以胞外不溶性铁(氢)氧化物为末端电子受体的 Fe(Ⅲ)异化还原可能是最早的微生物代谢形式。Yan 等(Yan B et al.,2004)研究表明,水稻土等淹水厌氧环境中的异化铁还原菌具有多样性,在古细菌和细菌中都有分布。在土壤微生物作用下,铁(氢)氧化物与吸附的 As 相互作用会发生吸附、共沉淀及电子传递主导的氧化还原等过程,Fe 的氧化还原导致 As 的被吸附和释放,还可能造成 As 形态的转变(Bennett W W et al.,2012;Thomasarrigo L K et al.,2016)。因而识别 Fe(Ⅱ,Ⅲ)系统对 As 的作用机制是治理农田 As 污染的有效途径(Guo H M et al.,2013)。

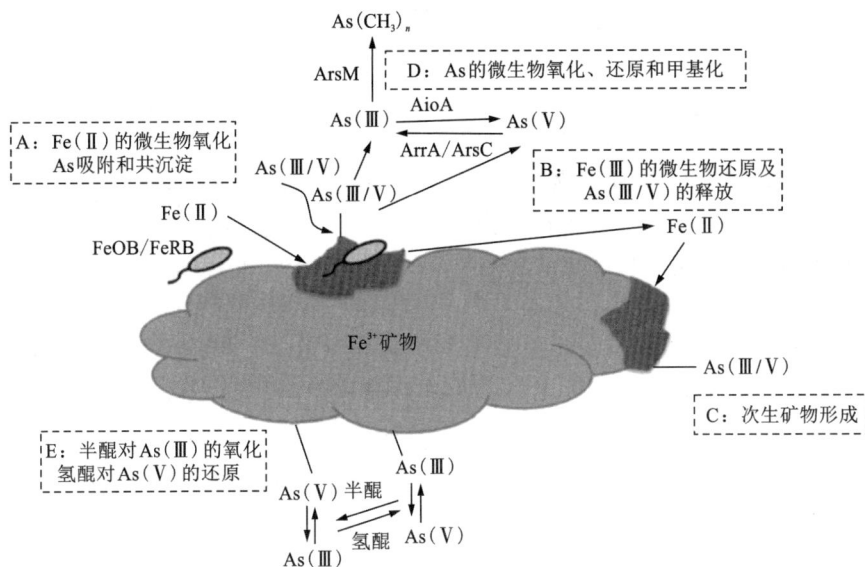

图 1-2　Fe 的氧化还原对 As 的行为影响

1.1.3.2　Fe 还原对 As 的影响

研究表明，在水体、沉积物和水稻土等还原环境中，FeRB 介导的铁（氢）氧化物还原是导致 As 释放的主要原因，释放的 As 总量取决于 As 的价态、铁矿物类型、矿物质中 n_{As}/n_{Fe} 以及微生物种类和丰度等因素（Yang C et al.，2015）。到目前为止，已证实许多微生物可以通过各种代谢方式还原 Fe（Ⅲ），其中 *Shewanella oneiden-sis* MR-1 作为一种模式细菌能够利用许多物质作为电子受体进行异化厌氧呼吸，其他变形菌门的希瓦氏菌（*Shewanella*）也可以通过细胞色素在细胞膜上将 Fe（Ⅲ）氧化物和电子传递系统联系起来从而还原不可溶的 Fe（Ⅲ）氧化物（O'Loughlin E J et al.，2010）。Stroud 等（Stroud J L et al.，2011）研究表明，Fe（Ⅲ）的还原导致吸附在铁（氢）氧化物上的 As（Ⅴ）被释放还原。Bennett 等（Bennett W W et al.，2012）研究发现土壤溶液中 Fe（Ⅱ）与 As（Ⅲ）存在极显著正相关性，说明铁矿物的还原溶解会显著影响 As 的迁移性。Jiang 等（Jiang S H et al.，2013）报道，FeRB 能够通过还原土壤、矿物以及其他富铁环境中的铁（氢）氧化物来影响 As 的移动性。然而，也有研究认为含 As 铁氧化物的还原溶解并不能增加 As 的移动性，FeRB 还原铁（氢）氧化物的过程还可能会导致 As 的固定，这是因为铁在还原过程中生成的次生矿物对 As 的吸附能力更强（Guo H M et al.，2013）。这两种相反的结果可能是由实验条件、铁矿物类型、矿物质中 n_{As}/n_{Fe} 以及特异微生物的差异造成的（Bennett W W et al.，2012；

Thomasarrigo L K et al.，2016）。Saalfield 等（Saalfield S L et al.，2009）研究发现水铁矿在还原过程中生成了结晶度和稳定性更高的针铁矿和磁铁矿，降低了 As 的移动性。Kocar 等（Kocar B D et al.，2010）发现微生物还原含 As（Ⅴ）的水铁矿可生成绿锈、磁铁矿等次生矿物，形成了含 As 的次生矿物。Guo 等（Guo H M et al.，2013）报道菱铁矿转变为针铁矿提高了 As 的吸附率。Jiang 等（Jiang S H et al.，2013）研究表明，在铁还原菌 S. oneidensis MR-1 和 She-wanella sp. HN-41 作用下，As（Ⅴ）与溶液中的 Fe（Ⅱ）发生共沉淀作用，溶液中 As（Ⅴ）浓度降低。As 的释放和不同 Fe-As 次生矿物的形成与不同细菌的还原能力有关（Laverman A M et al.，1995）。Yang 等（Yang C et al.，2015）研究发现，沉积物中铁（氢）氧化物在异化还原初期会导致 As（Ⅲ）的释放，然而异化铁还原导致的氧化还原电位持续变化，释放的 As 在还原中后期不仅存在再吸附作用，而且能够与硫化物产生共沉淀反应，从而降低 As 的移动性。Thomasarrigo 等（Thomasarrigo L K et al.，2016）研究了还原条件下富铁有机絮凝物中 Fe 和 As 的形态变化，发现在含硫化物环境中，絮状水铁矿和纳米纤铁矿晶体形成了较高含量的四方硫铁矿，从铁矿物表面解吸的 As 形成了三硫化二砷矿物。此外，铁还原溶解过程还可能伴随着 As 形态的改变，Huang 等（Huang J H et al.，2011）研究发现微生物在还原铁（氢）氧化物的过程中发生了 As（Ⅴ）的解吸和还原。Amstaetter 等（Amstaetter K et al.，2010）研究表明，在 FeRB 存在的环境中，在 Fe（Ⅲ）羟基氧化物和 Fe（Ⅱ）同时存在的情况下，可以发生 As（Ⅲ）的氧化。汪明霞等（汪明霞等，2014）研究表明，在 Shewanella oneidensis MR-1 作用过程中，Fe（Ⅲ）被还原为 Fe（Ⅱ），同时伴随着 As（Ⅲ）氧化为 As（Ⅴ）。

在 Fe 的还原溶解产生次生矿物的过程中，以胞外不溶性铁氧化物为末端电子受体的微生物异化 Fe（Ⅲ）还原是重要驱动力（司友斌等 2015；吴云当等，2016；O'Loughlin E J et al.，2010）。微生物胞外电子传递（extracellular electrontransfer，EET）包括微生物与矿物之间的"直接电子传递"以及微生物-腐殖质-矿物间的"间接电子传递"，是微生物胞外呼吸的本质（司友斌等 2015；吴云当等，2016）。胞外呼吸是指在厌氧条件下，微生物在细胞内氧化有机物释放出电子，产生的电子经细胞膜电子传递链传递到胞外电子受体，并从中贮存能量维持自身生长代谢（吴云当等，2016）的过程。胞外电子传递能够利用土壤中的有机物，驱动微生物异化铁还原过程，并耦合 As 的迁移和形态转变。腐殖质能够作为电子受体加速电子传递，促进"间接电子传递"过程（吴云当等，2016）。微生物能够间接诱导 As（Ⅲ）氧化或 As（Ⅴ）还原，生成一些有机或无机化合物，随后与 As（Ⅴ）或 As（Ⅲ）进行氧化还原反应（Borch T et al.，2010）。如腐殖质中的半醌自由基可以将 As（Ⅲ）氧化成 As（Ⅴ），胡敏酸-醌模型化合物中的氢醌可以将 As（Ⅴ）还原成 As（Ⅲ），半醌和氢醌在 Fe（Ⅲ）矿物的微生物还原中起着重要的电子转移作用(Borch T et al., 2010)。生物质炭作为一种类固态腐殖质,其表面包含大量吩嗪类基团等参与电子传递的反应位点,能够作为电子穿梭体参与微生物对铁(氢)氧化物的异化还原。Piepenbrock 等(Piepenbrock A et al., 2014)研究表明,腐殖质作为电子穿梭体促进了 Fe(Ⅲ)的还原。Zhou 等(Zhou G W et al., 2016)研究表明,厌氧氨氧化可以耦合异化铁的还原,添加电子穿梭体(如可溶性类腐殖质 AQDS、生物质炭等)可以促进 Fe(Ⅱ)的生成。Chen 等(Chen Z et al., 2017)研究表明,微生物介导的 As 代谢以及 Fe 还原在地球 As-Fe 循环中起着重要的作用,这个过程受 DOM(溶解性有机物)的影响,用 0.05 mmol/L 和 0.10 mmol/L 蒽醌-2,6-二磺酸(AQDS)处理可以促进 As(Ⅴ)和 Fe(Ⅲ)的还原和释放,而 1.00 mmol/L AQDS 处理反而会抑制 As(Ⅴ)和 Fe(Ⅲ)的还原和释放;与对照样相比,0.05 mmol/L 和 0.10 mmol/L AQDS 处理分别使土壤中的As(Ⅲ)增加了 13 倍和 6 倍;与 1.00 mmol/L AQDS 处理相比,0.05 mmol/L 和 0.10 mmol/L AQDS 处理分别使土壤中的 Fe(Ⅱ)增加了 4 倍和 3 倍。Chen 等(Chen Z et al., 2016)研究发现,生物质炭促进微生物异化铁还原和溶解有机碳增加,从而增加了沉积物中 As 的释放。Yin 等(Yin D et al., 2016)报道生物质炭增强了 As 的移动性。

1.1.3.3 Fe 氧化对 As 的影响

亚铁在好氧和厌氧条件下均可氧化。微生物亚铁氧化可以在化学氧化无法进行的较低的 pH 环境下进行;在近中性 pH 条件下,好氧 FeOB 氧化将会和快速化学氧化产生竞争(Borch T et al., 2010)。因此,FeOB 主要生存在缺氧条件下尤其是好氧-厌氧界面,例如淹水植物的根部附近(Borch T et al., 2010)。在中性、缺氧的环境中,光合和硝酸盐依赖型铁氧化细菌可以促使 Fe(Ⅱ)氧化,而硝酸盐和氧化锰(Ⅳ)可作为 Fe(Ⅱ)的化学氧化剂(Borch T et al., 2010; Kappler A, 2005)。Croal 等(Croal L R et al., 2006)报道,铁氧化细菌大多都属于变形杆菌。在中性的厌氧或低氧条件下,FeOB 能够进行有效的生物亚铁氧化并生成难溶于水的 Fe(Ⅲ)矿物,并以各种铁(氢)氧化物形式沉淀,这些铁(氢)氧化物为异化铁还原作用及污染物氧化还原转化提供了理想底物(林超峰等,2012; Lovley D R et al., 2004; Yan B et al., 2004)。在 Fe(Ⅱ)氧化过程中,As 可与 Fe(Ⅲ)发生共沉淀(王兆苏等,2011; Chen X P et al., 2008)。此外,生成的铁(氢)氧化物表面带正电荷,能够强烈地吸附 AsO_4^{3-} 和 AsO_3^{3-},从而降低 As 的移动性(Kappler A, 2005)。Hohmann 等(Hohmann C et al., 2010)研究表明,嗜中性 FeOB 氧化Fe(Ⅱ)产生的 Fe(Ⅲ)矿物能够有效吸附 As。Chen 等(Chen X P et al., 2008)研究表明,土壤中添加硝酸盐可能会促进硝酸盐依赖型铁氧化菌氧化 Fe(Ⅱ),使土壤中 As 吸附在 Fe(Ⅲ)矿物表面或与 Fe(Ⅲ)发生共沉淀,使水稻对 As 的吸收量减少。在水稻的根际区域,根部的 ROL 作用可促进水稻根部表面形成铁膜,铁膜能强烈地吸附土壤溶液中的 As,降低 As 的移动性。此外,ROL 还会影响根际铁氧化细菌的丰度,进一步促进根际的 Fe(Ⅱ)氧化(Wu C et al.,2015)。在 Fe 的生物地球化学循环过程中,不仅存在 As 的释放、吸附和共沉淀等作用,还会耦合 As 的氧化还原反应(王兆苏等,2011;Amstaetter K et al.,2010;Senn D B et al.,2002)。在活性铁界面、Fe(Ⅱ)-针铁矿系统以及 Fenton 反应中,都发生了 As(Ⅲ)的氧化过程(王兆苏等,2011;Amstaetter K et al.,2010;Borch T et al.,2010;Senn D B et al.,2002)。Senn 等(Senn D B et al.,2002)研究表明,硝酸盐能够氧化 Fe(Ⅱ)生成可以吸附 As 的水合铁氧化物颗粒,并且在氧化过程中产生更多的 As(Ⅴ)。王兆苏等(王兆苏等,2011)报道,在 FeOB 氧化 Fe(Ⅱ)的过程中,As(Ⅲ)被氧化,生成的 As(Ⅴ)能够和 Fe(Ⅲ)发生共沉淀反应或被吸附在生成的铁氧化物的表面。Okibe 等(Okibe N et al.,2013)研究发现,FeOB 在介导 Fe(Ⅱ)氧化的过程中,同时发生了 As(Ⅲ)的氧化和固定。

Fenton 反应是指在 Fe(Ⅱ)催化作用下,H_2O_2 产生具有强氧化能力的活性氧自由基的反应。有研究表明 Fenton 反应可以将亚砷酸盐氧化成较低毒性的砷酸盐,并且有助于土壤铁(氢)氧化物、根际铁膜的形成(黎俏文等,2015;Qin J H et al.,2016;Qin J H et al.,2017)。Fe(Ⅱ)可存在于水稻淹水条件下,H_2O_2 可存在于雨水中,因此在降雨丰富的地区,Fenton 反应可能是一种天然存在的过程,可以影响水稻和土壤中 As 的生物地球化学行为,因此,可以通过使用 Fenton 试剂[H_2O_2 和 Fe(Ⅱ)的混合物]来减少水稻对 As 的吸收(Qin J H et al.,2017)。Qin 等(Qin J H et al.,2016;Qin J H et al.,2017)研究表明,添加 Fenton 试剂促进了硝酚胂酸降解成砷酸盐,砷酸盐成为土壤中 As 的主要形态,并且由于砷酸盐的大量产生,促进了 As 的甲基化;添加 Fenton 试剂显著降低了 As 对植物的毒性作用,降低了水稻对 As 的吸收和累积,促进了 As 污染土壤中水稻的生长。

1.2 硅对不同渗氧能力水稻品种砷吸收的影响

1.2.1 不同渗氧能力水稻品种砷的吸收、积累和形态

清除污染农田的 As,提高水稻 As 耐性,减少和控制水稻 As 积累等问题日益受到人们的重视。针对大面积的中低 As 污染水稻田,物理、化学的修复方法操作简便,但其成本较高,难以大规模应用;而生物修复法基本停留在室内和田间示范阶段。通过筛选和培育对 As 高耐性、低积累的水稻品种,以达到稳产和食品安全的目的被认为是目前最为经济有效的解决途径之一。国内外对不同(基因型)水稻品种的 As 吸收和积累做了大量的研究,发现不同水稻品种对 As 的吸收和积累存在显著差异,水稻地上部分 As 积累和水稻的 ROL 能力成反比,水稻谷

粒无机 As(无机 As 被认为比有机 As 对人体的毒性更大)的积累也跟水稻的 ROL 能力成反比。外源硅(Si)的加入可显著提高水稻的生物量,同时也可显著抑制水稻对 As 的吸收和转运。因此,通过分析水稻 ROL 能力,有望筛选出 As 低积累的水稻品种,结合外源 Si 的添加,以期降低污染农田水稻的 As 含量和 As 对人体的健康风险。

为了研究 ROL 对水稻 As 吸收、积累和形态的影响,通过对 6 个不同 ROL 能力水稻品种进行水培和盆栽实验,结合加 Si 和不加 Si 处理,研究不同处理条件下各个水稻品种的生物量,考察其地下部和地上部 As 的含量,并对水稻地上部分 As 的形态进行研究。

1.2.1.1 不同水稻品种的 ROL 能力

不同水稻品种的 ROL 率存在显著差异($P<0.01$),其顺序由小到大为:XFY-9、SY-9586、FYY-299、TY-207、XWX-17、XWX-12(表 1-1)。

表 1-1 6 个水稻品种的基本信息及其 ROL 率(平均值±标准差,$n=3$)

品种	类型	全生育期/天	株高/cm	原产地	ROL 率/ ($\mu mol \ O_2 \cdot g^{-1} DW \cdot h^{-1}$)	差异性[①]
SY-9586	杂交稻	112	105	中国,湖南	10.8±0.73	a
FYY-299	杂交稻	114	97	中国,湖南	15.3±1.15	b
XFY-9	杂交稻	113.7	96.5	中国,江西	9.6±0.85	a
TY-207	杂交稻	116.8	112.7	中国,湖北	15.4±1.33	b
XWX-17	籼稻	117	110	中国,湖南	19.8±1.74	c
XWX-12	籼稻	115.4	98.5	中国,湖南	27.0±1.29	d

注:①字母相同,表示数据之间没有显著差异性,即 $P>0.05$。

品种 XFY-9 的 ROL 率最小,为 9.55 $\mu mol \ O_2 \cdot g^{-1} DW \cdot h^{-1}$;XWX-12 的 ROL 率最大,为 27.0 $\mu mol \ O_2 \cdot g^{-1} DW \cdot h^{-1}$(表 1-1)。其中 XFY-9 和 SY-9586 属于 ROL 能力较低的品种,XWX-12 和 XWX-17 属于 ROL 能力较强的品种,FYY-299 和 TY-207 属于 ROL 能力中等的品种。籼稻品种和杂交稻品种的 ROL 率也存在显著差异($P<0.01$)。籼稻品种的 ROL 率相对较高,ROL 率范围为 19.8~27.0 $\mu mol \ O_2 \cdot g^{-1} DW \cdot h^{-1}$;杂交稻品种的 ROL 率较低,ROL 率范围为 9.6~15.4 $\mu mol \ O_2 \cdot g^{-1} DW \cdot h^{-1}$。

1.2.1.2 不同 ROL 能力水稻品种的生物量

表 1-2 水稻地上部和地下部的生物量(平均值±标准差，$n=3$)　　单位: g/株

品种	处理方法	地上部		地下部	
		−As	+As	−As	+As
SY-9586	−Si	1.62±0.04	1.95±0.29	0.46±0.15	0.59±0.20
	+Si	1.90±0.41	2.22±0.42	0.68±0.25	0.41±0.04
FYY-299	−Si	2.24±0.40	3.01±0.28	0.32±0.07	0.52±0.12
	+Si	3.30±0.15	2.83±0.33	0.55±0.11	0.40±0.03
XFY-9	−Si	2.82±0.85	2.77±0.34	0.51±0.12	0.60±0.23
	+Si	3.25±0.84	2.73±0.45	0.47±0.09	0.41±0.06
TY-207	−Si	1.68±0.47	2.56±0.23	0.38±0.07	0.50±0.15
	+Si	2.97±0.65	2.67±0.65	0.63±0.15	0.43±0.12
XWX-17	−Si	1.54±0.41	1.98±0.45	0.48±0.11	0.43±0.10
	+Si	2.24±0.83	1.92±0.22	0.61±0.25	0.46±0.07
XWX-12	−Si	2.48±0.41	1.58±0.12	0.69±0.03	0.60±0.07
	+Si	2.07±0.07	2.35±0.75	0.61±0.09	0.61±0.09

不同水稻品种地上部的生物量存在显著差异($P<0.001$)。在对照处理条件下(−As−Si)，XFY-9 地上部的生物量最大，为 2.82 g/株；XWX-17 地上部的生物量最小，为 1.54 g/株(表 1-2)。不同水稻品种地下部的生物量存在显著差异($P<0.05$)。在对照处理条件下，XWX-12 地下部的生物量最大，为 0.69 g/株；FYY-299 的地下部生物量最小，为 0.32 g/株。加 Si 处理对水稻地上部的生物量有显著影响($P<0.005$)。由表 1-2 可知，在加 Si 处理条件下(−As+Si)，6 个水稻品种(SY-9586、FYY-299、XFY-9、TY-207、XWX-17、XWX-12)地上部的生物量分别为：1.90、3.30、3.25、2.97、2.24 和 2.07(g/株)。相比对照处理(−As−Si)，SY-9586、FYY-299、XFY-9、TY-207、XWX-17 地上部的生物量在加 Si 处理条件下分别增加了 17%、47%、15%、77%和 45%，而 XWX-12 地上部的生物量减少了 17%。加 Si 处理对水稻地下部的生物量有影响，但是不显著($P>0.05$)。相比对照处理(−As−Si)，SY-9586、FYY-299、TY-207 和 XWX-17 地下部的生物量在−As+Si 处理条件下分别增加了 48%、72%、66%、27%，XFY-9 和 XWX-12 地下部的生物量分别减少了 8%和 12%。

由表 1-2 可知，加 As 处理对水稻地上部和地下部的生物量都没有显著影响($P>0.05$)(表 1-2)。在加 As 处理条件下(+As−Si)，FYY-299 地上部的生物量最大，为 3.01 g/株；XWX-12 地上部的生物量最小，为 1.58 g/株。相比对照处

理(-As-Si)，SY-9586、FYY-299、TY-207、XWX-17地上部的生物量在加As处理条件下分别增加了20%、34%、52%、29%，XFY-9和XWX-12地上部的生物量分别减少了2%和36%。在加As处理条件下，XFY-9和XWX-12地下部的生物量最大，均为0.60 g/株；XWX-17地下部的生物量最小，为0.43 g/株。相比对照处理，SY-9586、FYY-299、XFY-9、TY-207地下部的生物量在加As处理条件下分别升高了28%、63%、18%和32%，XWX-17和XWX-12地下部的生物量分别降低了10%和13%。

1.2.1.3　不同ROL能力水稻品种的砷含量

表1-3给出了不同处理条件下水稻地上部和地下部的As含量。在没有人为添加As的处理(-As-Si和-As+Si两种处理方法)条件下采集的水稻样品As含量低于仪器的检测范围，故其结果没有在表1-3中表示出来。不同水稻品种地上部的As含量存在显著差异($P<0.001$)。在不加Si处理条件下(+As-Si)，6个水稻品种地上部As含量由小到大的顺序为：XWX-17，XWX-12，TY-207，FYY-299，SY-9586，XFY-9。ROL能力较强的水稻品种XWX-12和XWX-17地上部As含量相对较低，分别为2.20 mg/kg和2.13 mg/kg；ROL能力较低的水稻品种XFY-9和SY-9586地上部As含量相对较高，分别为3.82 mg/kg和2.90 mg/kg。由表1-3可知，不同水稻品种地下部的As含量也存在显著差异($P<0.001$)。在不加Si处理条件下，6个水稻品种地下部的As含量由小到大的顺序为：TY-207，XFY-9，SY-9586，FYY-299，XWX-12，XWX-17。TY-207地下部的As含量最低，为85.1 mg/kg；XWX-17地下部的As含量最高，为148 mg/kg。ROL能力较强的水稻品种XWX-12和XWX-17地下部的As含量分别为129.0 mg/kg和148.0 mg/kg，相对高于ROL能力较低的品种XFY-9和SY-9586地下部的As含量(86.8 mg/kg和90.4 mg/kg)。

表1-3　水稻地上部和地下部的砷含量(平均值±标准差, $n=3$) 单位：mg/kg

品种	处理条件	地上部	地下部
SY-9586	+As-Si	2.90±0.18	90.4±8.91
	+As+Si	2.40±0.13	33.0±10.80
FYY-299	+As-Si	2.34±0.13	112.0±23.30
	+As+Si	2.06±0.09	105.0±21.9
XFY-9	+As-Si	3.82±0.27	86.8±7.27
	+As+Si	2.23±0.30	50.6±11.50
TY-207	+As-Si	2.33±0.26	85.1±10.0
	+As+Si	2.02±0.23	57.5±10.50

续表1-3

品种	处理条件	地上部	地下部
XWX-17	+As-Si	2.13±0.18	148.0±32.30
	+As+Si	2.01±0.10	86.4±18.90
XWX-12	+As-Si	2.20±0.24	129.0±28.60
	+As+Si	1.66±0.15	49.2±17.7

加 Si 处理对水稻地上部的 As 含量存在显著影响（$P<0.001$）（表 1-3）。在加 Si 处理条件下（+As+Si），SY-9586 地上部的 As 含量最高，为 2.40 mg/kg；XWX-12 地上部的 As 含量最低，为 1.66 mg/kg。图 1-3（a）表明，相比不加 Si 处理，SY-9585、FYY-299、XFY-9 和 XWX-12 地上部 As 含量在加 Si 处理后有显著降低（$P<0.05$），TY-207 和 XWX-17 地上部 As 含量有所降低，但是不显著（$P>0.05$）。相比不加 Si 处理，6 个水稻品种（XWX-17、XWX-12、TY-207、FYY-299、SY-9586、XFY-9）地上部的 As 含量在加 Si 处理条件下分别减少了 6%、25%、13%、12%、17%、42%。

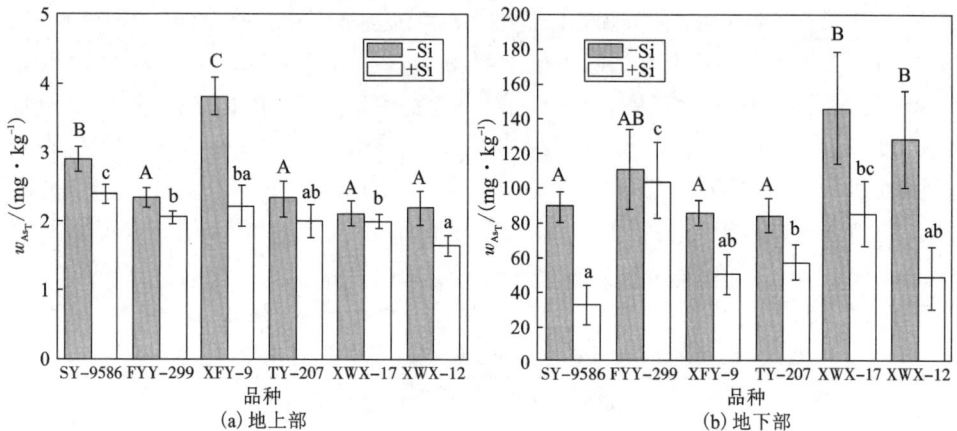

注：不同字母表示存在显著性差异（$P<0.05$）。

图 1-3　不同处理条件下水稻地上部和地下部的总 As 含量（mg/kg，平均值±SD）

加 Si 处理对水稻地下部的 As 含量存在显著影响（$P<0.001$）（表 1-3）。在加 Si 处理条件下（+As+Si），SY-9586 地下部的 As 含量最低，为 33.0 mg/kg；FYY-299 地下部的 As 含量最高，为 105.0 mg/kg。在加 Si 处理后，FYY-299 地下部的 As 含量相比不加 Si 处理有一定程度降低，但不显著（$P>0.05$），其他 5 个水稻品种地下部的 As 含量均有显著降低（$P<0.05$）[图 1-3（b）]。相比不加 Si 处理，

6 个水稻品种(TY-207、XFY-9、SY-9586、FYY-299、XWX-12、XWX-17)地下部的 As 含量分别减少了 32%、42%、63%、6%、62%、42%。

1.2.1.4　不同 ROL 能力水稻品种的砷形态

选择 3 个水稻品种(FYY-299、XFY-9、XWX-12)进行水稻体内 As 形态的分析,其中 XFY-9 是 ROL 能力较低的品种,FYY-299 是 ROL 能力中等的品种,XWX-12 是 ROL 能力较强的品种(表 1-4)。在不加 Si 处理(+As-Si)下,无机 As 是水稻地上部 As 的主要存在形态,占地上部总砷比例的 94%~96%。FYY-299、XFY-9、XWX-12 地上部的无机 As 含量分别为 1.85 mg/kg、2.96 mg/kg、2.06 mg/kg。水稻地上部无机 As 主要为 As(Ⅲ)和 As(Ⅴ),其中 As(Ⅲ)含量比 As(Ⅴ)高(图 1-3)。水稻地上部有机 As 主要包括 DMA 和 MMA 两种形态,含量比较少。FYY-299 地上部的 MMA 含量在+As-Si 处理条件下最高,为 0.07 mg/kg,但是没有检测到 DMA;XFY-9 和 XWX-12 地上部的 DMA 含量均为 0.08 mg/kg。

在加 Si 处理(+As+Si)下,无机 As 占地上部总 As 比例的 89%~94%,XFY-9 地上部的无机 As 含量最高,为 2.05 mg/kg。相比不加 Si 处理,FYY-299、XFY-9、XWX-12 地上部的无机 As 含量在加 Si 处理条件下分别降低了 24%、31% 和 25%。加 Si 处理后,水稻地上部的 As(Ⅲ)和 As(Ⅴ)含量有所降低,有机 As 含量有少量增加(图 1-4)。FYY-299 地上部在加 Si 处理条件下检测到 DMA 的存在,含量为 0.06 mg/kg;XFY-9 和 XWX-12 地上部的 DMA 含量相比不加 Si 处理分别增加了 25% 和 63%。加 Si 处理后,FYY-299 地上部的 MMA 含量降低了 57%,XFY-9 和 XWX-12 地上部的 MMA 含量则分别上升了 40% 和 20%。

表 1-4　不同处理条件下水稻地上部不同 As 形态的含量

水稻品种	处理条件	总砷含量 /(mg·kg⁻¹)	无机砷含量 /(mg·kg⁻¹)	DMA 含量 /(mg·kg⁻¹)	MMA 含量 /(mg·kg⁻¹)	无机砷率[1]/%	回收率[2]/%
FYY-299	-Si	2.34±0.13	1.85±0.25	ND[3]	0.07±0.03	96	82
	+Si	2.06±0.09	1.41±0.13	0.06±0.02	0.03±0.008	94	73
XFY-9	-Si	3.82±0.27	2.96±0.11	0.08±0.01	0.05±0.01	96	81
	+Si	2.23±0.3	2.05±0.08	0.10±0.01	0.07±0.02	92	97
XWX-12	-Si	2.20±0.24	2.06±0.06	0.08±0.007	0.05±0.01	94	99
	+Si	1.66±0.15	1.54±0.13	0.13±0.04	0.06±0.006	89	104

注:①无机砷率=(无机砷含量/不同砷形态含量总和)×100%。
　②回收率=(不同形态砷含量总和/总砷含量)×100%。
　③表示该物质低于仪器的检测限。

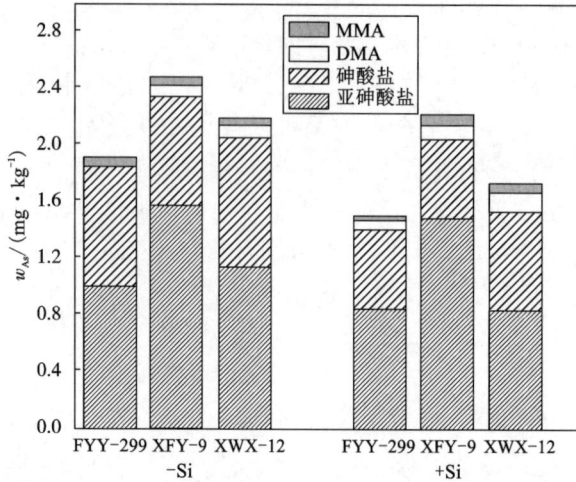

图1-4 不同处理条件下水稻地上部的 As 形态及浓度

影响水稻 ROL 能力的因素包括土壤或溶液的透气条件和水稻品种（Gibberd M R et al., 1999；Wu C et al., 2011）。本实验通过测定在相同条件下不同水稻品种的 ROL 率，研究不同水稻品种 ROL 能力的差异。由表1-1可知，不同水稻品种的 ROL 能力存在显著差异（$P<0.01$），且籼稻和杂交稻的 ROL 能力也存在显著差异（$P<0.01$），籼稻的 ROL 能力比杂交稻要高。不少研究报道，不同水稻品种的 ROL 能力存在差异（Li H et al., 2013；Wu C et al., 2011）。Mei 等（Mei X Q et al., 2012）研究了20个不同水稻品种的 ROL 率，结果发现品种之间 ROL 能力有显著差异（$P<0.05$），ROL 率为 $6.6 \sim 13.6 \ \mu mol \ O_2 \cdot g^{-1} \ DW \cdot h^{-1}$。Wu 等（Wu C et al., 2011）研究了10种籼稻和10种粳稻共20个水稻品种的 ROL 能力，发现不同水稻品种的 ROL 率表现出显著差异（$P<0.01$），但是研究结果表明籼稻和粳稻的 ROL 能力并没有显著差异。之前的研究（Mei X Q et al., 2012；Wu C et al., 2011）与本实验研究结果都说明不同水稻品种的 ROL 能力存在显著差异，但本实验结果还发现籼稻和杂交稻的 ROL 能力存在显著差异（$P<0.01$），Wu 等（Wu C et al., 2011）研究发现籼稻和粳稻 ROL 能力没有显著性差异，说明杂交稻根部结构可能相对于常规籼稻和粳稻已经发生了变化，从而影响了水稻的 ROL 能力。

ROL 能力越高的湿地植物的根表 As 含量越高（Li H et al., 2011），而 ROL 能力高的水稻品种能减少 As 在地上部的积累（Mei X Q et al., 2012；Wu C et al., 2011）。本实验结果表明，相比 ROL 能力较低的品种，ROL 能力高的水稻品种地上部的 As 含量更低［图1-3(a)］，而其地下部的 As 含量更高［图1-3(b)］，与之前的研究结果一致。说明 ROL 能力高的水稻品种地下部的 As 更多地被吸附在根表，并没有被根细胞吸收，主要原因是 ROL 能力高的水稻品种根部在 ROL 过程中释放更多的 O_2，为根表铁膜的形成创造了有利的条件，铁膜数量的增加使得更多的 As 被吸附在铁膜中并降低了 As 的移动性，从而减少了水稻对 As 的吸收。所以有必要继续对不同 ROL 能力水稻品种的根表铁膜作进一步探究以证实 ROL 降低水稻地上部 As 积累的机制。

　　Si 虽然不属于植物必需营养元素，但近年来的研究发现，Si 在植物生长过程中扮演着"准必需"营养元素的角色（Epstein E et al.，1994），能提高植物对生物和非生物胁迫的抵抗力。Guo 等（Guo W et al.，2005）通过水溶液培养实验研究 Si 对水稻生长的影响，发现 Si 处理显著提高了水稻地上部的生物量；Li 等（Li R Y et al.，2009）的盆栽实验结果也证实 Si 能显著提高水稻秸秆的生物量和谷粒的产量。本书实验通过盆栽实验研究也发现 Si 处理条件对水稻生物量有显著的影响（$P<0.005$，表 1-2），显著提高了水稻地上部的生物量，与 Guo 等和 Li 等的研究结果一致。

　　Bogdan 等（Bogdan K et al.，2008）的研究表明，向土壤中添加 Si 肥能够减少水稻中的 As 含量。Li 等（Li R Y et al.，2009）研究发现，相比对照处理，加 Si 处理使水稻秸秆 As 含量降低了78%。本实验结果表明，相比不加 Si 处理，加 Si 处理使 6 个水稻品种地上部和地下部 As 含量分别降低了 6%～42% 和 6%～63%，与 Li 等（Li R Y et al.，2009）和 Seyfferth 等（Seyfferth A L et al.，2014）的研究结果一致。由图 1-2 可知，水稻地上部 As（Ⅲ）含量高于 As（Ⅴ），说明水稻体内 As 的主要形态为 As（Ⅲ）。由于水稻需水量较大，生长过程中长期处于淹水条件下，土壤为还原性条件，因此在土壤淹水条件下 As 的主要形态为 As（Ⅲ）（Fitz W J et al.，2002；Pan W et al.，2014）。硅酸盐与 As（Ⅲ）因在根细胞吸收过程中共享相同吸收、转运通道而存在吸收竞争关系，故向土壤中添加 Si 可抑制水稻根细胞对 As（Ⅲ）的吸收。此外，由于水稻缺乏将无机 As 甲基化的能力，水稻体内包括 DMA 和 MMA 在内的甲基 As 来源于土壤等生长介质，微生物活动使得生长介质中存在一定量的甲基 As（Lomax C et al.，2012；Zhao F J et al.，2013）。由图 1-4 可知，水稻地上部 DMA 含量在加 Si 处理后有少量的增加，说明土壤中 Si 的添加可能促进了根细胞对 DMA 的吸收或者对微生物 As 甲基化作用过程有积极的影响。

1.2.2　硅对水稻根际砷迁移的影响

　　ROL 通过影响根际区域的氧化还原环境和根表铁膜的形成来降低土壤中 As 的生物有效性，进而减少水稻对 As 的吸收。水稻长期处于淹水条件下，土壤氧化还原电位低，亚砷酸盐［As（Ⅲ）］是 As 在淹水土壤中的主要形态，而 As（Ⅲ）的毒性是 As(V) 的 60 倍。一方面 ROL 能在根际提供局部氧化环境,将部分 As(Ⅲ)氧化为 As(V),降低 As 对水稻根部的毒害作用;另一方面,水稻对 As(Ⅲ)的主要吸收、运输通道与硅酸盐相同,Si 的加入可以通过与 As(Ⅲ)竞争根细胞的转运载体从而抑制根细胞对 As(Ⅲ)的吸收。虽然在淹水条件下 As(Ⅲ)为主要形态,但是 As 在土壤中的结合形态决定其在土壤中的迁移性和生物有效性,所以有必要研究 Si 对不同 ROL 能力水稻品种的 As 在土壤中的结合形态以及铁膜形成的影响以探讨其影响 As 吸收的机制。

为了研究 Si 对水稻根际 As 迁移的影响,通过对 4 个水稻品种(包括 ROL 能力低、中、高的品种)进行根际袋盆栽实验,研究不同 Si 浓度下不同 ROL 能力水稻品种根际土壤的 As 结合形态和根表铁膜的形成。

1.2.2.1 根际和非根际土壤砷结合形态

在 Si-0 处理条件下,不同结合形态 As 含量由小到大的顺序为:非特异性吸附态、残渣态、结晶铁铝氧化物结合态、特异性吸附态、无定形铁铝氧化物结合态(表 1-5)。其中非特异性吸附态 As 含量最低,而无定形铁铝氧化物结合态 As 含量最高。残渣态 As 在土壤中的迁移性最低,其浓度的高低影响了 As 在土壤中的可利用性。XFY-9、TY-207、XWX-17、XWX-12 根际土壤在 Si-0 处理条件下的总砷含量分别为 47.0、41.4、53.0 和 41.9(mg/kg),其中残渣态 As 含量分别占根际土壤砷总量的 9.3%、12%、8.9%和 10%。XFY-9 的根际土壤残渣态 As 含量在 Si-20 处理条件下最高,为 4.65 mg/kg,在 Si-40 处理条件下最低,为 3.61 mg/kg;TY-207 的根际土壤残渣态 As 含量在 Si-10 处理条件下最高,为 5.39 mg/kg,在 Si-20 处理条件下最低,为 3.86 mg/kg;XWX-12 的根际土壤残渣态 As 含量在 Si-10 处理条件下最高,为 4.97 mg/kg,在 Si-40 处理条件下最低,为 2.94 mg/kg。外源 Si 加入之后,水稻根际土壤残渣态 As 含量逐渐降低。ROL 能力高的水稻品种和 ROL 能力低的水稻品种根际土壤的残渣态 As 含量差别不明显。

表 1-5　水稻根际土壤连续提取过程中 As 含量(平均值±标准差, $n=3$) 单位: mg/kg

水稻品种	处理条件	$(NH_4)_2SO_4$ (非特异性吸附态)	$NH_4H_2PO_4$ (特异性吸附态)	草酸铵缓冲液(无定形铁铝氧化物结合态)	草酸铵缓冲液和抗坏血酸(结晶铁铝氧化物结合态)	HNO_3 和 H_2O_2 (残渣态)
XFY-9	Si-0	0.221±0.062	13.7±2.28	20.1±3.00	8.57±0.527	4.36±1.12
	Si-10	0.305±0.138	15.3±1.5	18.8±1.42	7.10±0.453	4.36±0.873
	Si-20	0.514±0.202	14.7±7.04	16.2±6.89	5.72±1.80	4.65±1.68
	Si-40	0.264±0.076	15.6±3.02	20.0±2.95	6.42±2.07	3.61±0.962

续表1-5

水稻品种	处理条件	$(NH_4)_2SO_4$（非特异性吸附态）	$NH_4H_2PO_4$（特异性吸附态）	草酸铵缓冲液（无定形铁铝氧化物结合态）	草酸铵缓冲液和抗坏血酸（结晶铁铝氧化物结合态）	HNO_3 和 H_2O_2（残渣态）
TY-207	Si-0	0.570±0.086	11.8±3.07	16.9±5.63	7.44±1.10	4.72±2.44
	Si-10	1.06±0.57	15.2±5.45	17.6±2.70	7.64±2.27	5.39±3.54
	Si-20	0.493±0.034	13.6±3.46	15.2±4.02	5.58±0.623	3.86±0.961
	Si-40	0.532±0.232	17.3±2.65	15.4±2.08	5.53±0.559	4.79±1.31
XWX-17	Si-0	0.416±0.118	16.0±3.18	22.8±3.93	9.04±1.82	4.74±1.26
	Si-10	0.451±0.139	16.7±9.39	21.7±7.60	7.98±2.52	3.08±1.19
	Si-20	0.671±0.393	21.8±4.37	23.0±6.85	10.2±3.35	6.30±2.40
	Si-40	0.217±0.057	15.1±2.69	19.4±2.90	6.60±0.360	3.59±0.773
XWX-12	Si-0	0.297±0.066	11.6±1.58	18.6±3.50	7.25±0.993	4.19±0.799
	Si-10	0.614±0.311	14.1±6.67	17.1±5.65	6.33±2.19	4.57±1.26
	Si-20	0.589±0.224	16.2±5.35	15.8±5.59	7.07±1.45	2.97±0.248
	Si-40	0.13±0.039	13.9±1.5	16.3±1.13	5.27±0.856	2.94±0.563

在 Si-0 处理条件下，根际土壤的非特异性吸附态 As 含量 4 个品种中 TY-207 最高，为 0.57 mg/kg。添加外源 Si 后，XFY-9、XWX-17 和 XWX-12 根际土壤非特异性吸附态 As 含量均有所增加，即在 Si-10 处理条件下 As 含量相比 Si-0 处理条件下分别增加了 38%、8% 和 107%；随着 Si 浓度的增加，此 3 个品种非特异性吸附态 As 含量相比 Si-10 条件下有所降低，其中 XWX-17、XWX-12 在 Si-40 处理条件下 As 的含量分别比 Si-0 处理条件下降低了 48% 和 56%。

不加 Si 处理时，XWX-17 根际土壤中特异性吸附态 As 含量最高，为 16.0 mg/kg。加 Si 处理后，根际土壤中的特异性吸附态 As 含量有逐渐升高的趋势，其中 XFY-9 和 TY-207 在 Si-40 处理条件下含量较高，分别为 15.6 mg/kg 和 17.3 mg/kg；XWX-17 和 XWX-12 根际土壤中特异性吸附态 As 含量均在 Si-20 处理条件下达到最大值，分别为 21.8 mg/kg 和 16.2 mg/kg。随着 Si 处理浓度的升高，4 个品种的根际土壤中特异性吸附态 As 含量逐渐增加。

在 Si-0 处理条件下，XWX-17 根际土壤中无定形铁铝氧化物结合态 As 含量最高，为 22.8 mg/kg；TY-207 最低，为 16.9 mg/kg。加 Si 处理后，4 个品种根际土壤中无定形铁铝氧化物结合态 As 含量均有所降低，其中 XFY-9、TY-207 和 XWX-12 根际土壤中无定形铁铝氧化物结合态 As 含量均在 Si-20 处理条件下降至最低，相比 Si-0 处理条件下分别降低了 19%、10% 和 15%。

加 Si 处理后，根际土壤中结晶铁铝氧化物结合态 As 含量有所下降，其中 TY-207、XWX-17 和 XWX-12 根际土壤中结晶铁铝氧化物结合态 As 含量都在 Si-40 处理条件下降至最低，相比 Si-0 处理条件分别降低了 26%、27% 和 27%；XFY-9 在 Si-20 处理条件下降至最低，降低了 33%。

在 Si-0 处理条件下，4 个水稻品种非根际土壤中 5 种不同 As 结合形态含量大小顺序也基本相同，As 含量由小到大的顺序为：非特异性吸附态、无定形铁铝氧化物结合态、特异性吸附态、残渣态、结晶铁铝氧化物结合态(表 1-6)。其中非特异性吸附态 As 含量最低，结晶铁铝氧化物结合态 As 含量最高。该顺序与水稻根际土壤中 As 结合形态含量的顺序稍有不同。4 种水稻品种(XFY-9、TY-207、XWX-17、XWX-12)的非根际土壤在 Si-0 处理条件下总砷含量分别为 43.0、39.1、55.5 和 45.6(mg/kg)，其中残渣态 As 含量分别占非根际土壤砷总量的 28%、28%、26% 和 27%，非根际土壤中残渣态 As 含量比例是根际土壤的 2.5 倍，不同 ROL 能力水稻品种的非根际土壤残渣态 As 含量比例差别不明显。4 个品种非根际土壤残渣态 As 含量都在 Si-0 处理条件下最高，外源 Si 加入后，XFY-9 和 TY-207 非根际土壤残渣态 As 含量在 Si-40 处理条件最低，分别为 9.83 和 10.4(mg/kg)；XWX-17 和 XWX-12 非根际土壤残渣态 As 含量在 Si-40 处理条件下最低，分别为 11.20 和 9.41(mg/kg)。由图 1-3 可知，随着外源 Si 的加入，4 个水稻品种非根际土壤残渣 As 含量逐渐降低，其中 ROL 能力高的品种和 ROL 能力低的品种非根际土壤残渣态 As 含量的变化差别不明显。

表 1-6 水稻非根际土壤连续提取过程中 As 含量(平均值±标准差，$n=3$) 单位：mg/kg

水稻品种	处理	$(NH_4)_2SO_4$（非特异性吸附态）	$NH_4H_2PO_4$（特异性吸附态）	草酸铵缓冲液（无定形铁铝氧化物结合态）	草酸铵缓冲液和抗坏血酸（结晶铁铝氧化物结合态）	HNO_3 和 H_2O_2（残渣态）
XFY-9	Si-0	0.09±0.041	10.1±4.31	5.98±0.945	14.7±7.58	12.1±3.15
	Si-10	0.335±0.028	15.8±3.76	11.1±2.77	14.5±1.02	13.0±4.16
	Si-20	0.199±0.06	17.4±2.46	8.57±2.88	17.4±5.92	11.5±1.57
	Si-40	0.225±0.042	16.8±1.90	12.2±2.26	14.1±3.41	9.83±1.57
TY-207	Si-0	0.216±0.145	9.67±1.72	6.55±2.24	11.9±3.00	10.8±1.21
	Si-10	0.251±0.073	14.6±2.86	8.16±0.830	16.4±0.967	14.0±1.60
	Si-20	0.156±0.065	15.9±3.36	7.23±2.23	15.0±0.718	10.4±1.86
	Si-40	0.313±0.03	18.1±2.67	10.6±2.71	16.6±3.06	10.4±1.40

续表1-6

水稻品种	处理	$(NH_4)_2SO_4$（非特异性吸附态）	$NH_4H_2PO_4$（特异性吸附态）	草酸铵缓冲液（无定形铁铝氧化结合态）	草酸铵缓冲液和抗坏血酸（结晶铁铝氧化物结合态）	HNO_3 和 H_2O_2（残渣态）
XWX-17	Si-0	0.308±0.266	13.7±4.70	7.30±3.45	20.0±5.48	14.2±2.55
	Si-10	0.189±0.094	15.4±6.40	11.5±5.58	15.7±3.63	13.0±3.20
	Si-20	0.189±0.132	15.7±4.87	11.5±4.03	16.6±2.04	13.2±2.02
	Si-40	0.220±0.055	17.5±1.36	11.5±2.54	21.1±3.61	11.1±1.03
XWX-12	Si-0	0.146±0.041	10.1±2.02	5.67±2.20	17.3±5.17	12.4±0.716
	Si-10	0.295±0.028	14.1±4.11	9.63±2.70	12.0±2.34	9.88±1.04
	Si-20	0.337±0.06	19.2±3.23	12.3±1.22	15.5±1.93	11.1±0.792
	Si-40	0.180±0.042	16.0±2.32	11.6±1.60	12.2±0.972	9.41±1.78

　　非根际土壤中非特异性吸附态 As 含量最低，在 Si-0 处理条件下，ROL 能力低的品种 XFY-9 非根际土壤中非特异性吸附态 As 含量最低，为 0.09 mg/kg；ROL 能力较高的品种 XWX-17 As 含量最高，为 0.308 mg/kg；尽管如此，4 个品种非根际土壤中非特异性吸附态 As 占总砷的比例没有明显的差别。相比 Si-0 处理条件，XFY-9、TY-207 和 XWX-12 非特异性 As 含量在 Si-10 处理条件下均有所增加，但 Si 处理浓度的增加并没有明显改变非根际土壤中非特异性吸附态 As 所占总砷的比例。

　　不添加外源 Si 时，4 个品种非根际土壤中特异性吸附态 As 含量相差较小。外源 Si 加入后，非根际土壤中特异性吸附态 As 含量都有所增加，相比 Si-0 处理条件，4 种水稻品种（XFY-9、TY-207、XWX-17、XWX-12）在 Si-10 处理条件下特异性吸附态 As 含量分别增加了 56%、51%、12% 和 40%。由图 1-5 可知，随着 Si 处理浓度的升高，特异性吸附态 As 含量也有所增加，但其占非根际土壤总砷的比例变化较小。该结合态 As 占总砷比例相比根际土壤要低。

　　没有外源 Si 处理时，ROL 能力低的品种（XFY-9、Y-207）非根际土壤中无定形铁铝氧化物结合态 As 含量比 ROL 能力高的品种（XWX-17、XWX-12）稍高。加 Si 处理后，该结晶态 As 含量均有所增加，其中 XFY-9、XWX-17 和 XWX-12 在 Si 浓度为 10 mg/kg 后就有非常明显的增加，相比 Si-0 处理条件，分别增加了 86%、25%、58% 和 70%。之后随着 Si 处理浓度的增加，无定形铁铝氧化物结合态 As 含量占非根际土壤总砷比例相比 Si-10 处理条件变化不大。

　　在 Si-0 处理条件下，XWX-17 和 XWX-12 非根际土壤中结晶铁铝氧化物结合态 As 含量分别为 20.0 和 17.3(mg/kg)，XFY-9 和 TY-207 分别为 14.7 和 11.9(mg/kg)，较高 ROL 的品种非根际土壤中结晶铁铝氧化物结合态 As 含量高于较低 ROL 品种。添加外源 Si 后，XWX-17 和 XWX-12 非根际土壤中结晶铁铝氧化物结合态 As 含量均有所降低，而 TY-207 则有所增加。

相同处理条件下，非根际土壤中特异性吸附态 As、结晶铁铝氧化物结合态 As 和残渣态 As 含量占土壤总砷比例均比根际土壤要高，无定形铁铝氧化物结合态 As 含量占土壤总砷比例明显要低(图 1-5)。

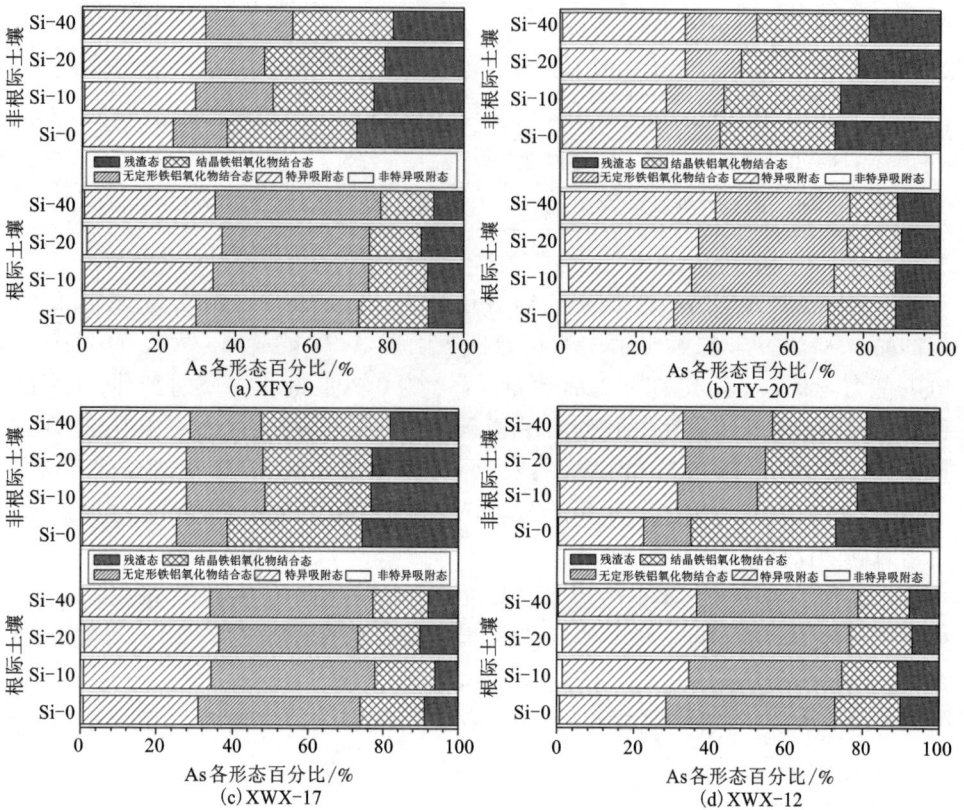

图 1-5 不同处理条件下根际和非根际土壤中不同结合形态 As 的含量

1.2.2.2 水稻根表铁膜 Fe、Mn 和 As 含量

在对照处理(control)条件下，没有人为向土壤中添加 As，根表铁膜提取液中未能检测到 As 的存在(表 1-7)。不同水稻品种根表铁膜中 Fe 含量($P<0.005$)和 Mn 含量($P<0.01$)存在显著差异。在对照处理(control)条件下，XFY-9 根表铁膜中的 Fe 含量最低，为 616 mg/kg；XWX-12 根表铁膜中的 Fe 含量最

高，为 985 mg/kg；TY-207 根表铁膜中的 Mn 含量最低，为 51.7 mg/kg；XWX-12 根表铁膜中的 Mn 含量最高，为 82.7 mg/kg。与低 ROL 能力水稻品种相比，高 ROL 能力水稻品种(XWX-12，XWX-17)根表铁膜中的 Fe、Mn 含量较高。

表 1-7 不同处理条件下水稻根表铁膜上 Fe、Mn、As 的含量(平均值±标准差，$n=3$)

单位：mg/kg

水稻品种	处理条件	Fe	Mn	As
XFY-9	对照组	616±75.2	81.1±4.91	ND[①]
	Si-0	835±139	25.4±6.99	20.8±7.5
	Si-10	1119±160	11.3±6.02	24.4±10.2
	Si-20	1240±298	12.1±3.16	21.5±16.9
	Si-40	1160±158	13.3±8.70	19.1±6.4
TY-207	对照组	925±141	51.7±8.10	ND
	Si-0	900±154	20.8±9.73	21.3±9.7
	Si-10	1080±248	12.8±1.73	26.6±12.7
	Si-20	881±86.9	7.02±3.80	21.8±7.2
	Si-40	962±301	7.52±4.82	18.4±5.7
XWX-17	对照组	873±307	60.1±16.6	ND
	Si-0	1130±707	30.9±7.61	36.9±28.1
	Si-10	1430±603	14.2±6.81	40.5±20.8
	Si-20	1210±626	11.6±3.51	32.1±22.7
	Si-40	1380±191	9.90±5.20	25.4±5.8
XWX-12	对照组	985±118	82.7±30.1	ND
	Si-0	1450±44.2	36.9±8.22	25.5±5.6
	Si-10	1490±593	16.4±1.39	31.3±15.0
	Si-20	1500±255	10.7±0.07	24.1±7.1
	Si-40	1660±49.8	18.4±9.46	27.1±4.5

注：①表示该元素含量低于仪器检测限。

在不加 Si 处理条件下(Si-0)，与 ROL 能力低的水稻品种相比，ROL 能力高的水稻品种 XWX-12 和 XWX-17 根表铁膜中 Fe、Mn 含量较高，Fe 含量分别为 1450 和 1130(mg/kg)，Mn 含量分别为 25.5 和 36.9(mg/kg)，其根表铁膜中 As 含量也较高，分别为 25.5 和 36.9(mg/kg)。铁膜中的 As 含量与 Fe 含量成正相

关关系($R^2 = 0.57$)，As 含量随水稻根表铁膜中 Fe 含量的增加而升高[图 1-6
(a)]；铁膜中 As 含量也与 Mn 含量成正相关关系($R^2 = 0.24$)，随根表铁膜中 Mn
含量的增加而升高[图 1-6(b)]。

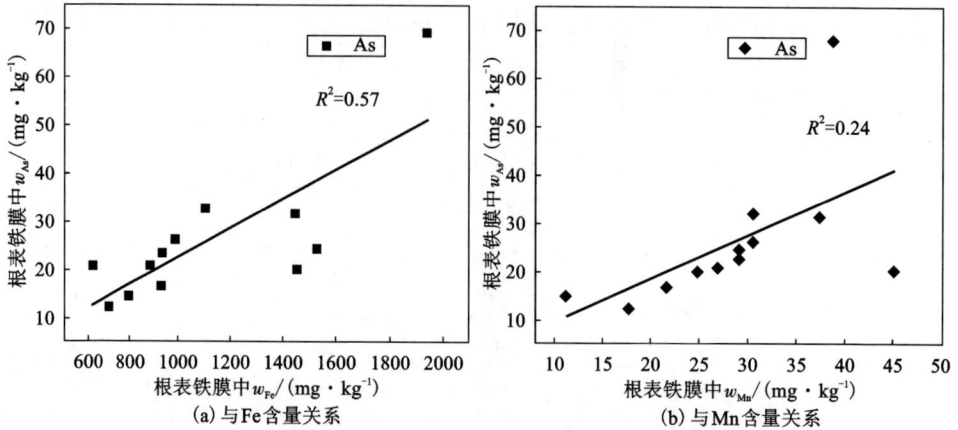

图 1-6　根表铁膜中的 As 与 Fe 和 Mn 的相关关系

　　加 Si 处理对水稻根表铁膜中 Fe 含量存在显著影响($P<0.05$)(表 1-7)。与
不加 Si 相比，XFY-9 根表铁膜中的 Fe 含量在 Si-20 处理条件下 Fe 含量增加到
最大值，为 1240 mg/kg，TY-207 和 XWX-17 在 Si-10 处理条件下 Fe 含量增加到
最大值，分别为 1080 和 1430(mg/kg)，XWX-12 在 Si-40 处理条件下 Fe 含量增
加到最大值 1660 mg/kg。随着 Si 处理浓度的增加，XFY-9、XWX-17 和 XWX-
12 根表铁膜中 Fe 浓度逐渐升高[图 1-7(a)]。在相同处理条件下，低 ROL 能力
品种 XFY-9 根表铁膜中 Fe 的含量比高 ROL 能力品种 XWX-12 要低。加 Si 处理
对水稻根表铁膜中 Mn 含量存在显著影响($P<0.001$)。XFY-9 根表铁膜中的 Mn
含量在 Si-10 处理条件下最低，为 11.3 mg/kg，TY-207 和 XWX-12 在 Si-20 处
理条件下最低，分别为 7.02 和 10.7(mg/kg)，XWX-17 在 Si-40 处理条件下最
低，为 9.9 mg/kg。随着 Si 处理浓度的增加，水稻根表铁膜中 Mn 含量呈逐渐降
低的趋势，且在相同处理条件下，与低 ROL 能力水稻品种相比，高 ROL 能力水稻
品种根表铁膜中的 Mn 含量较高[图 1-7(b)]。加 Si 处理对水稻根表中的 As 含
量有显著的影响($P<0.001$)。XFY-9、TY-207、XWX-17、XWX-12 根表铁膜中
As 含量在 Si-10 处理条件下均有一定程度的升高，分别为 24.4、26.6、40.5 和
31.3(mg/kg)。随着 Si 处理浓度的增加，铁膜中的 As 含量表现出先增加后降低
的趋势；在相同处理条件下，ROL 能力较强的品种 XWX-12 和 XWX-17 根表铁
膜中的 As 含量比 ROL 能力较低的品种 XFY-9 和 TY-207 要高[图 1-7(c)]。

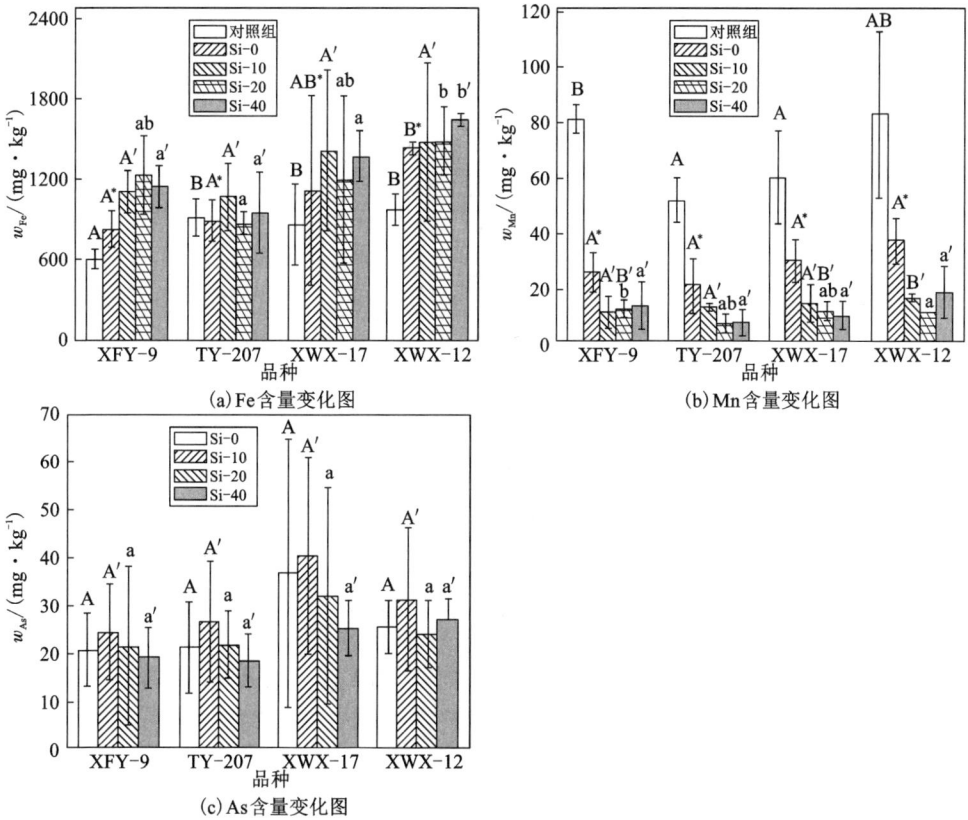

(a) Fe 含量变化图

(b) Mn 含量变化图

(c) As 含量变化图

注：不同字母表示有显著性差异（$P<0.05$）。

图 1-7 不同处理条件下水稻根表铁膜中的 Fe、Mn 和 As 含量（平均值±标准差）

湿地植物为了适应渍水土壤缺氧和还原性等条件，通过根部 ROL 作用于植物根际区域，并导致根际土壤化学性质发生变化，包括 pH、φ、$n_{Fe^{2+}}/n_{Fe^{3+}}$、营养元素的可利用性、具有潜在还原毒性物质的含量以及微生物群落结构等（Colmer T D，2003）。ROL 过程主要发生在湿地植物根尖区域（Pi N et al.，2009），因此，ROL 作用对根际土壤环境影响较大，而对非根际土壤的影响较小。ROL 提供了局部氧化环境，有利于根表铁膜的形成，而根表形成的铁膜能提高湿地植物对重金属污染的土壤的耐性（Ali N A et al.，2002；Conlin Timothy S S et al.，1989）。一方面铁膜能通过某种抗性机制影响湿地植物对重金属的吸收；另一方面铁膜能够吸附有毒元素或与之发生共沉淀作用，将其截留在植物体以外（Taylor Gregory J et al.，1983）。土壤中的 As 主要与土壤颗粒表面的无定形铁氧化物或水合铁矿发生吸附和共沉淀作用。Norra 等（Norra S et al.，2005）研究发现，土壤中大部分可移动性 As 是与铁氧化物结合在一起的。本实验结果表明，根际土壤中无定形铁铝氧化物结合态 As 占总砷比例最高，非根际土壤中结晶铁铝氧化物结合态 As 含量最高；相比非根际土壤，根际土壤中残渣态 As 和结晶铁铝氧化物结合态 As 占土壤总砷比例明显较低，无定形铁铝氧化物结合态 As 含量相对较高；随着 Si 处理浓度的增加，根际和非根际土壤中特异性吸附态 As 含量都有逐渐增加的趋势，而残渣态 As 都有所降低，非根际土壤中的残渣态 As 含量降低得更明显（图 1-5）。非根际土壤受 ROL 的影响很小，其中 As 主要为结晶铁铝氧化物结合态，由于 ROL 的作用，根际土壤中的 As 结合形态主要为无定形铁铝氧化物结合态，而且残渣态 As 和结晶铁铝氧化物结合态 As 比例均有所降低，说明 ROL 过程促使铁氧化物的形态发生了改变，同时也改变了 As 在土壤中的有效性，使 As 从活性低的残渣态，转化成活性较高的结晶态和吸附态。与此类似，外源 Si 的加入也降低了残渣态 As 的比例。

湿地植物在滞留、过滤土壤重金属的过程中，主要是通过在其根际区域形成局部的氧化环境以促进铁膜形成来起作用的（Otte M L et al.，1989；Otte M L et al.，1991），如使通气组织发达的水稻根表铁膜数量更多（杨婧等，2009）。对于湿地植物而言，根部 ROL 是影响铁膜形成的主要因素。Wu 等（Wu C et al.，2012）研究了 ROL 对根表铁膜以及水稻 As 积累和形态的影响，结果发现 ROL 率较高的水稻品种在根表产生了更多的铁膜，铁膜中 As 主要以无定形铁氧化物结晶的形式存在，吸附在铁膜的 As 以 As（Ⅴ）为主，约为其吸附的 As（Ⅲ）的 2 倍。本实验结果显示，对照处理条件下 ROL 能力高的品种 XWX-12 根表的 Fe、Mn 含量最高，而 ROL 能力低的品种 XFY-9 根表的 Fe 含量最低[图 1-7（a）]，此结果与之前 Wu 等的水培实验结果一致。ROL 能力较强的水稻品种可能在根际形成了持续的局部氧化环境，为根表铁膜的形成提供了有利的条件，促进了铁锰氧化物在水稻根表的沉积。

Fe、Mn 可以与土壤中的阴离子如 CO_3^{2-}、SO_4^{2-}、PO_4^{3-} 和 SiO_4^{4-} 等结合，或者以更为复杂的 Fe、Mn、Zn 共氧化物存在（刘文菊等，2005）。根表铁膜在 As 向水稻体内迁移、转运过程中起到了屏障和滞留作用，将 As 截留、固定在其氧化物膜结构中，抑制了水稻对 As 的吸收（姚海兴，2009）。Liu 等（Liu W J et al.，2005）的研究结果发现，根表铁膜对 As（Ⅴ）的影响大于 As（Ⅲ），当溶液中添加 As（Ⅲ）时，大部分 As 集中在根部，而溶液中添加 As（Ⅴ）时，As 主要集中在根表铁膜上。铁氧化物与磷酸盐的结合能力比砷酸盐更强，而且氧化物形态的变化可以影响土壤中 As 的有效性，如水合铁矿向针铁矿转变时可减少 As 结合位点的密度，使得部分吸附态 As 从氧化物表面解吸出来（刘文菊等，2005）。本实验结果表明，随着 Si 处理浓度的升高，铁膜中的 Fe 含量逐渐增加，而 As 含量先增加后降低（图 1-7）。加 Si 处理增加了根表的 Fe 含量，可能归因于外源 Si 的加入增加了土壤中的硅酸盐含量，硅酸盐与 Fe^{3+} 发生共沉淀作用，形成难溶的硅酸铁并沉积在根表。淹水条件下水稻根际土壤中 As 形态以 As(Ⅲ)为主，根部 ROL 产生的局部氧化环境使得部分 As(Ⅲ)被氧化成 As(Ⅴ)。铁膜对 As(Ⅴ)的亲和力比 As(Ⅲ)更强，因此铁膜数量增加，其表面吸附的 As(Ⅴ)、As(Ⅲ)也随之增加。硅酸盐与 As(Ⅲ)具有相似的化学性质，随着 Si 处理浓度增加，一方面硅酸盐可能取代 As(Ⅲ)在铁氧化物中的结合位点，使 As(Ⅲ)从其表面解吸出来，本实验结果中根际土壤中无定形铁铝氧化物结合态 As 和结晶铁铝氧化物结合态 As 含量随外源 Si 处理浓度增加而降低就证实了这一点；另一方面，硅酸盐与 Fe^{3+} 发生共沉淀作用可能改变了铁氧化物的形态，减少了 As 在铁膜上的结合位点，因此铁膜中 As 含量也逐渐降低。

1.2.3　硅对水稻砷吸收、积累和形态的影响

As 在水稻体内的主要形态为砷酸盐[As(Ⅴ)]、亚砷酸盐[As(Ⅲ)]、单甲基砷酸(MMA)和二甲基砷酸(DMA)，其中无机 As 比有机 As 毒性更强，在水稻体内存在比例也较大，而 DMA 在谷壳和籽粒中含量高于水稻其他部位。As(Ⅴ)因与磷酸盐化学性质相似而主要通过根细胞磷酸盐运载通道吸收进入水稻，As(Ⅲ)则由于通过硅酸盐吸收、转运系统进入水稻而易受到水稻吸收 Si 的影响。因此，土壤中 Si 和磷(P)的存在与否以及浓度高低影响水稻对 As 的吸收。研究发现，水培实验中加 Si 显著降低了水稻地上部 P 的浓度，而且 Si 抑制水稻对 P 吸收的程度比 As 更大。但是，土培实验发现在较高浓度 As 的土壤中加 Si 可使水稻地上部的 P 浓度显著增加，原因归结于 Si 可以交换土壤中吸附的 P，使吸附态 P 得到释放，提高了土壤中有效 P 浓度，从而增加了高 As 土壤中水稻地上部的 P 浓度。因此，Si 有可能通过提高土壤有效 P 浓度从而间接影响水稻对 As(Ⅴ)的吸收。除了无机 As 以外，水稻体内尤其是谷粒中还含有相当比例的有机 As，以 DMA 为主。水稻对有机 As 的吸收机制仍不明确，但有研究发现土壤中添加外源 Si 提高了土壤孔隙水中 DMA 的浓度，同时也促进了水稻谷粒对 DMA 的积累，原因可能是 Si 抑制了 DMA 在土壤中的固相吸附或取代了其在土壤颗粒上的吸附位点，导致 DMA 的生物有效性上升，从而增加了水稻对 DMA 的吸收。前期实验表明，当外源 Si 浓度为 20 mg/kg 时，水稻地下部和地上部 As 含量相比无外源 Si 处理时均有显著降低，而且加 Si 处理对水稻根际也产生了明显影响，包括土壤 As 的结合形态和水稻根表铁膜的形成，外源 Si 降低了土壤中残渣态 As 比例，增加了特异性吸附态 As 比例，同时提高了水稻根表铁膜含量。基于不同浓度 Si 处理对水稻根际的影响，有必要研究不同浓度 Si 处理对水稻 As 吸收以及 As 在水稻各部位积累、形态的影响，以期探讨外源 Si 与水稻 As 吸收、积累和形态的内在关系。

为了研究 Si 对水稻 As 吸收、积累和形态的影响，通过对 4 个水稻品种(包括

ROL 能力为低、中、高的品种)进行温室盆栽实验,研究不同 Si 处理浓度下各个水稻品种不同部位(包括根部、秸秆和谷粒)的生物量,分别考察其根部、秸秆、谷壳和籽粒的 As 含量,并分别对水稻秸秆、谷壳和籽粒中 As 的形态进行研究。

1.2.3.1 硅对水稻生物量的影响

不同水稻品种根部的生物量存在显著差异($P<0.05$)(表 1-8)。在对照处理条件下,XFY-9 根部的生物量最大,为 15.8 g/盆,XWX-12 根部的生物量最小,为 9.25 g/盆。当土壤中添加不同浓度的 Si 时,XFY-9 和 XWX-12 根部的生物量在 Si-40 条件下最大,分别为 25.1 和 13.2(g/盆);TY-207 和 XWX-17 根部的生物量在 Si-20 条件下最大,分别为 22.3 和 17.8(g/盆)。加 Si 处理对不同水稻品种的根部生物量存在显著影响($P<0.05$)。XFY-9、TY-207 和 XWX-12 根部的生物量均在 Si-40 处理条件下有显著增加($P<0.05$),XWX-17 根部的生物量在加 Si 处理条件下有一定程度增加,但变化不显著($P>0.05$)[图 1-8(a)]。在 Si-40 处理条件下,XFY-9 根部的生物量最大,而且与其他 3 个水稻品种根部的生物量存在显著差异($P<0.05$)。

表 1-8　不同处理条件水稻不同部位的生物量(平均值±标准差,$n=3$) 单位:g/盆

水稻品种	处理条件	根部	秸秆	谷粒
XFY-9	对照组	15.8±2.73	22.0±4.34	7.80±0.64
	Si-0	16.9±1.50	24.1±3.78	10.6±0.80
	Si-10	14.1±1.69	21.8±2.06	4.43±1.78
	Si-20	15.7±5.64	29.4±1.63	14.3±0.92
	Si-40	25.1±2.60	26.3±3.62	17.0±0.79
TY-207	对照组	9.7±0.11	19.7±0.68	11.2±1.78
	Si-0	17.5±2.52	22.6±6.26	11.5±1.06
	Si-10	18.8±7.06	24.2±6.82	9.19±1.68
	Si-20	22.3±2.04	28.8±5.75	18.2±2.42
	Si-40	17.9±3.14	26.5±3.44	15.5±1.73
XWX-17	对照组	11.5±2.06	29.4±1.30	14.8±2.85
	Si-0	17.6±8.82	27.1±12.0	12.6±2.03
	Si-10	14.0±4.28	24.9±5.96	14.5±4.12
	Si-20	17.8±6.13	32.6±9.59	10.5±0.99
	Si-40	14.6±2.97	35.6±4.68	19.1±4.96

续表1-8

水稻品种	处理条件	根部	秸秆	谷粒
XWX-12	对照组	9.25±0.94	17.8±3.18	6.40±1.81
	Si-0	12.4±2.43	18.1±4.80	8.47±1.16
	Si-10	12.1±4.19	15.8±6.00	11.3±1.09
	Si-20	12.7±1.85	16.2±7.01	12.1±0.78
	Si-40	13.2±1.63	18.3±3.59	12.9±0.95

不同水稻品种秸秆的生物量存在显著差异（$P<0.001$）（表 1-8）。对照处理条件下，XWX-17 秸秆的生物量最大，为 29.4 g/盆，XWX-12 秸秆的生物量最小，为 17.8 g/盆。加 Si 处理对 4 个水稻品种秸秆的生物量有一定的影响，但是不显著（$P>0.05$）。XWX-17 和 XWX-12 秸秆的生物量在 Si-40 处理条件下最大，分别为 35.6 和 18.3（g/盆）；XFY-9 和 TY-207 秸秆的生物量在 Si-20 处理条件下最大，分别为 29.4 和 28.8（g/盆）。XFY-9 和 TY-207 秸秆的生物量在 Si-20 处理条件下有显著增加（$P<0.05$），XWX-17 则在 Si-40 处理条件下有显著增加（$P<0.05$），XWX-12 秸秆的生物量在加 Si 处理后变化不显著（$P>0.05$）。在 Si-40 处理条件下，XWX-17 秸秆的生物量最大，与其他 3 个品种存在显著差异（$P<0.05$）[图 1-8(b)]。

不同水稻品种谷粒的生物量存在显著差异（$P<0.001$）（表 1-8）。对照处理条件下，XWX-17 谷粒的生物量最大，为 14.8 g/盆，XWX-12 谷粒的生物量最小，为 6.4 g/盆。加 Si 处理显著提高了水稻谷粒的生物量（$P<0.001$）。XFY-9、XWX-17 和 XWX-12 谷粒的生物量在 Si-40 处理条件下最大，分别为 17.0、19.1 和 12.9（g/盆）；TY-207 谷粒的生物量在 Si-20 处理条件下最大，为 18.2 g/盆。相比不加 Si 处理，XFY-9 和 TY-207 谷粒的生物量在 Si-20 和 Si-40 处理条件下均有显著增加（$P<0.05$），XWX-17 谷粒的生物量在 Si-40 处理条件下增加得比较明显，而 XWX-12 谷粒的生物量在 Si-10、Si-20 和 Si-40 处理条件下均有比较明显的增加[（图 1-8(c)]。

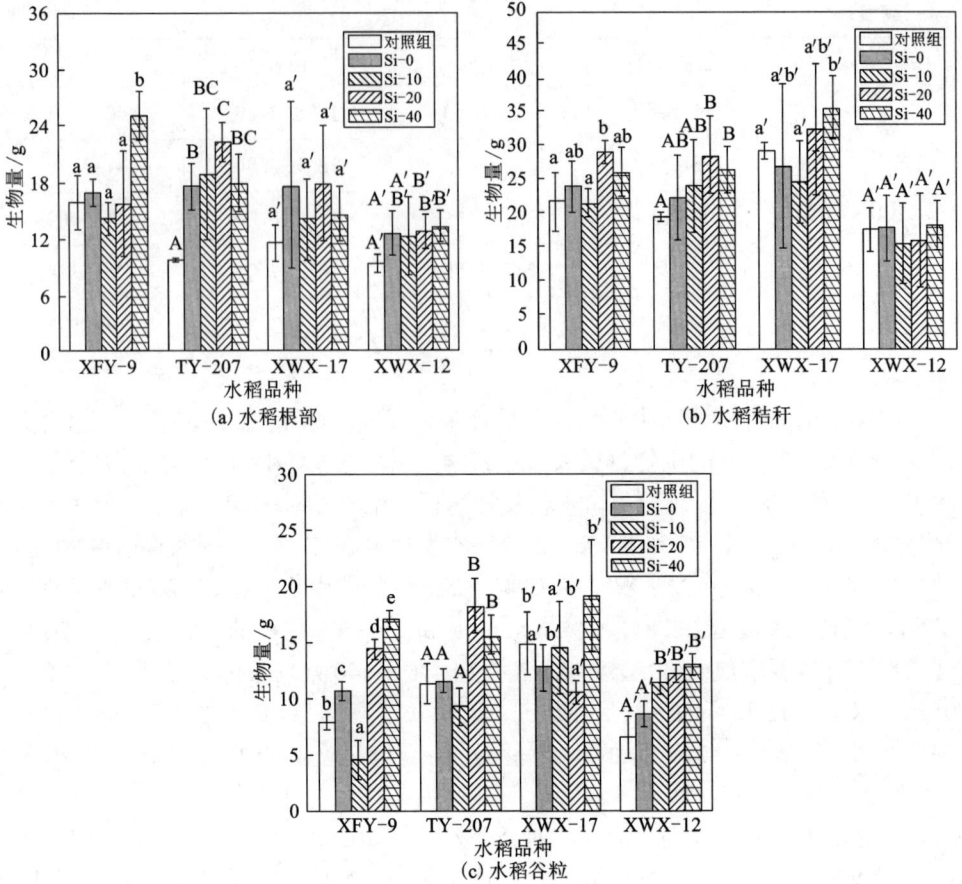

注：不同的字母表示具有显著性差异（$P<0.05$）。

图 1-8 不同处理条件下水稻根部、秸秆和谷粒的生物量（平均值±标准差）

1.2.3.2 硅对水稻砷吸收的影响

对照处理的土壤中没有人为添加 As，水稻样品 As 含量低于仪器的检测范围，故其结果没有在表 1-9 中表示出来。不同水稻品种根部的 As 含量存在显著差异（$P<0.05$）。在不加 Si 处理条件下（Si-0），XWX-12 根部的 As 含量最高，为 946 mg/kg；XWX-17 根部的 As 含量最低，为 692 mg/kg。加 Si 处理显著降低了水稻根部的 As 含量（$P<0.005$）。XFY-9、TY-207、XWX-12 和 XWX-17 根部的 As 含量在 Si-0 处理条件下分别为 900、753、946 和 692（mg/kg）；在 Si-40 处理条件下 As 含量最低，分别为 631、488、677 和 583（mg/kg），相比不加 Si 处理 As 含量分别降低 30%、35%、28% 和 16%。随着 Si 处理浓度的升高，水稻根部的 As 含量逐渐降低，且均在 Si 浓度最高时（Si-40）达到最低值[图 1-9(a)]。

表 1-9　不同处理条件下水稻不同部位的砷含量(平均值±标准差, $n=3$)　　单位: mg/kg

水稻品种	处理条件	根部	秸秆	谷壳	谷粒
XFY-9	Si-0	900±52.2	11.3±1.49	5.84±2.40	2.73±0.22
	Si-10	783±144	10.3±1.10	4.35±1.17	1.68±0.63
	Si-20	799±192	9.91±2.10	3.06±1.14	1.80±0.07
	Si-40	631±46.7	9.66±1.56	3.32±1.87	1.65±0.52
TY-207	Si-0	753±234	11.6±2.00	5.27±2.16	2.42±0.05
	Si-10	661±31.9	9.05±1.79	3.56±1.50	2.26±1.32
	Si-20	535±126	8.48±2.40	4.79±1.13	2.34±0.75
	Si-40	488±144	9.99±2.33	5.45±0.40	1.45±0.24
XWX-17	Si-0	692±145	11.1±3.62	6.79±1.57	1.70±0.12
	Si-10	834±113	9.85±1.48	3.22±0.75	1.39±0.71
	Si-20	709±144	8.62±1.42	3.51±0.93	2.03±0.43
	Si-40	583±154	7.24±0.98	2.95±1.58	1.41±0.59
XWX-12	Si-0	946±135	12.8±1.94	4.19±1.10	1.63±0.08
	Si-10	816±273	8.39±1.25	2.78±0.95	1.04±0.13
	Si-20	772±104	9.07±1.84	2.02±0.69	1.21±0.35
	Si-40	677±141	11.8±3.82	1.89±0.26	0.94±0.47

　　不同水稻品种秸秆的 As 含量不存在显著差异($P>0.05$)(表 1-9)。在 Si-0 处理条件下, XWX-12 秸秆的 As 含量最高, 为 12.8 mg/kg。加 Si 处理对水稻秸秆的 As 含量存在显著影响($P<0.05$)。XFY-9 和 XWX-17 秸秆的 As 含量在 Si-40 处理条件下最低, 分别为 9.66 和 7.24(mg/kg), 相比不加 Si 处理, As 含量分别下降了 15% 和 35%; TY-207 秸秆的 As 含量在 Si-20 处理条件下最低, 为 8.48 mg/kg, 相比不加 Si 处理, As 含量下降了 27%; XWX-12 秸秆的砷含量在 Si-10 处理条件下最低, 为 8.39 mg/kg, 相比不加 Si 处理, As 含量下降了 34%。水稻秸秆的 As 含量随着 Si 处理浓度的增加都有不同程度的降低[图 1-9(b)]。

　　不同水稻品种谷壳的 As 含量存在显著差异($P<0.01$)(表 1-9)。在 Si-0 处理条件下, XWX-17 谷壳的 As 含量最高, 为 6.79 mg/kg; XWX-12 谷壳的 As 含量最低, 为 4.19 mg/kg。加 Si 处理对水稻谷壳的 As 含量有显著影响($P<0.001$)。XWX-17 和 XWX-12 谷壳的 As 含量均在 Si-40 处理条件下最低, 分别为 2.95 和 1.89(mg/kg), 相比不加 Si 处理, As 含量分别下降了 57% 和 55%; XFY-9 在 Si-20 处理条件下最低, 谷壳的 As 含量为 3.06 mg/kg, 相比不加 Si 处理, As 含量下

降了 48%；TY‑207 在 Si‑10 处理条件下达到最低，谷壳的 As 含量为 3.56 mg/kg，相比不加 Si 处理，砷含量下降 32%。随着 Si 处理浓度的增加，XWX‑17、XWX‑12 和 XFY‑9 谷壳的 As 含量都逐渐降低[图 1‑9(c)]。

不同水稻品种谷粒的 As 含量存在显著差异($P<0.001$)(表 1‑9)。在 Si‑0 处理条件下，XFY‑9 谷粒的 As 含量最高，为 2.73 mg/kg；XWX‑12 谷粒的 As 含量最低，为 1.63 mg/kg。加 Si 处理对水稻谷粒的 As 含量有一定的影响，但是不显著($P>0.05$)。XFY‑9、TY‑207 和 XWX‑12 谷粒的 As 含量均在 Si‑40 处理条件下最低，分别为 1.65、1.45 和 0.94(mg/kg)，相比不加 Si 处理，As 含量分别下降了 40%、40%、42%；XWX‑17 在 Si‑10 处理条件下最低，为 1.39 mg/kg，相比不加 Si 处理，As 含量下降了 18%。随着 Si 处理浓度的增加，XFY‑9、XWX‑12 和 TY‑207 籽粒的 As 含量逐渐降低[图 1‑9(d)]。

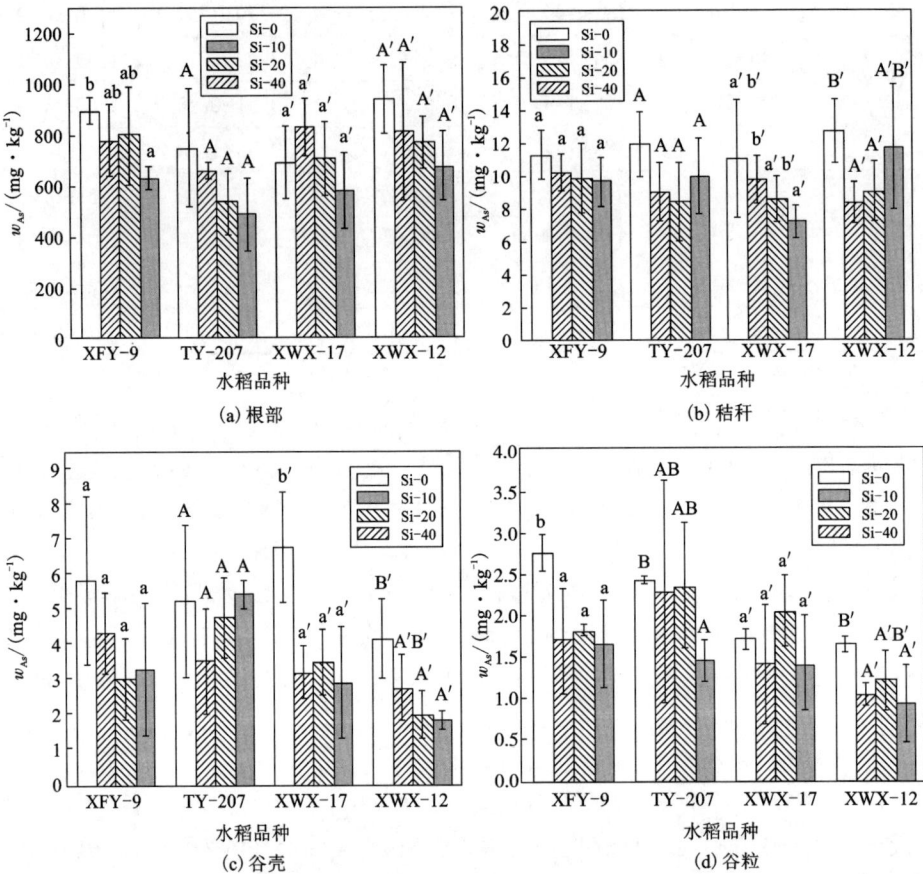

注：不同的字母表示具有显著性差异($P<0.005$)。

图 1‑9　不同处理条件下水稻根部、秸秆、谷壳和谷粒中的砷含量(平均值±标准差)

1.2.3.3　硅对水稻砷形态的影响

在 Si-0 处理条件下，XFY-9 和 XWX-12 秸秆的无机 As 含量最高，分别为 13.6 和 12.3(mg/kg)，无机 As 含量在所有砷形态含量中占比分别为 91% 和 83% (表 1-10)。随着 Si 处理浓度的增加，秸秆中无机 As 含量有逐渐降低的趋势，XFY-9 秸秆的无机 As 含量在 Si-40 处理条件下最低，为 5.46 mg/kg，相比不加 Si 处理，无机 As 含量下降 60%；XWX-12 秸秆的无机 As 含量在 Si-20 处理条件下最低，为 8.82 mg/kg，相比不加 Si 处理，无机 As 含量下降 28%。水稻秸秆中的有机 As 主要为 DMA 和 MMA 两种形态，其中 DMA 含量比 MMA 高。由表 1-10 可知，XFY-9 秸秆的有机 As 含量在 Si-20 处理条件下最高，DMA 为 2.01 mg/kg，MMA 为 0.37 mg/kg，相比不加 Si 处理，分别增加了 93% 和 48%；在 Si-40 处理条件下最低，DMA 为 0.89 mg/kg，MMA 为 0.04 mg/kg，相比不加 Si 处理，分别降低了 14% 和 84%。XWX-12 秸秆中有机 As 含量在 Si-40 处理条件下最低，DMA 为 1.14 mg/kg，MMA 为 0.13 mg/kg，相比不加 Si 处理，分别降低了 50% 和 58%。在 Si-0 处理条件下，XFY-9 秸秆中 As(Ⅲ) 的含量比 XWX-12 多，而 XWX-12 秸秆中 As(Ⅴ) 的含量比 XFY-9 多[图 1-10(a)]。随着 Si 处理浓度的增加，XFY-9 和 XWX-12 秸秆中 As(Ⅲ) 和 As(Ⅴ) 含量逐渐降低。

表 1-10　不同处理条件下水稻秸秆中不同形态的 As 含量(平均值±标准差，$n=3$)

水稻品种	处理条件	总砷含量/ $(mg \cdot kg^{-1})$	无机砷含量/ $(mg \cdot kg^{-1})$	DMA 含量/ $(mg \cdot kg^{-1})$	MMA 含量/ $(mg \cdot kg^{-1})$	无机砷比率[①]/%	回收率[②]/%
XFY-9	Si-0	11.3±1.49	13.6±3.99	1.04±0.15	0.25±0.02	91	132
	Si-10	10.3±1.10	12.0±0.57	1.19±0.21	0.31±0.03	89	131
	Si-20	9.91±2.10	8.50±3.05	2.01±0.35	0.37±0.17	78	110
	Si-40	9.66±1.56	5.46±2.13	0.89±0.48	0.04±0.02	85	66
XWX-12	Si-0	12.8±1.94	12.30±0.70	2.28±0.09	0.31±0.04	83	116
	Si-10	8.39±1.25	8.96±2.52	1.85±0.29	0.28±0.09	81	132
	Si-20	9.08±1.84	8.82±1.71	1.35±0.51	0.17±0.04	85	114
	Si-40	11.8±3.82	9.20±2.76	1.14±0.26	0.13±0.06	78	96

注：①无机砷比率(%)=(无机砷含量÷不同砷形态含量总和)×100%。
②回收率(%)=(不同砷形态含量总和÷总砷浓度)×100%。

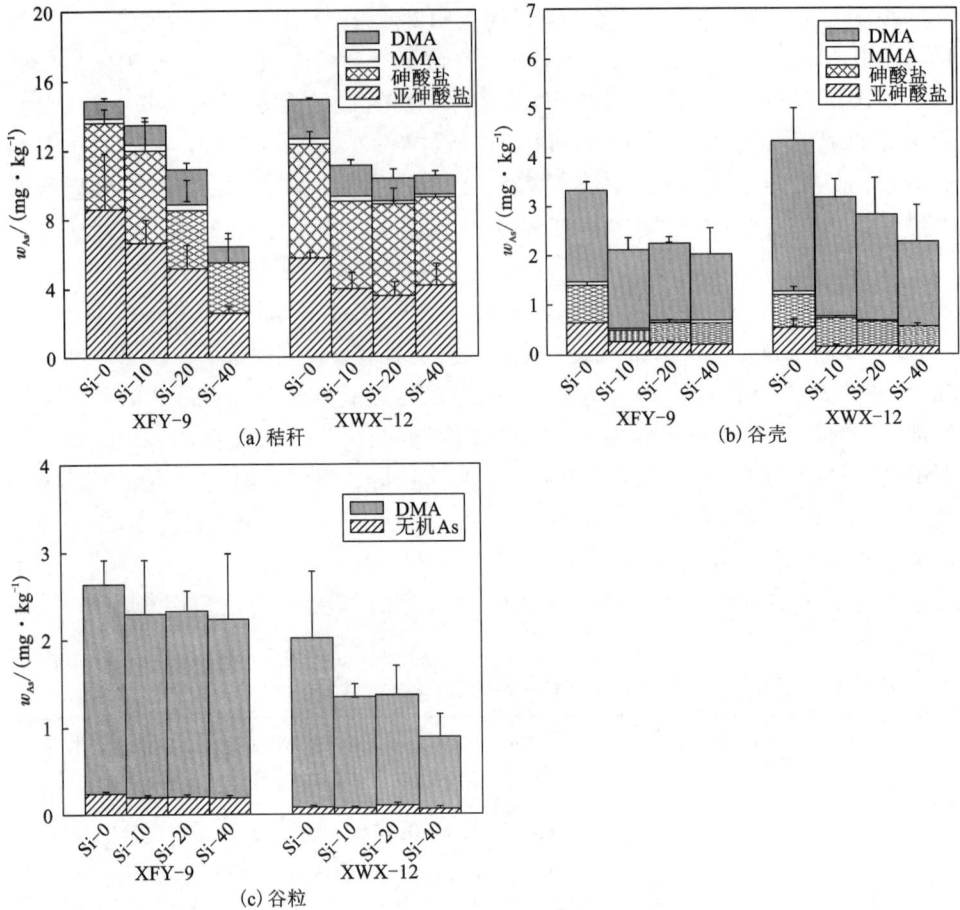

图 1-10 不同处理条件下水稻秸秆、谷壳和谷粒中的各种形态的 As 含量(平均值±标准差)

在 Si-0 处理条件下, XFY-9 和 XWX-12 谷壳中无机 As 含量最高, 分别为 1.41 和 1.20(mg/kg), 其无机 As 含量在所有砷形态含量中占比分别为 43% 和 28%(表 1-11)。加 Si 处理减少了无机 As 在水稻谷壳中的积累。XFY-9 和 XWX-12 谷壳中无机 As 的含量在 Si-40 处理条件下最低, 分别为 0.632 和 0.538(mg/kg), 相比不加 Si 处理, 无机 As 含量均下降 55%。随着 Si 处理浓度的增加, 谷壳中无机 As 的含量呈逐渐降低的趋势。加 Si 处理减少了有机 As 在水稻谷壳中的积累。在 Si-0 处理条件下, XFY-9 和 XWX-12 谷壳中 DMA 含量分别为 1.86 和 3.07 mg/kg, MMA 含量分别为 0.047 和 0.073(mg/kg)。随着 Si 处理浓度的增加, 水稻谷壳中有机 As 含量呈现逐渐减少的趋势。XFY-9 和 XWX-12 谷壳中有机 As 含量都是在 Si-40 处理条件下最低, DMA 含量分别为 1.36 和

1.72(mg/kg)，相比不加 Si 处理，分别降低了 27% 和 44%；MMA 含量分别为
0.031 和 0.025(mg/kg)，相比不加 Si 处理，分别降低了 34% 和 66%。水稻谷壳
中有机 As 含量(尤其是 DMA 含量)高于无机 As 含量[图 1-10(b)]。在 Si-0 处
理条件下，XFY-9 谷壳中 As(Ⅲ)和 As(Ⅴ)含量都比 XWX-12 高，但 DMA 含量
比 XWX-12 要低。随着 Si 处理浓度的增加，XFY-9 和 XWX-12 谷壳中无机 As
含量逐渐降低，DMA 含量也随之降低。

表 1-11　不同处理条件下水稻谷壳中不同形态的 As 含量(平均值±标准差，$n=3$)

水稻品种	处理条件	总砷浓度/(mg·kg⁻¹)	无机砷浓度/(mg·kg⁻¹)	DMA 浓度/(mg·kg⁻¹)	MMA 浓度/(mg·kg⁻¹)	无机砷[1]比率/%	回收率[2]/%
XFY-9	Si-0	5.84±2.40	1.410±0.056	1.86±0.19	0.047±0.009	43	57
	Si-10	4.35±1.17	0.958±0.133	1.61±0.25	0.033±0.003	37	60
	Si-20	3.06±1.14	0.635±0.058	1.59±0.11	0.045±0.015	28	74
	Si-40	3.32±1.87	0.632±0.265	1.36±0.53	0.031±0.020	31	61
XWX-12	Si-0	4.19±1.10	1.200±0.070	3.07±0.65	0.073±0.008	28	104
	Si-10	2.78±0.95	0.716±0.149	2.45±0.32	0.038±0.011	22	115
	Si-20	2.02±0.69	0.633±0.030	2.19±0.71	0.031±0.015	22	141
	Si-40	1.89±0.26	0.538±0.068	1.72±0.75	0.025±0.023	24	121

注：①无机砷比率(%)=(无机砷含量÷不同砷形态含量总和)×100%。
②回收率(%)=(不同砷形态含量总和÷总砷浓度)×100%。

在不加 Si 处理条件下(Si-0)，XFY-9 和 XWX-12 谷粒中无机 As 含量分别
为 0.235 和 1.630(mg/kg)(表 1-12)。加 Si 处理减少了无机 As 在水稻谷粒中的
积累。XFY-9 和 XWX-12 谷粒中无机 As 含量在 Si-40 处理条件下最低，分别为
0.198 和 0.076(mg/kg)，相比不加 Si 处理，无机 As 含量分别下降了 16% 和
20%。有机 As 是水稻谷粒中 As 的主要形态，占总 As 比例的 91%~95%。有机
As 主要为 DMA，未能检测到 MMA 的存在。在不加 Si 处理条件下，XFY-9 和
XWX-12 谷粒中 DMA 含量分别为 2.40 和 1.93(mg/kg)；在 Si-40 处理条件下最
低，分别为 2.04 和 0.82(mg/kg)，相比不加 Si 处理，DMA 含量分别降低了 15%
和 58%。随着 Si 处理浓度的增加，水稻谷粒中 DMA 含量逐渐降低，无机 As 含量
无明显变化[图 1-10(c)]。

表 1-12　不同处理条件下水稻籽粒中不同形态的 As 含量(平均值±标准差, $n=3$)

品种	处理	总 As 浓度/(mg·kg^{-1})	无机 As 浓度/(mg·kg^{-1})	DMA 浓度/(mg·kg^{-1})	MMA 浓度/(mg·kg^{-1})	无机 As 比率/%	回收率/%
XFY-9	Si-0	2.73±0.22	0.235±0.023	2.40±0.28	ND[①]	8.9	97
	Si-10	1.68±0.63	0.207±0.026	2.08±0.62	ND	9.1	136
	Si-20	1.80±0.07	0.211±0.023	2.12±0.23	ND	9.1	130
	Si-40	1.65±0.52	0.198±0.026	2.04±0.74	ND	8.9	136
XWX-12	Si-0	1.63±0.08	1.630±0.08	1.93±0.77	ND	4.6	124
	Si-10	1.04±0.13	0.074±0.012	1.27±0.15	ND	5.5	129
	Si-20	1.21±0.35	0.107±0.016	1.29±0.34	ND	7.7	115
	Si-40	0.94±0.47	0.076±0.011	0.82±0.25	ND	8.5	95

注: ①表示该物质低于仪器的检测限。

As 在水稻体内的主要形态为砷酸盐[As(Ⅴ)]、亚砷酸盐[As(Ⅲ)]、单甲基砷酸(MMA)和二甲基砷酸(DMA), 无机 As 的毒性相对较大, 是水稻体内 As 的主要形态(Akter K et al., 2005)。水稻吸收无机 As 的途径主要有两种: 一是 As(Ⅴ)与磷酸盐的性质类似, 经根部磷酸盐转运通道吸收进入水稻体内(Abedin M J et al., 2002); 二是 As(Ⅲ)经硅酸运输系统进入水稻体内(Ma J F et al., 2007)。Li 等(Li R Y et al., 2009)研究发现, 土壤施加硅肥虽然增加了土壤中可溶性 As 浓度, 但是减少了水稻秸秆和谷粒中的砷含量, 相比对照处理, 秸秆和谷粒砷含量分别降低 78% 和 16%。Liu 等(Liu W et al., 2014)的研究也证实了此结果。外源 Si 导致土壤中可溶性 As 浓度升高, 但水稻对 As 的吸收反而降低, 说明 Si 明显地抑制了水稻对 As 的吸收, 而且抑制作用远大于 Si 对土壤中可溶性 As 的影响。郭等(郭伟等, 2006)研究发现, 在低 As 土壤中添加外源 Si, 水稻地上部 As 含量降低了 36%~59%, 地下部 As 含量降低了 15%~37%, 基地上部磷浓度无显著变化; 在高 As 土壤中加外源 Si, 水稻地上部 As 含量降低 42%~58%, 地下部 As 含量降低 70%~82%, 基地上部磷浓度增加了 18%~39%。外源 Si 可以交换土壤中吸附的磷, 使吸附态磷得到释放, 从而增加土壤中有效磷浓度(郭伟等, 2006)。因此, 土壤中添加外源 Si, 一方面通过硅酸盐与 As(Ⅲ)形成吸收竞争作用抑制水稻对 As(Ⅲ)的吸收; 另一方面外源 Si 可通过增加土壤中有效磷浓度促进水稻对磷酸盐的吸收而抑制水稻对 As(Ⅴ)的吸收。水稻谷粒中存在较大比例的二甲基砷(DMA), 作为水稻体内有机 As 的主要形态, DMA 能够反映水稻对甲基 As 的吸收及转化机制。Lomax 等(Lomax C et al., 2012)研究发现, 在无菌营养液中生长的水稻各部位均检测不到甲基 As, 而在有菌条件下培养的水稻的一些部位中能够检测到少量的甲基 As。Jia 等(Jia Y et al.，2012)和 Zhao 等(Zhao F J et al.，2013)的研究也进一步证实水稻缺乏 As 甲基化的能力，水稻体内甲基砷来源于生长介质。一些研究报道土壤中添加外源 Si 能增加 DMA 在水稻谷粒中的积累。Liu 等(Liu W et al.，2014)研究发现 Si 处理不仅提高了土壤溶液中 DMA 浓度，而且增加了谷粒中 DMA 含量。Si 可能通过抑制 DMA 在土壤中的固相吸附或者取代土壤中的吸附位点来提高 DMA 的生物有效性。

加 Si 处理显著地降低了 4 个水稻品种根部、秸秆、谷壳和籽粒部位的 As 含量；外源 Si 处理浓度越高，其减少水稻各部位 As 含量的效果越好，在 XFY-9、XWX-12 的根部、谷壳和谷粒中表现最明显(图 1-8)。这与之前的研究结果一致(Fleck A T et al.，2013.；Li R Y et al.，2009；Liu W et al.，2014)，加 Si 处理显著地减少了水稻体内 As 含量。水稻是喜 Si 的植物，秸秆中 SiO_2 含量可高达 20%(侯彦林等，2005)，其地上部对 Si 的积累甚至比氮(N)、磷(P)、钾(K)等营养元素更高。因此，在水稻对 Si 的正常需求范围内，外源 Si 浓度越高，其对 As 的抑制作用越强烈。由 Si 对土壤 As 结合态影响结果可知(图 1-8)，随着 Si 处理浓度的增加，根际和非根际土壤中特异性吸附态 As 含量均逐渐增加，而残渣态 As 含量都有所降低。特异性吸附态 As 的生物有效性高，残渣态 As 的生物有效性很低，加 Si 处理提高了土壤中 As 的有效性。Seyfferth 等(Seyfferth A L et al.，2012)和 Fleck 等(Fleck A T et al.，2013)研究发现加 Si 处理提高了土壤溶液中 As 的浓度，Liu 等(Liu W et al.，2014)研究也证实土壤添加外源 Si 增加了土壤溶液中无机 As 的浓度和 DMA 浓度。土壤溶液中 As 浓度直接影响了水稻对 As 的吸收，而特异性吸附态 As 含量的增加势必使释放到土壤溶液中 As 的浓度升高，但是实验结果并没有显示水稻对 As 吸收的增加，反而水稻各部位 As 含量均因 Si 的加入而降低，所以本实验结果也证实了 Si 抑制水稻对 As 吸收的作用远高于其对土壤溶液 As 浓度的影响。

随着 Si 处理浓度的增加，水稻秸秆 As(Ⅲ)和 As(Ⅴ)含量均逐渐降低，谷壳和谷粒中 As(Ⅲ)的含量都有所下降(图 1-10)。Liu 等(Liu W et al.，2014)研究也发现土壤中添加 Si 减少了水稻组织内无机 As[尤其是 As(Ⅲ)]的含量。Fleck 等(Fleck A T et al.，2013)研究报道，添加 Si 后水稻地上部 As(Ⅲ)含量降低了 33%。As(Ⅲ)通过硅酸运输通道进入水稻，目前已证实有 2 种硅酸转运载体(Lsi1 和 Lsi2)参与吸收 As(Ⅲ)，其中 Lsi2 作用于 As(Ⅲ)在水稻木质部的运输，对水稻地上部 As 积累影响更大(Ma J F et al.，2008)。因此，外源 Si 的添加提高了土壤溶液中 Si 浓度，促进了水稻对 Si 的吸收，通过与 As(Ⅲ)的竞争吸收作用抑制了水稻对 As(Ⅲ)的吸收，从而减少了 As(Ⅲ)在水稻根细胞中的积累；As(Ⅲ)由载体 Lsi2 从根部经木质部向水稻地上部转运，水稻体内 Si 含量的增加占用更多的载体 Lsi，进一步影响 As(Ⅲ)向地上部各组织的转运。由 Si 对水稻根表铁膜影响的实验结果可知(图1-9),随着 Si 处理浓度的增加,根表铁膜中 Fe 含量逐渐上升。一些研究表明,土壤添加外源 Si 增加了土壤溶液中的 Fe 浓度(Fleck A T et al., 2013)。一方面土壤溶液中 Fe 浓度增加促进了根表铁膜的形成,铁膜对 As(Ⅴ)和 As(Ⅲ)都有很强的吸附能力,但是对 As(Ⅴ)的吸附能力更强,从而减少了水稻根细胞对 As(Ⅴ)的吸收;另一方面 Si 与 Fe^{3+} 共沉淀生成硅酸铁沉积在水稻根表面,虽然硅酸铁对 As 的吸附能力不明显,但能阻碍土壤中 As 向根细胞的迁移。实验结果表明加 Si 处理增加了根表铁膜中 Fe 含量,但铁膜中 As 含量并没有随之明显地增加,由于大量研究已经证实铁膜含量与铁膜中 As 成正相关关系,而本实验中 Fe 含量的增加并没有引起铁膜中 As 含量的显著增加,主要原因可能是根表大部分 Fe 与 Si 发生共沉淀生成硅酸铁。基于以上分析,加 Si 处理也在一定程度上间接地减少了水稻对 As(Ⅴ)的吸收。

实验结果还表明,Si 处理减少了水稻谷壳和籽粒中 DMA 的含量,随着外源 Si 处理浓度的增加,DMA 含量逐渐降低。这与当前一些相关研究的结果不一致。Li 等(Li R Y et al., 2009)研究表明土壤施加 Si 肥(20 g SiO_2 gel/kg 土)使水稻谷粒 DMA 含量增加了 33%;Liu 等(Liu W et al., 2014)研究也发现 Si 处理增加了水稻谷粒中 DMA 含量,-Si 处理时谷粒 DMA 含量占总 As 比例的 11%,+Si 处理(20 g SiO_2 gel/kg 土)时 DMA 占总 As 比例的 39.2%,相比-Si 处理增加将近3.9 倍。Liu 等把 Si 处理增加水稻组织中 DMA 含量的原因主要归结为外源 Si 释放的硅酸通过抑制 DMA 的吸附或促进 DMA 的解吸作用,提高了 DMA 在土壤中的有效性,从而导致水稻对 DMA 吸收的增加。但是,Fleck 等(Fleck A T et al., 2013)在土培实验中添加 10 g/kg 的 SiO_2 gel,发现水稻精米 DMA 含量并没有明显的变化。Kersten 等(Kersten M et al., 2015)研究发现硅酸对 DMA 在生物地球化学的铁氧化物体系中的竞争作用比对 As(Ⅲ)更强。DMA 的生物吸收途径比 As(Ⅲ)和 As(Ⅴ)的吸收过程更复杂,受土壤孔隙水 pH 的影响较大。在水稻田孔隙水 pH 范围内,DMA(pK_a=6.3)主要以中性分子和负离子形态共存:DMA 为中性时,它的吸收途径可能与硅酸运输通道类似;当 DMA 为负离子时,其吸收过程可能由磷酸盐运输载体控制,其行为与 As(Ⅴ)类似(Kersten M et al., 2015)。当土壤孔隙水中 Si 浓度较低时,Si 与 As(Ⅲ)竞争土壤颗粒上的吸附位点,导致吸附态 As 向土壤溶液中释放,增加了水稻根细胞对 As(Ⅲ)的吸收;当孔隙水 Si 浓度较高时,Si 对 As(Ⅲ)的吸收竞争作用增强,从而抑制了水稻对 As(Ⅲ)的吸收以及 As(Ⅲ)在木质部的转运(Seyfferth A L et al., 2012)。本实验结果中水稻谷壳和籽粒 DMA 含量随 Si 处理浓度增加而降低,主要原因可能为土壤孔隙水中较高浓度的 Si 对水稻吸收 DMA 的吸收竞争作用强于对 DMA 在土壤颗粒吸附位点的吸附竞争作用,从而使得 Si 处理抑制了水稻对 DMA 的吸收。

不同水稻品种的渗氧率存在显著的差异($P<0.01$),常规稻的渗氧能力显著

高于杂交稻品种($P<0.01$)。不同渗氧能力水稻品种地上部和地下部的 As 含量存在显著差异($P<0.001$),高渗氧能力水稻品种地上部的 As 含量显著低于低渗氧品种($P<0.001$),硅显著降低了水稻地上部和地下部 As 含量($P<0.001$),减少了地上部的无机砷含量。无机 As 是水稻地上部 As 的主要形态,其中三价砷(As(Ⅲ))含量比五价砷(As(Ⅴ))高。此外不同渗氧能力水稻品种根表铁膜中铁(Fe)含量存在显著差异($P<0.01$),高渗氧水稻品种根表铁膜含量更高。与低渗氧能力水稻品种相比,高渗氧能力水稻品种根表铁膜中 Fe、Mn 含量较高。加 Si 处理显著增加了水稻根表铁膜中 Fe($P<0.05$)含量。根际土壤无定形铁铝氧化物结合态 As 最高,非根际土壤结晶铁铝氧化物结合态 As 最高。加 Si 处理降低了土壤残渣态 As,增加了特异性吸附态 As。同时,加 Si 处理显著降低了水稻根部($P<0.005$)、秸秆($P<0.05$)和谷壳($P<0.001$)As 含量,减少了无机 As 和有机 As(主要是 DMA)在水稻谷壳和籽粒中的积累。水稻秸秆中无机 As 是 As 的主要形态,而谷壳和籽粒中有机 As 是 As 的主要形态。

第2章　砷污染土壤钝化修复

随着我国"土十条"等一系列有关环境的法律、法规、制度的出台，"VIP+n"修复 Cd 污染技术等一系列污染环境治理措施的实施以及环保企业如雨后春笋一样成立发展与崛起，土壤重金属污染问题已成为政府关注的重点以及群众直接面临的危机。砷在环境中普遍存在，对动植物生长和人体健康都有很高的毒性。近年来，土壤砷污染问题逐渐凸显，主要是由于企业开采和冶炼、燃煤电厂的工业生产活动及含砷农药和化肥的使用等农业行为造成的。湖南是"有色金属之乡"，水稻作为南方主要的粮食作物，稻田砷污染会对土地资源循环再利用、城市布局与规划乃至对人类的身体健康造成大小不一的威胁。因此，砷污染土壤的治理势在必行。研发及应用钝化砷效果好，具有较强的稳定性，且对环境无害的钝化剂，探究其对土壤−水稻砷/铁吸收转化是今后治理和解决稻田砷污染的主要研究方向。

2.1　基于生物炭改性的砷钝化剂筛选及稳定

2.1.1　赤泥−生物炭对砷的吸附性能

吸附−解吸过程对砷在土壤−水−植物环境系统中的行为起着至关重要的作用(Tyrovola K et al.，2009)。如今有许多技术用于治理含砷污染的废水，如吸附法，活性污泥法，超声波处理，膜处理等。吸附法仍然是治理砷污水实施案例最多、应用最广的方法之一，其得益于该方法具有耗费少，见效快，操作易等优势。

生物炭具有多孔隙结构特性，该特性有助于一些物质进入其孔隙并广泛分布在其孔隙中。此外，赤泥由于其含有大量铁铝氧化物，赤泥表面带有大量的羟基官能团并且具有多孔结构，使其对 As 的吸附性能高(吴川等，2016)。再加上这两者兼有来源广泛，数量丰富且耗费低等优势，则可考虑将这两个优势互补，合成新型材料。然而，国内外研究目前并没有考虑这两种物质的结合。

为了结合赤泥和生物炭的共同优点，我们通过表面改性方法，合成了新型复合材料赤泥−生物炭。采用一些分析测试方式，测定赤泥−生物炭基本性质及材料表征；探讨了未经赤泥改性生物炭、赤泥−生物炭这两种吸附材料对 As 的吸附性能，考察了 pH、时间、初始浓度对吸附 As 的影响；通过同步辐射 XANES 分析，讨论可能存在的吸附机制。

2.1.1.1　材料的特征

1）材料的形貌特征及其能谱

材料的比表面积和形貌表征对其吸附性能具有重要的影响。

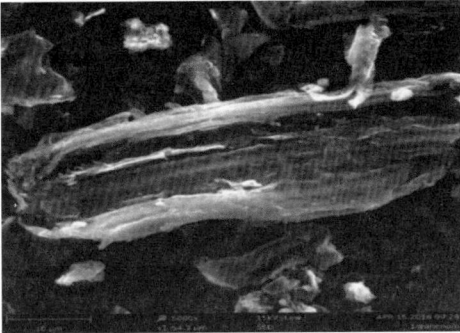

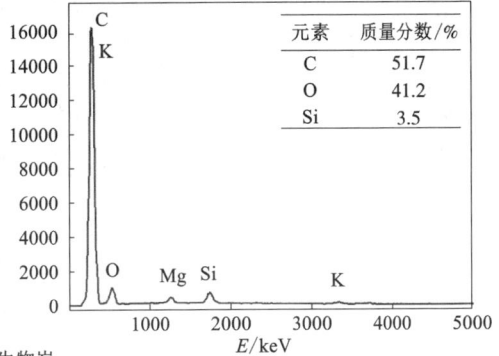

（a）生物炭

元素	质量分数/%
C	51.7
O	41.2
Si	3.5

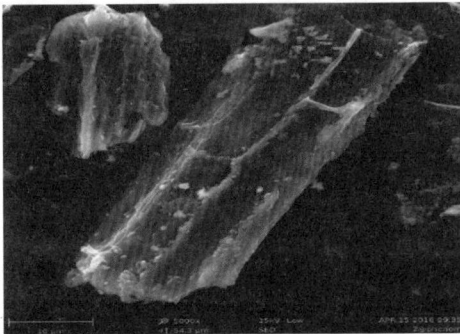

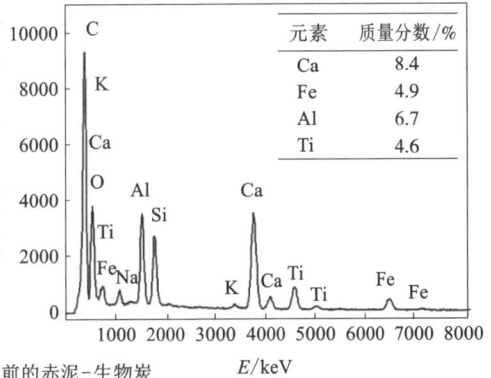

（b）发生吸附之前的赤泥-生物炭

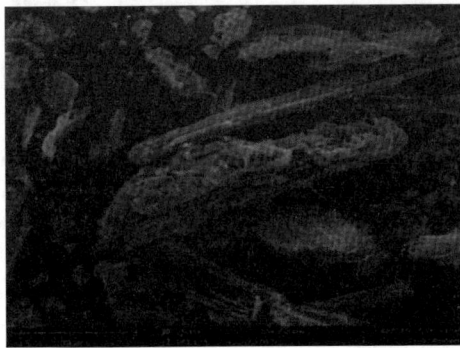

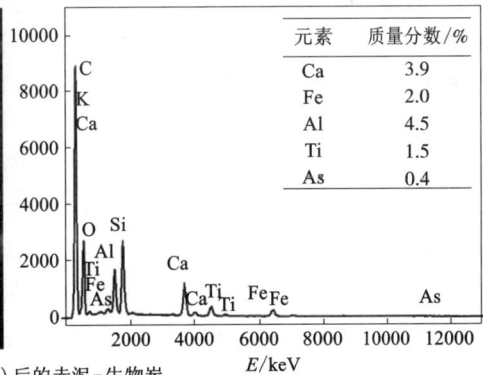

元素	质量分数/%
Ca	8.4
Fe	4.9
Al	6.7
Ti	4.6

（c）吸附As（V）后的赤泥-生物炭

元素	质量分数/%
Ca	3.9
Fe	2.0
Al	4.5
Ti	1.5
As	0.4

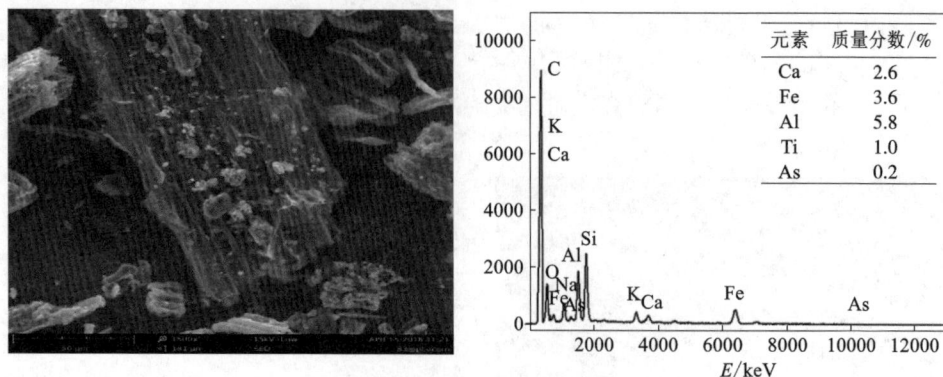

(d) 吸附As(Ⅲ)后的赤泥-生物炭

图 2-1　生物炭和赤泥-生物炭的扫描电镜-能谱图

生物炭(BC)、赤泥-生物炭(RM-BC)的比表面积 S_{BET} 分别为 210.29 m^2/g、186.95 m^2/g，RM-BC 的 S_{BET} 低于 BC 的 S_{BET}，归因于赤泥的负载堵塞了部分生物炭中的孔隙使得 S_{BET} 下降，从而进一步确认赤泥颗粒负载到生物炭表面。图 2-1 所示为 BC 和 RM-BC 的形貌以及 RM-BC 吸附 As(Ⅴ)和 As(Ⅲ)后的形貌变化，赤泥-生物炭表面褶皱较多，比生物炭粗糙，且有颗粒状的物体。能谱分析表明，与生物炭相比，赤泥-生物炭出现钙、铝、钛、钠、铁元素新的峰从而更加确定赤泥成功地负载在生物炭表面。此外，发生吸附之前，赤泥-生物炭的点扫能谱未检测到砷元素。吸附之后，砷元素出现在了赤泥-生物炭的表面从而证明了吸附过程的发生。

2)X 射线衍射(XRD)特征

X 射线衍射分析(图 2-2)表明，生物炭(BC)、赤泥-生物炭(RM-BC)的矿物结构有很大的区别。从 XRD 图中可以看出，RM-BC 显示出一部分晶形矿物峰：赤铁矿(Fe_2O_3)，方解石($CaCO_3$)，磁铁矿(Fe_3O_4)，针铁矿 [FeO(OH)]，三水铝石 [Al(OH)$_3$]，钙钛矿($CaTiO_3$)，而这些矿物未出现在生物炭的 XRD 图中。XRD 分析结果更加证明了生物炭表面的确负载了赤泥颗粒。

2.1.1.2　不同 pH 下的吸附量

pH 由 2 上升至 12 时，赤泥-生物炭(RM-BC)对 As(Ⅴ)的吸附量随着溶液 pH 升高而下降[图 2-3(a)]。当 pH=2 时，RM-BC 对 As(Ⅴ)吸附量达到最大，吸附量 Q 为 1622.51 $\mu g/g$。pH 从 2 升高至 6 时，生物炭(BC)对 As(Ⅴ)的吸附量也会随之提高。当 pH=6 时，BC 吸附 As(Ⅴ)达到最大，其 Q 为 481.61 $\mu g/g$。同赤泥-生物炭比较，未经赤泥浸渍处理的秸秆所制的生物炭具有较弱 As(Ⅴ)吸附性能。

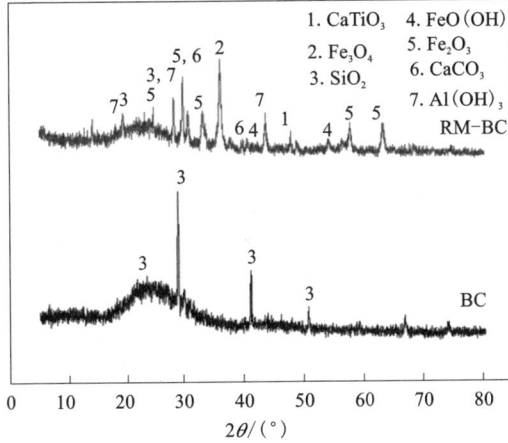

图 2-2　生物炭和赤泥-生物炭 XRD 图谱

　　生物炭、赤泥-生物炭对 As(Ⅲ) 的吸附量随 pH 变化曲线相似[图 2-3(b)]。当 pH 从 2 升高至 10，吸附量随着 pH 的增加而增加。而 pH 由 10 变化至 12 时，BC、RM-BC 均呈现下降趋势。实验结果表明 As(Ⅴ) 在酸性 pH 范围内更容易被吸附，与之相反，As(Ⅲ) 在碱性的条件下更容易地被吸附。总体来看，赤泥-生物炭优于生物炭对 As(Ⅴ) 和 As(Ⅲ) 的吸附能力。

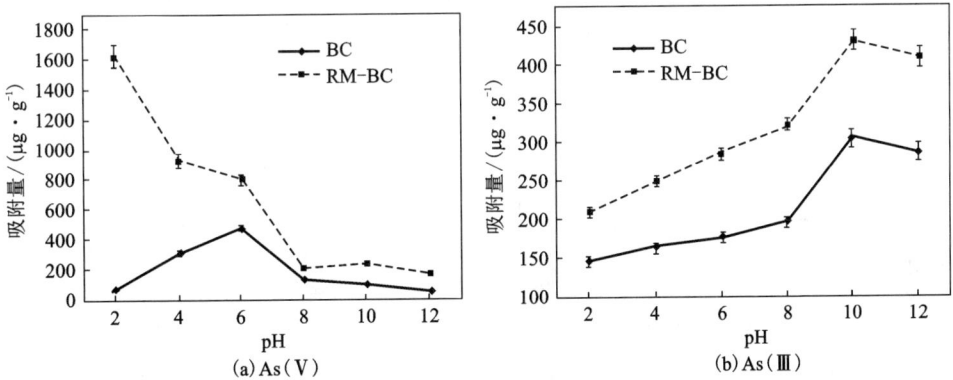

图 2-3　pH 对生物炭、赤泥-生物炭对 As(Ⅴ) 和 As(Ⅲ) 的吸附量的影响

　　pH 作为一个关键性因素，影响 As 形态分布及赤泥-生物炭或生物炭表面电位(Azzam A M et al., 2016; Sigdel A et al., 2016)。As(Ⅲ) 和 As(Ⅴ) 的形态随水体溶液 pH 的变化具有不同的形式。其电离方程式如下(Wei Z et al., 2016)：

$$As(Ⅲ): H_3AsO_3 \longleftrightarrow H_2AsO_3^- + H^+ \qquad pK_{a1} = 9.23 \qquad (2-1)$$

$$H_2AsO_3^- \longleftrightarrow HAsO_3^{2-} + H^+ \qquad pK_{a2} = 12.10 \qquad (2-2)$$

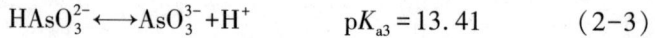

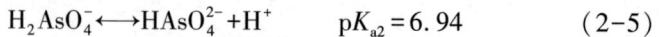

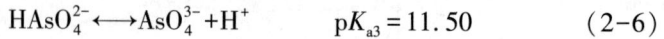

$$HAsO_3^{2-} \longleftrightarrow AsO_3^{3-}+H^+ \qquad pK_{a3}=13.41 \qquad (2-3)$$

$$As(V): H_3AsO_4 \longleftrightarrow H_2AsO_4^-+H^+ \qquad pK_{a1}=2.24 \qquad (2-4)$$

$$H_2AsO_4^- \longleftrightarrow HAsO_4^{2-}+H^+ \qquad pK_{a2}=6.94 \qquad (2-5)$$

$$HAsO_4^{2-} \longleftrightarrow AsO_4^{3-}+H^+ \qquad pK_{a3}=11.50 \qquad (2-6)$$

pH<表面零点电位(pH_{PZC})，RM-BC 和 BC 表面电位呈正电位。此时，As(V)主要以 $H_2AsO_4^-$ 形态存在。吸附发生可能是因为静电作用和化学吸附（Cheng Q et al.，2016）。当 pH 较高时，As(V)主要形态是 $HAsO_4^{2-}$ 和 AsO_4^{3-}。但是，RM-BC 和 BC 表面可利用的吸附位点随溶液 pH 增大逐渐减少。当 pH>pH_{PZC} 时，RM-BC 和 BC 表面电位呈负电位，与阴离子存在静电斥力，导致吸附量降低。同时，OH^- 的存在会与 $HAsO_4^{2-}$ 和 AsO_4^{3-} 产生竞争作用，大大降低吸附剂的吸附性能（冯彦房等，2015）。另外，有研究表明，赤泥的性质及矿物组成将会随 pH 变化而变化，而且赤泥的比表面积随 pH 增加而降低（Castaldi P et al.，2010）。

As(Ⅲ)的吸附量随 pH 增加而增加这一现象也与 Manju 等（Manju G N et al.，1998）采用 Cu 浸渍活性炭作为吸附剂研究现象一致。对于 As(Ⅲ)溶液来说，RM-BC 和 BC 均在 pH 为 8~10 时吸附量达到极大值[图 2-3(b)]。本实验所制备的材料 RM-BC、BC 同 Baig 等（Baig S A et al.，2014）所制备的磁性生物炭材料呈现性能最佳时溶液 pH 结果相同。然而，于志红等（于志红等，2015）研发锰氧化物改性生物炭材料呈现性能最佳时溶液 pH=3。与本文所研发的材料 RM-BC、BC 差异较大，可能碳基吸附材料改性方式、原材料、焙烧温度等不同呈现出对砷吸附性能的差异。

2.1.1.3 吸附动力学

BC 与 RM-BC 对 As(Ⅲ)和 As(V)的吸附动力学过程均遵循以下两个阶段：(1)快速吸附阶段：当吸附刚开始时，吸附速率较快。伴随吸附时间的不断延长，吸附速率逐渐变小。(2)吸附平衡阶段：吸附速率不再发生太大的改变时，此时吸附已达到平衡状态。由此可知，吸附阶段的划分主要是以吸附速率为依据的。此外，BC 与 RM-BC 对 As(Ⅲ)和 As(V)吸附达到第二阶段时均在 24 h 之内（图 2-4）。

将所有的吸附过程使用准一级动力学模型 $[y=q\times(1-\exp(-k\times x))]$、准二级动力学 $[y=(k\times x\times q^2)/(1+q\times k\times x)]$、Elovich 模型 $[y=1/a\times\ln(a\times b\times x+1)]$、粒子内部扩散模型 $[y=k\times x^{(1/2)}+C]$ 分别进行拟合处理，这些模型分别适合于描述单层吸附、双层吸附、考虑解吸的吸附过程以及吸附过程控制速率步骤。表 2-1 所示为 BC、RM-BC 对 As 的模型拟合及参数。与其他三种模型相比，BC、RM-BC 对 As(V)吸附动力学更好匹配准二级动力学模型（$R^2=0.987$；$R^2=0.957$）。

然而,对于 As(Ⅲ)而言,BC、RM-BC 最佳匹配模型不一致。前者更适合准二级动力学模型($R^2 = 0.960$),后者与 Elovich 模型吻合度最佳($R^2 = 0.962$)。无论是对于 As(Ⅲ)还是 As(Ⅴ),RM-BC 的吸附性能均明显高于 BC(表 2-1)。

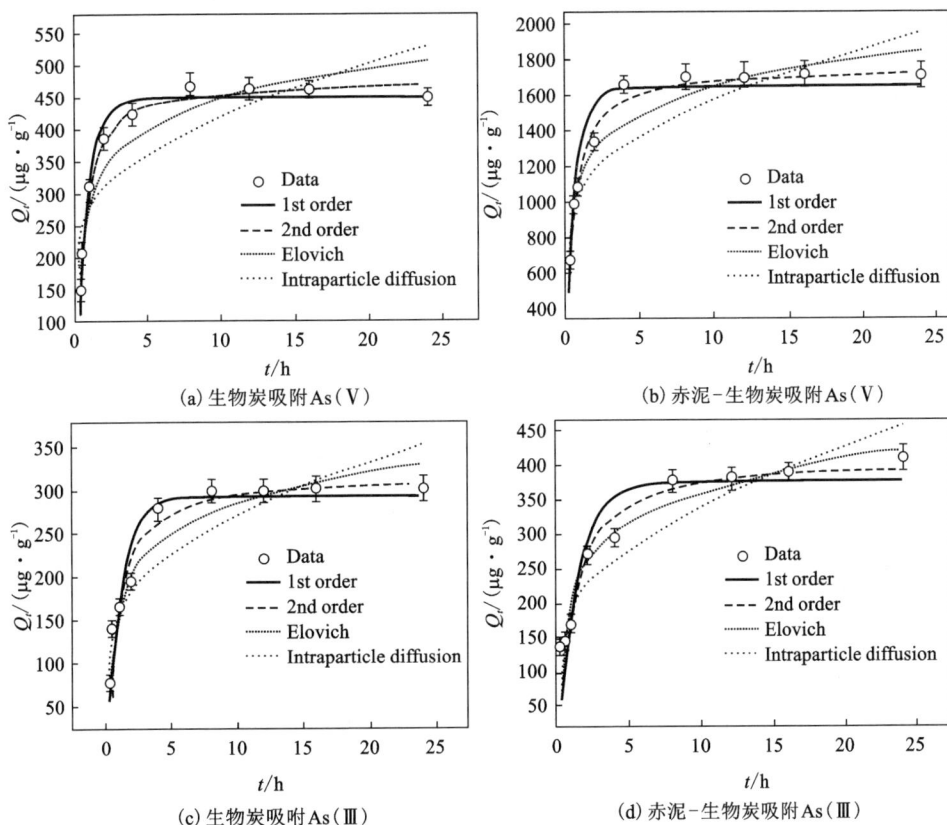

(a)生物炭吸附As(Ⅴ)　　　　　(b)赤泥-生物炭吸附As(Ⅴ)

(c)生物炭吸咐As(Ⅲ)　　　　　(d)赤泥-生物炭吸附As(Ⅲ)

图 2-4　吸附剂对 As 吸附动力学及模型拟合

表 2-1　生物炭(BC)、赤泥-生物炭(RM-BC)吸附砷的动力学方程及参数

模型		BC	RM-BC	BC	RM-BC
		As(Ⅴ)	As(Ⅴ)	As(Ⅲ)	As(Ⅲ)
准一级动力学模型	k_1/h^{-1}	1.195	1.446	0.805	0.686
	$q_e/(\mu g \cdot g^{-1})$	451.4	1656.5	296	377.9
	R^2	0.983	0.900	0.948	0.911
准二级动力学模型	$k_2/(g \cdot \mu g^{-1} \cdot h^{-1})$	0.00357	0.00126	0.00366	0.00236
	$q_e/(\mu g \cdot g^{-1})$	482.9	1758.6	319.5	412
	R^2	0.987	0.957	0.960	0.927

续表2-1

模型		BC	RM-BC	BC	RM-BC
		As（V）	As（V）	As（Ⅲ）	As（Ⅲ）
Elovich 模型	$\beta/(\mu g \cdot g^{-1})$	0.0143	0.00435	0.019	0.0144
	$\alpha/(\mu g \cdot g^{-1})$	4168.5	31085.8	1196.7	1253.1
	R^2	0.884	0.917	0.928	0.962
粒子内部扩散模型	$K_d/(\mu g \cdot g^{-1} \cdot min^{-1/2})$	62.96	212.94	48.95	66.57
	$C/(\mu g \cdot g^{-1})$	233.1	908.7	115.1	132.9
	R^2	0.666	0.730	0.766	0.884

实验结果表明：(1)结合模型拟合结果和准二级模型理论可知，BC、RM-BC表面吸附位点的数量影响吸附速率快慢，速率控制阶段可能是因为发生化学吸附（Mohan D et al.，2011；Taty-Costodes V C et al.，2003）。(2)RM-BC吸附As(Ⅲ)动力学属于Elovich模型，说明吸附是非均匀过程，可能受多种机理的影响（Yao Y et al.，2014）。(3)BC、RM-BC对As(V)的吸附能力优于As(Ⅲ)。此外，RM-BC对As(V)的吸附量远优于BC。

2.1.1.4 吸附热力学

当As初始浓度变大，所有吸附曲线均呈现吸附量首先迅速增大，然后逐渐达到吸附饱和状态（图2-5）。对BC、RM-BC吸附As过程进行Langmuir模型$[y=(q \times k \times x)/(1+k \times x)]$和Freundlich模型$(y=k \times x^n)$拟合（表2-2）。BC、RM-BC吸附As(V)和As(Ⅲ)Langmuir相关系数R^2分别为$R^2=0.949$；$R^2=0.997$；$R^2=0.991$；$R^2=0.995$，均高于Freundlich模型$R^2=0.786$；$R^2=0.985$；$R^2=0.898$；$R^2=0.911$。由此推出，BC、RM-BC吸附等温线用Langmuir模型描述更适合。经计算赤泥-生物炭对于As(V)、As(Ⅲ)的Langmuir最大吸附量Q_{max}分别为5923.8、520.0 $\mu g/g$；然而，生物炭对于As(V)、As(Ⅲ)的Langmuir最大吸附量Q_{max}仅仅只有552.0 $\mu g/g$、447.6 $\mu g/g$；与BC的Q_{max}相比，RM-BC对As(V)、As(Ⅲ)的Q_{max}分别是BC的10.7倍、1.16倍。由此可知，RM-BC能显著提高BC对As(V)的吸附性能，只能略提升BC对As(Ⅲ)的吸附性能。

Langmuir一般被用于阐述单层吸附，理论上，RM-BC、BC的表面可吸附位点数量明确、可数（Awwad N S et al.，2010）。BC、RM-BC对As的吸附均符合Langmuir模型，这与学者研发的碳基材料拟合结果相一致（Wang S et al.，2015；Zhang M et al.，2013；Gu Z et al.，2005）。RM-BC对As的吸附性能优于BC。根据模型推测其可能的缘由：赤泥所具有的独特的物化性质，当其负载在生物炭上时，能够增加更多的吸附位点（Wang S et al.，2015；Li R et al.，2016）。

在 Langmuir 模型中，R_L 分离常数常常被用来判断吸附过程是否为良性的，即是否利于吸附进行（Mahmoud M E et al.；2016；Sun L et al.，2015）。

$$R_L = \frac{1}{1+K_L C_0} \qquad (2-7)$$

式中：C_0 为溶液的初始浓度，mg/L；K_L 为 Langmuir 常数，L/mg。

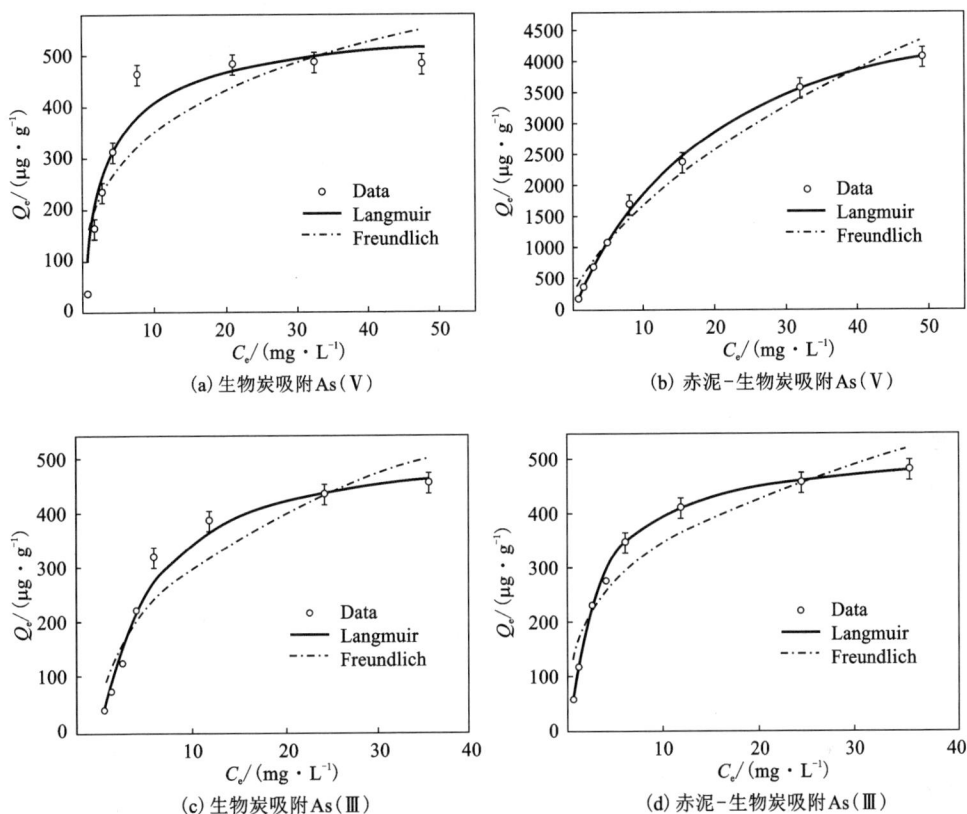

图 2-5　吸附剂对 As 吸附热力学及模型拟合

表 2-2　生物炭（BC）、赤泥-生物炭（RM-BC）吸附砷的热力学方程及参数

吸附剂	As	Langmuir 模型			Freundlich 模型		
		$k/\mu g^{-1}$	$Q_{max}/(\mu g \cdot g^{-1})$	R^2	$k/(\mu g^{(1-n)} \cdot L^n \cdot g^{-1})$	n	R^2
BC	As(V)	0.296	552.0	0.949	179.2	0.293	0.786
RM-BC	As(V)	0.0465	5923.8	0.997	452.9	0.579	0.985
BC	As(Ⅲ)	0.179	447.6	0.991	119.9	0.401	0.898

续表2-2

吸附剂	As	Langmuir 模型			Freundlich 模型		
		$k/\mu g^{-1}$	$Q_{max}/(\mu g \cdot g^{-1})$	R^2	$k/(\mu g^{(1-n)} \cdot L^n \cdot g^{-1})$	n	R^2
RM-BC	As(Ⅲ)	0.333	520.0	0.995	171.2	0.312	0.911

当 $R_L=0$ 时,为不可逆吸附;当 $0<R_L<1$ 时,为良性吸附;当 $R_L=1$ 时,为线性吸附;当 $R_L>1$ 时,则为不利于吸附。由于所有的吸附等温线都符合 Langmuir 模型,经计算:赤泥-生物炭吸附 As(Ⅴ)、As(Ⅲ)的 R_L 范围分别为 0.303~0.970,0.0778~0.860;生物炭吸附 As(Ⅴ)、As(Ⅲ)的 R_L 范围分别为 0.0663~0.825,0.136~0.919。RM-BC、BC 对 As 的所有的吸附过程 R_L 处于 0 至 1 之间,从而可以推出吸附过程均为良性。

2.1.1.5 吸附机理研究

RM-BC 呈现出较强的吸附 As(Ⅴ)性能(表 2-1 和表 2-2)。此外,由于 As(Ⅲ)稳定性较差,极易发生氧化反应。因此,我们研究 As(Ⅴ)吸附在 RM-BC 上的吸附机理。

As 的参比样和 RM-BC 吸附 As(Ⅴ)后 K 边 XANES 谱见图 2-6。XANES 谱表明赤泥-生物炭吸附 As(Ⅴ)后,As(Ⅴ)和 As(Ⅲ)均存在于吸附剂的表面,As(Ⅴ)是最主要的形态,占总 As 的 97.6%。此外,使用 Athena 软件中线性拟合 LCF 结果表明:As 主要吸附在 3 种矿物相,这 3 种矿物相均存在于赤泥-生物炭中,包括赤铁矿-As(Ⅴ)(53.5%)、磁铁矿-As(Ⅴ)(33.8%)、三水铝矿-As(Ⅴ)(13.6%)(表 2-3)。

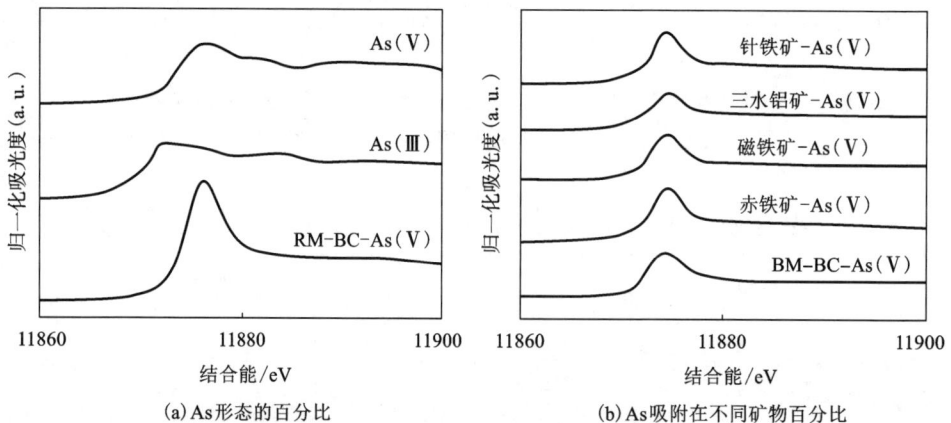

(a)As 形态的百分比　　　(b)As 吸附在不同矿物百分比

图 2-6　归一化后 As(Ⅴ)吸附在赤泥-生物炭的砷的 K 边 XANEs 谱

表 2-3　赤泥-生物炭(RM-BC)吸附As(V)的参照谱的 SPOIL 值

参考	SPOIL	R	LCF 结果/%
			RM-As(V)
As(Ⅲ)	0	0.01865	2.4
As(V)	0.3172	0.02239	97.6
R 因子			0.00868
卡方			0.0697
三水铝矿-As(V)	0	9.16×10^{-7}	13.6
赤铁矿-As(V)	0	1.37×10^{-7}	53.5
磁铁矿-As(V)	1.0423	5.61×10^{-5}	33.8
R 因子			0.00241
卡方			0.193

铁铝氧化物的存在及含量对去除 As 效率至关重要(Wang Y et al.，2014；Zhang G et al.，2014；Lafferty B J et al.，2005)。赤泥-生物炭(RM-BC)富含以下铁、铝氧化物的矿物相:赤铁矿(Fe_2O_3)、针铁矿($FeO(OH)$)、磁铁矿(Fe_3O_4)、三水铝矿($Al(OH)_3$)，这与 XRD 检测结果一致，也与一些文献报道的赤泥主要的化学成分相吻合(Samal S et al.，2013；Liu Y et al.，2014；Li X et al.，2009)。As(V)吸附在不同矿物上的百分比结果表明赤铁矿、磁铁矿、三水铝石与砷的吸附密切相关。Ladeira 等 (Ladeira A C Q et al.，2001) 发现 Al(OH)$_3$ 会与As(V)发生络合反应形成内层双齿配合物从而达到吸附 As 的目的。另外，赤铁矿、针铁矿和磁铁矿对 As(V)也具有较强的吸附能力，其中，赤铁矿在酸性 pH条件下吸附性能最佳(Gimenez J et al.，2007；Mamindy-Pajany Y et al.，2009)。砷酸根能强烈地固定在铁氧化物中是由于通过配体交换形成内层络合物(Mamindy-Pajany Y et al.，2011)。

根据表 2-3 和图 2-6，以及结合学者的研究，推测 RM-BC 固定 As(V)机制(图 2-7)，大致有如下 3 种:静电吸附;通过离子配位形成内层络合物(单齿或双齿配合物);As 与表面官能团的化学作用。

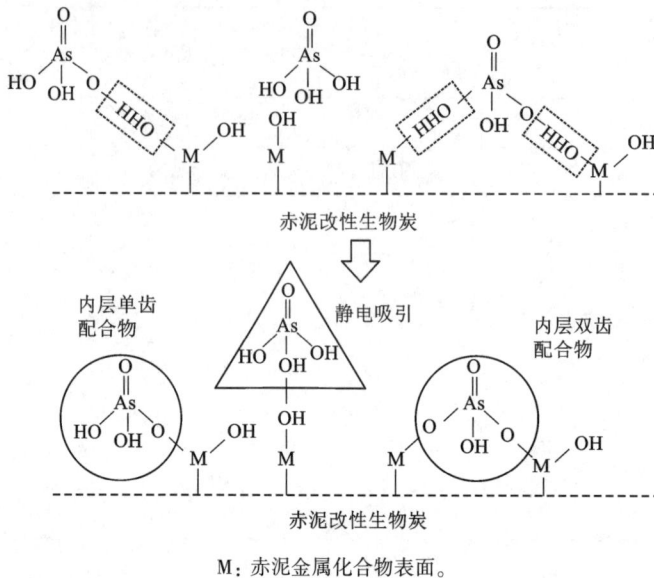

M：赤泥金属化合物表面。

图 2-7 赤泥改性生物炭吸附 As(Ⅴ) 的机理

2.1.2 基于生物炭改性的砷钝化剂筛选

我国稻田土壤中铅、镉、砷平均浓度分别高达 460.1 mg/kg、11.7 mg/kg 和 35.1 mg/kg，均远远高于《土壤环境质量标准》(GB 15618—1995) 的限值。重金属污染稻田土壤严重威胁依赖其生长的各种作物和蔬菜等食品的安全，从而影响人类身体健康。我国南方稻田生长出来的水稻中铅、镉、砷平均含量分达到 5.24 mg/kg、1.1 mg/kg 和 0.7 mg/kg，均远远高于《食品安全国家标准食品中污染物限量》(GB 2762—2012) 中所规定污染物限值，水稻中铅、镉、砷平均含量大约是食品中污染物限量的 25、4.5 和 2.5 倍 (Xue S G et al.，2017)。

生物炭由于其具有能够增加土壤肥力，增加土壤营养元素，提高农作物产率等优势现已被广泛研究及应用 (Lone A H et al.，2015)。生物炭一般 pH 较高，将其施入土壤可能会提高土壤碱性，此外，生物炭有 S_{BET} 较大、CEC 较强等特性，因此，其能作为一种有效的钝化剂钝化土壤中的铅、镉、铜等重金属污染物 (Gregory S J et al.，2014)。然而，对于土壤类金属 As，生物炭对其钝化效应存在较大的争议性。由于铁氧化物与砷的亲和性好，所以目前国内外学者尝试将生物炭浸渍于含铁物质中 (零价铁、铁盐类物质、铁矿物等) 改善生物炭钝化修复土壤中砷污染性能 (Samsuri A W et al.，2013；Agrafioti E et al.，2014)。

在上文研究的基础之上，选用赤泥-生物炭及其他铁改性处理的生物炭为材料，采用土壤培育实验，研究了不同碳基材料对湖南郴州砷污染的稻田土壤中 $NaHCO_3$ 提取砷有效性的影响，从中挑选出钝化效率高和实际运用可行的铁改性碳基材料，再通过指标 pH 的测定来评估其对土壤理化性质的影响程度。此外，还通过 ICP、SEM、XRD 等手段筛选出钝化材料进行多方面多角度的物化性质研究及形貌表征等。

2.1.2.1　铁改性碳基材料的施加对有效态砷的影响

添加铁改性碳基材料至 As 污染土壤，钝化修复 7 天后土壤有效态砷含量的变化，除了生物炭-赤泥，其他材料均对 As 污染土壤有着不同程度的钝化效果[图 2-8(a)]。添加生物炭、赤泥-生物炭、生物炭-零价铁土壤有效态砷含量略低于空白样，但效果不显著（$P>0.05$）。添加生物炭-多羟基硫酸铁、生物炭-三氯化铁，土壤有效态砷含量低于空白样，土壤有效态砷含量分别由 0.664 mg/kg 降至 0.571 mg/kg、0.575 mg/kg，固定率分别达到 13.95%、13.47%，钝化效果较为显著（$P<0.05$）。其中，多羟基硫酸铁-生物炭、三氯化铁-生物炭、零价铁-生物炭这三种处理，与空白样对照，土壤有效态砷含量分别由 0.664 mg/kg 降至 0.172 mg/kg、0.293 mg/kg、0.229 mg/kg，固定率分别能达到 74.12%、55.89%、65.56%。这三种材料钝化 As 效果显著（$P<0.05$）。然而，与空白样相比，生物炭-赤泥的添加使得 $NaHCO_3$ 有效态 As 非但没有降低反而升高，并未起到钝化 As 污染土壤的作用。整体来看，铁改性碳基材料钝化 7 天后土壤 $NaHCO_3$ 有效态 As 钝化效率由高到低的顺序为：多羟基硫酸铁-生物炭、零价铁-生物炭、三氯化铁-生物炭、生物炭-多羟基硫酸铁、生物炭-三氯化铁、赤泥-生物炭、生物炭-零价铁、生物炭。

与对照处理样相比，钝化修复 15 天后，赤泥-生物炭处理 $NaHCO_3$ 有效态 As 略有下降，但钝化不显著（$P>0.05$）[图 2-8(b)]。生物炭-多羟基硫酸铁的处理，同样也使得土壤 $NaHCO_3$ 有效态 As 有一定程度的降低，土壤有效态砷含量分别由 1.06 mg/kg 降至 0.809 mg/kg，固定率能达到 23.36%，钝化效果显著（$P<0.05$）。其中，多羟基硫酸铁-生物炭、三氯化铁-生物炭、零价铁-生物炭这三种处理，与空白样对照，土壤有效态砷含量分别由 1.06 mg/kg 降至 0.479 mg/kg、0.392 mg/kg、0.509 mg/kg，固定率分别达到 54.62%、62.91%、51.81%。这三种碳基材料钝化效果显著（$P<0.05$）。然而，生物炭、生物炭-三氯化铁、生物炭-零价铁、生物炭-赤泥处理土壤有效态砷含量较空白样有所提高，并未起到钝化 As 污染土壤的作用。整体而言，铁改性碳基材料钝化 15 天后，土壤 $NaHCO_3$ 有效态 As 钝化效率由高到低依次为：三氯化铁-生物炭、多羟基硫酸铁-生物炭、零价铁-生物炭、生物炭-多羟基硫酸铁、赤泥-生物炭。

钝化修复 30 天后生物炭、赤泥-生物炭处理土壤有效态砷含量较空白样有所提高，并未起到钝化 As 污染土壤的作用[图 2-8(c)]。然而，除了以上两种处理外，其他材料的添加与对照样相比，土壤有效态 As 均呈现钝化现象，且降低显著（$P<0.05$）。其中，零价铁-生物炭的施入，土壤 $NaHCO_3$ 有效态 As 从 1.44 mg/kg 减少到 1.15 mg/kg，固定率达到 20.06%，此外，三氯化铁-生物炭、生物炭-多羟基硫酸铁、生物炭-三氯化铁、生物炭-零价铁、生物炭-赤泥这几种处理，分别由 1.44 mg/kg 降至 0.955 mg/kg、1.10 mg/kg、1.08 mg/kg、0.939 mg/kg、1.06 mg/kg，固定率分别达到 33.87%、30.35%、25.07%、34.96%、26.65%。这些铁改性碳基材料中表现最为突出是多羟基硫酸铁-生物炭，将 $NaHCO_3$ 有效态 As 由 1.44 mg/kg 降至 0.802 mg/kg，对 As 污染土壤钝化效果佳，固定率高达 44.44%。整体而言，铁改性碳基材料钝化 30 天后，$NaHCO_3$ 有效态 As 钝化效率由高到低的顺序为：多羟基硫酸铁-生物炭、三氯化铁-生物炭、生物炭-零价铁、生物炭-多羟基硫酸铁、生物炭-赤泥、生物炭-三氯化铁、零价铁-生物炭。

钝化修复 60 天后生物炭、多羟基硫酸铁-生物炭、三氯化铁-生物炭、零价铁-生物炭、赤泥-生物炭这几种处理土壤有效态砷含量较空白样有所提高，并未起到钝化 As 污染土壤的作用[图 2-8(d)]。然而，生物炭-多羟基硫酸铁、生物炭-三氯化铁和生物炭-零价铁处理，与对照样比较，土壤 $NaHCO_3$ 有效态 As 均表现出钝化 As 性能，并降低显著（$P<0.05$）。生物炭-多羟基硫酸铁、生物炭-三氯化铁、生物炭-零价铁这三种碳基材料分别将土壤 $NaHCO_3$ 有效态 As 浓度由从 0.793 mg/kg 各降至 0.686 mg/kg、0.568 mg/kg、0.650 mg/kg，固定率分别达到 13.41%、28.39%、17.99%。此外，生物炭-赤泥略有钝化效果，但效果不显著（$P>0.05$）。整体而言，铁改性碳基材料钝化 60 天后，土壤 $NaHCO_3$ 有效态 As 钝化效率由高到低依次为：生物炭-三氯化铁、生物炭-零价铁、生物炭-多羟基硫酸铁、生物炭-赤泥。

钝化修复 90 天后多羟基硫酸铁-生物炭、三氯化铁-生物炭、零价铁-生物炭这几种处理土壤有效态砷含量较空白样略有降低，但钝化 As 污染土壤的效果不显著（$P>0.05$）[图 2-8(e)]。土壤有效态砷含量分别由 0.846 mg/kg 降至 0.776 mg/kg、0.794 mg/kg、0.822 mg/kg，固定率分别为 8.33%、6.17%、2.91%。添加生物炭-多羟基硫酸铁、生物炭-三氯化铁、生物炭-零价铁处理，与空白样对照，土壤有效态 As 浓度都有不同程度下降，并钝化显著（$P<0.05$）。其中，添加生物炭-多羟基硫酸铁土壤有效态砷含量由 0.846 mg/kg 降至 0.613 mg/kg、生物炭-三氯化铁处理使得 $NaHCO_3$ 有效态 As 含量降至 0.753 mg/kg、生物炭-零价铁的施入更使 $NaHCO_3$ 有效态 As 含量低至 0.549 mg/kg，固定率分别能达到 27.52%、10.97%、35.18%。然而，生物炭以及使用赤泥采用 2 种途径所获得的碳基材料均未表现出钝化效果。整体而言，铁改性碳基材料钝化 90 天后，土壤 $NaHCO_3$ 有效态 As 钝化效率由高到低依次为：生物炭-零价铁、生物炭-多羟基硫酸铁、生

物炭-三氯化铁、多羟基硫酸铁-生物炭、三氯化铁-生物炭、零价铁-生物炭。

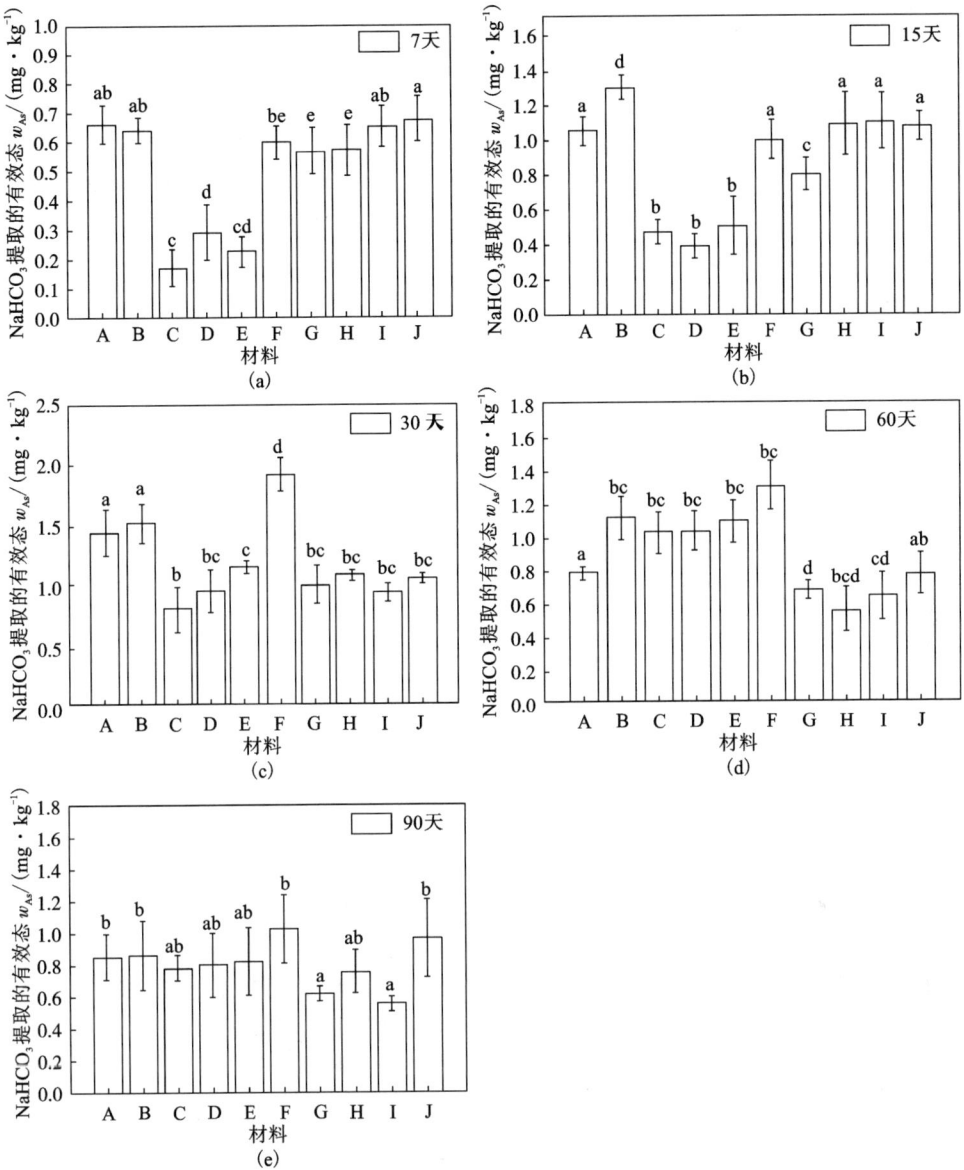

注：不同字母表示具有显著性差异（$P<0.05$）。

图 2-8　不同改性材料在不同时间对土壤有效态 As 的固定效果

随着时间的延长，空白处理与施加不同钝化剂处理的土样 $NaHCO_3$ 提取的有效态 As 含量整体呈现先增加后降低的趋势(图 2-9)。由于赤泥-生物炭、生物炭-赤泥这两种处理对于土壤 As 的钝化作用不显著或者基本没有钝化作用,因此我们考虑其他 6 种处理。发现当采用制备方式 1(先浸渍改性后焙烧)所制备而成的多羟基硫酸铁-生物炭、三氯化铁-生物炭、零价铁-生物炭于 7 天、15 天、30 天钝化效果显著,固定率分别达到 44.44%~74.12%、33.87%~55.89%、20.06%~65.56%,采用制备方式 1 制得的材料基本呈现出前期钝化效果佳,随着时间的增加,后期钝化效果逐渐降低。采用制备方式 2(先焙烧后浸渍改性)所制备而成的生物炭-多羟基硫酸铁、生物炭-三氯化铁、生物炭-零价铁前期钝化效果不显现,但后期钝化效果显著,固定率分别达到 13.95%~30.35%、10.97%~28.39%、17.98%~35.18%。

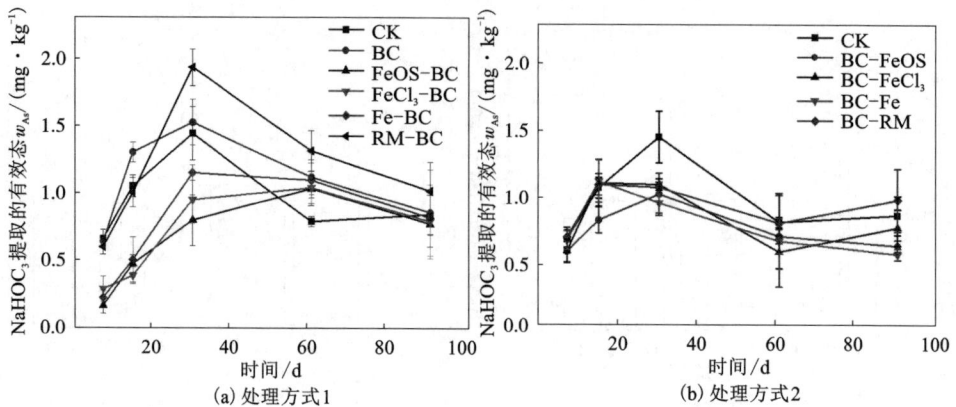

图 2-9 不同改性材料在不同时间对土壤有效态 As 的固定效果总体趋势图

若考虑短期快速修复,则适合选用多羟基硫酸铁-生物炭(FeOS-BC)、三氯化铁-生物炭(FeCl₃-BC)、零价铁-生物炭(Fe-BC)这三种钝化材料,考虑长期修复,则可考虑生物炭-多羟基硫酸铁(BC-FeOS)、生物炭-三氯化铁(BC-FeCl₃)、生物炭-零价铁(BC-Fe)。但是,结合钝化效率和实际应用的成本及可行性综合考量,则选后三种碳基材料为最合适的土壤 As 污染钝化材料。

BC-FeOS 的添加,可能为土壤带来了一些 Fe_xO_y 或 $Fe_x(OH)_y$,通过—OH 交换作用与 As 发生络合反应形成络合物或进行沉淀作用形成沉淀物,使 $NaHCO_3$ 提取有效态 As 含量下降(张凤,2016)。其化学反应式为:$BC-FeOH+H_3AsO_3 \longrightarrow BC-Fe-H_3AsO_3+H_2O$;此外,BC-FeOS 施加为土壤提供 SO_4^{2-},在微生物介导下 SO_4^{2-} 作为电子供体耦合二价铁 Fe(Ⅱ)的氧化,加快铁氧化物的合成速率,从而达到钝化 As 的有效态(钟松雄等,2016)。BC-Fe(0)施加到土壤中降低 $NaHCO_3$ 提取有效态 As 可能由于零价 Fe 添加至土壤中,首先会与水和溶解氧反应形成弱结晶铁氧化物，然后再与 As 发生络合反应（Yan X L et al.，2013）。化学反应式如下：

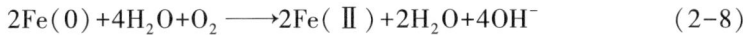

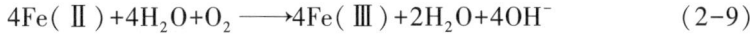

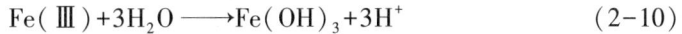

$$2Fe(0)+4H_2O+O_2 \longrightarrow 2Fe(\text{II})+2H_2O+4OH^- \tag{2-8}$$

$$4Fe(\text{II})+4H_2O+O_2 \longrightarrow 4Fe(\text{III})+2H_2O+4OH^- \tag{2-9}$$

$$Fe(\text{III})+3H_2O \longrightarrow Fe(OH)_3+3H^+ \tag{2-10}$$

As 与 Fe 在不同的环境条件下，通过形成不同的沉淀物 $FeAsO_4 \cdot H_2O$、$FeAsO_4 \cdot 2H_2O$ 等削弱 As 的迁移性。当 pH 在 5 左右和适度氧化条件下，可能会形成难溶的 $Fe_3(AsO_4)_2$（Kumpiene J et al.，2008）。然而，$Fe(0)$ 纳米颗粒易发生团聚从而堵塞土壤的孔隙，影响其应用。但是，Su 等（Su H J et al.，2016）研究表明当 $Fe(0)$ 纳米颗粒依附在生物炭上，既能够避免 $Fe(0)$ 颗粒发生团聚又能保持 $Fe(0)$ 颗粒的反应活性。$BC-FeCl_3$ 加入土壤后，土壤 pH 为 7.50 呈碱性易形成无定形 $Fe(OH)_3$，与 As 进行—OH 交换反应，形成单齿或双齿配位体络合物（董双快等，2016）。此外，Fe^{3+} 与 As 发生沉淀形成难溶物。$BC-FeOS$、$BC-FeCl_3$、$BC-Fe$、$BC-RM$ 均前期钝化效果不佳，这是因为材料对土壤 As 吸附或沉淀作用需要一定反应时间，这与 Hartley 等（Hartley W et al.，2004）研究的含铁材料固定 As 效果硫酸铁＞硫酸亚铁＞$Fe(0)$＞针铁矿结果相吻合。然而，与 $BC-FeOS$、$BC-FeCl_3$、$BC-Fe$、$BC-RM$ 不同，$FeOS-BC$、$FeCl_3-BC$、$Fe-BC$、$RM-BC$ 这四种钝化材料前期就已经显现钝化效果，可能是钝化效果呈现的时期与碳基材料制备步骤有着密切关联，但 $FeOS-BC$、$FeCl_3-BC$、$Fe-BC$、$RM-BC$ 并未有长期的持久性，这现象与 Chen 等（Chen Z et al.，2016）进行土壤培育 49 天后发现土壤 As 活化现象一致，由解析作用和生物炭还原作用所引起。生物炭已被认知为"电子穿梭体"，生物炭改良剂的添加促进电子传递，从而导致 Fe 还原（Kappler A et al.，2014）。据报道，不同的生物炭改良剂将改变 DOM 的生物可利用性，改变失电能力和电子穿梭能力（Klu-pfel L et al.，2014；Smebye A et al.，2016）。此外，土壤中细菌活性由于生物炭的施入有所改变，进而还原 As(V) 和 Fe(III)（Chen Z et al.，2016）。

2.1.2.2　铁改性碳基材料的施加对土壤 pH 的影响

$BC-FeOS$、$BC-FeCl_3$、$BC-Fe$ 这三种材料对土壤 pH 影响不大（表 2-4），变化程度小，可能的缘由如下：①碳基材料施加比例较小仅 1%；②土壤酸碱缓冲性能较强。杨兰等（杨兰等，2016）研究发现，低比例的生物炭添加量能够削弱部分土壤中 As 的移动性和生物有效性，但是当添加比例不断升高时，可能会导致相反的结果，使得土壤中 As 的活性增强，主要是大量生物炭的引入会造成土壤一系列理化性质如 pH、CEC、有机质含量等发生改变。同时，也说明化学钝化修复技术具有对土壤破坏性较小的特性（Goldberg S，2002）。

表 2-4　培养期间不同处理土壤 pH 的变化

材料	7 天	15 天	30 天	60 天	90 天
CK	7.39±0.02	7.18±0.06	7.33±0.09	7.32±0.03	7.66±0.12
BC-FeOS	7.40±0.09	7.31±0.07	7.19±0.07	7.74±0.06	7.79±0.12
BC-FeCl₃	7.32±0.07	7.20±0.06	7.36±0.23	7.60±0.12	7.54±0.14
BC-Fe	7.44±0.07	7.37±0.11	7.39±0.12	7.67±0.13	7.39±0.14

2.1.2.3　碳基材料基本理化性质

与 BC 的 C、H、O、N、S 元素百分比率对照，其他三种铁改性碳基材料(BC-FeOS、BC-Fe、BC-FeCl₃)的元素含量有不同幅度的改变(表 2-5)。与 BC 中 5 种元素含量相比，其他材料 C、H 元素百分比率均呈现下降趋势，N 元素则呈现升高趋势。C 降低幅度顺序为：BC-FeOS(12.65%)>BC-Fe(11.57%)>BC-FeCl₃(9.16%)；H 降低幅度排序为：BC-Fe(1.23%)>BC-FeOS(0.71%)>BC-FeCl₃(0.28%)；N 升高幅度排序为：BC-FeCl₃(0.38%)>BC-FeOS(0.29%)>BC-Fe(0.18%)。

表 2-5　钝化材料的基本理化性质

材料	$S_{BET}/$ $(m^2 \cdot g^{-1})$	C 降低率 /%	H 降低率 /%	N 降低率 /%	O 降低率 /%	S 降低率 /%	$n_{(H)}/n_{(C)}$	$n_{(O)}/n_{(C)}$	$n_{(N+O)}/n_{(C)}$
BC	4.49	50.09	4.65	0.58	29.97	0.32	0.0928	0.598	0.610
BC-FeOS	4.44	37.44	3.94	0.87	34.56	3.43	0.107	0.752	0.775
BC-FeCl₃	3.27	40.93	4.37	0.96	30.76	0.26	0.105	0.923	0.946
BC-Fe	3.18	38.52	3.42	0.76	23.57	0.27	0.0888	0.612	0.632
Soil	—	4.21	1.77	0.59	10.61	0.23	—	—	—

$n_{(H)}/n_{(C)}$ 可以作为材料芳香性和碳化程度的表征指标，纯生物炭和铁改性碳基材料 $n_{(H)}/n_{(C)}$ 的数值均低，而不同处理改性而得的生物炭 $n_{(H)}/n_{(C)}$ 的比值变化不大(表 2-5)，表明这些生物炭含有少量的有机残渣如纤维素但是却具有较高的碳化程度(于志红等，2015)。$n_{(O)}/n_{(C)}$ 可以作为判断表面亲水性的指标，不同处理改性碳基材料 $n_{(O)}/n_{(C)}$ 比值均高于未改性生物炭，表明这些生物炭具有亲水性(Samsuri A W et al.，2013)。$n_{(O+N)}/n_{(C)}$ 可以作为评估表面官能团极性的指标，比 BC 对照，BC-FeCl₃ 和 BC-FeOS 此指标数值均显著高于 BC，从而可知 BC-FeCl₃ 和 BC-FeOS 表面极性官能团含量高。此外，BC-FeOS 中 O、S 元素含量较其他材料高于 BC，增幅分别为 4.59%、3.11%。生物炭与铁改性碳基材料的 S_{BET} 相差无几。

尽管采用相同质量摩尔浓度的 Fe 改性生物炭,但对于每种生物炭依旧负载的量不同(表 2-6)。各材料负载铁的量由大到小的排序为:BC-Fe、BC-FeOS、BC-FeCl$_3$、BC;BC-FeOS 的 K 含量高于 BC、BC-FeCl$_3$、BC-Fe,大约是 BC 的 K 含量的 1.3 倍。就 Ca 元素而言,经改性处理的生物炭均比纯生物炭低,各生物炭的 Na、Mg 元素相差不大。但是所有的碳基材料 K、Ca、Na、Mg 等元素浓度都较高,有助于丰富土壤中的营养物质,提升土壤肥力(Wang N et al.,2017)。此外,BC、BC-Fe、BC-FeOS、BC-FeCl$_3$ 这些钝化材料的 As 元素含量不太高,避免添加钝化剂引入 As 外源污染物。

表 2-6　钝化材料的化学成分　　　　　　　　　单位:mg/kg

材料	Fe	K	Ca	Na	Mg	As
BC	781.82±144.09	7304±134.1	5995±582.8	467.5±73.12	1901±222.4	1.955±0.461
BC-FeOS	100301±4217	9253±346.5	2563±64.94	469.5±53.77	834.3±7.534	0.812±0.271
BC-FeCl$_3$	46783±3183	3024±234.4	2672±108.8	502.2±55.52	1067±10.58	0.803±0.324
BC-Fe	258643±56825	6070±514.7	5006±311.2	471.0±14.36	1592±108.7	0.647±0.190
Soil	36996±716.7	9125±149.5	9277±73.5	858.2±52.80	3075±36.24	122.4±4.049

X 射线衍射分析(图 2-10)表明,不同砷钝化碳基材料的矿物结构有很大的区别。从 XRD 图中可以看出,BC-FeCl$_3$ 没出现晶形矿物峰,BC-Fe 出现 Fe(0) 的单峰。此外,BC-FeOS 的 XRD 图中出现了黄钾铁矾 [KFe$_3$(SO$_4$)$_2$(OH)$_6$] 矿物峰。黄

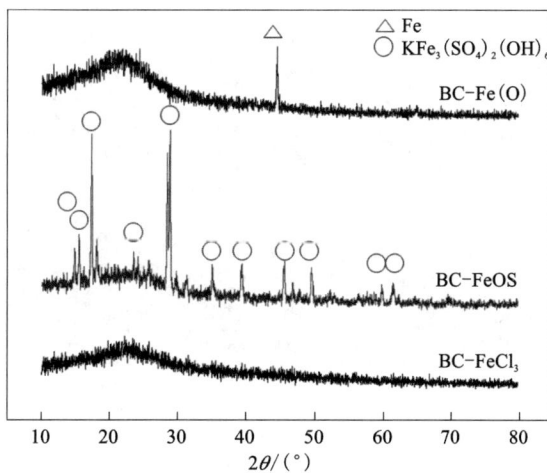

图 2-10　不同材料的 XRD 图谱

钾铁矾 $[KFe_3(SO_4)_2(OH)_6]$ 矿物峰的显现可能与 BC-FeOS 的合成途径密切相关，考虑到 BC-FeOS 的合成步骤，化学方程式推测如下：

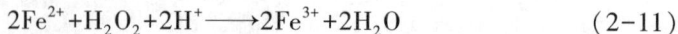

$$2Fe^{2+}+H_2O_2+2H^+ \longrightarrow 2Fe^{3+}+2H_2O \qquad (2-11)$$

$$BC@3Fe^{3+}+K^++6H_2O+2SO_4^{2-} \longrightarrow BC@KFe_3(SO_4)_2(OH)_6+6H^+ \quad (2-12)$$

首先，H_2O_2 使得 Fe^{2+} 氧化为 Fe^{3+}，此外，由于生物炭富含有大量的 K^+（表 2-6），在酸性环境中，Fe^{3+} 与 SO_4^{2-}、K^+ 发生水解反应从而形成 $KFe_3(SO_4)_2(OH)_6$，最终使其负载在生物炭上面。黄钾铁矾能够有效去除 As 主要是因为 SO_4^{2-} 可以与 AsO_4^{3-} 阴离子发生置换作用（王长秋等，2005；Nazari B et al.，2014）。

SEM 分析（图 2-11）表明，BC-FeOS 表面比较粗糙，可能因为 $KFe_3(SO_4)_2(OH)_6$ 成功地分散在生物炭表面以及填充于生物炭的孔隙中，$KFe_3(SO_4)_2(OH)_6$ 分散均匀。BC-Fe 表面粗糙，生物炭中孔隙被铁粉覆盖填充。而 $FeCl_3$ 改性而得的生物炭 BC-FeCl₃ 表面光滑。

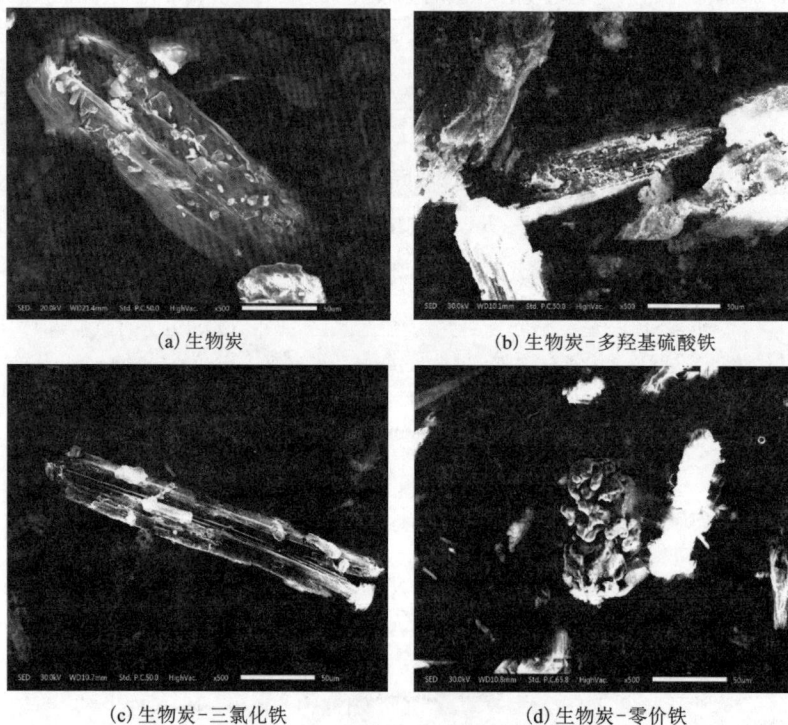

(a) 生物炭

(b) 生物炭-多羟基硫酸铁

(c) 生物炭-三氯化铁

(d) 生物炭-零价铁

图 2-11　不同钝化材料扫描电镜图

2.1.3　基于生物炭改性的砷钝化剂稳定性研究

砷在土壤中的环境行为以及其对水体、植物或动物所产生的一系列生态效应，与土壤中砷总浓度并不完全呈正相关关系，而是与土壤 As 的有效态含量密切相关。本书 2.1.2 钝化剂筛选实验指标选用了 NaHCO₃ 提取的有效态砷，为了使得钝化剂的钝化效果能够更加全面地展示出来，采用 Wenzel 五步连续提取法测定土壤中 5 种移动性强弱不同和生物有效性不同 As 形态。

酸雨沉降可以促使钝化后的重金属得以释放，从而导致地下水受到污染以及陆地和水生生态系统遭受破坏。酸雨的定义为"pH<5.6 的降雨或降雪等多种方式，影响着自然界和人类的生活"。SO₂、NOₓ、NH₃ 等气体的排放、Ca 及其他物质的存在均为形成酸雨的缘由。发电厂和石油勘探活动等都是这些化合物的主要来源（Onu P U et al.，2017）。前人研究表明，酸雨是影响土壤中重金属移动性强弱和形态变化的主要因素，酸雨影响的强弱也同土壤的理化性质相关（Li J et al.，2015）。本书采用铁改性碳基材料钝化稻田 As 污染，生态风险是需要进行评估与考量的，为了充分考察在酸雨沉降条件下 BC-FeOS、BC-FeCl₃、BC-Fe 三种钝化剂的稳定性，即稻田土中 As 淋失的减控作用强弱，进行模拟酸雨淋溶评估。为探讨土壤中砷的环境化学行为，砷污染稻田土防治以及钝化剂应用的风险性评价提供科学依据。

2.1.3.1　铁改性碳基材料对土壤砷化学形态的影响

采用 Wenzel 连续提取法对添加不同钝化材料生物炭–多羟基硫酸铁（BC-FeOS）、生物炭–三氯化铁（BC-FeCl₃）、生物炭–零价铁（BC-Fe）的土壤中 5 种不同形态 As 进行提取（图 2-12）。与空白处理相比，BC-FeOS 使土壤中非特异性吸附态 As(F1)、特异性吸附态 As(F2) 分别降低了 44.88%、15.63%，土壤弱结晶铁铝氧化物结合态 As(F3)、残渣态 As(F5) 分别提高了 18.69%，5.192%。BC-FeCl₃ 使土壤中非特异性吸附态 As(F1)、特异性吸附态 As(F2) 分别降低了 37.67%、25.25%，土壤弱结晶铁铝氧化物结合态 As(F3) 增加了 7.62%，与此同时，残渣态 As(F5) 同样也升高了 8.25%。BC-Fe 使土壤非特异性吸附态 As(F1)、特异性吸附态 As(F2) 显著降低 57.33%、7.75%，同时晶态铁铝氧化物结合态 As(F4) 增加了 16.71%。BC-FeOS、BC-FeCl₃、BC-Fe 三种碳基材料的添加通过 Wenzel 连续提取发现相同的趋势，即前两个提取步骤所提取 As 形态：F1、F2 都有所下降，而提取步骤提取后三种 As 形态：F3、F4、F5 各有不同增幅。由此推断出 As 形态使得移动性强、稳定性弱、生物可利用性强的 As 形态（F1、F2）降低，移动性弱、稳定性强、生物可利用性弱的 As 形态（F3、F4、F5）增加（表 2-7），从而能实现钝化土壤中 As，修复 As 污染的目标（Beesley L et al.，2011）。此结果阐释 BC-FeOS、BC-FeCl₃、BC-Fe 对土壤中不同 As 形态的影响以及钝化 As 可能存在的机制，与前人的相关研究规律和结果高度吻合（Yan X L et al.，2013；Wang N et al.，2017）。

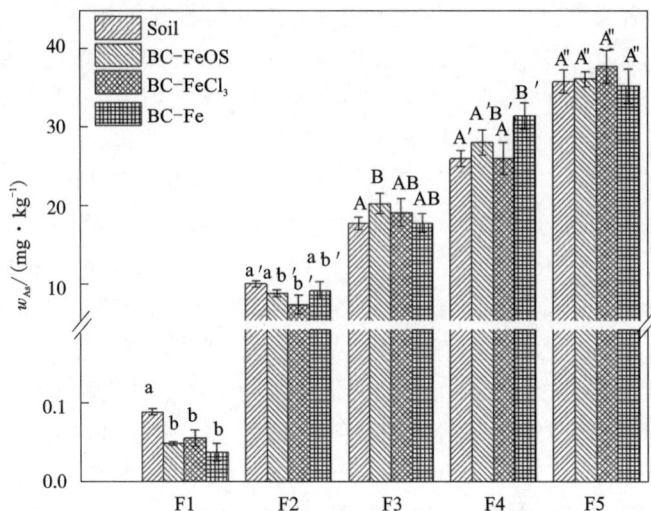

注：不同字母表示存在显著性差异（$P<0.05$）。

图 2-12　添加不同钝化材料对土壤 As 形态的影响

表 2-7　土壤中 As 的不同形态

阶段	砷提取形态	移动性难易程度
F1	非特异性吸附态 As	容易
F2	特异性吸附态 As	较易
F3	无定形或弱结晶铁铝氧化物结合态 As	难
F4	晶态铁铝氧化物结合态 As	难
F5	残渣态 As	难

2.1.3.2　模拟酸雨淋溶对单独 As 释放的影响

在模拟酸雨淋溶实验中，空白及 BC-FeOS、BC-FeCl₃、BC-Fe 4 种处理均呈现出趋势大致相同的曲线（图 2-13）：起初进行淋溶时，As 浓度不断升高，当淋溶进行第 3 次时，淋溶液 As 浓度都达到了峰值，但是随着淋溶次数的增加，曲线开始下滑，As 浓度逐渐下降然后达到稳定。空白处理时，淋溶液 As 的峰值为63.74 μg/L，3 类钝化剂的加入对淋溶液中 As 浓度产生不同差异的影响。其中，BC-FeOS 对土壤 As 淋失的减控作用显著，经 BC-FeOS 钝化处理后的土壤，酸雨淋溶时淋滤液 As 峰值仅为 45.55 μg/L，与空白相比，As 淋溶峰值减低了 28.5%。在淋滤 7 次模拟酸雨之后 BC-FeOS 固定修复后土壤淋溶液中 As 浓度达到平稳。同样 BC-FeCl$_3$、BC-Fe 酸雨淋溶第三次时，淋滤液中砷浓度达到最大，分别为 59.19 μg/L、57.73 μg/L；较空白相比，As 淋溶峰值分别减低了 7.14%、9.43%。在淋滤 7 次后，BC-FeCl$_3$、BC-Fe 固定修复后土壤中淋溶液中 As 浓度均达到平稳。所有处理曲线均起初升高的原因可能是酸雨中 SO$_4^{2-}$ 的引入促进了土壤中铁氧化物的溶解和零价铁的腐蚀过程加速（Sun Y et al.，2016）。

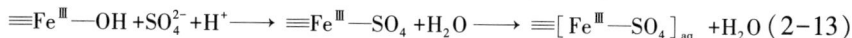

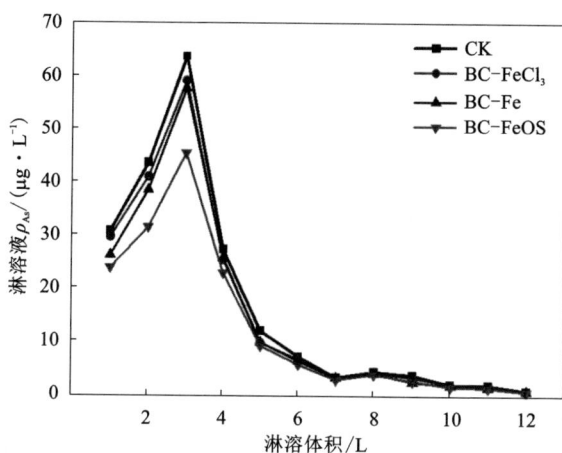

$$\equiv Fe^{III}-OH + SO_4^{2-} + H^+ \longrightarrow \equiv Fe^{III}-SO_4 + H_2O \longrightarrow \equiv [Fe^{III}-SO_4]_{aq} + H_2O \quad (2-13)$$

图 2-13　模拟酸雨淋溶条件下各材料钝化处理条件下土壤中砷释放曲线

　　具体来说，SO$_4^{2-}$ 可以吸附到氧化物的表面通过替换铁氧化物表面上的—OH 与表面铁形成内层络合物（单齿或双齿配合物）。SO$_4^{2-}$ 为二价阴离子与铁氧化表面亲和性更强，但 SO$_4^{2-}$ 与 As 阴离子存在竞争作用，从而使得 As 逐渐淋溶出来。随着酸雨淋溶次数的增加，由于配位体交换，土壤中所吸附的 SO$_4^{2-}$ 达到饱和状态，土壤逐渐酸化，淋溶出来的 As 含量也就越来越少。BC-FeOS、BC-FeCl$_3$、BC-Fe 表现出不同的土壤中砷释放，BC-FeCl$_3$ 稳定性较弱，可能是 FeCl$_3$ 负载在 BC 的表面及其孔隙中，易被酸雨冲洗流失。这与之前 XRD 图中所示 BC-FeCl$_3$ 并未出现明显峰相吻合。据研究，Fe(0) 钝化 As 效果强弱与 pH、渗透水的体积以及形成铁氧化物和水合化合物的结晶速率密切相关（Tiberg C et al.，2016）。BC-FeOS 形成黄钾铁矾在富含 SO$_4^{2-}$ 的条件下较稳定（Welch S A et al.，2007）。

2.1.3.3 模拟酸雨淋溶对累积 As 释放的影响及模型拟合

BC-FeOS 的添加使得土壤中 As 累积淋失量较空白减少 22.44%～26.87%，BC-Fe 的钝化效果次之，其累积淋失量较空白减少 10.61%～14.74%，BC-FeCl₃ 的钝化效果相对较弱，其累积淋失量较空白仅减少了 3.731%～5.990%。模拟酸雨淋溶条件下各材料钝化处理后土壤中砷累计释放特征曲线（图 2-14）大致相似，这与前人研究的结果相一致（黄卫等，1998；Zhang Z H et al.，2015）。

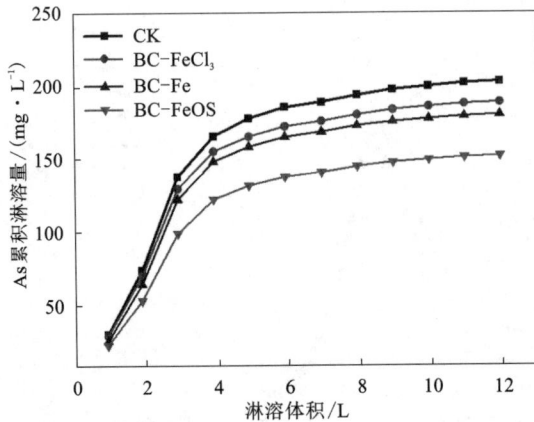

图 2-14 模拟酸雨淋溶条件下各材料钝化处理土壤中砷累计释放曲线

在酸性条件下，土壤重金属累积释放拟合模型主要有以下 3 种：抛物线方程（$y=a+bx^{1/2}$）、Elovich 方程（$y=a+b\ln x$）和双常数速率方程（$\ln y=a+b\ln x$），x 为累积淋溶体积；y 为 As 累积淋溶量；a、b 为常数。采用以上 3 种模型，对空白处理及不同钝化剂处理的土壤 As 累积释放进行拟合，拟合结果见表 2-8。双常数速率方程较其他 2 种模型对于对照处理以及 BC-FeOS、BC-FeCl₃、BC-Fe 处理条件下 As 累计释放曲线吻合度最高（$R^2=0.996$；$R^2=0.996$；$R^2=0.997$；$R^2=0.993$）。结合模型理论知识可知，在 CK、BC-FeOS、BC-FeCl₃、BC-Fe 这 4 种处理条件进行淋溶的整个过程中，As 的释放会遭受到多个影响因子的调控（胡恭任等，2013）。

表 2-8 添加不同钝化剂处理模拟酸雨淋溶下 As 释放的动力学方程及参数

处理	pH	双常数速率方程		抛物线方程		Elovich 方程	
		R^2	RMSE	R^2	RMSE	R^2	RMSE
CK	4.00	0.996	0.362	0.823	22.4	0.926	14.4

续表2-8

处理	pH	双常数速率方程		抛物线方程		Elovich 方程	
		R^2	RMSE	R^2	RMSE	R^2	RMSE
BC-FeOS	4.00	0.996	0.186	0.820	12.9	0.924	7.60
BC-FeCl$_3$	4.00	0.997	0.373	0.817	18.4	0.922	13.4
BC-Fe	4.00	0.993	0.214	0.866	20.8	0.954	16.3

2.1.3.4　模拟酸雨淋溶对土壤 pH 的影响

空白及添加三种铁改性碳基材料 BC-FeOS、BC-FeCl$_3$、BC-Fe 处置下,淋滤液 pH 随淋溶体积增加先增加后降低(图 2-15),每次淋溶后溶液的 pH 均高于所配置的模拟酸雨 pH,可能的原因有:①土壤中某些物质(如黏土矿物、水合氧化物、胶体物质等)能与部分模拟酸雨中的 H^+ 进行物化反应,从而耗损 H^+,使 pH 升高;②模拟酸雨中的 SO_4^{2-} 与土壤胶体中的 OH^- 发生置换,OH^- 进入淋溶液中,也会导致淋溶液 pH 升高(Yang Z H et al.,2015;黄进,2006)。此外,淋溶液 As 浓度与淋溶液 pH 具有一定关联,在碱性较强、pH 较大的条件下,淋溶液 As 浓度越大(刘平,2013)。空白和添加 BC-FeOS、BC-FeCl$_3$、BC-Fe 处理条件下淋溶整个过程前后,pH 变化并不太大,下降幅度大约为 1 个单位。

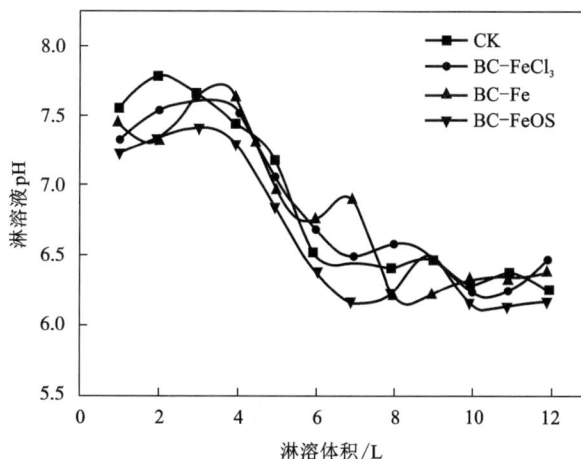

图 2-15　模拟酸雨淋溶过程中淋溶液 pH 的变化

以赤泥和水稻秸秆为原料制备砷钝化剂赤泥-生物炭,赤泥-生物炭吸附 As(Ⅴ)的性能受 pH 影响,吸附量随 pH 升高而减少;赤泥-生物炭对 As(Ⅴ)和 As(Ⅲ)的吸附动力学分别符合准二级动力学模型和 Elovich 模型,吸附等温线均与 Langmuir 模型吻合度高。与未改性生物炭相比, 赤泥-生物炭对砷的吸附能力显著提高。XANES 光谱分析表明, 铁氧化物(赤铁矿和磁铁矿)和铝氧化物(三水铝石)在砷吸附过程中起关键作用。多羟基硫酸铁-生物炭(FeOS-BC)、三氯化铁-生物炭(FeCl$_3$-BC)、零价铁-生物炭(Fe-BC)这三种钝化材料, 能够在短期内快速修复砷污染土壤。生物炭-多羟基硫酸铁(BC-FeOS)、生物炭-三氯化铁(BC-FeCl$_3$)、生物炭-零价铁(BC-Fe)修复效果随时间的延长而增强。考虑到实际应用及其成本, 选择后三种碳基钝化剂。综合考虑, 生物炭-多羟基硫酸铁(BC-FeOS)更适用于 As 污染农田修复。

2.2 铁改性生物炭对土壤-水稻系统砷/铁吸收及转化的影响

2.2.1 改性生物炭对土壤砷有效性及微生物群落的影响

生物碳基材料是一种实用性较强的具有多种优点的土壤改良剂, 比表面积较大, 孔隙结构发达, 使其能够吸附污染土壤中的有害物质。然而大量的研究表明生物炭对砷的吸附能力很弱, 因此生物炭的单独使用一定程度上不能降低砷的有效性, 需对其进行改性提高吸附能力。赤泥作为一种氧化铝生产工艺中的工业固体废物, 其中含有大量的铁铝氧化物, 能够与砷发生络合作用, 可降低砷的有效性(薛生国等, 2017; Lockwood C L et al. , 2014)。此外, 这两种材料相结合, 能形成一种新型的材料——赤泥生物炭, 既可用来处理重金属污染土壤也可为赤泥的资源化利用提供新思路。通过土壤培育实验, 研究生物炭、赤泥和赤泥生物炭对土壤酸碱度、总有机碳含量、碳酸氢钠提取的有效态砷含量及微生物群落结构组成的影响。

2.2.1.1 材料的表征

由 RM 的扫描电镜图像[图 2-16(b)]可知, 它是由细颗粒(<10 μm)形成的, 并且呈现相对无序的排列。生物炭表面较为光滑, 但经过赤泥负载处理后表面变得粗糙不匀[图 2-16(a)和(c)]。EDX 结果分析表明, 与 BC 相比, RM-BC 显示出额外的铝、铁等峰, 这在 RM 的 EDX 结果中也可呈现出来。说明赤泥的特性在赤泥生物炭中存在, 新型材料赤泥生物炭制备较为成功。

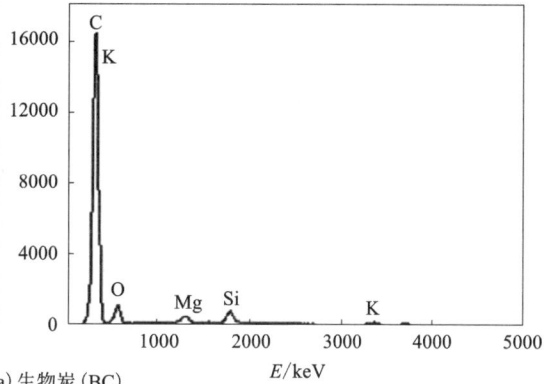

(a) 生物炭 (BC)

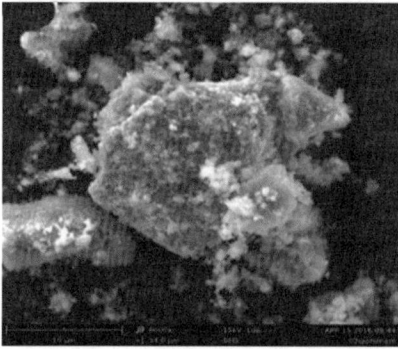
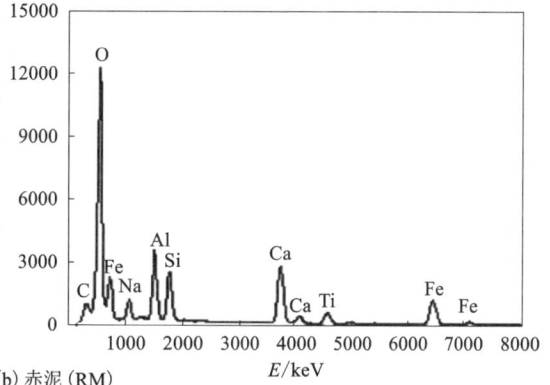

(b) 赤泥 (RM)

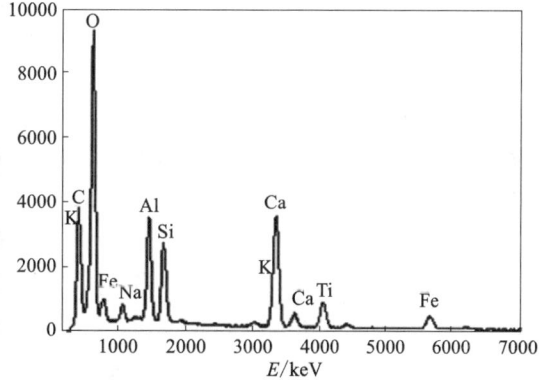

(c) 赤泥生物炭 (RM-BC)

图 2-16　生物炭、赤泥和赤泥生物炭的扫描电镜-能谱图

2.2.1.2 生物炭对土壤化学性质的影响

在不同的培养时间下,不同材料所处理的土壤,pH 和 φ 没有显著差异(见表 2-9)。土壤的 pH 变动范围为 7.33 到 7.56,7 天和 30 天培养后,添加不同材料的土壤 pH 有较小程度的增加。φ 在-21 到-34 mV 之间变化,其变化趋势与土壤 pH 相似。土壤的 κ 在 0.794 到 1.435 mS/cm 之间。培养第 7 天,对照组中观察到较低值,30 天后赤泥处理的样中观察到较高的 κ。经过 30 天的培养后,不同处理土壤间的总有机碳含量无显著差异。对照组土壤总有机碳含量为 3.38 mg/kg,生物炭处理组土壤总有机碳含量达 4.06 mg/kg。与 CK 组相比,BC 组和 RM-BC 组的 TOC 含量分别增加了 20.1%和 8.3%,而 RM 处理组的 TOC 含量没有显著差异(图 2-17)。

表 2-9 不同处理条件的 pH、φ 和 κ

处理	培养天数	pH	φ/mV	κ/(mS·cm^{-1})
CK	7	7.33	-21	0.813
	30	7.39	-25	0.794
RM	7	7.4	-25	1.435
	30	7.56	-34	1.076
BC	7	7.34	-22	1.267
	30	7.43	-27	0.983
RM-BC	7	7.39	-25	1.351
	30	7.54	-32	0.883

在淹水条件下,随着培养时期的增加,土壤 pH 略有增加,而土壤 φ 有所下降。淹水培养提供了还原条件,氧化物的还原消耗了质子导致了 pH 的增加(Katja B et al., 2008)。RM 由于其本身的高碱性而增加了土壤的 pH(Xue S G et al., 2016)。研究结果表明,由水稻秸秆为原料制备的生物炭呈碱性,同时,它也被大量研究证明能够增加土壤的 pH 可作为土壤缓冲剂(Joseph S D et al., 2010; Beesley L et al., 2013)。生物炭中 K 含量很高,赤泥中含有多种可溶性化合物,因此在培养前期,离子的释放可能会导致电导率的增加,而释放的离子被土壤矿物和颗粒重新吸附又可能会导致培养后期(>30 d)κ 的减少(Zhu F et al., 2015)。此外,生物炭作为一种富碳材料,添加至土壤中,能够增加土壤 TOC 含量(Ahmad M et al., 2014)。赤泥是氧化铝生产过程中的固体废弃物,其特征是有机碳含量较低(Zhu F et al., 2016)。因此,赤泥处理的土壤中 TOC 含量没有增

加, 而生物炭和赤泥生物炭处理都在一定程度上增加了土壤中的 TOC 含量。

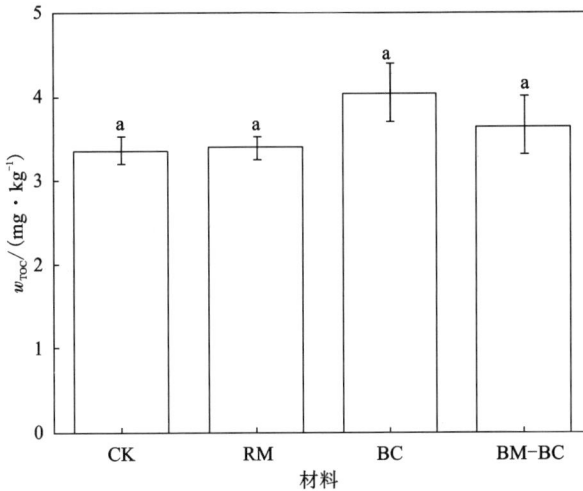

注: 不同字母表示存在显著性差异($P<0.05$)。

图 2-17　培养 30 天后不同处理土壤的总有机碳含量

2.2.1.3　生物炭对土壤砷/铁形态的影响

不同材料处理的土壤中 $NaHCO_3$ 提取的有效态砷的含量范围为 0.6~1.8 mg/kg (图 2-18)。培养第 30 天与培养第 7 天相比, $NaHCO_3$ 提取的有效态砷含量显著增加($P<0.001$)。与对照组相比, 赤泥和生物炭的处理使土壤中有效态砷含量分别增加 23% 和 6%。然而在赤泥生物炭处理中观察到一定的抑制作用, 有效态砷含量降低了 27%。

盐酸所提取的砷形态被认为是吸附在铁氧化物上的一部分, 它在还原环境中可能会被释放(Lopes G et al., 2013; Paul et al., 2009)。砷含量为 18.77 ~ 39.14 mg/kg[图 2-19(a)]。生物炭和赤泥的添加都增加了土壤中 HCl 提取的砷含量。在培养到第 30 天时, 生物炭处理的土壤中 HCl 所提取的砷含量明显高于对照土壤($P<0.01$)。在培养第 7 天时, 赤泥生物炭处理 HCl 所提取的砷含量与对照土壤没有显著差异, 但在培养第 30 天时下降了 26%。HCl 提取的 Fe(Ⅱ) 含量为 1.86~3.87 g/kg[图 2-19(b)], 该指标用于测定微生物还原能力差的结晶性铁氢氧化物(Lockwood C L et al., 2004)。无论培养时间长短, 生物炭处理的土壤中 HCl 提取的 Fe(Ⅱ) 的含量均明显高于其他处理的土壤。此外, HCl 提取的 Fe(Ⅱ) 和砷之间存在显著的正相关。

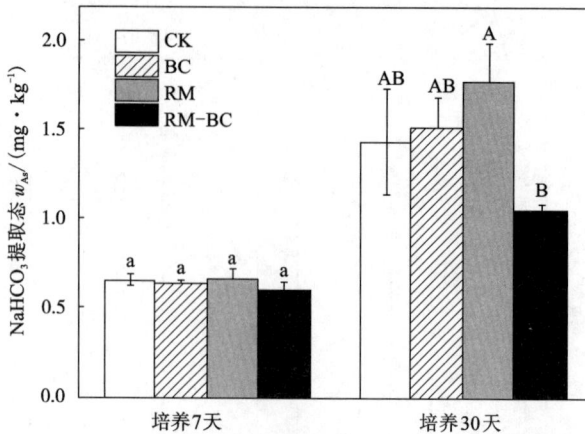

注：不同的字母表示具有显著性差异（$P<0.05$）。

图2-18　在培养第7天和30天时不同处理的土壤有效
态砷的含量（mg/kg，平均值±标准差，$n=3$）

在本研究中，BC和RM的添加都增加了厌氧水稻土壤中砷的释放量（图2-18），这与多名学者的研究结果一致（Lockwood C L et al.，2014；Beesley L et al.，2013）。陈温福等人（陈温福等，2013）研究表明BC增强了砷的微生物还原，导致As(Ⅴ)还原为移动性更强的As(Ⅲ)，并观察了土壤溶液中砷和Fe(Ⅱ)浓度之间的强相关性。Kappler等（Kappler A et al.，2014）报告称，BC可能充当电子穿梭体的角色，以刺激铁矿物的微生物还原。陈温福等人（陈温福等，2013）通过研究表明BC提高了溶解有机物的生物利用度，提高了Fe(Ⅲ)还原菌的活性和丰度，这些都有助于含砷的铁氧化物的还原溶解并促进砷的释放。根据我们目前的研究结果，生物炭处理的土壤中HCl提取的砷浓度升高，可能导致铁氧化物的减少并伴随着砷的释放。赤泥，作为一种富含铁的物质，在水体和土壤中已被用作去除和固定砷的吸附性材料（Yan X L et al.，2013；Lopes G et al.，2013）。Yan等人（Yan X L et al.，2013）发现赤泥通过将移动性强的非特异性吸附态的砷转化为稳定性强的晶态铁铝氧化物结合态砷，降低了土壤中砷的生物利用度。然而，Lockwood等（Lockwood C L et al.，2014）发现在厌氧条件下，赤泥提高了土壤溶液中的砷浓度，这与Wu(Wu C et al.，2018)的研究一致。细菌群落组成的研究结果表明，在厌氧条件下，没有发生碳化作用，并且添加赤泥促进了Fe(Ⅲ)的还原过程，导致As释放到土壤溶液中。Kong等（Kong X F et al.，2016）先前研究中的XRD结果和吴川（吴川等，2016）的研究表明，经过水稻秸秆对赤泥的改性，赤泥生物炭相比赤泥形成了更多的次生矿物（例如磁铁矿和针铁矿）。这一发现可以解释赤泥生物炭对砷的固定作用，因为次生矿物能够强烈吸附砷（Ram L C et al. , 2014；Huaming G et al. , 2013）。将赤泥填充于生物炭表面能够削弱生物炭作为电子穿梭体的能力从而减少铁氧化物的还原。

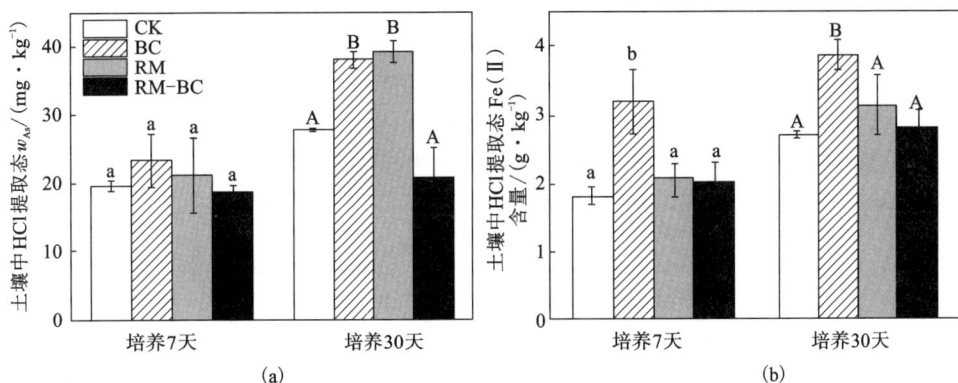

注：不同的字母表示具有显著性差异（$P<0.05$）。

图 2-19　在培养第 7 天和 30 天时盐酸提取的砷、铁含量（mg/kg，平均值±标准差，$n=3$）

2.2.1.4　生物炭对土壤微生物群落结构的影响

经过 30 天的淹水培养，收集土壤样本，利用 Illumina 测序分析微生物群落结构（图 2-20）。门水平上较为丰富的是变形杆菌门（*Proteobacteria*）、酸杆菌门（*Acidobacteria*）、拟杆菌门（*Bacteroidetes*）、绿弯菌门（*Chloroflexi*）、放线菌门（*Actinobacteria*）和芽单胞菌门（*Gemmatimonadetes*），其中以变形杆菌门最为丰富（36. 7% ~ 50. 6%）。在对照组中，变形杆菌门和类杆菌门的丰度为 36. 7% 和 9. 3%，RM 处理后变形杆菌门和类杆菌门的丰度显著增加分别为 40% 和 13. 4%，RM-BC 处理中变形杆菌门和类杆菌门的相对丰度分别为 50. 6% 和 14. 1%。这些处理一定程度上降低了厚壁菌门和浮霉菌门的相对丰度，显著降低了酸杆菌门丰度。对照组中酸杆菌门为 17. 1%，RM 和 RM-BC 处理中分别为 9. 5% 和 13. 3%，［图 2-20（a）］。在属水平上，*Kaistobacter* 是最为丰富的细菌（4. 1% ~ 9. 5%）。RM 处理和 RM-BC 处理都增加了土壤中 *Kaistobacter*，*Rhodanobacter*，*Flavisolibacter*，*Rhodoplanes* 和 *Cytophaga* 的相对丰度［图 2 - 20（b）］。RM 处理土壤中的 *Kaistobacter*，*Rhodanobacter* 和 *Flavisolibacter* 的相对丰度远高于 RM-BC 处理土壤，而 *Cytophaga* 的相对丰度则呈现相反的趋势。

RM 和 RM-BC 的添加显著增加了土壤中变形杆菌门和拟杆菌门的相对丰度［图 2 - 20（a）］。在这些材料所处理的土壤中观察到相关微生物种群如 *Kaistobacter*，*Rhodanobacter* 和 *Rhodoplanes*［图 2-20（b）］，广泛存在于一些金属还原环境中，并在铁矿物还原和砷迁移方面发挥重要作用（Islam F S et al.，2004）。盐酸提取的砷、铁结果进一步佐证了这一说法。

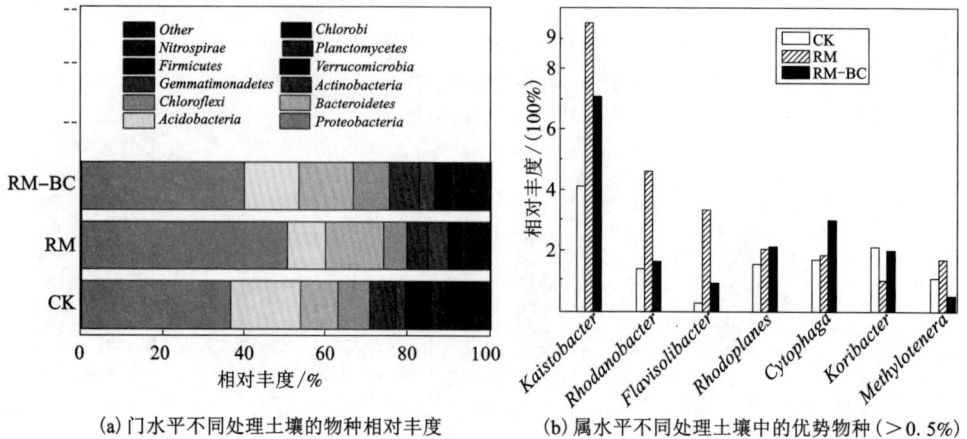

(a) 门水平不同处理土壤的物种相对丰度

(b) 属水平不同处理土壤中的优势物种（＞0.5%）

图 2-20　培养 30 天后

2.2.2　铁改性生物炭对水稻砷吸收和形态的影响

含铁物质与生物炭的结合可以充分发挥两种材料的优势，对砷起到更好的钝化作用，在第 2.2.1 的实验研究基础上，对比前期 Wu 等人（Wu C et al.，2018）的实验结果，我们选取了钝化效果更好的以硫酸亚铁负载的铁改性生物炭，利用水稻盆栽实验，研究在不同砷污染程度的土壤中不同生育期（幼苗期、分蘖期、拔节前期、拔节后期、抽穗期）水稻的各项生长指标、土壤溶液的理化性质以及水稻各部位砷含量及形态变化。本研究能够为铁改性生物炭在砷污染水稻土壤中的应用提供数据支撑。

2.2.2.1　铁改性生物炭对水稻叶绿素含量的影响

叶片是水稻物质积累的主要器官（Bandaru V et al.，2016）。叶绿素是水稻叶片光合作用的物质基础，是水稻生长良好的体现。在水稻的生育期内，叶片的叶绿素相对含量先升高后降低，拔节前期测得的相对含量范围为 38~45。在这一生长时期，由于气温高、日照强、水稻生长旺盛，叶绿素相对含量较高。

添加了 FeOS 的处理，叶片的叶绿素相对含量明显高于对照组，水稻的生长状况明显优于对照组（图 3-21）。如图 2-21（a）所示，三个处理的生长情况优于无污染对照组。叶绿素含量的大小排序为 0.5%FeOS≈1%FeOS，CK。图 2-21（b）表明，在受砷污染土壤中（40As），幼苗期和分蘖期添加 0.5%的 FeOS 和 1%的 FeOS 没有差异，但生长后期叶绿素相对含量有所增加。叶绿素相对含量由大到小的顺序为 0.5%FeOS, 1%FeOS, CK。从图 2-21(c)和图 2-21(d)可以看出, 叶绿素相对含量在不同处理之间存在着显著的差异, 铁改性生物炭的施用提高了叶片的叶绿素相对含量。叶绿素相对含量由大到小依次为 1%FeOS, 0.5%FeOS, CK。这表明, 添加铁改性生物炭显著增加了叶片叶绿素相对含量。

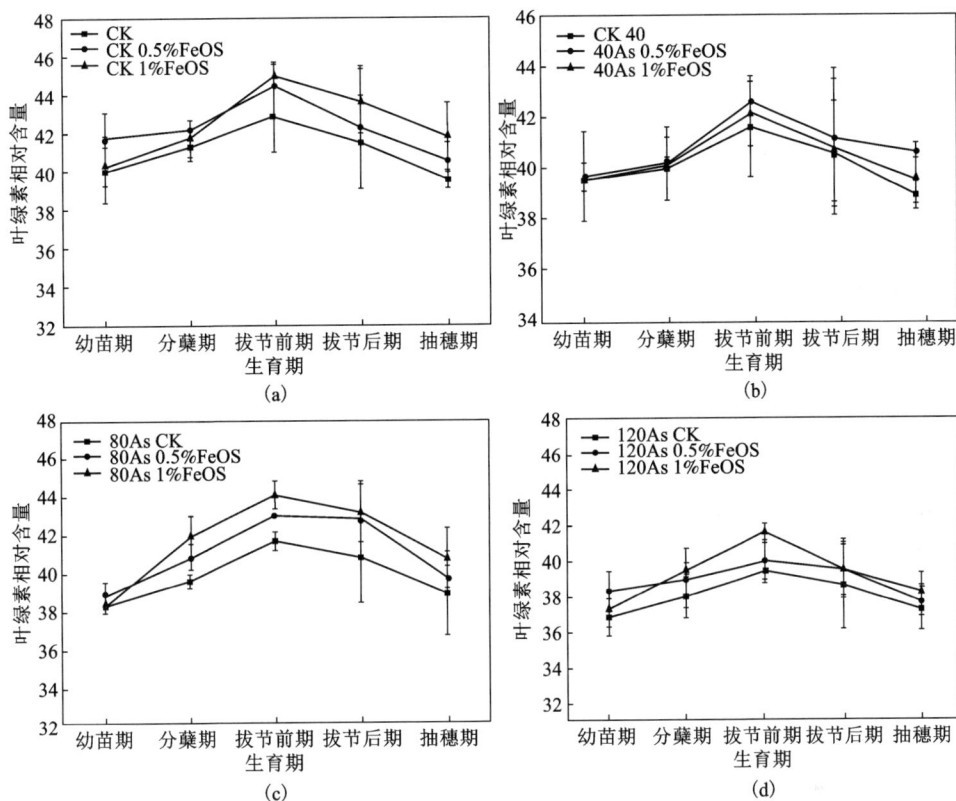

图 2-21　不同生育期水稻叶片叶绿素相对含量动态变化

总体而言, 叶绿素含量先升高后降低, 这与 Cui 等(Cui D et al., 2012)的研究结果一致。在砷污染土壤中, 由于砷的毒性使得叶绿素含量较低。添加铁改性生物炭降低土壤中砷的有效性可以提高土壤肥力, 为水稻提供养分, 提高光合作用强度, 促进叶绿素相对含量的增加。铁和砷之间发生的络合沉淀作用可以降低砷对水稻的危害性(Ultra V U J et al., 2010)。铁能抑制砷的活性, 原因可能是因为铁作为叶绿素合成的基本元素, 它能促进光合作用, 缓解砷中毒症状, 增加植物的叶绿素含量。因此, FeOS 的添加降低了砷对水稻的毒害作用, 促进了水稻的良好生长(刘春生等, 2000; 蔡妙珍等, 2012)。

2.2.2.2 铁改性生物炭对土壤 pH 及 As、Fe 含量的影响

随着水稻生育期的延长,根际与非根际孔隙水 pH 呈现出先升高后降低的变化趋势,在拔节期孔隙水 pH 达到最大,不同处理表现出了相似的趋势(表 2-10 和表 2-11)。同一处理中的根际和非根际的 pH 大小表现为:非根际 pH>根际 pH,但不存在显著性差异($P<0.05$)。与对照组相比,改性材料的加入并没有显著改变孔隙水 pH,这与 Soda 等人(Soda S et al.,2009)的土壤培育实验结果一致。

表 2-10 铁改性生物炭对根际孔隙水 pH 的影响(平均值±标准差)

材料	幼苗	分蘖期	拔节前期	拔节后期	抽穗期
CK	6.70±0.18a	6.84±0.07a	6.78±0.02b	6.60±0.17b	6.52±0.11c
CK0.5FeOS	6.64±0.09ab	6.78±0.17a	6.76±0.16a	6.61±0.04b	6.60±0.08bc
CK 1FeOS	6.48±0.03b	6.77±0.03a	6.65±0.05b	6.63±0.11b	6.61±0.14bc
40As	6.68±0.05a	6.77±0.04a	6.76±0.12a	6.67±0.06ab	6.58±0.12c
40As0.5FeOS	6.57±0.22ab	6.70±0.05ab	6.63±0.08b	6.73±0.17a	6.75±0.04a
40As1FeOS	6.60±0.05ab	6.68±0.07ab	6.62±0.12b	6.76±0.01a	6.77±0.03a
80As	6.59±0.23ab	6.71±0.13a	6.67±0.08ab	6.71±0.06a	6.67±0.1b
80As0.5FeOS	6.52±0.03b	6.64±0.03b	6.59±0.13c	6.65±0.05ab	6.71±0.07ab
80As1FeOS	6.50±0.15b	6.58±0.12c	6.54±0.04c	6.65±0.03ab	6.73±0.04a
120As	6.57±0.15ab	6.65±0.06ab	6.64±0.14a	6.61±0.03b	6.66±0.05b
120As0.5FeOS	6.57±0.16ab	6.58±0.09c	6.62±0.1a	6.65±0.07ab	6.70±0.04ab
120As1FeOS	6.55±0.04c	6.50±0.13c	6.57±0.16c	6.68±0.09ab	6.76±0.06a

注:同列不同字母表示具有显著性差异($P<0.05$)。

整体而言,根际与非根际孔隙水 pH 表现为先升高后降低的趋势,拔节期之后孔隙水 pH 呈现下降的趋势。可能改性材料作为碱性物质添加至砷污染土壤中,改性材料中的—OH 等官能团的缓慢释放导致土壤 pH 呈现出上升的趋势,而随着培养时间的增加,根系微生物活性增强,呼吸作用增强,能够促进 CO_2 的生成,使得土壤 pH 逐渐下降(Tao S et,al.,2003),同时添加外源铁改性材料,根系分泌的 O_2 对亚铁(Fe^{2+})的氧化:$4Fe^{2+}+O_2+10H_2O \Longrightarrow 4Fe(OH)_3+8H^+$,也会导致根际孔隙水 pH 下降(Dakora F D et al.,2002)。但土壤本身作为一个缓冲体系,pH 的变化不大,均处于动态平衡之中。

表 2-11　铁改性生物炭对非根际孔隙水 pH 的影响(平均值±标准差)

材料	幼苗	分蘖期	拔节前期	拔节后期	抽穗期
CK	6.76±0.03a	6.89±0.17a	6.85±0.18a	6.67±0.08bc	6.47±0.08d
CK0.5FeOS	6.78±0.04a	6.84±0.58a	6.82±0.04a	6.73±0.08a	6.65±0.15b
CK 1FeOS	6.79±0.01a	6.75±0.4b	6.68±0.04c	6.70±0.01ab	6.67±0.08b
40As	6.68±0.1b	6.79±0.07ab	6.77±0.05b	6.63±0.14b	6.60±0.07c
40As0.5FeOS	6.61±0.1c	6.74±0.15b	6.69±0.15c	6.67±0.11bc	6.73±0.1ab
40As1FeOS	6.64±0.05bc	6.70±0.05bc	6.68±0.04c	6.76±0.15a	6.79±0.05a
80As	6.66±0.12bc	6.72±0.04b	6.69±0.15c	6.75±0.08a	6.78±0.03a
80As0.5FeOS	6.58±0.09c	6.69±0.12bc	6.64±0.02c	6.64±0.11b	6.75±0.01a
80As1FeOS	6.57±0.19c	6.64±0.14bc	6.63±0.09c	6.66±0.07bc	6.77±0.01a
120As	6.60±0.1c	6.67±0.06bc	6.66±0.13c	6.64±0.13b	6.68±0.11b
120As0.5FeOS	6.59±0.14c	6.66±0.07bc	6.65±0.12c	6.70±0.05ab	6.72±0.06ab
120As1FeOS	6.49±0.12d	6.54±0.17c	6.50±0.08d	6.57±0.1c	6.74±0.04a

注:同列不同字母表示具有显著性差异($P<0.05$)。

由铁改性生物炭的添加对水稻土壤溶液中砷、铁含量的动态影响可知(图 2-22、图 2-23),在不同程度的砷污染土壤中,根际与非根际土壤孔隙水中砷浓度均呈现出先增加后降低的趋势,在幼苗期较低,随后逐渐增加;在 40As 的砷污染土壤中,1%和 0.5%的铁改性生物炭的添加使根际孔隙水中的砷浓度分别减少了 8.4%和 17.6%,非根际孔隙水中的砷浓度分别减少了 9.1%和 5.7%;在 80As 的污染土壤中,根际孔隙水中的砷浓度分别降低了 17.3%和 24.7%,非根际孔隙水中的砷浓度分别降低了 31.4%和 17.1%;在 120As 的污染土壤中,根际孔隙水中的砷含量分别减少了 36%和 31%,非根际孔隙水中的砷含量分别减少了 22.1%和 12.5%。孔隙水中砷浓度表现为:根际>非根际。整体来说,在不同砷污染的土壤中,孔隙水砷浓度的差别由大到小,表现为:120As,80As,40As,CK,这是由于添加不同梯度的外源砷所致。相关研究表明,土壤中在外源重金属胁迫作用下会显著地刺激水稻根系有机酸的分泌(Zeng F R et al.,2008),使得根际土壤 pH 降低,并且,添加生物炭的处理,砷浓度明显降低,说明其降低了土壤溶液中砷的有效性,从而导致其砷浓度降低。

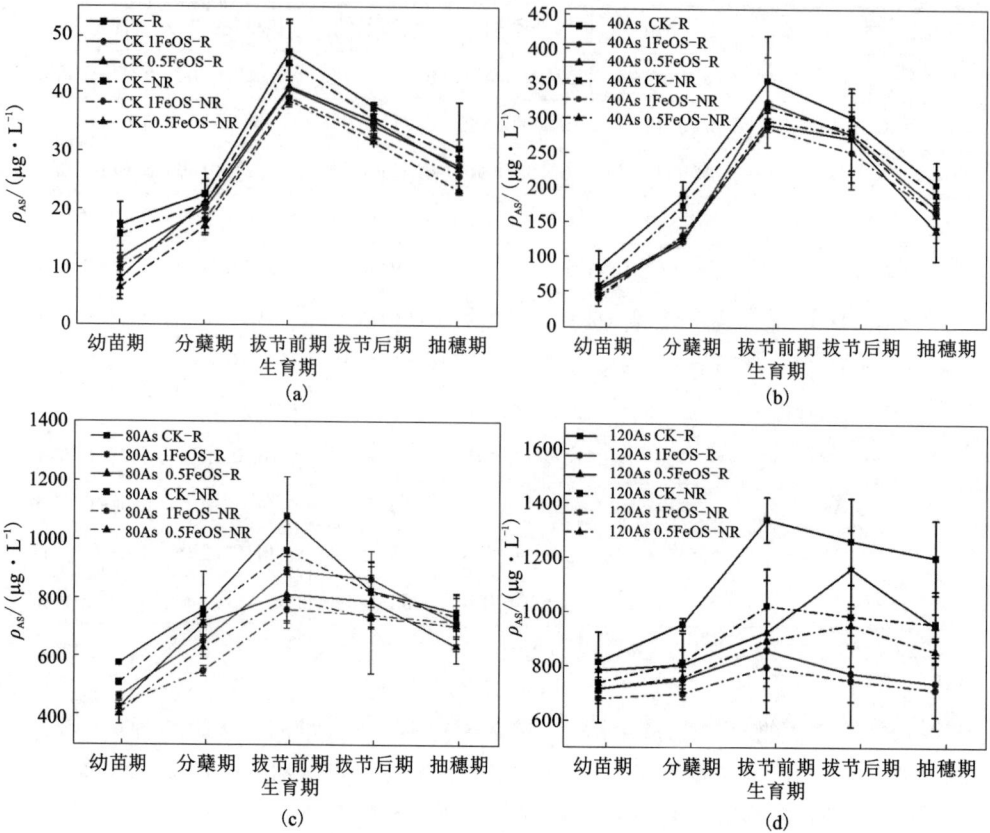

图 2-22　铁改性生物炭对土壤溶液中砷含量的影响

　　铁浓度的差异性表现在外源物质铁改性生物炭的施加，导致相关处理的铁浓度显著高于其他处理[图 2-23(a)]。而整体铁浓度的变化趋势与砷浓度的变化保持一致，呈现先增加后减少的趋势，这与 Garnier 等（Garnier J M et al.，2010）研究植物孔隙水变化规律相一致。原因可能如下：当植物在生长旺盛时期对 Fe 需求量增加，促使体系中的三价铁被还原成二价铁。由于铁氧化物是砷在土壤和铁膜中最主要的赋存结合形态，伴随着铁氧化物的还原性溶解，砷也会释放出来。我们可以发现，pH 的降低伴随着孔隙水的砷、铁浓度的降低，砷和铁的络合物更易在酸性条件下生成，这也与 Ehlert 等人（Ehlert K et al.，2018）的研究结论一致。

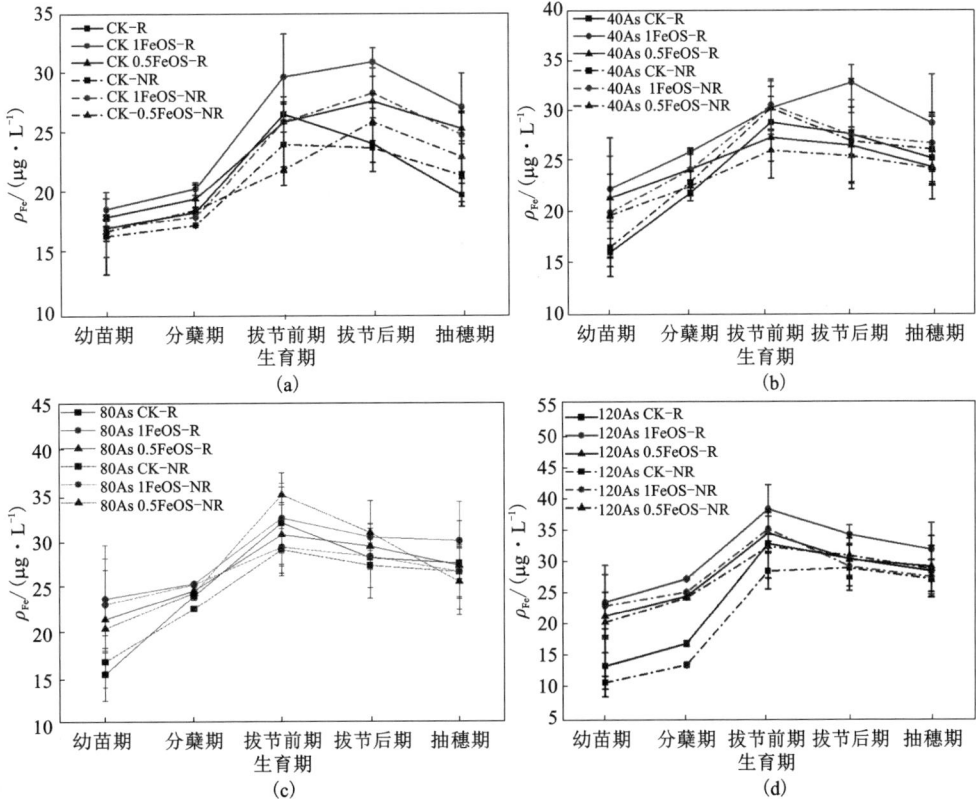

图 2-23　铁改性生物炭对土壤溶液中铁含量的影响

2.2.2.3　铁改性生物炭对水稻生物量的影响

对照组中，水稻地上部位和地下部位的生物量无显著性差异（$P<0.05$）（表 2-12）。1%FeOS 处理条件下，根部生物量达到 48.90 g/盆。在不同程度砷污染的土壤中，根部生物量都没有显著差异，在 40As 处理中，茎叶部位没有显著差异，在高浓度砷污染土壤中，铁改性生物炭的施加使茎叶部分的生物量表现出了差异性。在砷污染程度为 80As 的时候，1%FeOS 和 0.5%FeOS 的处理分别使茎叶生物量增加了 13.66% 和 12.17%。在 120As 处理中，1%FeOS 和 0.5%FeOS 的处理分别使茎叶生物量增加了 15.14% 和 10.63%。该茎叶生物量改变的处理剂大小顺序为：1%FeOS，0.5%FeOS，CK。可以看出 1%FeOS 的效果优于 0.5%FeOS。

表 2-12 水稻地上部和地下部的生物量(mg/kg, 平均值±标准差, $n=3$)

污染程度	处理	根部	茎叶
原土	CK	42.60±3.70a	260.11±26.62a
	1%FeOS	48.90±2.00a	266.24±24.79a
	0.5%FeOS	47.27±3.11a	268.12±15.84a
40As	CK	38.30±3.69a	155.34±17.29a
	1%FeOS	44.60±3.10a	162.51±8.11a
	0.5%FeOS	45.13±0.84a	161.72±4.96a
80As	CK	36.00±2.42a	107.52±6.67b
	1%FeOS	38.67±2.48a	122.21±2.82a
	0.5%FeOS	39.37±2.24a	120.60±4.11a
120As	CK	32.93±2.45a	80.98±2.27b
	1%FeOS	36.90±1.15a	93.24±3.23a
	0.5%FeOS	35.53±2.90a	89.59±4.27a

注:同列不同字母表示具有显著性差异($P<0.05$)。

2.2.2.4 铁改性生物炭对水稻根表铁膜 As、Fe 含量的影响

本研究采用 DCB 法提取水稻根表铁膜中 Fe、As 含量,水稻根表铁膜形成量以 DCB—Fe 含量表示(表 2-13)。在未污染的对照土壤中,水稻根表铁膜中铁含量和砷含量无显著性差异($P<0.05$)。1% 和 0.5% 铁改性生物炭的添加使铁膜中的铁含量分别增加了 55.26 mg/kg 和 52.62 mg/kg,同时砷含量降低,但并没有显著性差异,这是因为原土未受污染,本身含砷量较低。水稻根系的泌氧能力会导致 Fe 氧化物在根表的形成,根表铁膜将砷固定于其表面降低了砷的移动性(Hu M et al., 2015; Liu W J et al, 2006)。但是,另一方面,As 在根表铁膜的富集可能会促进水稻其他部位对 As 的吸收(Hansel C M et al., 2001)。而在不同程度砷污染土壤中,铁膜中铁含量随着砷污染程度的增长而增加,可能是外源砷的添加,导致土壤中的一些铁氧化物与砷发生了络合沉淀反应,形成了难溶物聚集在根表(Mei X Q et al., 2012; Noriko Y et al., 2014)。从整体来说,对照组中的铁与砷含量都不存在显著性差异($P<0.05$),但不同浓度砷污染土壤中存在显著性差异($P<0.05$),砷铁的含量由大到小为:120As 处理,80As 处理,40As 处理,对照。

表 2-13　不同处理条件水稻根表铁膜中铁和砷的含量(mg/kg, 平均值±标准差, $n=3$)

污染程度	处理	DCB—Fe	As
对照	CK	860.67±142.9e	9.8±2.72c
	1%FeOS	915.93±138.43e	8.58±3.12c
	0.5%FeOS	913.29±102.32e	8.97±1.07c
40As	CK	1179.48±264.35de	88.94±17.47bc
	1%FeOS	1269.57±235.80cde	89.59±19.59bc
	0.5%FeOS	1601±220.30bcd	91.97±23.35bc
80As	CK	1596±214.53bcd	187.48±14.10b
	1%FeOS	1778.90±152.38d	206.74±33.66b
	0.5%FeOS	1707.48±104.79bc	203.75±26.69b
120As	CK	2557.52±78.59a	368.84±67.28a
	1%FeOS	2880.52±99.84a	436.97±97.47a
	0.5%FeOS	2935.12±126.58a	482.64±79.33a

注：同列不同字母表示具有显著性差异($P<0.05$)。

2.2.2.5　铁改性生物炭对水稻各部位砷含量及形态的影响

铁改性生物炭的施加对水稻根部和茎叶砷含量的影响有所不同(图 2-24), 对于根部[图 2-24(a)], 对照土壤和 40As 土壤中, 铁改性生物炭的添加没有使土壤中砷含量表现出显著差异。而在高浓度砷污染土壤中表现出了显著差异, 显著降低了砷含量, 并且 1%FeOS 的效果优于 0.5%FeOS。而对茎叶[图 2-24(b)], 对照组中没有差异性, 在砷污染土壤的处理中, 铁改性生物炭的添加降低了砷含量, 都表现出了钝化效果, 且 1%FeOS 和 0.5%FeOS 的效果都十分显著。总体来说, 铁改性生物炭对不同程度砷污染土壤都有着一定的钝化效果。其中, 铁改性生物炭在高浓度砷污染土壤中的效果更为显著(Matsumoto S et al., 2016)。

水稻中砷的毒性不仅与砷的含量有关, 砷的形态也是重要的影响因素。水稻中 As 主要以 As(Ⅲ)和 As(Ⅴ)这两种无机 As 形态存在, DMA 和 MMA 这两种有机 As 占总 As 比例很少。从图 2-25 中我们也可以看出 As(Ⅲ)和 As(Ⅴ)占了很大比例。其中 As(Ⅴ)含量> As(Ⅲ)含量>DMA 含量>MMA 含量。根部的砷含量远远高于茎叶部位。同一处理组中, 生物炭的添加降低了各种形态的砷含量, 随着砷污染程度的增加, 生物炭的效果更为显著, 在 80As 和 120As 的土壤中, DMA 和 MMA 的比例很小, 几乎检测不到。

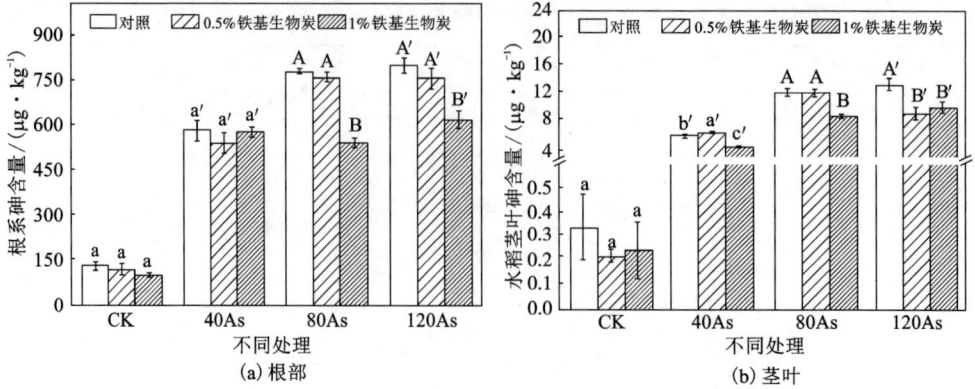

图 2-24 不同处理条件的水稻根(a)和茎叶中(b)的砷含量

注：不同字母表示具有显著性差异($P<0.05$)。

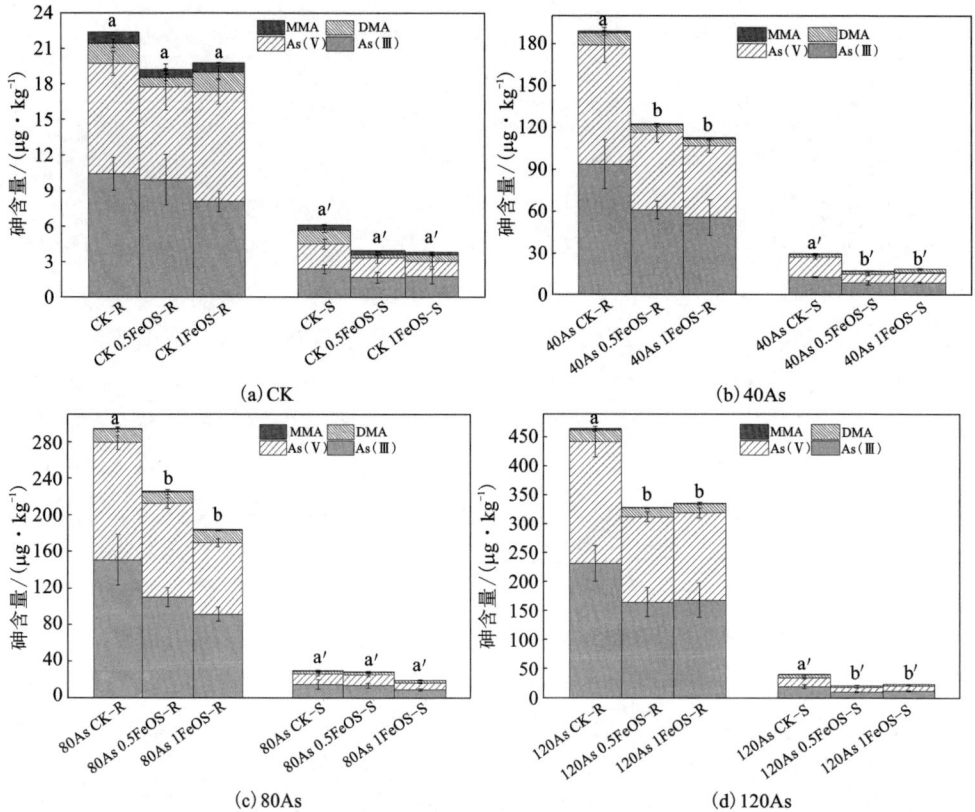

注：不同字母表示具有显著性差异($P<0.05$)。

图 2-25 水稻根部和秸秆中不同砷形态的含量

2.2.2.6 铁改性生物炭对砷功能转化基因和铁还原菌丰度的影响

选择两种处理(80As 和 80As+1% FeOS)的四个生长期,包括幼苗期、分蘖期、拔节期和抽穗期,对砷氧化还原甲基化基因和铁还原菌进行定量 PCR 分析。除 aioA(砷氧化基因)外,arsC(砷还原基因)、arsM(砷甲基化基因)、Geo(土壤铁还原菌)的基因拷贝数变化趋势相似(图 2-26)。

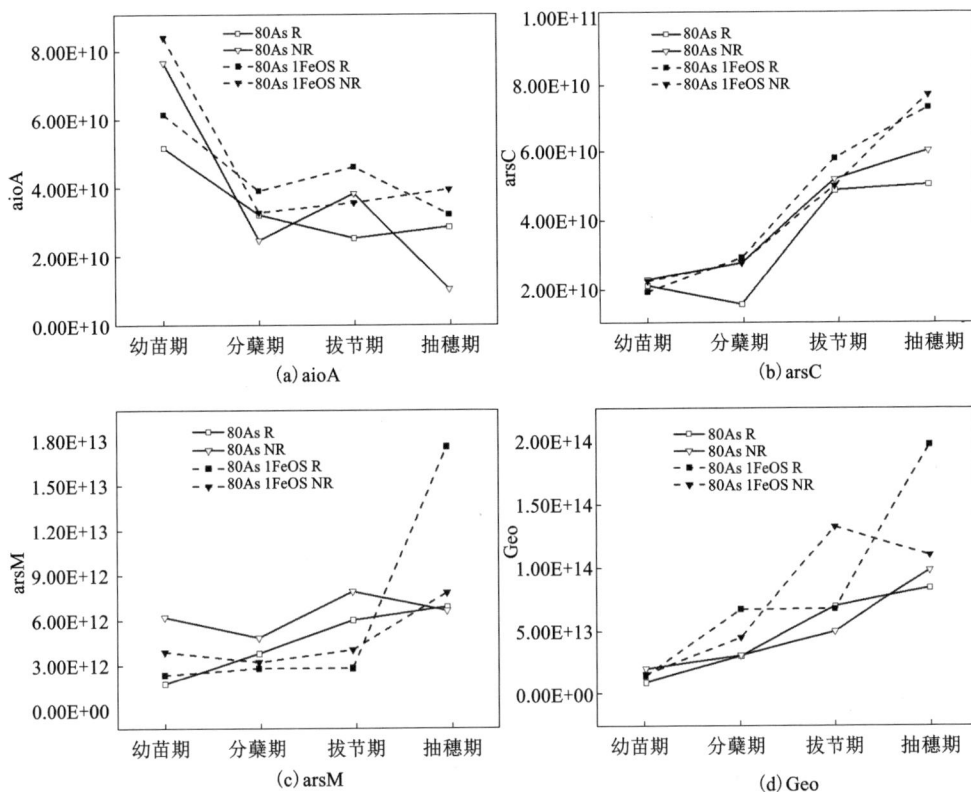

图 2-26 80As 污染土壤在四个生长期根际和非根际土壤的基因拷贝数

aioA 基因拷贝数在生育期内整体呈现下降趋势。微生物的砷氧化是指在氧化酶的作用下发生三价砷到五价砷的氧化过程。添加生物炭使根际和非根际的砷氧化基因都明显高于对照组,有研究证明一些根际微生物无论在好氧或者厌氧条件下都能够促进砷的氧化过程,从而降低三价砷的含量(Zhang S Y et al., 2015;Zecchin S et al., 2017)。arsC 基因拷贝数随生育期的变化而逐渐增加。有研究表明 arsC 与砷抗性解毒微生物过程有关,能够将五价砷还原为三价砷,降低了细胞内的砷毒性但是过程中不产生能量,这与异化砷还原机制有所不同(Zhang S Y et al., 2017;Lloyd J R et al., 2001)。所有的处理都显示出相同的趋势。arsM 基因拷贝数远远高于 aioA 和 arsC 基因拷贝数，在整个生长期内先缓慢上升随后显著增加，表明有多样化的微生物参与了砷的甲基化过程。砷的甲基化是一种解毒过程，因为有机砷的毒性远远小于无机砷(Zhai W et al.，2017)。异化铁还原菌促进铁氧化物的溶解会导致砷的释放，同时三价铁还原成的二价铁可能会形成新的二次矿物，再次吸附砷(Lee S W et al.，2013)。与其他基因相反，Geo 铁还原菌基因拷贝数在整个生长期呈上升趋势。并且 Geo 铁还原菌的增加伴随着 arsC 和 arsM 基因丰度升高，说明铁还原菌与砷还原、砷甲基化基因有一定的关系，铁还原过程与砷的还原甲基化过程有密切联系。铁还原菌 Geo 丰度的升高会导致铁矿物大量溶解，土壤溶液中总 As 升高。与此同时促进了砷甲基化过程以及砷在铁膜中的螯合作用，使大量的砷固定于根表铁膜中，因此降低了水稻对砷的吸收。

2.2.3 铁改性生物炭对砷/铁还原的影响

微生物胞外电子传递可以有多种途径，生物炭是一种含醌的物质，能够作为电子中间体参与此过程，同时还可以提供一定的有机质供体系的微生物活动，有大量研究表明含醌类的物质在促进金属元素的地球化学循环中起到一定的作用，含醌基团能够提供或者接收电子产生电子的转移，实现相应元素的氧化态与还原态的转化过程。

土壤中富含大量的水溶性有机质(DOM)，有研究表明，它们可积极参与到金属的还原过程中，因此，它可以作为土壤中砷、铁形态变化的重要因素，也是还原释放机制的关键。根据盆栽实验，铁改性生物炭的添加降低了水稻中砷的积累，降低了土壤中砷的生物有效性。生物炭作为一种多孔介质，可以作为一种电子穿梭体存在于细菌和铁氧化物之间，从而刺激微生物在厌氧条件下对铁氧化物的还原能力。由于砷与铁氧化物的结合，土壤中铁氧化物的溶解会导致砷的释放。而在砷污染土壤中，对砷的还原释放的影响研究仍缺乏一定的数据支撑。因此，本章节选取湖南郴州砷矿区周边受污染的稻田土，在厌氧培养条件下，探讨生物炭及铁改性生物炭对体系中砷、铁的形态转化过程的影响研究。

2.2.3.1 铁改性生物炭对土壤中砷还原的影响

随着培养时间的增加，体系中的砷浓度逐渐增加，有菌体系的砷浓度显著高于无菌体系，其中纯生物炭处理的土壤溶液砷浓度最高，其次是 AQDS 和对照土壤，最后是铁改性生物炭的处理(图 2-27)。有菌环境中第 49 天各条件处理的砷浓度分别是：409.76 $\mu g/L$、383.47 $\mu g/L$、318.40 $\mu g/L$ 及 139.63 $\mu g/L$。无菌体系中各条件处理的砷浓度大小依次为：349.23 $\mu g/L$、316.63 $\mu g/L$、264.67 $\mu g/L$ 及 114.79 $\mu g/L$。这两种环境体系的大体变化趋势一致，但数值有显著的差异。说明外源材料在整个过程中占据了主导地位。而铁改性生物炭处理的土壤溶液中砷浓度最低，浓度变化范围为 33.56~200.30 μg/L，远低于生物炭的处理。这是由于铁改性生物炭对砷产生了钝化作用，降低了砷的活性，抑制了体系中砷的还原释放，并且与其他处理有所不同的是它在第 20 天达到了整个培养周期的最高值，可能存在的原因是培养前期时间较短，铁改性生物炭的钝化效果需要一定的时间才能显现出来，根据 Wu 等人的研究（Wu C et al., 2018），铁改性生物炭在第 20~30 天时对土壤中砷的钝化效果较强，后期会逐渐减弱。

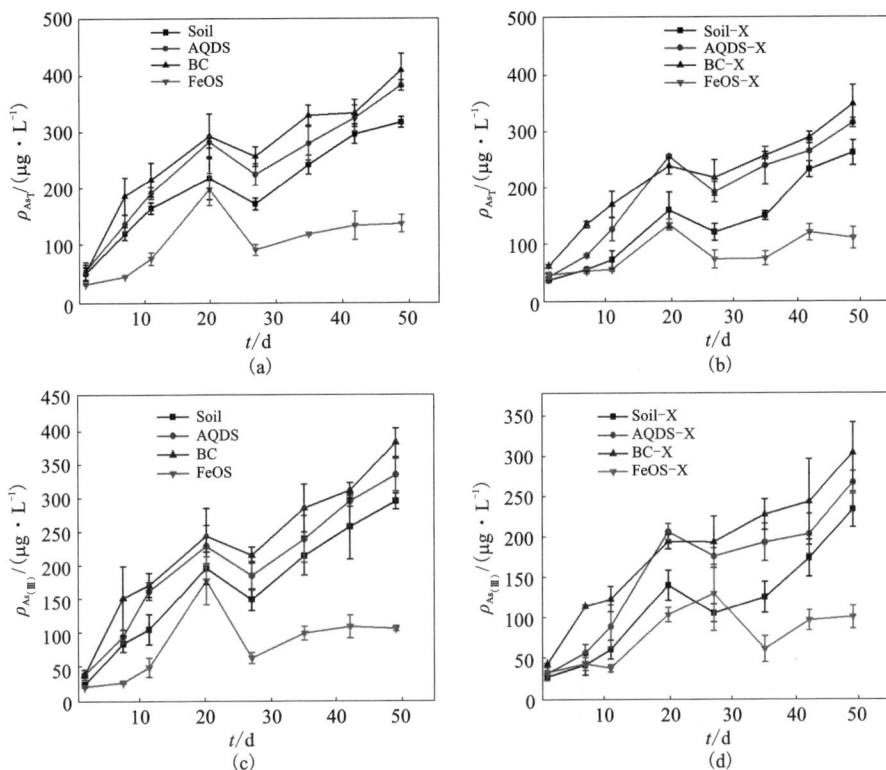

图 2-27　不同处理条件土壤中释放的 As(T)[图(a)和(b)]和As(Ⅲ)[图(c)和(d)]的浓度(X 表示无菌环境)

　　体系中三价砷浓度与总砷的变化趋势一致，随着培养时间的延长，三价砷浓度逐渐增加，第 49 天三价砷浓度的大小顺序依次为：生物炭、AQDS、对照土壤、铁改性生物炭。有菌环境三价砷浓度分别为：383.59 μg/L、335.71 μg/L、296.86 μg/L 及 109.67 μg/L。无菌环境中三价砷的浓度为：304.21 μg/L、267.41 μg/L、234.09 μg/L 及 101.51 μg/L。其中，铁改性生物炭在第 20 天达到最大值，有菌和无菌体系分别为 180.66 μg/L 和 104.16 μg/L。还原态砷的产生说明微生物起到了重要作用，添加的外源物质乙酸钠为微生物提供了生长所需的营养物质保证了微生物的活性。无菌条件下也有三价砷的产生，此条件下微生物的作用微乎其微，而还原态砷的产生是因为生物炭及铁改性生物炭会在无菌条件下对砷产生解吸和还原作用。AQDS 的浓度选择是根据先前陈的研究实验所得出的较为合理的处理，低浓度的 AQDS 更具有电子穿梭体介导五价砷还原的特征，过低的浓度效果不明显，浓度过高会对砷的还原释放有一定的抑制作用。因此无论有菌还是无菌环境，AQDS 都表现出较强的介导作用，一定程度上极大地促进了砷的还原释放(Chen Z et al.，2017)。

每个处理条件下三价砷的浓度接近总砷的浓度，生物炭的处理中砷的浓度最高，总砷为 16.52 μg/L，三价砷为 14.34 μg/L，另外设置的不添加乙酸钠的纯 AQDS 的处理中，总砷为 3.91 μg/L，三价砷为 2.45 μg/L(图 2-28)，虽然砷的浓度很低，砷的还原释放过程不够充分，但也表明，体系中的砷主要以三价砷存在，依然存在砷的还原过程，释放了一定量的砷。而添加了乙酸钠的 AQDS 处理中，总砷为 14.06 μg/L，三价砷为 12.07 μg/L。浓度远高于未加乙酸钠的 AQDS 处理，在这个过程中乙酸钠既可以提供碳源，促进微生物的活动，也可以作为外源电子供体促进砷的还原释放过程(陈福温等，2013)。

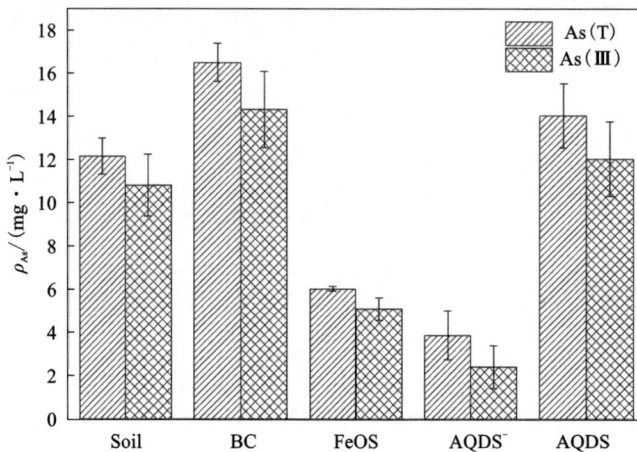

图 2-28　有菌环境下不同处理中 As(T)及 As(Ⅲ)的浓度变化

2.2.3.2　铁改性生物炭对土壤中铁还原的影响

随着培养时间的延长，土壤溶液中总铁的浓度逐渐增加(图 2-29)，这与总砷的变化趋势相一致(图 2-27)。不同处理条件，土壤溶液中总铁的浓度由高到低依次为：FeOS，AQDS，BC，Soil。有菌体系中铁浓度分别为：205.97 mg/L、190.79 mg/L、150.63 mg/L、91.71 mg/L。无菌体系与有菌体系的铁浓度大小及变化趋势一致，铁浓度依次分别为：178.52 mg/L、145.95 mg/L、133.46 mg/L、74.86 mg/L。其中，铁改性生物炭处理的土壤溶液中的总铁浓度最高，这是因为材料本身所含的铁同样也会释放到体系中。生物炭处理的铁浓度低于 AQDS 处理，这是因为 AQDS 可以作为一种纯电子穿梭体介导铁还原释放过程，效果优于生物炭，且生物炭在一定程度上可以吸附环境中的金属。Wu 等（Wu C et al.，2018）的实验研究结果也验证此观点，体系中的铁主要以二价形态存在，添加乙酸钠的 AQDS 处理中，总铁为 132.22 mg/L，二价铁为 100.44 mg/L，未添加外源物质乙酸钠的 AQDS 处理中，总铁为 14.69 mg/L，二价铁为 10.26 mg/L（图 2-30）。说明乙酸钠的加入起到了重要作用，能够促进体系中微生物尤其是铁还原菌的生长。除此之外，在无菌条件下，作为电子穿梭体的 AQDS 也发挥了作用，导致无菌体系中也存在铁还原过程（Thomas B et al.，2010）。

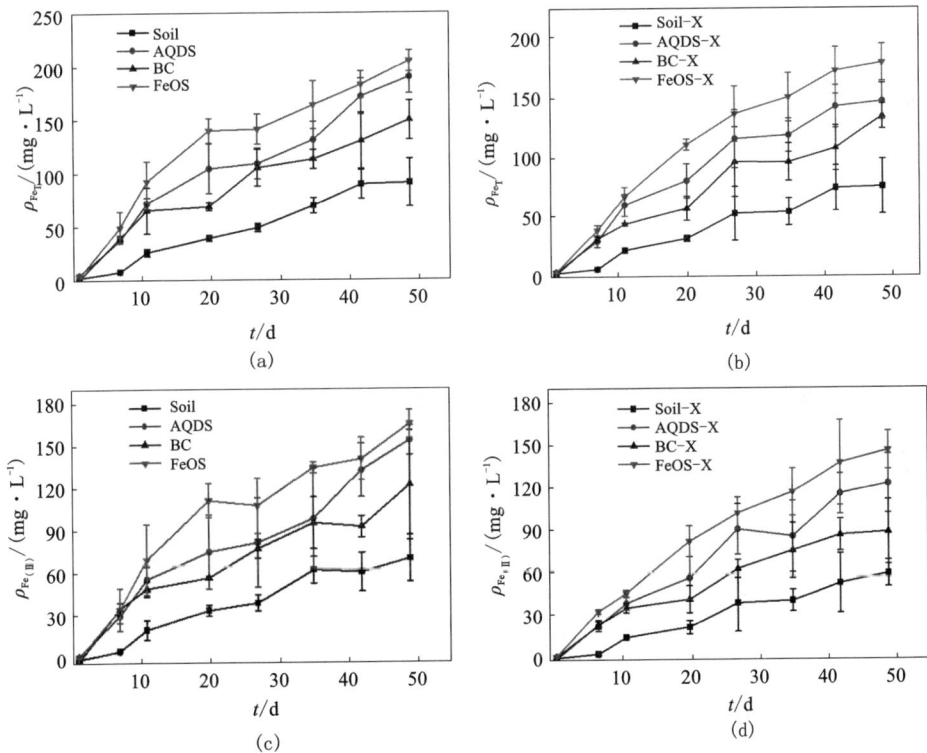

图 2-29　不同处理条件土壤中释放的 Fe(T)[图(a)和(b)]和 Fe(Ⅱ)[图(c)和(d)]的浓度

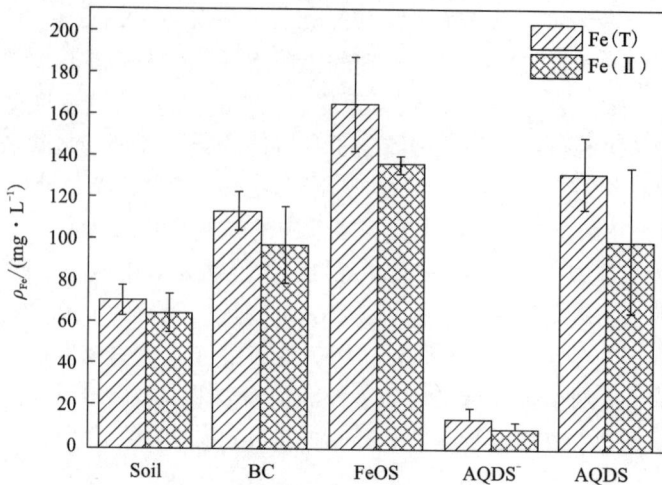

图 2-30　有菌环境下不同处理中 Fe(T)及 Fe(Ⅱ)的浓度变化

　　生物炭作为一种存在于细菌和矿物质之间的电子穿梭体,可能会增加细菌和矿物质之间的电子传递,促进能量的获取进程,使铁矿物还原。这是因为生物炭表面的微孔具有较大表面积,为生物膜的形成提供了一个稳定的场所,从而促进铁还原菌的生长(Smebye A et al.,2016)。此外,有研究证明,生物炭在高温下(500~700 ℃)具有更大的表面积和孔隙体积,有利于细菌的生长和电子的转移(Liu C et al.,2009)。铁改性生物炭的施加增加了土壤中一些属的相对丰度,例如:*Clostridum*,*Bacillus*,*Caloramator*,*Desulfitobacterium*,*Desulfosporosinus* 和 *Geobacter*。在陈温福等人(陈温福等,2013)的研究中,生物炭应用到砷污染尾矿沉积物中也增加了 *Geobacter*,*Anaeromyxobacter*,*Desulfosporosinus* 和 *Pedobacter* 等微生物的相对丰度。这些细菌都与铁还原过程紧密相关。

2.2.3.3　铁改性生物炭介导下 DOM 对砷/铁还原的影响

　　在整个培养周期内,各个处理体系中的 DOC 浓度随着培养时间的增加而降低,且无菌处理后的 DOC 浓度均大于有菌处理(图 2-31)。在培养后的第一天,无菌体系中,DOC 浓度从高到低依次为,FeOS、BC、AQDS、Soil,分别为 1081.33 mg/L、1016 mg/L、964.33 mg/L、872.33 mg/L。有菌体系中,DOC 浓度从高到低依次为 AQDS、Soil、BC、FeOS,浓度分别为 933.33 mg/L、806.83 mg/L、800.83 mg/L、782.83 mg/L。其中在铁改性生物炭的处理中,随着培养时间的增加,DOC 浓度迅速下降。不同物质的施加都促进了体系内外源性和内源性底物有机质的分解,刺激了电子供体的分解利用。无菌条件下,微生物的作用微乎其微，因此对有机质的利用较少，导致无菌体系 DOC 大于有菌体系。

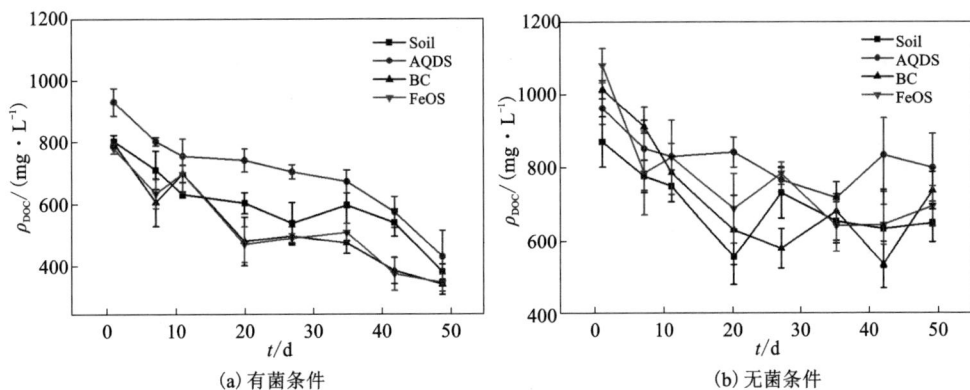

图 2-31　不同样品中上清液的 DOC 浓度变化

　　生物炭除了充当电子穿梭体的角色，增加铁还原菌的丰度外，还与土壤的理化性质例如 DOC 的变化有关。目前研究发现，生物炭的添加降低了土壤溶液体系中 DOC 浓度，主要原因可能是生物炭在厌氧条件下能够刺激土壤中固有有机物的分解（吴云当等，2016），因为生物炭也可以作为微生物和不溶性电子受体之间的电子穿梭体（Qiao J T et al.，2018）。DOC 能够作为碳源刺激铁还原菌的生长从而促进砷的释放。这些研究进一步表明，在生物炭和铁改性生物炭添加后，DOC 在控制铁还原菌的生长和砷的释放中发挥了重要作用（Annette P et al.，2014）。

　　我们选取了经过 49 天培养后的有菌样品，使用三维荧光光谱仪观察液相层中 DOM 的变化，进一步分析 DOM 的化学特性（图 2-32）。其中 A 代表有机质的类蛋白；B 代表腐殖酸；C 代表可溶性微生物代谢产物；D 代表富里酸。经检测，BC、FeOS、AQDS 三种处理都比对照土壤的四个荧光峰区域增强，B 和 D 区域荧光峰显著增强，这是因为在外源物质的影响下，促进了液相层中有机质的腐质化从而导致腐殖酸和富里酸的增多（Cheng W et al.，2014）。其中 BC 和 FeOS 两个处理效果要好于 AQDS 处理，荧光峰更为明显。A 和 C 区域的增加表明了微生物活性增强，外源材料的添加促进了微生物的代谢活动。可能存在的原因是土壤中微生物群落结构受到外源材料的影响发生了一定的改变，增强了物种多样性从而使体系中具有较强的微生物代谢活动。

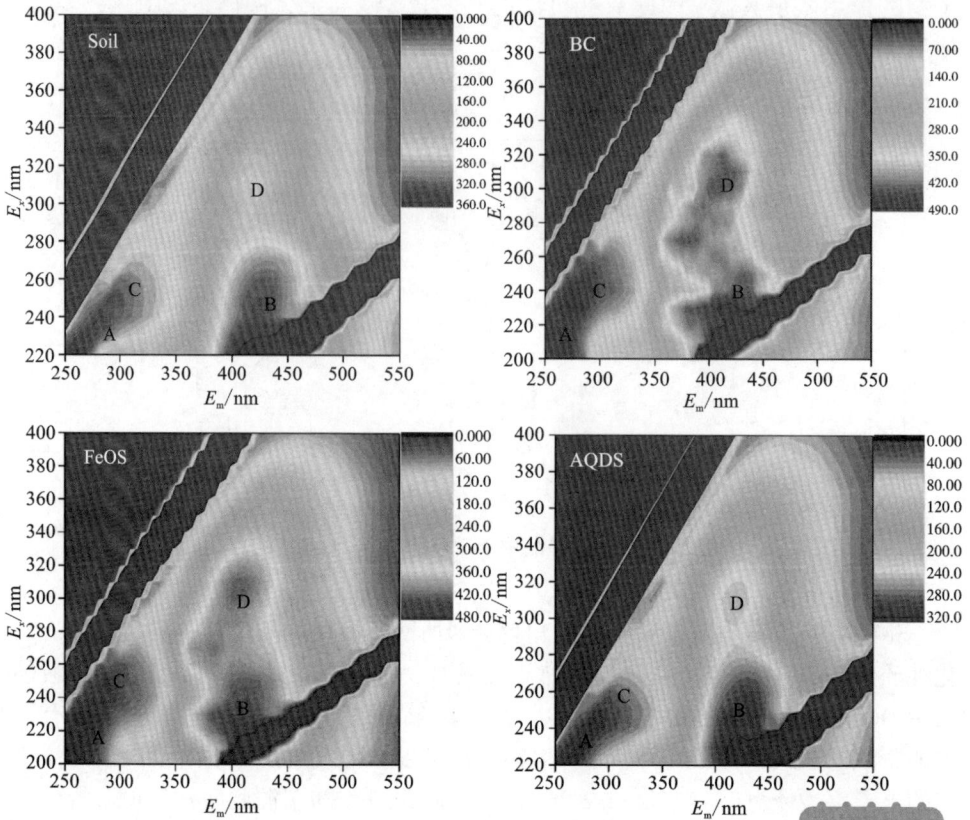

图 2-32　不同处理第 49 天液相层中 DOM 的 EEM 光谱图

2.2.3.4　铁改性生物炭对土壤微生物群落结构的影响

1) 不同处理条件原始序列数据及质控

不同处理对微生物的原始序列数具有一定的影响(图 2-33),其中,总序列数中 AQDS 处理最高,为 109735,FeOS、BC、Soil 分别为 109413、106857、65815,在可用序列中,可能会存在重复的序列数,嵌合体(在基因扩增过程中上一过程未完成就直接参与下一组基因的扩增),除去不能被利用的序列数,有效序列数就显示出来(Edgar R C et al.,2013)。FeOS、BC、AQDS、Soil 的 Otus 与有效序列的大小顺序一致,分别为 1170、1118、1076、867。说明外源材料的加入增加了 OTU 种类,即丰富了微生物的多样性。可能存在的原因如下:①外源材料的添加为土壤中各类微生物提供了有利的生长条件,因此增加了物种多样性。②外源物质的添加促进了土壤中某些微生物的变异从而导致 OTU 数目增多。

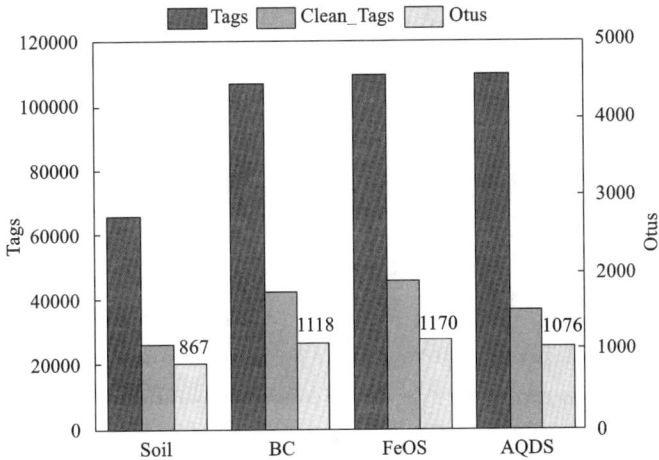

图 2-33　不同样品的序列数及 Otus 数统计

Soil、BC、FeOS 和 AQDS 处理的四组样品 OTU 数目分别为 868、1105、1155、1066(图 2-34)。三种处理组的 OTU 数目都显著高于对照土壤组，分别增加了237、287、198，说明三种处理的体系中微生物较为丰富(Ashley S et al., 2012)。相同 OTU 数目为 508，这四组之间具有一定的相同之处，因为选用相同的土壤，体系中含有许多相同的微生物。四组体系中独有的 OTU 数目分别为 86、136、137、195。从这里面也可以看出外源物质的添加都不同程度上增加了微生物数目并且各具独特性。

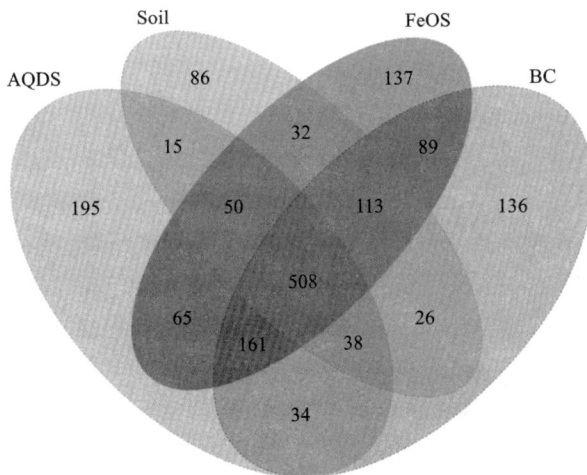

图 2-34　不同处理的 Venn 图

根据四组样品的物种信息绘制成热点聚类图(图2-35)，主要包含物种及样品两个方面。选取物种丰度排名前35的属，进行聚类整合。图上方为样品名称，右侧为物种名称，上方聚类树是样品聚类树，左侧是物种聚类树。从图中可以将其分为两组，第一组：Soil组与AQDS处理组具有较近的亲缘关系，第二组：BC与FeOS处理组具有较近的亲缘关系。两组内的优势种群亲缘关系的分支较为接近(苏加坤等，2017)。两组之间差异性较大，说明优势物种在不同样品之间有所不同。Soil和AQDS处理组中Dok59是丰度最高的属，而在BC和FeOS处理组中丰度较低，BC处理组中GOUTA19丰度最高，FeOS中Anaerolinea丰度最高。四组处理中都有一些相同的属存在，但丰度有所差别。Soil中Dok59、Sutterella、Methanosarcina为优势种群，AQDS中LCP-6、Dok59、Nitrospira较为丰富。BC样品中GOUTA19、Prevotella为优势种群。FeOS中Anaerolinea、Syntrophobacter为优势种群。其他的种群之间差异不大，较为平稳，说明整体微生物群落在一定程度上处于比较平衡的状态。外源材料的添加促进了As(V)和Fe(Ⅲ)还原菌如(Geobacter和Anaeromyxobacter)丰度的增加。

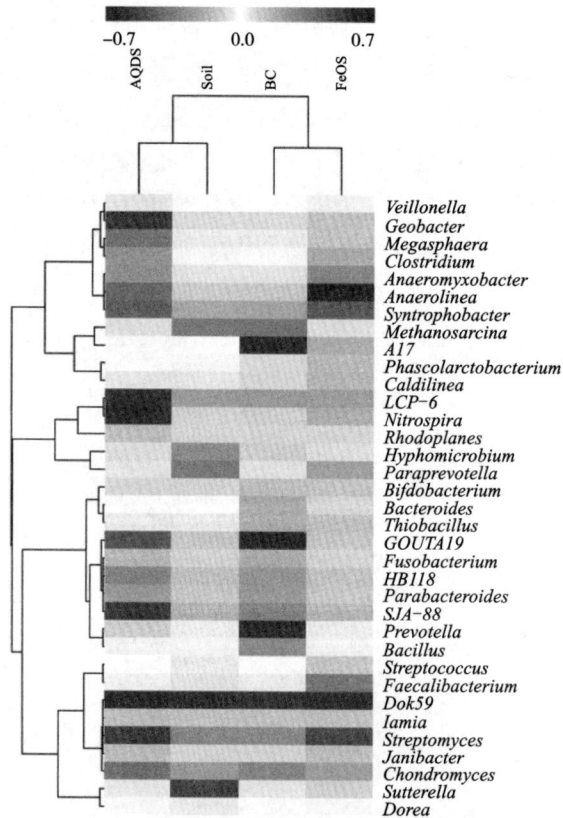

图2-35　不同处理在属水平的聚类热图

2）物种丰度及 Alpha 多样性分析

物种丰度主要从门水平进行分析（图 2-36），对照土壤中较为丰富的物种相对丰度分别为 *Proteobacteria*（变形菌门）32.19%、Firmicutes（厚壁菌门）16.92%，*Actinobacteria*（放线菌门）12.97%，*Chloroflexi*（绿弯菌门）12.61%，*Nitrospirae*（硝化螺旋菌门）4.20%，*Acidobacteria*（酸杆菌门）3.85%。BC 处理中相对丰度分别为 *Proteobacteria*（变形菌门）23.64%、*Chloroflexi*（绿弯菌门）17.62%，*Firmicutes*（厚壁菌门）16.32%、*Actinobacteria*（放线菌门）12.09%，*Nitrospirae*（硝化螺旋菌门）6.41%，*Bacteroidetes*（拟杆菌门）5.56%。FeOS 处理中优势物种相对丰度分别为 *Chloroflexi*（绿弯菌门）30.70%，*Proteobacteria*（变形菌门）24.61%、*Firmicutes*（厚壁菌门）17.89%、*Actinobacteria*（放线菌门）9.11%、*Acidobacteria*（酸杆菌门）3.39%，*Planctomycetes*（浮霉菌门）2.79%。AQDS 中分别为 *Proteobacteria*（变形菌门）32.19%、*Chloroflexi*（绿弯菌门）15.85%，*Firmicutes*（厚壁菌门）15.47%、*Actinobacteria*（放线菌门）14.59%、*Acidobacteria*（酸杆菌门）5.61%，*Bacteroidetes*（拟杆菌门）2.43%。

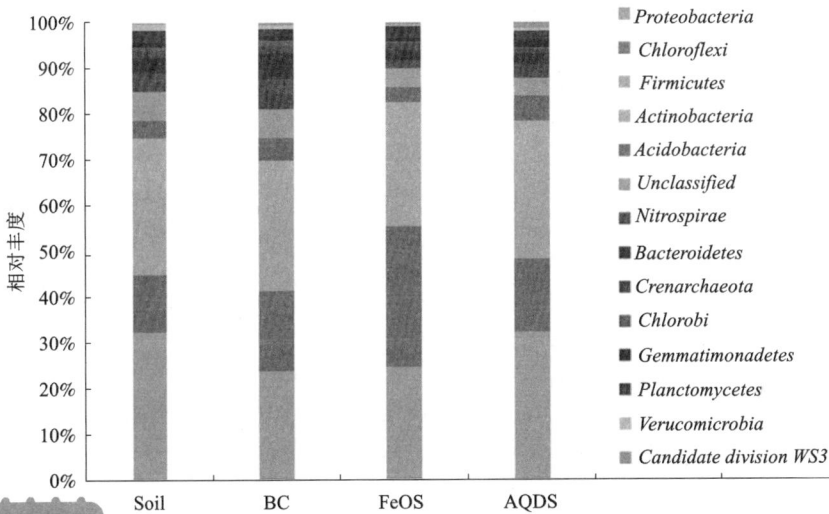

图 2-36　不同处理在门水平下的物种相对丰度

由相对丰度数据可以看出，四组样品之间的优势种群有所差异，但一致含有的四个相对丰度较高的优势物种：*Proteobacteria*（变形菌门）、*Firmicutes*（厚壁菌门）、*Actinobacteria*（放线菌门）、*Chloroflexi*（绿弯菌门）。它们在样品中占据主要地位，占细菌总量的 70% 左右。外源材料的加入既增加了一部分微生物的丰度，

也对其他的微生物起到一定的抑制作用。*Proteobacteria* 含有一些铁氧化菌，一定程度上会对砷/铁的还原过程起到抑制作用，前面的数据显示这两组处理对砷、铁还原过程表现出了显著效果，因此在生物炭和铁改性生物炭的处理中物种丰度有所下降。*Firmicutes* 在四组处理中变化不大，说明其生长环境较为适宜，具有一定的稳定性。铁改性生物炭处理相比其他处理 *Actinobacteria* 丰度降低，这是因为 *Actinobacteria* 更趋向于酸性环境中生长，而铁改性生物炭会在一定程度上增加土壤 pH。*Chloroflexi* 则表现出了显著增加的结果，它含有一些 *Geobacter* 和 *Anaeromyxobacter* 等铁还原菌，能促进砷铁的还原(Qiao J T et al.，2017)。研究表明这些微生物对重金属污染土壤的砷、铁还原释放都具有一定的影响作用(Sarkar A et al.，2014)。

　　针对样品的多样性分析主要包括以下四个指标：Chao1、Shannon、Ace、Simpson。Chao1 指数和 Ace 指数更侧重反映物种的丰富度(即群落中微生物成员如 OTU 的数量大小)。Shannon 指数和 Simpson 指数更倾向于反映群落的多样性(即各物种间的丰度差异大小)。但两个指数大小的表现有所差异(许晴等，2011)。由表 2-14 可以看出，Chao1 和 Ace 数值由大到小排序为 FeOS，BC，AQDS，Soil；Shannon 数值由大到小为 BC，AQDS，FeOS，Soil；Simpson 数值由大到小为 AQDS，BC，FeOS，Soil。结合四个指数分析，Ace 和 Chao1 数值越大，体系内物种数量越多，即三个处理都比对照组中的物种丰富。Shannon 数值越大，Simpson 数值越小，表明群落多样性越强(董春娟等，2018)。样品 FeOS 的 Ace 和 Chao1 数值最大，而 Simpson 数值比较小，说明此样品中不仅物种丰度高，群落的多样性也比较大。但是从表中我们可以发现并不是 Simpson 数值越小 Shannon 数值就一定越大，例如 BC 和 FeOS。这个现象可能是因为这两个指数不仅与物种丰度有关，还与体系中的物种均匀程度有关。物种丰度大致相同的条件下，物种越均匀，群落多样性越大(顾磊等，2017)。对照土壤的群落多样性最大，但 FeOS 的物种丰度最高。可以说明外源材料的加入虽然整体上增加了物种丰度但可能破坏了原始土壤中的群落多样性(Qiao J T et al.，2017)。

表 2-14　各种处理 Alpha 多样性统计

样品	Chao1 指数	Shannon 指数	Ace 指数	Simpson 指数
AQDS	1112	8.162	1080	0.9858
BC	1126	8.186	1120	0.9852
Soil	926.1	7.691	883.1	0.9770
FeOS	1184	7.905	1185	0.9819

添加生物炭(BC)、赤泥(RM)和赤泥–生物炭(RM–BC)对土壤 pH 和 Eh 无显著影响,但提高了土壤总有机碳含量。RM 和 RM–BC 处理增加了变形杆菌及其相关属的相对丰度,对铁矿物还原和砷释放有显著影响。同时铁改性生物炭的添加提高了叶绿素相对含量,促进了水稻生长。根际与非根际土壤孔隙水中砷、铁浓度变化趋势一致,这与 Fe–As 共沉淀的生成有关。在高浓度砷污染土壤中(As 80 和 As 120),铁改性生物炭的添加显著降低了水稻中砷含量,这是由于铁还原菌 Geo 丰度的升高促进了砷甲基化基因和砷还原基因丰度的增加,降低了水稻对砷的吸收。生物炭的添加可以促进砷铁的还原,而且体系中的水溶性有机碳随着培养时间的增加逐渐减少,外源材料的添加可以刺激体系中 DOM 的氧化分解,促进 As(Ⅴ)和 Fe(Ⅲ)的还原及形态转化。液相层中水溶性有机质的三维荧光光谱显示,腐殖酸和富里酸的荧光峰增强,表明微生物活性增加。BC、FeOS、AQDS 三种处理可以增加土壤中的物种丰度,提高群落多样性,促进一些 As(Ⅴ)和 Fe(Ⅲ)还原菌如(*Geobacter* 和 *Anaeromyxobacter*)丰度的增加。

第3章 矿冶区土壤镉污染特征及钝化修复

采矿活动会严重污染附近的土壤和农作物，主要原因是矿山废物有害成分会排放和扩散到附近的空气、水和土壤中（Candeias et al. , 2014）。研究者在废弃和开采的矿井中和周围发现高浓度的重金属元素（As、Cu、Zn、Cd、Pb 等）（Liao et al. , 2005; Kaabi et al. , 2016）。这些重金属元素的暴露途径不同，可能是通过摄入污染土壤上种植的蔬菜，也可能是通过吸入灰尘和附着在植物上的灰尘（Seyfferth et al. , 2014; Li et al. , 2015），对当地居民造成潜在的健康风险（Wong et al. , 2002; Zheng et al. , 2007）。因此，了解矿区周围的稻田土壤和水稻污染的空间变异性，并探讨（类）金属（Cd、Pb、As）健康风险具有重要意义。

镉是相对稀有的重金属元素，因其毒性较强，移动性大，污染面积广而被列为"五毒之首"，成为世界环境领域的难题。针对土壤重金属镉污染现状，土壤污染治理刻不容缓，人们迫切需要寻找一种能够快速有效地对土壤中重金属镉进行固定或者清除的方法。在不同的修复技术中，原位化学钝化技术可以实现边生产边修复的效果，该技术是一种应用广泛、简单易行和成本低廉的土壤污染治理方法。研发及应用清除镉效果较好的材料，且对环境无害的钝化剂，是今后治理和解决农田镉污染的主要研究方向。

3.1 矿冶区土壤重金属污染特征及健康风险

华南地区某矿拥有丰富的金属资源，附近有许多采矿厂和工业加工企业，且该矿是华南地区最大的铅矿之一，Pb 开采历史已超过 100 年，主要矿区面积约 200 km^2。该地区的采矿活动对周围的稻田造成了废气、水和沉积物的排放污染，对附近的居民造成了严重的健康风险，因此本研究以该矿区为研究对象，对附近的土壤及水稻进行采样（图 3-1）。当地为亚热带季风气候，平均年降雨量约 1300 mm。受季风影响，夏季有南风或东南风，冬季有北风或东北风。主导风向为北，然后是南，风速小于 4 m/s。

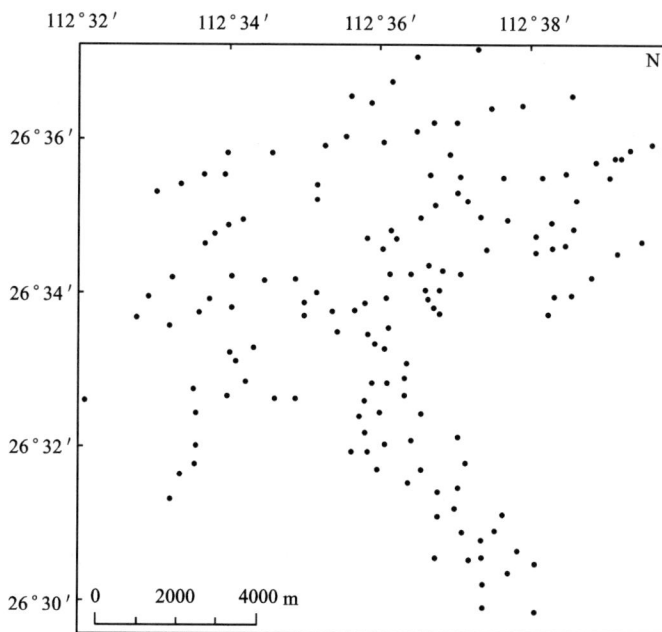

图 3-1　采样点分布图

3.1.1　稻田重金属污染

稻田中 Pb、Cd 和 As 的平均含量分别为 460. 1 mg/kg、11. 7 mg/kg 和 35. 1 mg/kg(表 3-1)。

表 3-1　稻田中重金属含量

元素	Pb	Cd	As
最小值/(mg·kg⁻¹)	43. 16	< 0.001	0.02
最大值/(mg·kg⁻¹)	1823	248.5	300.8
平均值/(mg·kg⁻¹)	460. 1	11. 7	35. 1
标准差	565. 3	29. 5	42. 4
变异系数/%	130	253	121
偏斜度	4. 2	6. 4	3. 7
峰度	23. 9	46. 3	17. 7

续表3-1

元素	Pb	Cd	As
GB 15618—1995[a] 中限制值 /(mg·kg^{-1})	250(pH<6.5) 300(pH 6.5~7.5) 350(pH>7.5)	0.3(pH<6.5) 0.6(pH 6.5~7.5) 1.0(pH>7.5)	30(pH<6.5) 25(pH 6.5~7.5) 20(pH>7.5)
住宅用地	450	10	32
背景值	29.7(pH 5.6)	0.126(pH 5.6)	15.7(pH 5.6)

注：a.中国农用地土壤环境质量标准。

变异系数(CV)，也称为相对标准差(RSD)，是概率分布离散度的标准化度量，它反映了采样点的平均方差。变异系数越大，采样点金属浓度之间的差异越大，变异系数越高也表明人类活动的影响越大(Atalay et al.，2007；Zhang et al.，2013)。由表3-1可知，矿区 Pb、Cd 和 As 浓度的变异系数分别为130%、253%和121%。不同金属的浓度由低到高顺序为：As，Pb，Cd。Pb、Cd 和 As 的变异系数大于100%，显示出高度的变异(Zhang et al，2013)。这表明，各采样点之间表层水稻土层的金属浓度不均匀，主要受人类活动的影响，而不是土壤性质的影响。

金属浓度的偏斜度大于0，表明地表土壤金属浓度与自然条件下的不同，受到工业发展等外部因素的影响(Sun et al.，2014)。由样品峰度可知，Cd 浓度变化显著强于 Pb 和 As(Sun et al.，2014)。根据中国农用地土壤环境质量标准(GB 15618—1995)，Pb、Cd 和 As 的平均浓度均超过了农用地土壤的二级标准，尤其是 Cd 污染。此外，Pb、Cd 和 As 的平均浓度均超过了英国住宅用地清洁土壤指导值(SGV)(Environment Agency，2009)。Pb、Cd 和 As 的平均浓度约为背景值的14倍、92倍和2倍，表明这些元素的外部输入对土壤中重金属的积累有重要影响，Cd 的影响尤为明显。

3.1.2 水稻重金属污染

水稻中 Pb、Cd 和 As 的平均含量分别为5.24 mg/kg、1.1 mg/kg、0.7 mg/kg(表3-2)。大米中的 Pb、Cd、As 的浓度均超过我国食品中污染物限量(GB 2762—2012)，其中 Pb 浓度约为限值的25倍；Cd 浓度约为限值的5.5倍，As 浓度约为最大限值的3.5倍(表3-2)。根据 FAO/WHO 标准，大米中 Pb 浓度约为极限值的25倍；Cd 约为极限值的11倍(FAO/WHO，2010)，而 As 约为世界卫生组织无机 As 极限值的2倍(WHO，2016)。

水稻中 Pb、Cd 和 As 浓度的变异系数均大于100%，表现出较高的变异性，并且受到人类活动的外部输入的显著影响。计算了水稻中三种金属的生物富集因子(BF)：BF＝金属浓度$_{水稻}$/金属浓度$_{稻田}$，其反映了水稻颗粒中金属的吸收和积累情况(McGrath et al.，2003)。BF 由大到小顺序为：As，Pb，Cd，BF 分别为 1.06、0.90 和 0.72(表 3-2)，表明对作物和人类的风险较高。不同金属的差异由于金属形态及不同金属之间与水稻之间的相互作用不同造成的(Moreno Jiménez et al.，2006)。

表 3-2　大米中重金属含量

元素	Pb	Cd	As
最小值/(mg·kg^{-1})	< 0.001	< 0.001	< 0.001
最大值/(mg·kg^{-1})	134.7	8.9	5.4
平均值/(mg·kg^{-1})	5.24	1.1	0.7
标准差	14.5	2.1	1.3
变异系数/%	477	194	191
GB 2762—2012[a] 中值限制/(mg·kg^{-1})	0.2	0.2	0.2
FAO/WHO 限制值/(mg·kg^{-1})	0.2	0.1	0.35[c]
AF[b]	0.03~0.05	0.05~7.09	0.03~0.17
平均 AF	0.90	0.72	1.06

注：a. 我国食品中污染物限量；b. 水稻重金属积累因子；c. 稻壳中的无机砷。

3.1.3　稻田及水稻中污染物的空间分布

稻田中 Pb、Cd、As 空间分布相似，中部浓度较大，四周浓度较小；对于 Pb 和 Cd，北部地区浓度高于南部地区。中心区域铅含量超过 1000 mg/kg，呈现高污染。大部分地区 Cd 污染严重，尤其是北部地区。矿区周围存在深红色区域，As 含量为 117 mg/kg，属于高风险区(图 3-2)。厂区周边土壤中 Pb、Cd、As 含量较高，表明其空间分布受到了人类活动的影响。

从 Pb、Cd 和 As 在稻米中的空间分布来看，Pb、Cd 和 As 在稻米中心区域含量较高，而在周围区域含量较低(图 3-3)。该地区的采矿业高度发达，产生的废料对周围土壤造成了严重的污染和金属积累(Zheng et al.，2007；Peng et al.，2014)。工业园区附近土壤中 Pb、Cd、As 含量较高，且呈现向周边扩散的中心岛状空间分布。此外，盛行的北风再次使金属在研究区南角累积，而其他研究表明，稻田中农药和化肥的使用也导致土壤中金属累积(Chen et al.，2008；Aydin et al.，2010)。

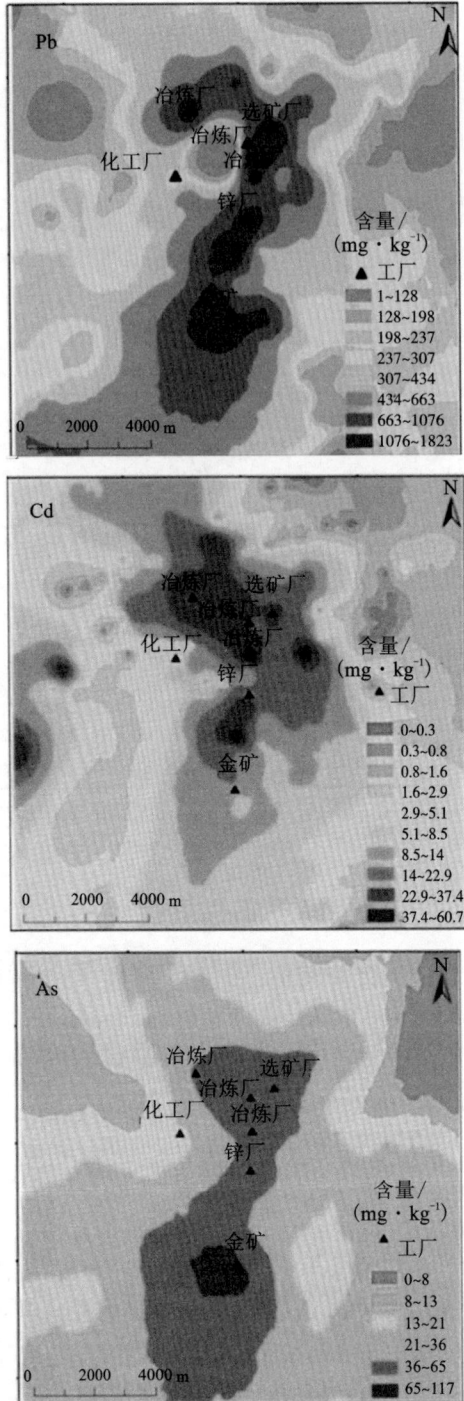

图 3-2　矿区周围土壤中污染物的空间分布图

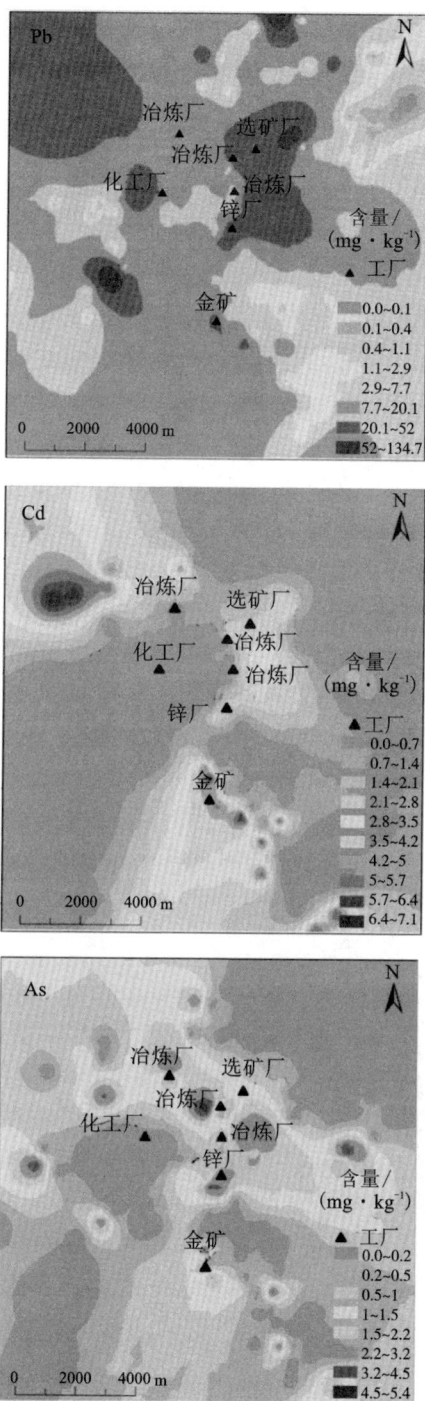

图 3-3　矿区周围水稻中污染物的空间分布图

3.1.4 金属对人体 HepG2 和 KERTr 细胞活性的影响

不同浓度的金属对细胞活性的影响不同(图 3-4),0.2 μmol/L 和 1 μmol/L 的金属对 HepG2 和 KERTr 细胞活性均无影响。然而,在 5 μmol/L 时,不同重金属导致细胞的存活率分别为 As:(HepG2 细胞 85.5%;KERTr 细胞 90.8%)、Cd:(75.8%;86.4%)和 Pb:(96.2%;94.0%)。这表明 5 μmol/L 是一个临界浓度,它可以影响细胞活力,即使毒性并不高。LDH 检测细胞活性的结果(图 3-5)与 MTT 相似。

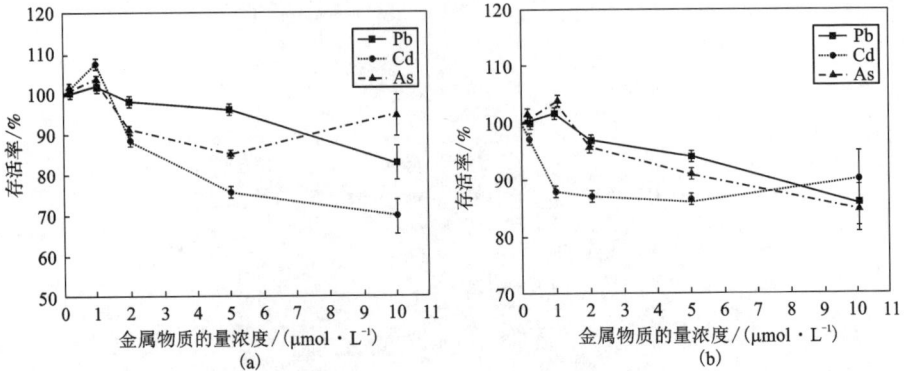

注:使用 MTT 法,在使用范围 0~10/(μmol/L)的金属处理 24 h 后测试存活率。数值表示细胞三次测定的平均值±SD。在 5 μmol/L 时,HepG2 细胞的 Pb、Cd 或 As 细胞存活率分别为 96.2%、75.8%、85.5%,KERTr 细胞分别为 94.0%、86.4%、90.8%。

图 3-4 硝酸铅(Pb)、氯化镉(Cd)和亚砷酸钠(As)对人 HepG2 细胞[图(a)]和 KERTr 细胞[图(b)]活性的影响

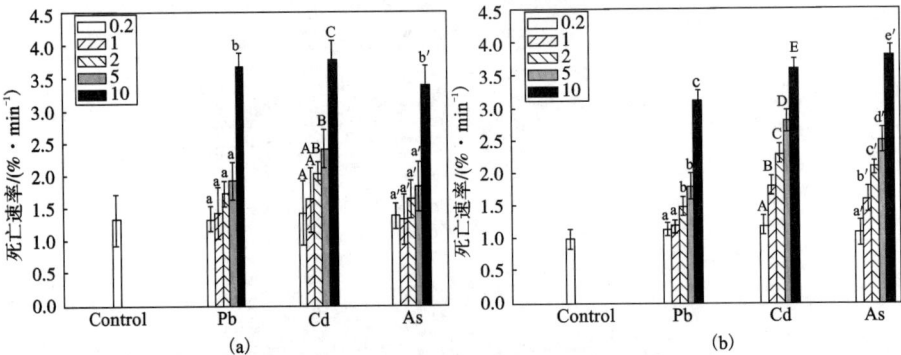

注:使用 LDH 测定,在金属浓度范围(0~10 μmol/L)的处理后 24 小时测试存活率。数值表示细胞三次测定的平均值±标准差。不同字母表示存在显著性差异(P<0.05)

图 3-5 Pb、Cd 和 As 对人 HepG2 细胞[图(a)]和 KERTr 细胞[图(b)]活性的影响

　　单一金属和混合金属对 HepG2 细胞 MT 蛋白的诱导作用的浓度，分别为：Pb（0.008 mg/mL）、Cd（0.013 mg/mL）、As（0.0155 mg/mL）、Pb+Cd（0.015 mg/mL）、As+Pb（0.012 mg/mL）、As+Cd（0.016 mg/mL）和 As+Pb+Cd（0.014 mg/mL）（图 3-6）。而单一金属和混合金属对人 KERTr 细胞系 MT 蛋白的诱导作用浓度，分别为 Pb（0.0075 mg/mL）、Cd（0.005 mg/mL）、As（0.0055 mg/mL）、Pb+Cd（0.009 mg/mL）、As+Pb（0.0085 mg/mL）、As+Cd（0.005 mg/mL）和 Cd+Pb+As（0.005 mg/mL）（图 3-6）。通过 MT 蛋白诱导实验，研究 As、Pb 和 Cd 诱导人 HepG2 和 KERTr 细胞 MT 蛋白的作用。MT 蛋白是一类小的、富含半胱氨酸的重金属结合蛋白，参与一系列保护性应激反应（Andrews，2000；Chasapi et al.，2012）。自 20 世纪 50 年代，Margoshes 和 Vallee 在马肾中发现金属离子结合蛋白金属硫蛋白（Metallothionein，MT）以来（Margoshes et al.，1957），已有大量的研究关注这种存在于各种生物体和细胞中的金属螯合蛋白，包括人类乳腺癌细胞（Jin et al.，2002）、人类卵巢癌细胞（Schilder et al.，1990）和水生无脊椎动物（Amiard et al.，2006）。

　　在小鼠中证实，As 在长期、联合暴露时可增强 Cd 的肾毒性（Liu et al.，2000）。另一项研究表明，在较低的金属浓度下，与单一金属相比，暴露于两种或多种重金属可显著增加线虫的死亡率（Wah et al.，2002）。然而，根据我们的结果，一些重金属联合暴露诱导人 HepG2 和 KERTr 细胞中 MT 蛋白表达低于单一金属，是由于这些金属之间的拮抗作用（Bellés et al.，2002）。Garcia 和 Corredor（2004）证明，同时暴露于 Pb 和 Cd 对孕鼠单独暴露于 Pb 或 Cd 产生的毒性具有保护作用。Bellés 等人（Bellés et al.，2002）表明，Pb 和 As 对小鼠的暴露是无毒的，但与 Hg 同时存在超加性交互作用。

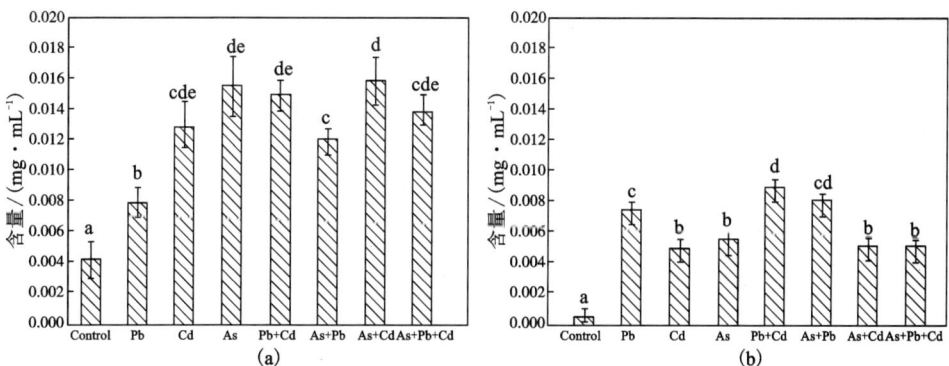

注：不同字母表示根据 Student-t 检验不同组之间存在显著性差异（$P<0.05$ 或 $P<0.01$）。

图 3-6　Pb、Cd 和 As 诱导的金属硫蛋白在 24 小时内对人 HepG2 细胞[图(a)]和 KERTr 细胞[图(b)]的影响

不同重金属污染程度的矿区中均存在明显的重金属污染。其中 Cd 含量超过中国农用地土壤环境质量标准的82%。水稻中 Pb、Cd 和 As 的浓度高于我国食品安全污染物最高浓度标准(GB 2762—2012)和 FAO/WHO 标准。这对该地区的居民造成了严重健康风险。厂区周边土壤中 Pb、Cd、As 含量较高,表明重金属的空间分布受人类活动影响较大。为了评估 Pb、Cd、As 污染对人的健康风险,对细胞活性和金属硫蛋白 MT 进行了测试。金属浓度对细胞活性有重要影响,细胞活性随着金属浓度的增加而降低。在人 HepG2 和 KERTr 细胞中,重金属(Pb 和 Cd)联合暴露可增加 MT 蛋白的诱导。MT 蛋白水平的升高会导致癌症发病率的增加,因此长期暴露于金属混合物中可能会比单一金属对人体健康有更多的风险。但是当两种或多种金属(如 As 和 Pb)复合暴露时,它们也可能具有拮抗作用,降低这些污染物的毒性效应。

3.2 硫基材料对污染稻田镉稳定效应

3.2.1 不同钝化剂对土壤重金属复合污染的稳定效应

针对目前我国受重金属污染情况,在受重金属污染的土壤中,土壤往往呈现出两种或者两种以上的重金属复合污染。通过施加钝化剂修复单一重金属污染土壤方面的研究较多。然而,对于重金属铅-镉-砷复合污染土壤修复的研究鲜有报道。本研究拟采用典型重金属复合污染农田土壤,采用土壤培育实验,研究了赤泥作为单一或复配钝化剂对土壤重金属进行钝化修复,比较修复效果及其影响因素,为进一步从事材料的应用及研发提供参考依据。

3.2.1.1 赤泥和酸改性赤泥微观形貌变化

采用 SEM-EDS 对赤泥改性前后的微观形貌进行表征(图 3-7)。赤泥经酸改性后,微观结构发生了变化。改性前赤泥的结构体表面较为粗糙,分布着尺寸不等的团聚体,分散着的细小碎片和颗粒的粒径较大,同时具有较大的孔隙结构。经酸改性后的赤泥原本粗糙的表面变得光滑,颗粒分布较为均匀,表面具有丰富的孔隙结构,原有的颗粒状结构向片状结构转变,同时产生少量的晶体结构。经酸改性后的赤泥表面结构变化主要由于 H+ 与赤泥中的成分发生反应,经酸改性后的赤泥表面结构发生了改变(Snars K E et al. , 2004)。

改性后表面元素 Al、Ca 和 Fe 含量升高[图 3-7(e)和(f)],可能与赤泥在与酸搅拌中发生去质子化作用,使赤泥中的一些离子如铝、钙和铁进一步释放有关。经改性后的赤泥,使赤泥表面的吸附位点暴露出来(王立群等,2009),提高了它对重金属的钝化效果。

图 3-7　赤泥和酸改性赤泥的 SEM-EDS 图，(a)(b)(e) 为赤泥；(c)(d)(f) 为酸改性赤泥

3.2.1.2　钝化剂对土壤 pH 的影响

施加钝化剂 RM、1RM 和 RZ 的土壤 pH 均有所升高(表 3-3)，赤泥作为高碱性物质(Punshon T et al.，2001)，加入后土壤的 pH 升高。加入钝化剂 RG 和 ARG 至土壤中，土壤的 pH 表现出先升高后降低的趋势，可能原因是离子交换作用 Ca^{2+} 置换出土壤颗粒表面的 H^+，从而降低土壤的 pH(Hartley W et al.，2004)。与对照相比，复配 RF 或 ARF 均降低了土壤的 pH，可能由于 $FeSO_4$ 加入土壤中发生水解产生 H^+，土壤的 pH 有所降低(魏建宏等，2012)。在加入赤泥、酸改性赤泥和其余不同钝化剂复配的初始阶段 pH 升高，可能原因是赤泥含有 $Al(OH)_3$、NaOH、$CaCO_3$ 等高碱性物质(田杰等，2012)或酸改性赤泥含有碱性基团—OH(以 S—OH 形式表现)导致的；整体而言，pH 呈现出降低的趋势，这主要是由于土壤自身的调节缓冲作用(李凝玉，2014)，后期的土壤 pH 降低。

表 3-3　钝化剂对土壤 pH 的影响

处理	采样时间/d			
	7	15	30	60
CK	7.34±0.01de	7.44±0.01f	7.38±0.01cd	7.21±0.01cd
RM	7.63±0.11b	7.76±0.02d	7.45±0.01b	7.42±0.03a

续表3-3

处理	采样时间/d			
	7	15	30	60
ARM	7.30±0.01ef	7.85±0.06c	7.42±0.06bc	7.36±0.01b
1RM	7.46±0.02c	7.58±0.03e	7.45±0.01b	7.32±0.03b
1ARM	7.38±0.04d	7.56±0.02e	7.42±0.04bc	7.35±0.05b
RZ	7.69±0.06ab	8.06±0.07a	7.54±0.03a	7.42±0.02a
ARZ	7.72±0.05a	7.99±0.04b	7.45±0.04b	7.37±0.03ab
RG	7.38±0.02d	7.73±0.02d	7.41±0.02bc	7.24±0.01c
ARG	7.40±0.01cd	7.59±0.02e	7.42±0.03bc	7.35±0.05b
RF	7.24±0.01fg	7.37±0.01g	7.30±0.03e	7.19±0.02cd
ARF	7.22±0.02g	7.41±0.02fg	7.35±0.01de	7.18±0.03d

注: 同列不同字母表示存在显著性差异($P<0.05$)。

3.2.1.3 钝化剂对土壤有效态铅含量的影响

铅-镉-砷复合污染土壤培育7、15、30、60天后, 加入钝化剂ARM、ARZ和RF均减少了有效态Pb含量, 分别减少了33.46%、76.47%、69.31%、1.96%, 23.24%、68.44%、35.11%、5.47%和4.94%、5.01%、70.63%、5.92%(图3-8)。在室温下土壤培育7、15和30天时, 单因素方差分析表明, 钝化剂RM和1RM的施加均显著降低了有效态Pb含量($P<0.05$), 对土壤中有效态Pb钝化效果分别达58.86%~80.87%和57.55%~76.03%; 其他钝化剂RZ和ARG的施加不同程度上降低了有效态Pb含量, 分别达23.36%~75.26%和22.28%~73.02%。

在室温下土壤培育60天, 与对照比较处理后有效态铅含量降低, 可能由于土壤是缓冲体系, 这与李凝玉等(李凝玉等, 2014)证明在后期阶段可提取态镉含量下降是一致的; 将赤泥或酸改性赤泥添加至土壤中, 可能因为其含有大量铁、铝氧化物表面活性吸附点, 使得土壤中铅和表面活性位点相结合(郝晓伟等, 2010), 所以有效态铅含量减少(郭观林等, 2005)。复配钝化剂酸改性赤泥ARZ表现出明显的钝化效果, 由电镜分析可知ARZ具有较大的表面积(图3-7), 提供了较多的吸附位点从而有利于Pb的固定; 另一方面可能由于钝化剂含有硅酸盐和矿物栅格晶体结构(符建荣, 1993), 晶体内部含有的孔道占据的阳离子如Na^+、K^+、Ca^{2+}等, 与铅离子发生交换, 使得土壤中的铅被固定下来。

复配钝化剂RG或ARG在不同的时间段(7、15和30天)均减少了土壤有效态铅含量, 其原因可能是钝化剂提高了土壤的pH, 降低了铅的可移动性(郭观林等, 2005); 而在土壤培育60天钝化效果不明显, 原因可能是复配钝化剂中的Ca^{2+}在后期阶段与有效态Pb之间存在拮抗作用(卢明等, 2015), 导致有效态Pb

的含量升高。在整个土壤培育阶段，复配钝化剂 RF 对有效态 Pb 均起到明显的固定效果，这可能由于硫酸亚铁水解产生氢离子和羟基铁络合物 $Fe(OH)^{2+}$、$Fe(OH)_3$、$Fe(OH)_4^-$、$Fe_2(OH)_2^{4+}$ 和 $Fe_3(OH)_4^{5+}$ 等，通过离子交换或羟基铁络合物与土壤中的胶体发生絮凝及沉淀，达到修复的作用（Bolan N S et al., 2003）。综上所述，在整个培育过程中，钝化剂 ARM、ARZ 和 RF 对土壤中的有效态铅钝化效果最佳。

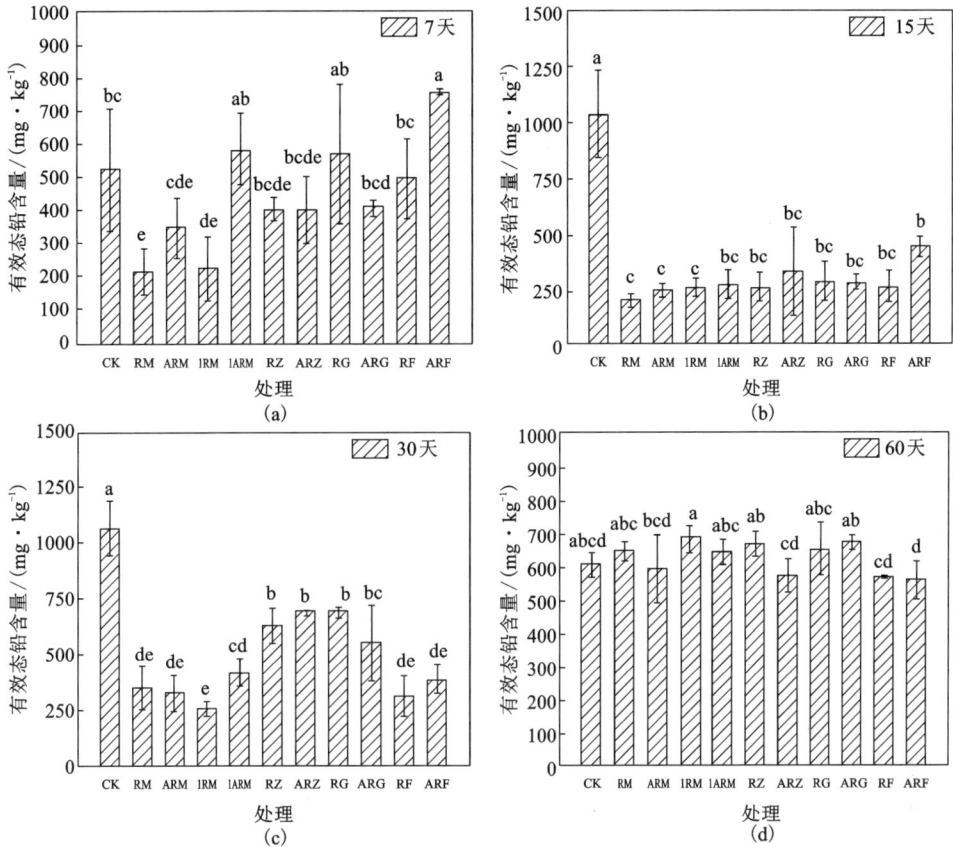

注：不同字母表示不同组之间存在显著性差异（$P<0.05$）。

图 3-8　不同钝化剂对土壤有效态铅含量的影响

3.2.1.4　钝化剂对土壤有效态镉含量的影响

污染土壤中培育 7、15、30 和 60 天后，钝化剂 ARM 和 RF 均对土壤有效态 Cd 起到不同程度的钝化效果，分别降低了 11.66%、27.78%、13.23%、13.56% 和 7.85%、15.04%、7.36%、8.93%（图 3-9）；在后期阶段添加复配钝化剂 RZ 和 ARZ 的土壤有效态 Cd 有所活化，可能由于含有沸石，当重金属污染含量过高时，沸石的修复能力则降低甚至反而增强重金属的生物有效性(朱雁鸣等, 2011);施加 ARF 的污染土壤在培育 15、30 和 60 天后, 有效态 Cd 含量分别降低了 8.59%、3.50% 和 26.35%。在整个土壤培育过程中, 钝化剂 ARM 和 RF 均表现出较好的钝化效果, 降低了有效态 Cd 的含量。

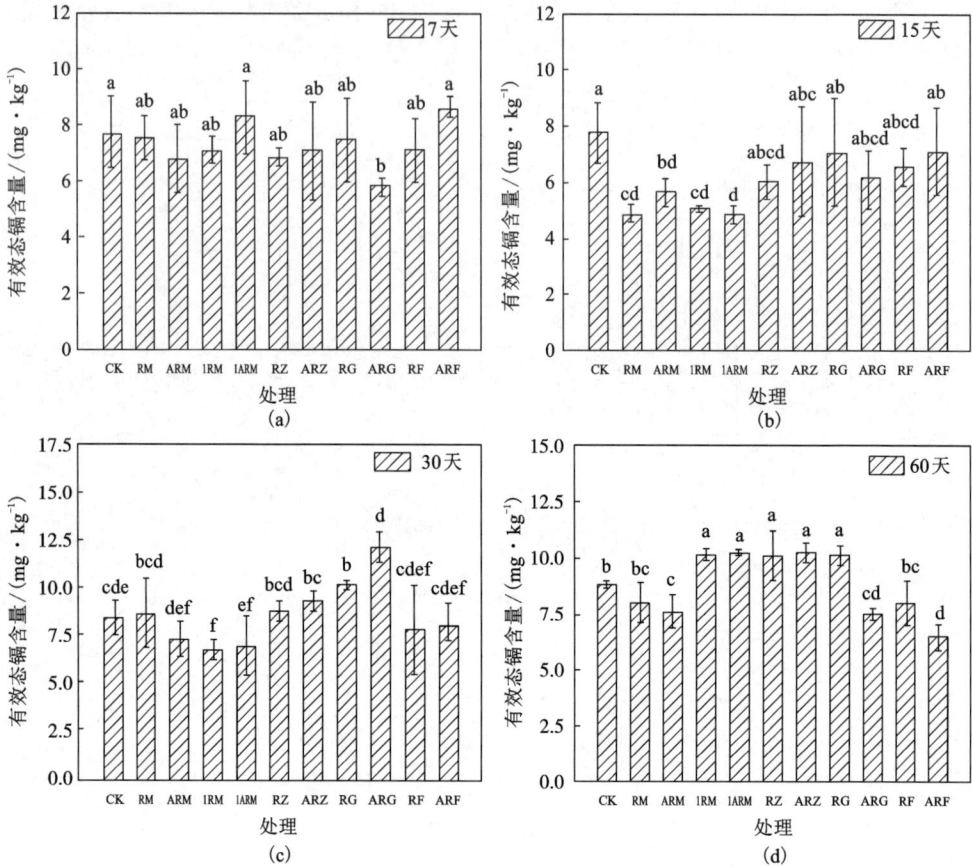

注: 不同字母表示不同组之间存在显著性差异(P<0.05)。

图 3-9　不同钝化剂对土壤有效态镉含量的影响

通过比较, 添加钝化剂 RM、ARM、1RM 和 1ARM 的土壤有效态镉的含量呈现出先降低后升高的趋势(图 3-9)。在土壤中加入赤泥, 赤泥碱性较强导致土壤 pH 升高, 对土壤中有效态镉的钝化效果较好(郭利敏等, 2010), 但随着钝化时间的延长土壤中固定下来的镉缓慢释放出来, 可能土壤中有效态镉含量与 pH 呈负相关(田杰等, 2012), 而本研究中土壤 pH(表 3-3)在土壤培育后期有所降低, 导致有效态镉的释放。复配 RZ、ARZ、RG 和 ARG 对土壤中的镉未起到钝化作用, 可能由于沸石和石膏含有阳离子如 Ca^{2+} 与 Cd^{2+} 产生拮抗作用(Lombi E et al.,

2002)。

在整个土壤培育过程中，ARM 和 RF 对土壤有效态镉的钝化效果优于其他钝化剂。复配钝化剂 RF 对有效态镉呈现出较好的钝化效果，一方面由于赤泥富含铁铝氧化物，使 Cd 被固定在氧化物晶格层间(Lee S et al.，2011)；另一方面原因可能是 $FeSO_4$ 水解产生的 $Fe(OH)_3$ 及络合物如 $FeOOH$、$FeO(OH)$ 等对重金属 Cd 起到了固定作用(Yin D et al.，2017)。

3.2.1.5　钝化剂对土壤有效态砷含量的影响

在土壤培育 7、15、30 和 60 天时，与对照相比，复配钝化剂 RG 和 RF 对有效态 As 均起到较好的钝化效果，分别降低了 0.41%、37.87%、5.41%、3.72% 和 55.60%、13.81%、37.85%、25.36%；而钝化剂 RM、ARM、1RM 和 1ARM 未起到钝化效果(图 3-10)，这可能由于在碱性条件下不利于 As 的固定(郝晓伟等，2010)。

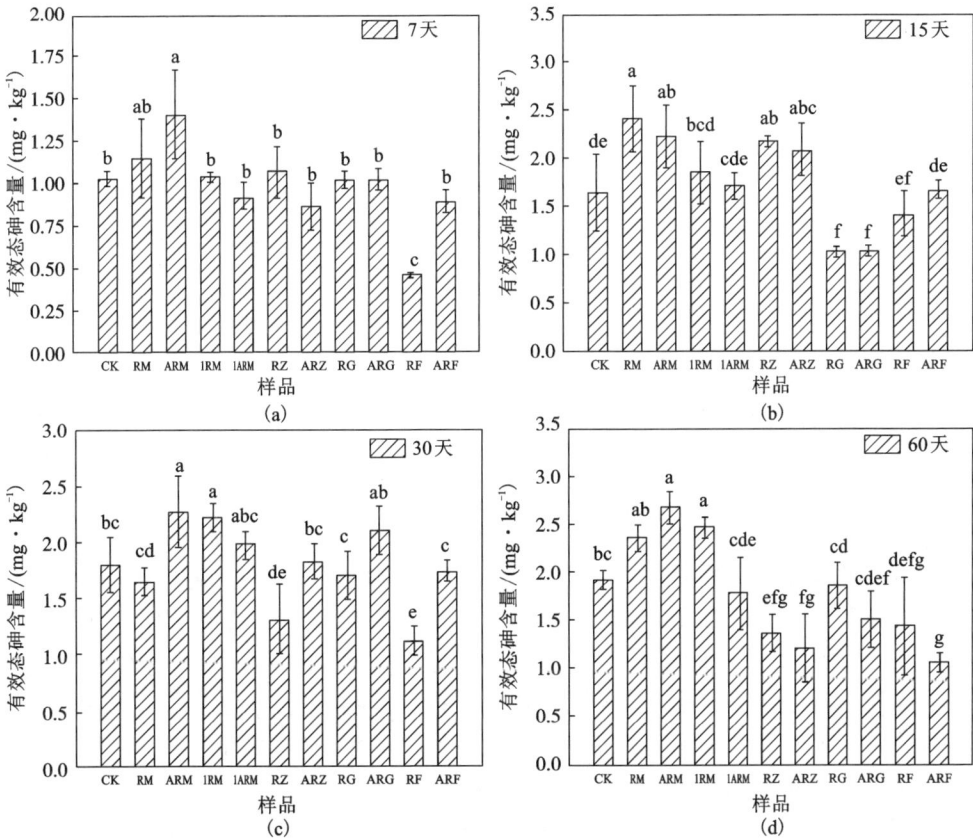

注：不同字母表示不同组之间存在显著性差异($P<0.05$)。

图 3-10　不同钝化剂对土壤有效态砷含量的影响

结果比较可知,钝化剂 RM 和 1RM 对土壤有效态砷钝化效果不明显,可能赤泥具有强碱性,其施加导致 pH 升高有利于铅镉的固定(郭利敏等,2010),但会活化土壤里的砷而不利于砷的固定(Hs A et al.,2002)。然而,经酸化的赤泥碱性降低,对砷的固定效果有待探讨。Yang(Yang L,2014)证明赤泥经酸化显著增加赤泥表面 Si—O—M 和 Al—O—H 官能团,在水体中对 As 的吸附作用较强,具有较好的应用前景;罗遥等(罗遥等,2012)研究发现,经盐酸酸化的赤泥能有效去除 As(Ⅲ)和 As(Ⅴ),吸附量分别达 5.84 和 6.44(μmol/g)。但目前酸改性赤泥应用于土壤的研究较少,将它应用到土壤重金属 As 污染修复有待探讨。

随着培育时间的延长,添加复配 RG 或 ARG 的土壤有效态砷含量逐渐降低,一方面可能由于钝化剂中含有的 Ca^{2+} 与砷酸盐类物质结合(李娟,2014);另一方面可能在土壤溶液中形成铝盐、钙盐和铁盐(Hartley W et al.,2014),与砷结合降低有效态 As 含量。同时结合 pH 测定结果进行分析(表 3-4),随时间的延长土壤 pH 有所降低,Lee 等(Lee S et al.,2011)的研究发现土壤中有效态砷与 pH 呈正相关,在偏酸性条件下更加有利于砷的吸附。添加复配钝化剂 RF 的土壤有效态砷含量降低,可能因为在土壤中加入 $FeSO_4$ 降低 pH,增加土壤表面的正电荷;同时由于重金属污染的土壤中含有的砷酸盐、亚砷酸盐与铁作用产生沉淀或络合作用,降低了土壤砷的有效性(Tessier A et al.,1979)。综上所述,在整个土壤培育过程,复配钝化剂 RG 和 RF 对有效态砷的钝化效果较佳。

在重金属复合污染土壤中,复配 RF 对有效态铅、镉和砷均起到不同程度的钝化效果,修复效果最佳。结合植物生长情况,不同研究表明,施加赤泥能显著降低土壤中交换态铅和镉的含量,水稻糙米铅和镉的富集能力降低(吴川等,2016);硫酸亚铁能够有效降低砷的移动性和生物有效性,降低植物体内重金属含量(吴川等,2016);同时 Fe^{2+} 有助于水稻根表铁膜的形成,可以进一步减少根系对镉的吸收,降低糙米中镉的含量(吴川等,2016)。但本实验设计的土壤培育时间较短,以后应进行水稻盆栽实验,以便更好地明确复配钝化剂 RF 对重金属污染农田土壤的钝化修复效果。同时,赤泥施入土壤可能带来一定程度的环境风险,如赤泥含有少量的重金属(如 Pb、Cd 和 As)和放射性元素(Ra、Th 和 U 等元素),赤泥的高碱性可能会对生物体造成一定的影响(Wang S et al.,2008)。所以,赤泥资源化利用应考虑其环境兼容性。然而,Koo 等(Koo N et al.,2012)证明赤泥和硫酸亚铁复配显著提高了土壤酶活性,提高了土壤微生物量;Brunori 等(Brunori C et al.,2005)进行了赤泥修复砷污染土壤的风险评估,发现赤泥加入到土壤中风险值较低。此外本研究采用中国铝业公司广西分公司拜耳法产生的赤泥,该赤泥重金属铅、镉和砷含量较低,赤泥的施加并不会造成重金属浓度的明显增加。但对于赤泥应用于农田土壤中可能存在潜在的风险,需要进一步开展长期的观测和系统的研究。赤泥作为工业企业产生的废弃物,大量堆存造成资源浪费，在严格控制剂量的情况下与硫酸亚铁复配，可选择作为重金属复合污染土壤的改良材料，实现赤泥资源化利用。

3.2.2　硫基钝化剂对土壤镉有效性的影响及其机制

随着城市化的推进及工业的发展，大量重金属镉进入土壤环境中，土壤重金属污染日益严重，严重威胁着农产品安全，已成为经济可持续发展的障碍。面对我国严峻的重金属污染局面，如何采取有效的技术保证农产品粮食安全、降低甚至消除重金属对人体的危害，是环境领域需要迫切解决的问题。因此，本章以郴州某地镉污染稻田土壤为研究对象，研究不同材料对土壤中镉的钝化效果，筛选出对有效态镉钝化效果较好的材料，分析土壤理化性质，对影响因子进行因子分析，对实验材料结构进行研究，并分析其对土壤微生物群落的影响，为后续改性材料阻控在土壤–水稻系统中镉的迁移转化提供材料来源。

3.2.2.1　硫基改性生物炭对土壤理化性质的影响

土壤 pH 会影响土壤中重金属元素有效性及形态的变化（Loganathan P et al.，2012）。一般而言，土壤 pH 越大，其重金属镉的有效性越小。在土壤培育整个过程，不同处理不同时间段对土壤 pH 的影响（表 3-4）结果表明，施加钝化材料在土壤培育 7、15、30、45、60 和 90 天时，与对照相比，不同处理土壤 pH 呈现不同程度的差异性。在土壤培育的整个阶段，与对照相比，生物炭与生物炭–硫基的施加对土壤 pH 均无显著性差异（$P>0.05$）。在土壤培育 90 天后，与对照相比，不同钝化材料对土壤 pH 均无显著性差异（$P>0.05$）。整体而言，不同改性材料加入到碱性土壤中，随着培养时间的延长，土壤 pH 有所变化但影响不大，这与 Chintala 等（Chintala R et al.，2014）研究相吻合。可能原因：一方面外源材料的施加量较小，仅为 1%，对土壤酸碱环境体系的影响十分有限有关；另一方面土壤本身是一个天然的缓冲体系，与自身的调节作用有关（李凝玉等，2014）。与对照相比经处理的土壤 pH 有所变化是由土壤微生物的活动所致。但本实验也说明土壤pH 并非造成重金属有效性的主要因素。

表 3-4　不同钝化剂对土壤 pH 的影响

处理	采样时间/d					
	7	15	30	45	60	90
CK	7.41±0.01b	7.38±0.07b	7.47±0.04ab	7.44±0.06bc	7.45±0.04cd	7.42±0.04a
BC	7.38±0.01b	7.39±0.06b	7.40±0.06b	7.41±0.02c	7.42±0.01d	7.48±0.03a
S-BC	7.46±0.06ab	7.55±0.18a	7.53±0.10a	7.49±0.05ab	7.54±0.06ab	7.43±0.04a
BC-S	7.38±0.03b	7.49±0.02ab	7.49±0.02a	7.49±0.02ab	7.49±0.02abc	7.43±0.02a

续表3-4

处理	采样时间/d					
	7	15	30	45	60	90
CS-BC	7.42±0.06b	7.46±0.04ab	7.49±0.02a	7.51±0.03a	7.47±0.06bcd	7.44±0.04a
SF-BC	7.53±0.10a	7.58±0.03a	7.51±0.02a	7.51±0.02a	7.55±0.04a	7.44±0.08a
SSH-BC	7.46±0.06ab	7.54±0.05a	7.51±0.03a	7.48±0.02ab	7.53±0.02ab	7.43±0.03a

注：CK：对照；BC：生物炭；S-BC：硫基-生物炭；BC—S：生物炭-硫基；CS-BC：碳硫基-生物炭；SF-BC：硫铁基-生物炭；SSH-BC：双硫基-生物炭。同列不同字母具有显著性差异（$P<0.05$），下表同。

与对照相比，在整个土壤培育阶段7、15、30、45、60和90天，施加生物炭与硫基-生物炭材料均不同程度降低了土壤 κ 值，分别降低了11.58%、2.67%、10.82%、36.58%、2.21%、6.34%和7.53%、19.00%、31.16%、48.20%、6.93%、3.31%（表3-5），两者之间存在显著性差异（除7天外）（$P<0.05$）；在土壤培育7、15、60和90天后，生物炭-硫基与碳硫基-生物炭处理均增加了土壤 κ 值，分别达2.49%、2.54%、2.39%、2.97%和1.24%、1.17%、2.85%、3.98%；但在其他时间段30和45天，均减少了土壤 κ 值，分别降低了4.82%、29.62%和3.91%、25.01%，两者之间均无显著性差异（除45天外）（$P>0.05$）；在土壤培育整个阶段，硫铁基-生物炭和双硫基-生物炭处理均增加了土壤 κ 值，分别增加了27.88%、2.81%、8.54%、35.14%、2.56%、0.95%和14.20%、11.59%、36.51%、45.18%、4.48%、4.66%，且表现为双硫基-生物炭与对照之间存在显著性差异（$P<0.05$）。随着土壤培育时间的延长60和90天时，不同处理土壤 κ 值表现为升高的趋势，可能与土壤有效态镉活化有关。

表3-5　不同钝化剂对土壤电导率的影响　　　　　　　　　　　mS/cm

处理	7天	15天	30天	45天	60天	90天
CK	0.509±0.020ab	0.486±0.047a	0.511±0.007a	0.694±0.010a	0.572±0.009ab	0.594±0.006b
BC	0.450±0.009c	0.473±0.005ab	0.456±0.018d	0.440±0.010d	0.560±0.011bc	0.557±0.007e
S-BC	0.471±0.054bc	0.394±0.065c	0.352±0.014e	0.360±0.012f	0.533±0.025d	0.575±0.022cd
BC-S	0.522±0.010a	0.498±0.003a	0.487±0.005bc	0.489±0.005c	0.586±0.007a	0.612±0.005a
CS-BC	0.516±0.002a	0.492±0.008a	0.491±0.010ab	0.521±0.008b	0.589±0.006a	0.618±0.003a
SF-BC	0.367±0.027d	0.472±0.005ab	0.468±0.014cd	0.450±0.018d	0.558±0.016bc	0.589±0.002bc
SSH-BC	0.437±0.005c	0.430±0.007bc	0.325±0.007f	0.381±0.009e	0.547±0.005cd	0.567±0.005de

土壤浸出液电导率表现为阳离子与阴离子的共同贡献之和。因此，可以推断施加不同改性材料后土壤水溶性盐有了不同程度降低，土壤中盐基离子（Ca^{2+}、Mg^{2+}、K^+、Na^+、NH_4^+）及重金属 Cd 离子态与生物炭结合导致离子态减少，导致土壤 κ 降低。铁基改性生物炭处理使得土壤中离子态含量增加，可能生物炭表面附载含铁物质，铁的水解产生氢离子（Yin D et al.，2017），进一步导致土壤中阳离子释放出来。含有硫基改性的生物炭处理使得土壤 κ 升高或降低处于一种动态平衡中，土壤是一种氧化还原体系，受到氧化还原反应的影响硫化物与金属离子结合处于离子态与螯合物互相变化之中。土壤是一种复杂的体系，有关离子变化有待进一步深入探讨。

与对照相比，添加生物炭、硫基-生物炭、硫铁基-生物炭和双硫基-生物炭至 Cd 污染土壤中，土培实验钝化修复 7 天后不同处理有机质含量显著增加（$P<0.05$），土壤有机质含量分别由 13.35 g/kg 增至 14.49、14.95、16.67 和 15.61（g/kg），分别升高了 10.30%、13.83%、26.97% 和 18.83%，其中硫铁基-生物炭有机质含量升高显著，与生物炭、硫基-生物炭和双硫基-生物炭处理有机质含量存在显著性差异（$P<0.05$）[图 3-11（a）]。然而，与对照相比，生物炭-硫基和碳硫基-生物炭对土壤有机质含量影响不大（$P>0.05$），但两者之间存在显著性差异（$P<0.05$），其中添加硫基-生物炭土壤有机质含量由 13.35 g/kg 降至 12.70 g/kg，降低了 3.27%；碳硫基-生物炭土壤有机质含量由 13.35 g/kg 增至 13.18 g/kg，升高了 3.27%。整体而言，不同材料土壤培育 7 天后，提高土壤有机质含量由高到低的顺序为：硫铁基-生物炭、双硫基-生物炭、硫基-生物炭、生物炭、碳硫基-生物炭、生物炭-硫基。

添加不同改性材料至 Cd 污染土壤中，土壤培育 15 天后土壤有机质含量的变化，与对照相比，生物炭、硫基生物炭、硫铁基-生物炭和双硫基-生物炭处理可分别使土壤有机质含量显著增加（$P<0.05$）[图 3-11（b）]，土壤有机质含量分别由 12.67 g/kg 增至 14.15、14.57、13.95 和 14.43（g/kg），分别升高了 11.69%、15.01%、10.12% 和 13.88%，其中硫铁基-生物炭与其他三个处理之间表现为显著性差异（$P<0.05$），以上四种材料处理土壤有机质含量增加较为明显。然而，与对照相比，生物炭 硫基和碳硫基-生物炭分别使土壤有机质含量显著减少（$P<0.05$），分别由 12.67 g/kg 降至 12.04 和 12.07（g/kg），降低了 5.00% 和 4.74%，且两者之间不存在显著性差异（$P>0.05$）。整体来看，添加不同材料土壤培育 15 天后，提高土壤有机质含量由高到低的顺序为：硫基-生物炭，双硫基-生物炭，生物炭，硫铁基-生物炭，碳硫基-生物炭，生物炭-硫基。

土壤培育 30 天后与对照相比，添加生物炭、硫基-生物炭、硫铁基-生物炭和双硫基-生物炭使得土壤有机质含量显著增加（$P<0.05$），土壤有机质含量分别由 12.46 g/kg 增至 14.31、15.14、15.11 和 16.35（g/kg），分别升高了 14.92%、

21.57%、21.32%和31.26%[图3-11(c)]，其中双硫基-生物炭使得土壤有机质含量显著高于其他处理（$P<0.05$）。与对照相比，添加生物炭-硫基和碳硫基-生物炭至镉污染土壤中，提高了土壤有机质含量，但无显著性差异（$P>0.05$），土壤有机质含量分别由12.46 g/kg增至12.65和13.21（g/kg），分别提高了1.59%和6.06%，说明以上两个处理对提高土壤有机质含量方面效果不佳。整体而言，土壤培育30天后，提高土壤有机质含量由高到低的顺序为：双硫基-生物炭>硫基-生物炭>硫铁基-生物炭>生物炭>碳硫基-生物炭>生物炭-硫基。

与对照相比，添加生物炭、硫基-生物炭、生物炭-硫基、碳硫基-生物炭、硫铁基-生物炭和双硫基-生物炭材料至镉污染土壤中可使土壤有机质含量显著提高（$P<0.05$），分别由11.59 g/kg增至14.71、15.25、14.89、14.34、14.28和15.88（g/kg），分别提高了22.87%、27.33%、24.38%、19.80%、19.25%和32.62%[图3-11(d)]。结果表明，双硫基-生物炭处理提高土壤有机质含量效果最佳，硫铁基-生物炭效果较差。整体来说，不同材料提高土壤有机质含量由高到低的顺序为：双硫基-生物炭、硫基-生物炭、生物炭-硫基、生物炭、碳硫基-生物炭、硫铁基-生物炭。

添加不同改性材料至镉污染土壤中，与对照相比，添加生物炭、硫基-生物炭、生物炭-硫基、碳硫基-生物炭、硫铁基-生物炭和双硫基-生物炭材料至镉污染土壤中可使土壤有机质含量显著提高（$P<0.05$），分别由11.59 g/kg增至14.71、15.25、14.89、14.34、14.28和15.88（g/kg），分别提高了22.87%、27.33%、24.38%、19.80%、19.25%和32.62%[图3-11(e)]。结果表明，双硫基-生物炭处理提高土壤有机质含量效果最佳，硫基铁基-生物炭效果较差。整体来说，不同材料提高土壤有机质含量由高到低的顺序为：双硫基-生物炭、硫基-生物炭、生物炭-硫基、生物炭、碳硫基-生物炭、硫基铁基-生物炭。

土壤培育90天后，土壤有机质含量变化与15和60天结果类似[图3-11(f)]。与对照相比，生物炭、硫基-生物炭、硫基铁基-生物炭和双硫基-生物炭材料土壤有机质含量显著提高（$P<0.05$），分别由11.64 g/kg增至13.97、13.74、13.92和14.22（g/kg），提高了20.02%、18.00%、19.53%和22.12%，双硫基-生物炭增加土壤有机质含量最高，硫基-生物炭增加量最低。然而，生物炭-硫基与碳硫基-生物炭两者并没有显著减少土壤有机质含量（$P>0.05$），分别降低了1.89%和18.00%。

土壤有机质是土壤的重要组成部分，是土壤肥力的重要指标之一，对重金属迁移转化起到重要作用。在整个土壤培育过程中，与对照相比，生物炭处理增加了土壤有机质含量，一方面是生物炭本身具有很高的有机质，在土壤中缓慢地分解有助于腐殖质的形成，通过土壤培育实验长期作用可以促进土壤肥力的提高（王萌萌等，2013），另一方面可能由于生物炭与土壤中的有机分子相结合，通过

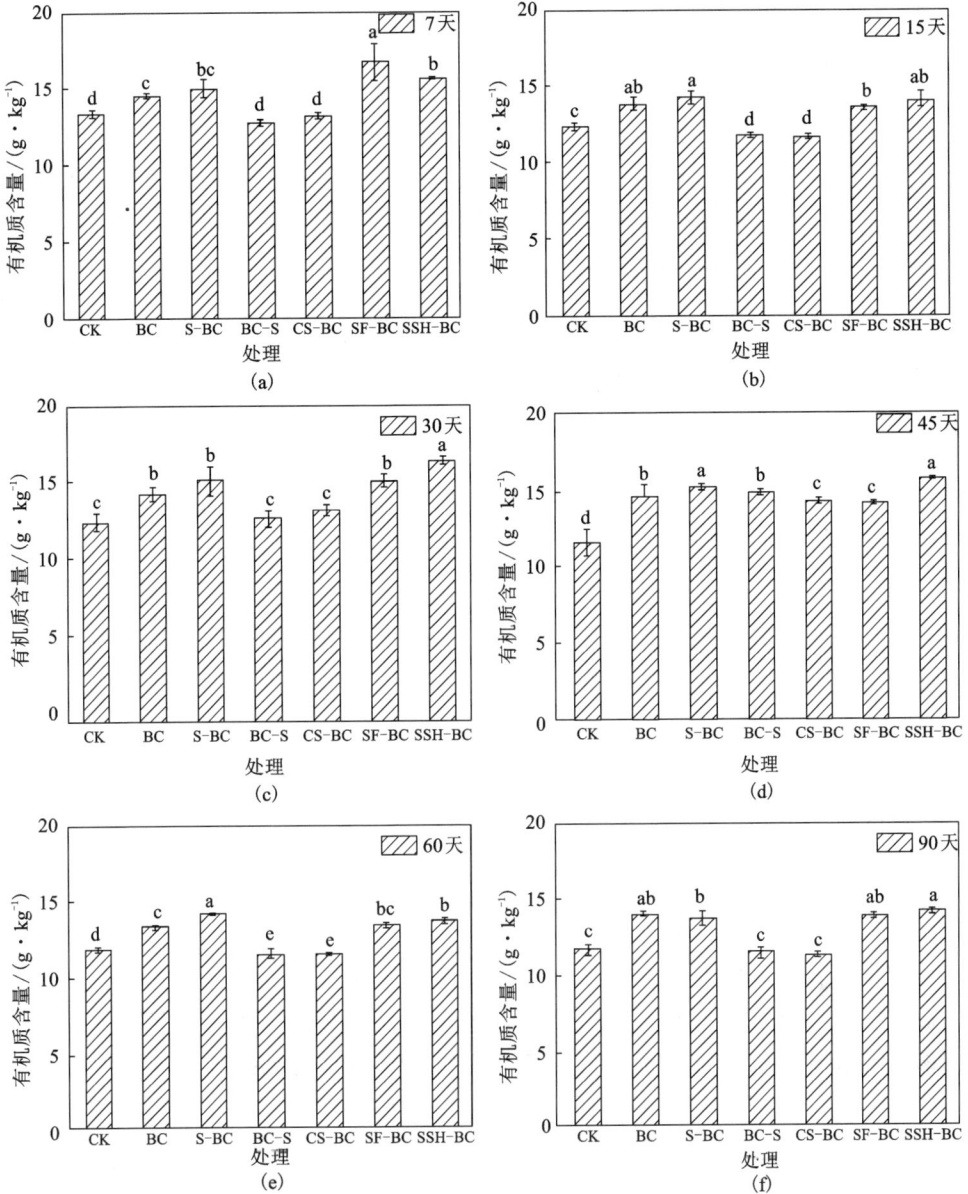

注：不同字母表示同一时间不同处理间存在显著性差异（$P<0.05$）。

图 3-11　不同改性材料在不同时间段对土壤有机质的影响

表面催化活性促进有机分子聚合形成土壤有机质（Uchimiya M et al.，2011），土壤中有机质如腐殖质分子可与 Cd^{2+} 结合形成共价键进而提高土壤有机质结合态，从而降低土壤可交换态 Cd 含量；硫基-生物炭、硫铁基-生物炭和双硫基-生物炭处理均增加了土壤有机质含量,因为含硫物质能促进含氮、硫杂环化合物的合成或增加颗粒之间的黏性聚合形成土壤有机质,进一步提高有土壤有机质含量。有关研究长期试验表明,土壤对硫具有一定的吸附作用,在土壤中缓慢累积,导致土壤有机质含量的升高。添加生物炭-硫基和碳硫基-生物炭处理使得土壤有机质含量部分时间段出现下降的现象,是由生物炭中不稳定的组分引起的激发效应所致,不同材料制备的改性生物炭,其稳定性和所引起的激发效应程度也不同(孙叶芳等,2005),从而表现出下降的变化。

3.2.2.2 硫基改性生物炭对土壤镉有效性的影响

添加改性材料至镉污染土壤中,钝化修复7天后土壤有效态镉含量,除了生物炭-硫基和碳硫基-生物炭,其他材料均对土壤有效态镉起到不同程度的钝化效果[图3-12(a)]。与对照相比,添加生物炭、硫基-生物炭、硫铁基-生物炭和双硫基-生物炭材料均降低了土壤有效态镉含量,但效果不显著($P>0.05$)(除硫铁基-生物炭除外),分别由3.965 mg/kg减少至3.708、3.391、1.286和3.618(mg/kg),固定率分别达到6.47%、14.47%、67.56%和8.75%,其中硫铁基-生物炭材料钝化效果较显著($P<0.05$)。然而,与对照相比,添加生物炭-硫基和碳硫基-生物炭两种处理并没有降低反而升高了土壤有效态镉含量,分别增加5.16%和3.48%,但增加效果不显著($P<0.05$)。由实验结果可知,硫铁基-生物炭处理降低土壤有效态镉含量效果最佳。整体而言,土壤培育钝化修复7天后,不同材料钝化土壤有效态镉效率由高到低依次为:硫铁基-生物炭>硫基-生物炭>双硫基-生物炭>生物炭。

不同材料添加至镉污染土壤中,钝化修复15天后土壤有效态镉含量的变化与前期结果相类似[图3-12(b)]。与对照相比,添加生物炭、硫基-生物炭、硫铁基-生物炭、双硫基-生物炭均不同程度上降低了土壤有效态镉含量,分别由4.696 mg/kg减少至4.338、3.648、4.158和3.756(mg/kg),固定率分别达到7.63%、22.32%、11.47%和20.01%,其中硫基-生物炭和双硫基-生物炭降低效果较佳($P<0.05$),但生物炭和硫铁基-生物炭处理并没有起到显著降低有效态镉含量的效果($P>0.05$)。与钝化修复7天时相类似,施加生物炭-硫基和碳硫基-生物炭材料土壤有效态镉含量有所提高,并未起到钝化镉的作用。整体而言,不同材料土壤培育15天后,土壤有效态镉钝化效率由高到低依次为:硫基-生物炭、双硫基-生物炭、硫铁基-生物炭和生物炭。

不同材料的添加均可以降低土壤有效态镉含量[图3-12(c)]。与对照相比,生物炭、硫基-生物炭、硫铁基-生物炭和双硫基-生物炭处理均显著降低了土壤有效态镉含量($P<0.05$),分别由5.655 mg/kg降低至4.169、3.982、3.342和2.318(mg/kg),固定率分别达到26.28%、29.58%、40.91%和59.00%;同时,生物炭-硫基和碳硫基-生物炭处理均降低了土壤有效态镉含量,分别减少了

11.81% 和 11.61%，但效果并不显著（$P>0.05$）。其中，双硫基-生物炭处理降低土壤有效态镉含量显著优于其他处理（$P<0.05$）。整体来说，与钝化修复 7 天和 15 天相比较，不同材料均起到较好的钝化效果，土壤有效态镉钝化效率由高到低依次为：双硫基-生物炭、硫铁基-生物炭、硫基-生物炭、生物炭、生物炭-硫基和碳硫基-生物炭。

与对照相比钝化修复 45 天后，生物炭、硫基-生物炭、生物炭-硫基、碳硫基-生物炭、硫铁基-生物炭和双硫基-生物炭均显著降低了土壤有效态镉含量（$P<0.05$），分别由 8.281 mg/kg 降低至 4.169、3.626、4.813、5.026、3.343 和 2.318（mg/kg），固化率分别达到 49.65%、56.21%、41.88%、39.30%、59.63% 和 72.01%[图 3-12(d)]。其中，生物炭、生物炭-硫基和碳硫基-生物炭处理降低有效态镉含量无明显区别（$P>0.05$），双硫基-生物炭对土壤有效态镉的钝化效果最佳，达到 72.01%。结果显示，钝化修复 45 天后与前期（7、15 和 30 天）相比较，土壤有效态镉含量下降较为明显，不同材料表现出效果较佳的钝化效果。整体来说，钝化修复 45 天后土壤有效态镉钝化效率由高到低依次为：双硫基-生物炭，硫铁基-生物炭，硫基-生物炭，生物炭，生物炭-硫基，碳硫基-生物炭。

在室温下土壤培育 60 天后，硫基-生物炭、硫铁基-生物炭和双硫基-生物炭处理土壤有效态 Cd 含量与对照相比有所降低，较为显著（$P<0.05$），分别由 6.784 mg/kg 降至 6.195、6.185 和 5.370（mg/kg），固化效率各达到 8.68%、8.82% 和 20.84%[图 3-12(e)]。此外，生物炭处理土壤有效态镉含量较对照相比有所降低，但钝化镉污染土壤的效果并不显著（$P>0.05$）。然而，与对照相比，生物炭-硫基和碳硫基-生物炭处理土壤有效态镉含量有所增加，但含量升高并不明显（$P>0.05$），且三者之间不存在显著性差异（$P>0.05$）。与土壤培育钝化修复 45 天相比较，土壤有效态镉钝化效率有所降低。整体而言，不同材料钝化土壤有效态镉效率由高到低依次为：双硫基-生物炭>硫铁基-生物炭>硫基-生物炭>生物炭。

在室温下土壤培育 90 天后，硫铁基-生物炭处理降低了土壤有效态镉含量，但效果并不显著（$P>0.05$），分别由 6.788 mg/kg 降至 6.514 mg/kg，固化率达 4.03%[图 3-12(f)]。生物炭、硫基-生物炭和双硫基-生物炭处理显著降低了土壤有效态镉含量（$P<0.05$），分别由 6.788 mg/kg 降至 6.055、5.941 和 6.218（mg/kg），固化率分别达到 10.80%、12.48% 和 8.39%，这三种处理之间并无显著性差异（$P>0.05$）。然而，生物炭-硫基和碳硫基-生物炭与对照比较反而升高了土壤有效态镉含量，但三者之间并没有显著性差异（$P>0.05$）。与钝化修复 60 天相比较，不同改性材料对土壤有效态镉钝化效率相类似。整体来说，不同改性材料钝化土壤有效态镉效率由高到低依次为：硫基-生物炭、生物炭、双硫基-生物炭、硫铁基-生物炭。

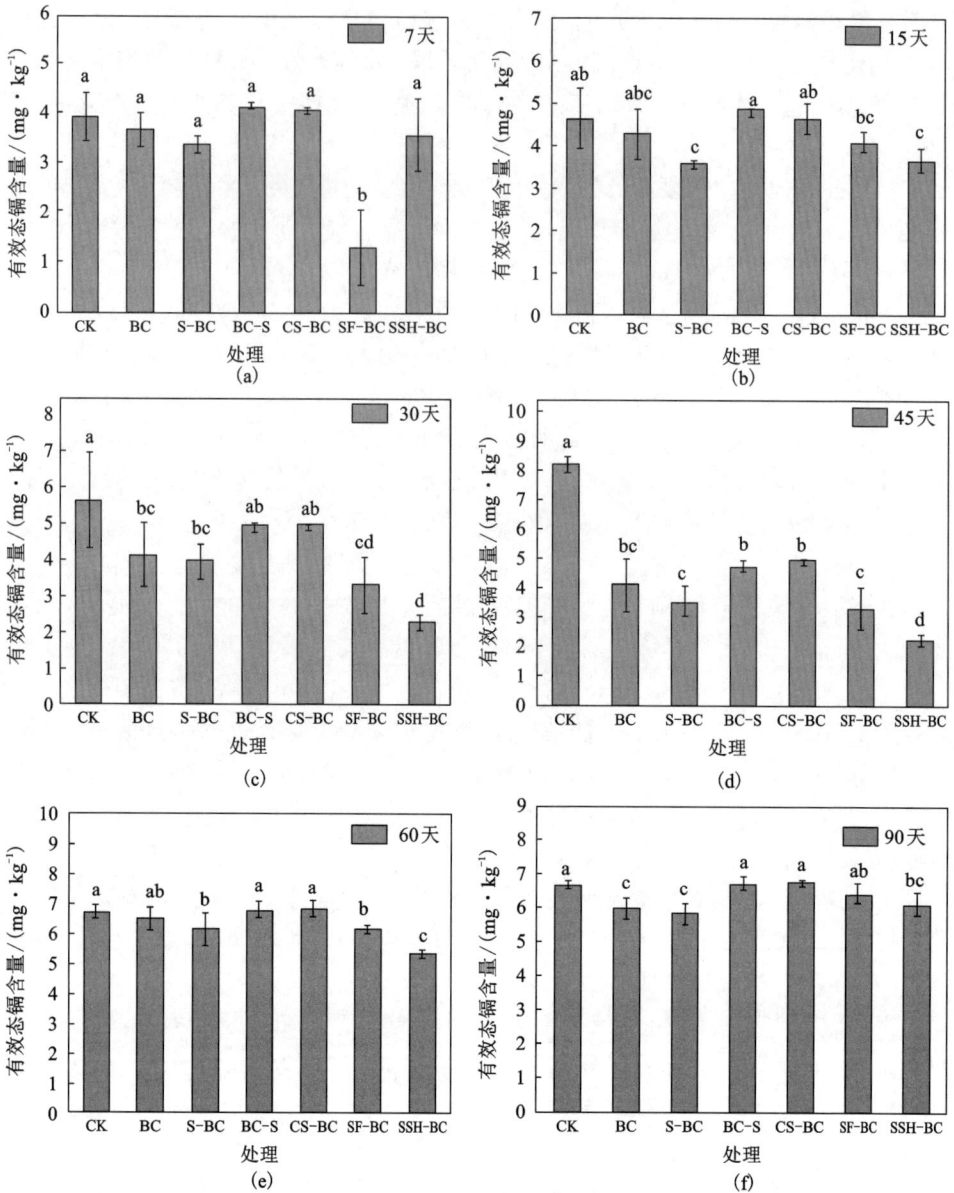

注：不同字母表示同一时间不同处理间存在显著性差异（P<0.05）。

图 3-12 不同改性材料在不同时间对土壤有效态镉的固定效果

TCLP 为采用缓冲剂提取重金属的一种方法，可利用土壤重金属的提取量来评价土壤重金属的生态风险，可在一定程度反映土壤重金属生物有效性（Park J H et al. , 2011）。在土壤培育 7、15、30、45、60 和 90 天后，与对照相比，添加生物炭与硫基-生物炭至镉污染土壤中，对土壤提取态镉起到较好的钝化效果，TCLP 提取态镉含量分别降低了 12.09%、16.03%、24.30%、43.40%、5.49%、24.43% 和 13.71%、7.17%、34.68%、53.53%、12.90%、29.06%，持久钝化效应较佳 [图 3-13(a)]。然而，施加生物炭-硫基的镉污染土壤仅在土壤培育 30、45 和 60 天后表现出钝化效应，TCLP 提取态镉含量降低了 6.03%、37.55% 和 0.84% [图 3-13(a)]。

在土壤培育的整个时期，施加双硫基-生物炭改性材料的土壤与对照相比均降低了土壤提取态镉含量，分别降低了 7.63%、6.77%、34.47%、56.80%、19.95% 和 33.46%，表现出持久的钝化效果；除 15 天外，硫铁基-生物炭处理均起到较好的钝化效果，分别使提取态镉含量降低了 35.63%、27.37%、44.00%、13.26% 和 26.02%[图 3-13(b)]。然而，碳硫基-生物炭处理使得土壤提取态镉含量上升，未起到钝化效果。整体而言，不同改性材料降低提取态镉含量效果顺序依次为：双硫基-生物炭>硫基-生物炭>硫铁基-生物炭>生物炭[图 3-13(b)]。

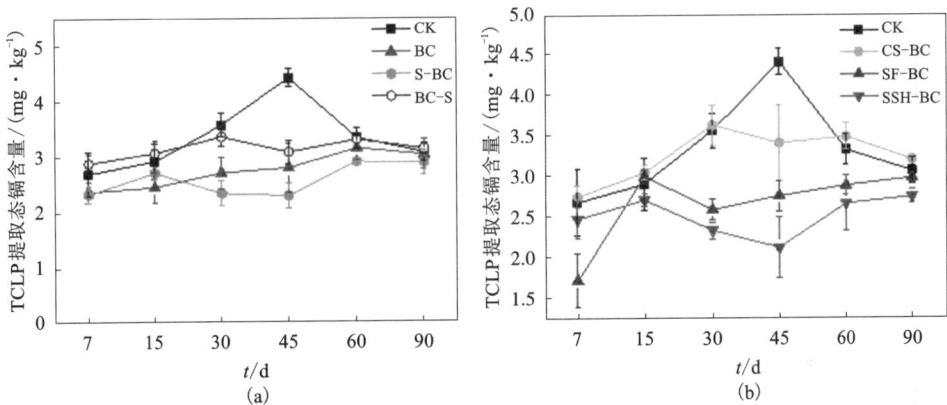

图 3-13　不同改性材料在不同的时间段对土壤 TCLP 提取态镉含量的影响

在整个土壤培育实验阶段，随着土壤培育时间的延长，与对照相比，添加不同改性材料的土样 TCLP 提取态镉含量整体呈现先增加后降低的趋势（图 3-13），与土壤有效态镉含量趋势一致（图 3-12）。经分析可知，添加生物炭-硫基和碳硫基-生物炭改性材料对土壤镉的钝化效果不显著甚至表现出活化作用，结合图 3-11 分析可知可能土壤有机质含量降低，有机质分解的产物含有酸性物质，导致镉表现出活化作用。若考虑农田土壤长期修复，则可采用生物炭、硫基-生物炭、硫铁基-生物炭和双硫基生物炭，修复效果表现为：SSH-BC ≈ SF-BC>S-BC>BC。但是，本研究结合修复效率和实际应用的成本及可行性综合分析，采用以下三种改性材料为镉污染改性材料：硫铁基-生物炭、硫基-生物炭和生物炭。

添加生物炭至镉污染土壤中，可以不同程度地降低镉的有效性，是因为其表面含有大量的—COOH、—OH、—COH 等(Tan G et al.，2009)。镉吸附到生物炭表面上主要通过 Cd 与生物炭的羟基化(—OH)或其去质子化形式(—O—)发生络合反应(Cao X et al.，2011)：

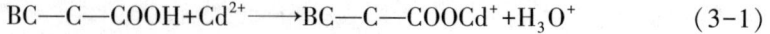

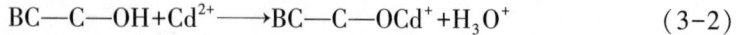

$$BC—C—COOH+Cd^{2+}\longrightarrow BC—C—COOCd^++H_3O^+ \tag{3-1}$$

$$BC—C—OH+Cd^{2+}\longrightarrow BC—C—OCd^++H_3O^+ \tag{3-2}$$

有关研究指出，生物炭表面含有可溶性磷酸盐和碳酸盐，与土壤溶液中重金属离子形成相对稳定的沉淀物(如 $CdCO_3$ 和 $Cd_3(PO_4)_2$ 等)，同时 OH^- 的存在可形成类似铅的多配体磷酸羟基物如 $Cd_5(PbO_4)_3OH$ 等(Harvey O R et al.，2014)：

$$Cd^{2+}+PbO_4^{3-}+OH^-\longrightarrow Cd_5(PbO_4)_3OH \tag{3-3}$$

镉的固定可能与芳香族官能团带有负电荷的氮和氧官能团或 π 电子有关(Tan G et al.，2009)，Harvey 等(Harvey O R et al.，2014)研究指出生物炭富含自由的弧对 π 电子，使得生物炭表面形成柔软的表面，Cd-π 键的作用有助于固定 $Cd^{2+}/Cd(OH)^+$ 软酸，降低镉的有效性。硫铁基-生物炭施加到土壤中降低镉的生物有效性是由于铁基添加至土壤中，会与生物炭和土壤反应形成铁氧化物，进一步与镉发生络合反应(Tessier A et al.，1979)，有关机理如下：

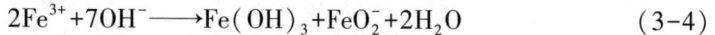

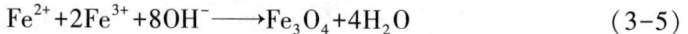

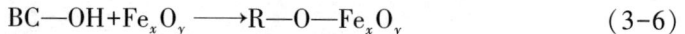

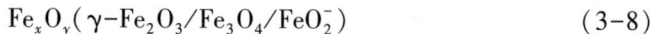

$$2Fe^{3+}+7OH^-\longrightarrow Fe(OH)_3+FeO_2^-+2H_2O \tag{3-4}$$

$$Fe^{2+}+2Fe^{3+}+8OH^-\longrightarrow Fe_3O_4+4H_2O \tag{3-5}$$

$$BC—OH+Fe_xO_y\longrightarrow R—O—Fe_xO_y \tag{3-6}$$

$$BC—COOH+Fe_xO_y\longrightarrow R—COO—Fe_xO_y \tag{3-7}$$

$$Fe_xO_y(\gamma-Fe_2O_3/Fe_3O_4/FeO_2^-) \tag{3-8}$$

双硫基-生物炭改性材料可以有效地降低土壤中镉的移动性，其作用机理可能为：一方面经过硫基化改性的材料分子结构中含有二硫代羧基(BC—C(=S)—S—)可与重金属镉离子发生螯合反应，或产生 CdS 沉淀，在土壤溶液中生成螯合沉淀物：

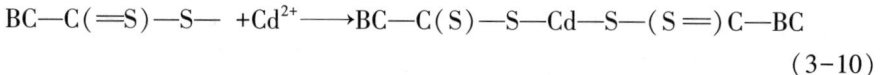

$$Cd^{2+}+S^{2-}\longrightarrow CdS \tag{3-9}$$

$$BC—C(=S)—S— +Cd^{2+}\longrightarrow BC—C(S)—S—Cd—S—(S=)C—BC$$

$$\tag{3-10}$$

另一方面附载半胱氨酸(HS—CH_2CH(NH_2)—COOH)改性的材料通过引入巯基(—SH)与镉离子以共价键的方式结合，形成稳定的络合物，两者的协同作用共同降低土壤中有效态镉及 TCLP 提取态镉的含量，从而降低重金属镉的移动性。综合可知，本研究结合修复效率和实际应用的成本及可行性综合分析，采用硫铁基-生物炭和硫基-生物炭两种改性材料为镉污染改性材料，以便进一步盆栽实验。

3.2.2.3 硫基改性生物炭对土壤镉结合形态的影响

土壤重金属元素进行五步连续提取分为五种形态(杨锚等,2006),可交换态、碳酸盐结合态、铁锰氧化物结合态、有机结合态、残渣态(图3-14)。施加生物炭、硫基-生物炭、生物炭-硫基、硫铁基-生物炭和双硫基-生物炭均显著降低了土壤可交换态镉含量($P<0.05$),分别降低了 12.54%、29.71%、33.02%、18.53%和22.70%;而碳硫基-生物炭并没有显著减少土壤可交换态镉含量($P>0.05$)。不同改性材料施加到土壤后,分别使碳酸盐结合态镉含量降低了11.22%、12.32%、6.22%、5.21%、5.04%和2.88%,但不同处理之间不存在显著性差异($P>0.05$)。生物炭、硫基-生物炭、碳硫基-生物炭、硫铁基-生物炭、双硫基生物炭分别使铁锰氧化物结合态镉含量降低了9.01%、7.04%、11.55%、31.52%和24.63%,其中硫铁基-生物炭和双硫基生物炭与对照相比存在显著性差异($P<0.05$),而生物炭-硫基则使铁锰氧化物结合态镉含量增加了24.32%。土壤有机质结合态镉含量非常低,仅占镉总量的2.36%~4.52%,因此对镉形态分布的影响作用是有限的。残渣态作为移动性最弱的五种形态之一,其含量较高,可在一定程度上降低可交换态镉含量,不同改性材料的施加与对照相比均显著增加了残渣态镉含量($P<0.05$),分别增加了48.71%、81.50%、41.34%、36.83%、84.30%和83.06%。

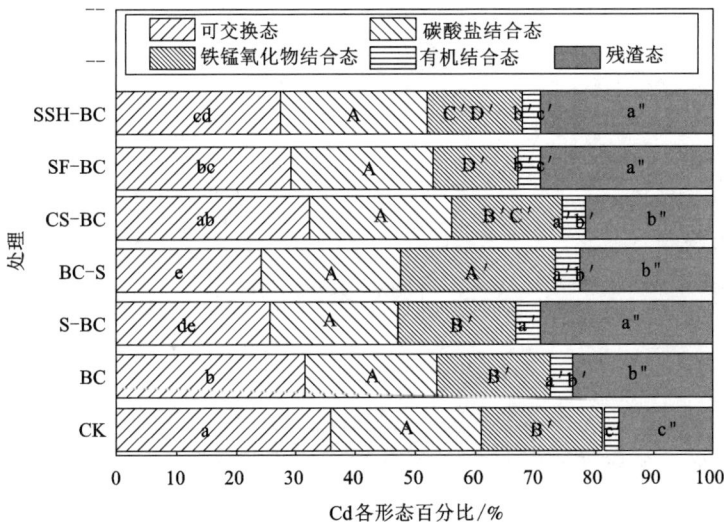

图3-14 不同改性材料施加后土壤镉形态变化趋势

　　综合分析，施加不同改性材料并在室温下土壤培育45天后，土壤中镉形态分布发生了明显的变化。土壤中镉的存在形态以可交换态占主导地位，占总量的比例为25.16%～32.46%。添加改性材料处理与对照相比均显著($P<$0.05)降低了土壤可交换态镉含量，减弱镉的生物有效性；土壤中有机质结合态镉含量无显著性差异($P>$0.05)。土壤中有机质与镉发生络合反应可以进一步增加有机质结合态镉含量，这与图3-11(d)中土壤有机质含量增加相一致。本研究中，添加不同改性材料处理均增加了残渣态镉所占比重，增幅为36.83%～84.30%，也是可交换态镉含量降低的主要原因。以上处理均降低了镉的生物有效性，可能由于生物炭或改性生物炭表面含量大量的酚羟基(—OH)与镉发生络合反应(Cao X et al.，2011)，降低可交换态镉含量；生物炭表面含有的硫基进一步促使硫化物与镉发生沉淀或络合反应，促使硫化物态镉向有机质镉或残渣态镉转变；土壤中游离态的Cd与铁氧化物如铁基水解产生的羟基铁氧化物$Fe(OH)_2^+$、$Fe(OH)_3$、$Fe(OH)_4^-$、$Fe_2(OH)_2^{4+}$、$Fe_3(OH)_4^{5+}$和$Fe_n(OH)_m^{a+}$等，生产难溶的铁铝氧化物结合态镉，有利于降低镉的有效性。土壤中的镉形态处于动态平衡中，会随着改性材料和时间变化而变化，镉的形态转化如图3-15所示。

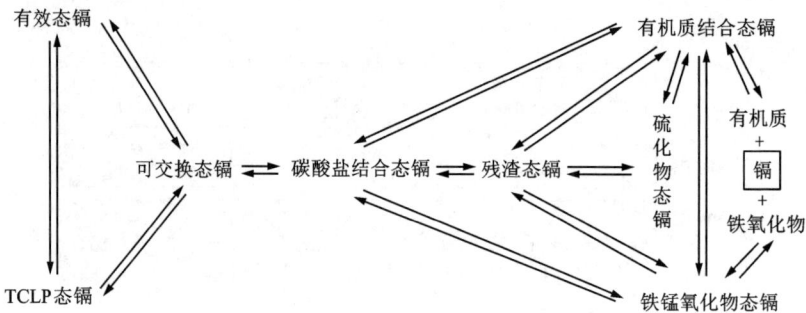

图3-15　土壤中镉的有效性转化

3.2.2.4　土壤Cd有效性影响主控因子分析

　　土壤有效态镉含量与pH、κ、有机质有关，采用TCLP测定提取态镉含量，并进行相关分析(图3-16)。

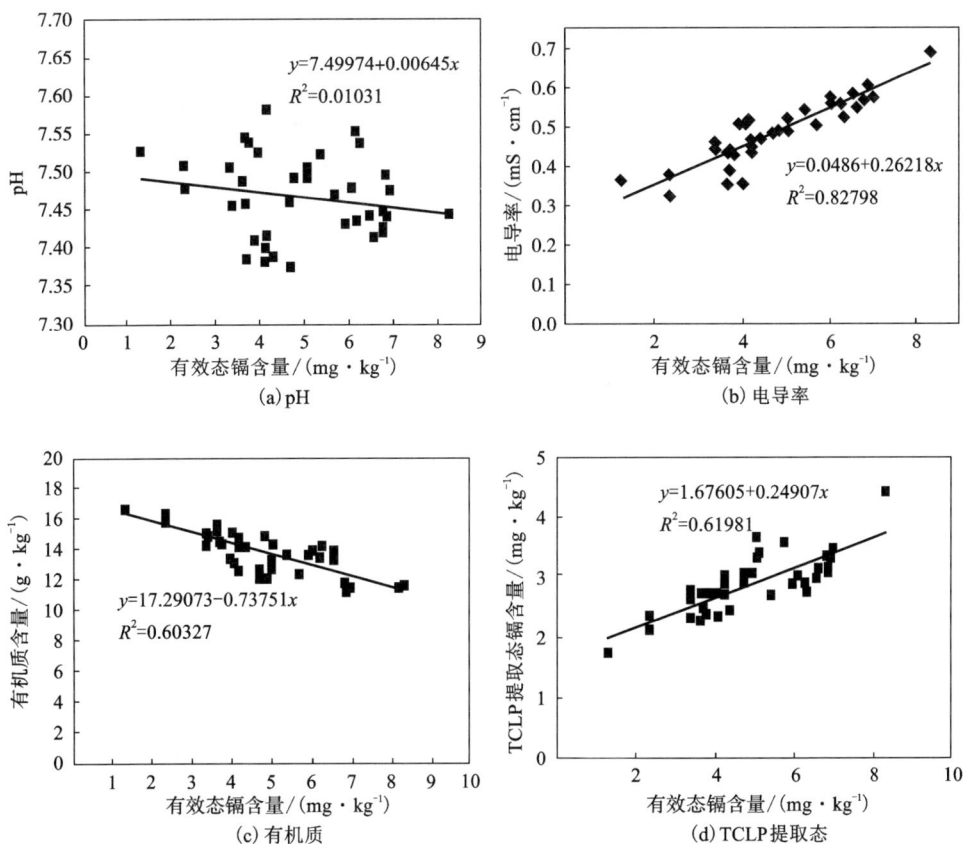

图 3-16 重金属有效态与土壤理化性质的相关关系

相关分析显示，研究区域污染土壤 pH 并无显著性，对土壤镉的有效性影响不大，这与表 3-4 研究结果相一致。与杨锚等的土壤中有效态镉与 pH 不相关的研究发现相类似（杨锚等，2006），而与廖强强等的土壤有效态镉含量与 pH 成正相关的研究结果不一致，可能因为土壤 pH 与土壤属性、缓冲性能及田间持水量等有关（廖强强等，2009）。土壤电导率与有效态镉含量成显著正相关 $y = 0.0486 + 0.26218x$（$R^2 = 0.82798$，$P < 0.05$）；土壤 TCLP 提取态镉含量与有效态镉含量也成极显著正相关关系 $y = 1.67605 + 24907x$（$R^2 = 0.61981$，$P < 0.05$），说明土壤有效态镉含量随着电导率和 TCLP 提取态镉含量的增高而升高，进一步表明电导率和 TCLP 提取态镉含量是影响土壤镉含量的重要有效因素；同时在本研究中土壤有效态镉含量与有机质含量成显著负相关关系 $y = 17.29073 - 0.73751x$（$R^2 = 0.60327$，$P < 0.05$）。说明在矿区污染土壤中，土壤有机质是影响土壤有效态镉含

量的因素，土壤电导率、TCLP 提取态镉含量也是影响土壤有效态镉含量的重要因素。本研究采用多元线性回归方程拟合土壤有效态镉含量与土壤 pH、电导率、TCLP 和有机质的关系，方程为：$y_{[有效态镉]} = 1.838x_{[pH]} + 0.013x_{[EC]} + 0.641x_{[TCLP]} - 0.092x_{[OM]} - 16.130$（$R^2 = 0.852$，$P < 0.01$）。说明以上变量共同对土壤有效态镉含量的线性影响是极显著的，同时也便于后续对主成分作进一步分析。

主成分结果如表 3-6 所示，包括特征值、方差贡献率及累计方差。特征值应大于 1，同时累计方差在 80% 以上。第 1 主成分的特征值为 3.466，方差贡献率为 69.315%，未达到 80%；由于第 2 主成分的特征值为 0.976 接近 1，能保证不丢失太多的重要信息，故本例选取两个主成分，此时所含信息量累计方差贡献率达 88.832%，足以解释原始信息。而第 3~5 主成分特征值分别为 0.280、0.200 和 0.078，远小于 1，故舍弃。

表 3-6　主成分分析特征值及其贡献率

主成分	特征值	方差贡献率/%	累计方差贡献率/%
1	3.466	69.315	69.315
2	0.976	19.518	88.832
3	0.280	5.609	94.442
4	0.200	3.990	98.432
5	0.078	1.568	100.00

在主成分分析的基础上，选取前两个主成分给出因子载荷矩阵，表 3-7 给出了主成分因子载荷矩阵及主要指标组合。由表 3-7 可看出，第 1 主成分主要由变量电导率、TCLP、有机质和有效态镉含量所决定，主成分因子载荷分别为 0.914、0.914、-0.881 和 0.945；第 2 主成分仅由 pH 所决定，主成分因子载荷为 0.988。

表 3-7　主成分因子载荷矩阵及主要指标组合

指标	PC1	PC2
pH	-0.105	0.988
EC	0.914	-0.220
TCLP	0.914	0.076
有机质含量	-0.881	0.229
有效态镉含量	0.945	-0.091

图 3-16 显示了主成分 PC1 的 4 个指标电导率、有机质、TCLP 浸出和有效态镉含量之间的相关关系。以上指标在主成分 PC1 上具有较大的载荷量，表明这 4 个因子具有显著的相关关系（$P<0.05$），与相关性分析（图 3-16）及多元线性回归分析保持一致。在本研究中这类指标整体差异大，最能体现镉的有效性，主要受离子形态及土壤肥力等因素的影响。主成分 PC2 主要表征 pH 指标，具有较大的正载荷量，而在主成分 PC1 上的载荷较小，与图 3-17 相吻合；同时表明 pH 变化不大，可能受土壤质地及缓冲性能等因素的影响。

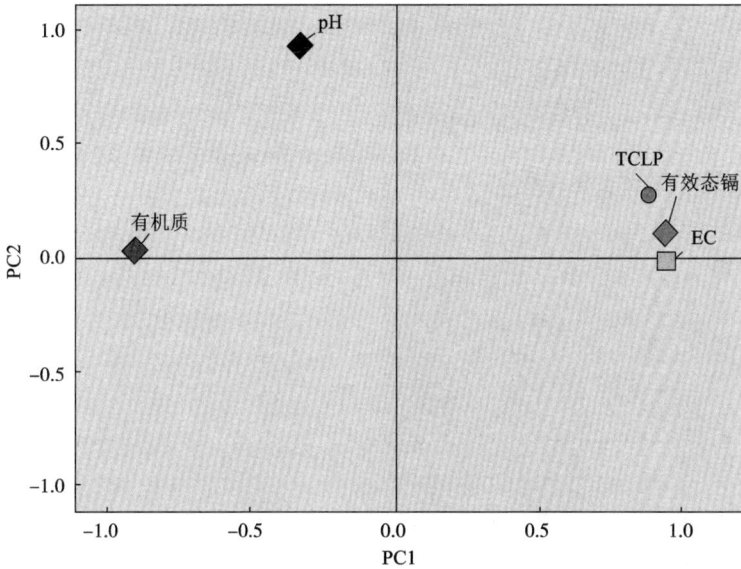

图 3-17　不同指标的二维因子载荷图

3.2.2.5　硫基改性生物炭结构研究

采用 SEM-EDS 方法分析生物炭、硫基-生物炭和硫铁基-生物炭材料表面形貌形态和表面元素含量（图 3-18）。

SEM 显示与未改性生物炭相比，硫基-生物炭表面更粗糙些，这是由于生物炭表面负载硫基，生物炭表面呈现出绒毛状，并分布着较多较小颗粒物；而硫基-铁基复合改性生物炭表面粗糙，呈现出块状结构且有颗粒状物体，是由于在改性生物炭过程中，硫基加大了生物炭颗粒之间的黏性，则生物炭颗粒物粒径增大；同时由于生物炭表面负载铁基，因此生物炭表面较为粗糙。由图 3-18 EDS 图可知，硫基-生物炭出现了较高的硫元素峰，硫质量分数由 0.48% 增至 10.74%，铁含量无显著变化，可确定生物炭表面已成功负载大量的含硫官能团；硫铁基-生物炭出现较高的硫和铁元素峰，表面硫和铁元素质量分数分别由 0.48%、0.44% 增至 4.66%、22.25%，可确定生物炭表面已成功负载大量的硫基和铁基官能团。

(a)BC生物炭

(b)S-BC硫基-生物炭

(c)SF-BC硫铁基-生物炭

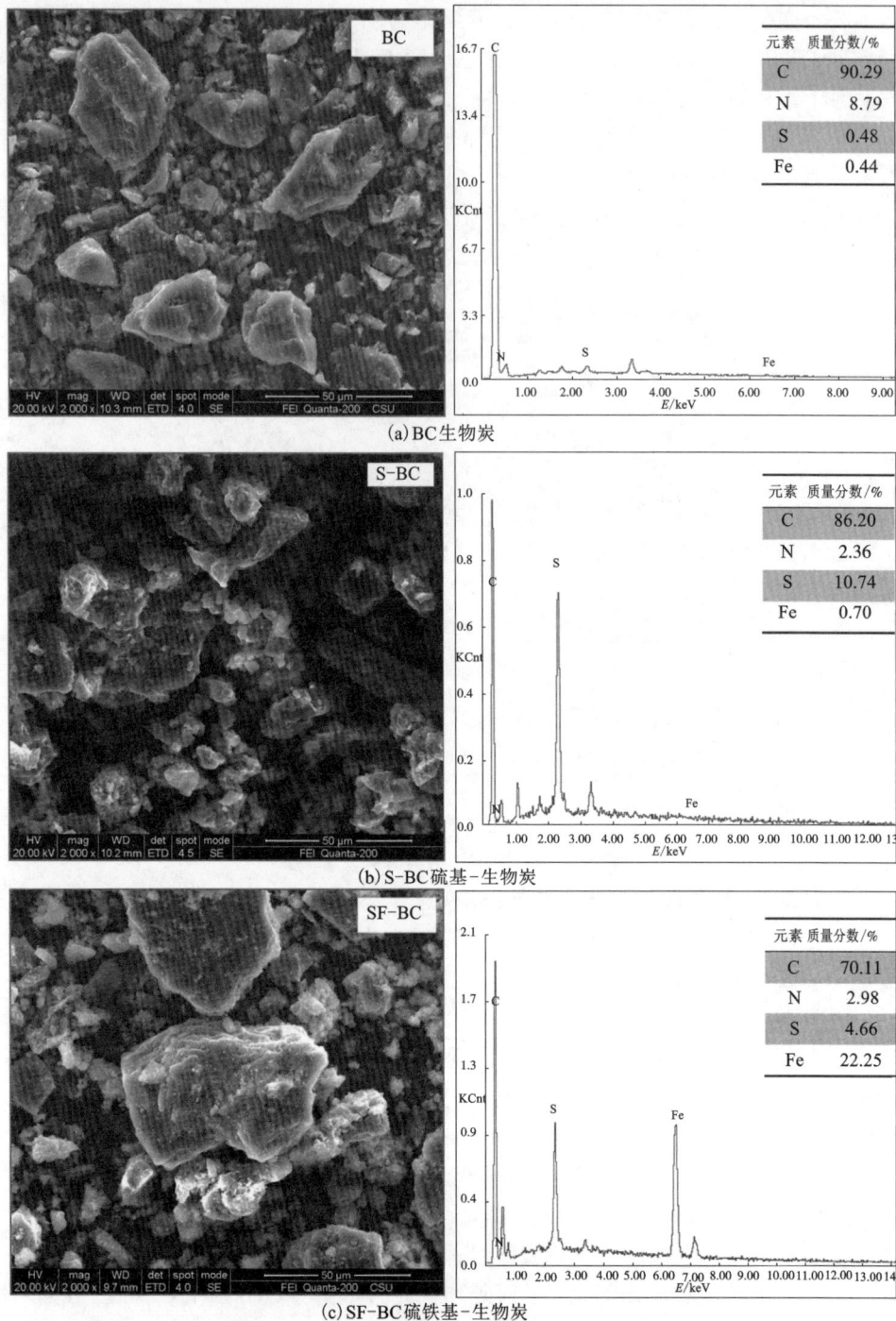

图 3-18　生物炭和改性生物炭的扫描电镜和能谱图

碳硫基的红外特征吸收峰波长为 908.35 ~ 1047.20 cm^{-1}，显示出中等轻度吸收峰(图 3-19)，低于 C $=$ S 双键的特征吸收峰(1501 ~ 1200 cm^{-1})(范军等，2004)，高于 C—S 单键的特征吸收峰(600 ~ 700 cm^{-1})，表明材料中两个硫原子是不同的，此峰所代表的 C—S 键具有部分双键的性质(Coucouvanis D et al.，1967；Zhong W H et al.，2007)。波长 1047.20 cm^{-1} 附近为 C $=$ N 伸缩振动吸收峰；908.35 cm^{-1} 处的吸收峰为 C—N 伸缩振动吸收峰；波长 1452.19 cm^{-1} 附近出现一个 C—N 键伸缩振动吸收峰，介于波长 1384.79 cm^{-1} C—N 键吸收峰和 1601.96 cm^{-1} C $=$ N 键吸收峰之间，表明所代表的 C—N 键具有部分双键的性质(Coucouvanis D et al.，1967；Janzen H H et al.，1987)；以上 C—S 及 C—N 振动吸收峰的存在说明产物为双齿配体(Coucouvanis D et al.，1967)。综上所述，这些特征吸收峰表明 CS$_2$ 已被成功引入生物炭表面的氨基团上且产生了二硫代基团化合物，存在的主反应为：

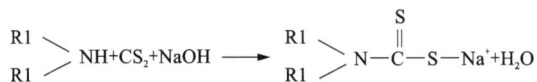

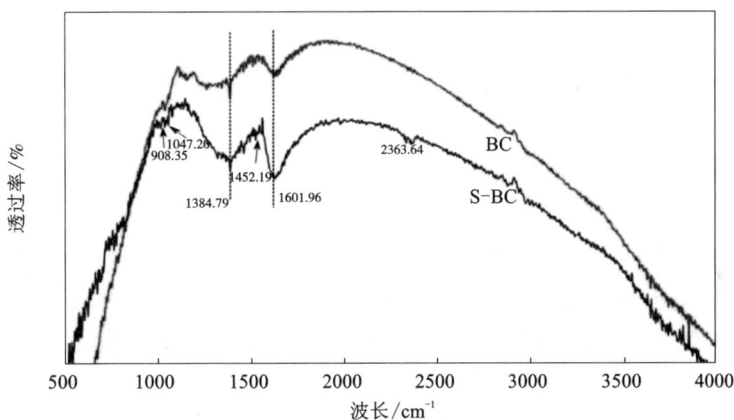

$$\begin{matrix} R1 \\ R1 \end{matrix}\!\!\!\!\!> NH + CS_2 + NaOH \longrightarrow \begin{matrix} R1 \\ R1 \end{matrix}\!\!\!\!\!> N - \overset{\overset{\textstyle S}{\|}}{C} - S - Na^+ + H_2O$$

图 3-19　生物炭和硫基改性材料的红外光谱图

3.2.2.6　硫基改性生物炭对土壤微生物群落的影响

Chao1 和 observed 指数反映了样品中群落的丰度即物种的数量，3 种处理材料均改变了土壤微生物 Chao1 和 observed 指数(图 3-20)，增加效果表现为：S-BC ≈ SF-BC > BC。

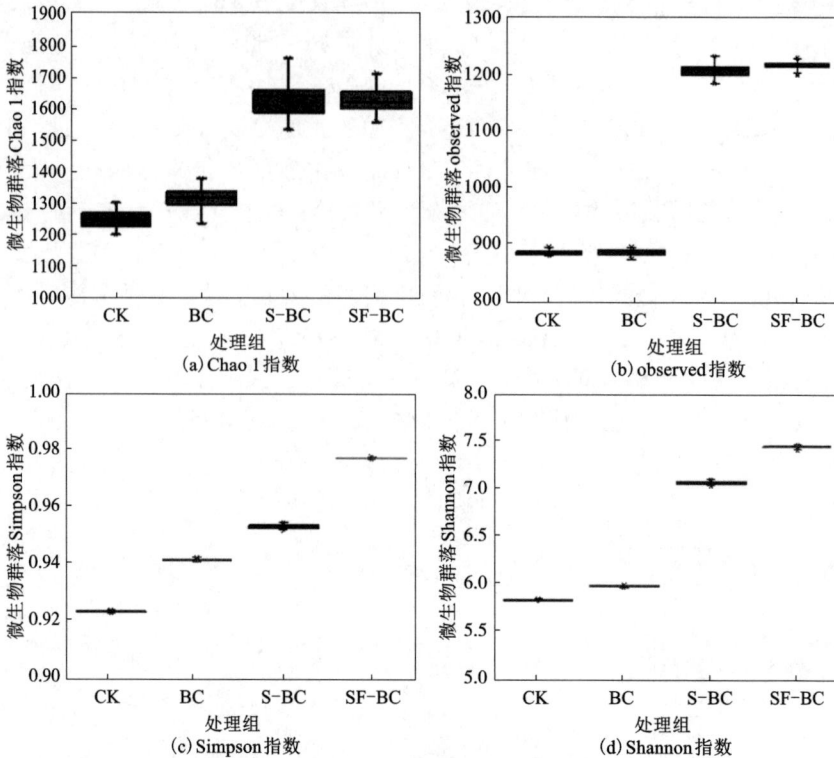

图 3-20 不同处理条件下土壤微生物功能多样性指数

与对照组相比，在整个实验过程中 S-BC 和 SF-BC 处理的土壤细菌群落 Chao1 和 observed 指数均发生了显著性变化（$P<0.05$）；BC 处理并无显著性变化（$P>0.05$），表明土壤中镉的有效性降低会进一步增加微生物群落的丰度。Simpson 指数用于评估群落内最常见物种的优势度；Shannon 指数综合考虑物种的丰度和均匀度，种类数目越多，物种间均匀性越大，则多样性越高（Lehmann J et al.，2011）。外源材料的加入不同程度地增大了土壤微生物 Simpson 和 Shannon 指数，增大程度整体表现为：SF-BC>S-BC>BC。与对照组相比，BC、S-BC 和 SF-BC 使 Simpson 指数分别提高了 0.02、0.03 和 0.05，且均达到显著性差异（$P<0.05$）；Shannon 指数分别显著提高了 0.15、1.24 和 1.62，（$P<0.05$），说明以上改性材料的添加对土壤细菌多样性影响较显著。结合图 3-12（d）可知，S-BC 和 SF-BC 降低了重金属有效态浓度，微生物多样性显著增加（$P<0.05$），一方面可能由于土壤细菌的丰度和多样性与硫的氧化有关（Xu N et al.，2016）；另一方面铁基生物炭可以增加土壤中物种的丰富性和多样性，这与先前的报道研究一致（Wang X et al.，2015）。

不同处理条件下土壤中细菌门类及其所占比例如图 3-21 所示,所得细菌序列所属类群分为 8 个,分别为变形菌门(*Proteobacteria*)、拟杆菌门(*Bacteroidetes*)、绿弯菌门(*Chloroflexi*)、酸杆菌门(*Acidobacteria*)、放线菌(*Actinobacteria*)、芽单胞菌门(*Gemmatimonadetes*)、厚壁菌门(*Firmicutes*)和疣微菌门(*Verrucomicrobia*)。其中,*Proteobacteria*、*Bacteroidetes*、*Chloroflexi* 和 *Acidobacteria* 所占比例较高,分别为 19.60%~28.22%、14.58%~18.21%、9.13%~13.16% 和 5.28%~11.35%,属于优势菌群;*Actinobacteria*、*Gemmatimonadetes*、*Firmicutes* 和 *Verrucomicrobia* 所占比例较小,分别为 1.30%~1.93%、1.50%~1.55%、1.75%~2.11% 和 1.34%~2.11%。不同处理土壤中细菌群落门类所占比例随添加的改性材料变化。*Proteobacteria* 和 *Bacteroidetes* 分别在 BC、S-BC 和 SF-BC 处理的土壤中所占细菌群落的比例(23.01%、17.35%、27.13% 和 18.21%、28.22%、18.16%)明显高于在对照组土壤中总体所占的比例(19.60% 和 14.58%)。然而,与对照组相比,*Chloroflexi* 和 *Acidobacteria* 在 BC、S-BC 和 SF-BC 处理过的土壤中所占细菌群落的比例分别由 13.16% 和 11.35% 降至 9.24% 和 7.10%、10.38% 和 5.42%、9.13% 和 5.28%。在所占比例较小的土壤细菌群落门类中,*Actinobacteria* 和 *Gemmatimonadetes* 在添加了上述 3 种改性材料土壤中总体所占比例(1.57% 和 1.55%、1.80% 和 1.50%、1.93% 和 1.52%)均高于对照组土壤中总体所占比例(1.30% 和 1.64%)。

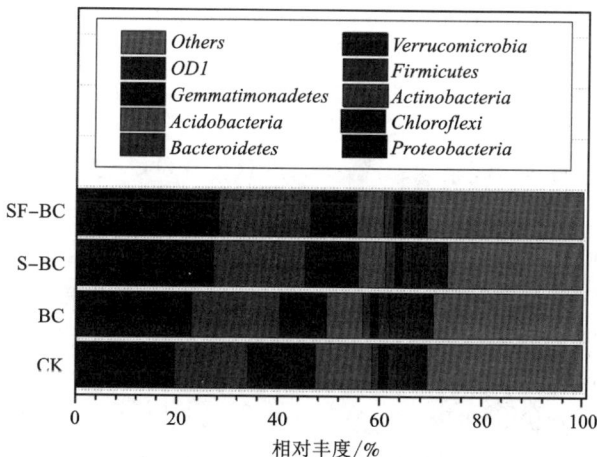

图 3-21 不同处理条件下土壤细菌门类相对丰度分布图

整体来说,在土壤中施加 BC、S-BC 和 SF-BC 并在室温下土壤培育 45 天后,土壤中微生物群落相对丰度发生了明显的变化。由分析可知,*Proteobacteria* 相对丰度的增加,是由于其本身需在含碳源的条件下生长,结合图 3-11(d)可知加入改性材料，提高了土壤中有机质的含量，为微生物生长提供了丰富的碳源，微生物 Proteobacteria 利用碳源的能力增强，这与 Xu 等（Xu N et, 2016）的研究结果相一致。有关研究表明（Kelly D P et al., 2000），Bacteroidetes 表现出与 Proteobacteria 相类似的生长环境，即在丰富的碳源中相对丰度增加。然而，Acidobacteria 相对丰度降低了，是由于其偏向于生长在酸性环境中（Stephen J R et al., 1999），Proteobacteria 含有 Thiobacillus 菌属，消耗硫并产生硫酸（Har-Peled S et al., 2015），且含有铁氧化菌，结合表 3-5 可知添加了 S-BC 和 SF-BC 的土壤 pH 高于对照组土壤，说明 S-BC 和 SF-BC 的添加使土壤细菌群落组成结构发生了变化。微生物对群落重金属的响应机制为微生物产生了重金属抗性保护了其他种群的微生物，使群落多样性发生了改变（Guo W et al., 2007）。Har-Peled 等（Har-Peled S et al., 2015）研究表明，Firmicutes 相对丰度的变化可作为环境渐变的指标，当其生长在较适宜的环境中时，金属有效性的减少有利于 Firmicutes 相对丰度的增加。结合图 3-12(d)知，随着镉的有效性降低，土壤微生物群落结构多样性发生了改变，有效态镉含量越高对土壤微生物群落影响越大；降低生物有效性间接影响了微生物代谢功能的多样性。

3.2.3 硫基钝化剂对水稻镉吸收、积累和形态的影响

水稻是我国最重要的粮食作物，Cd 易被水稻等粮食作物吸收，其稻米危害程度受土壤中重金属有效性的影响。近年来关于水稻成熟期各部位镉含量及迁移转化的研究较多，但关于水稻在不同污染程度下不同生育期根际与非根际水溶态镉含量的动态变化差异的报道较少。本部分拟采用 3.2.2 节筛选出效果最佳的改良材料，通过盆栽实验研究，探究不同污染程度下不同生育期，改性材料对水稻(分蘖期、拔节期、抽穗期、灌浆期和成熟期)叶绿素含量、根际与非根际间隙水理化性质的动态变化及水稻根表铁膜含量、水稻各部位积累迁移的影响，为稻田 Cd 污染治理提供参考依据。

3.2.3.1 硫基改性材料对水稻不同生育期叶绿素的影响

叶绿素是水稻叶片进行光合作用的物质基础，是水稻生长良好的体现（Assche F V et al., 2010）。整体而言，叶片叶绿素相对含量在水稻整个生育期呈现出先增加后降低的趋势，在拔节期达到最大值，为 42.0~46.4，成熟期降到最低，为 28.9~32.8（图 3-22）。在未污染土壤中［图 3-22(a)］，同种植时期 3 种处理条件下水稻叶片叶绿素相对含量整体差异不大，叶绿素相对含量由大到小顺序依次为：$w_{叶S-BC}$ ≈$w_{叶SF-BC}$>$w_{叶CK}$；在 1 mg/kg 的 Cd 污染土壤中［图 3-22(b)］，与 1CK 相比，在水稻不同生育期(分蘖期、拔节期、抽穗期、灌浆期和成熟期)，施加了 S-BC 和 SF-BC 改性材料的土壤叶绿素相对含量不同程度地增加，分别增加了 1.5、0.7、0.6、0.5、1.7 和 1.6、2.5、1.0、1.1、2.1 个单位，改性材料的施加降低了镉的毒性，叶绿素相

对含量由大到小的顺序依次为：$w_{叶1SF-BC}>w_{叶1S-BC}>w_{叶1CK}$。

在 5 mg/kg 的 Cd 污染土壤中［图 3-22(c)］，添加不同改性材料的情况与图 3-22(b)类似，在不加改性材料处理条件下叶绿素相对含量较低，添加 S-BC 和 SF-BC 改性材料后，叶绿素相对含量在不同生育期分别增加了 1.3、0.7、0.2、0.4、1.8 和 2.1、1.3、1.0、1.1、2.6 个单位，叶绿素相对含量由大到小的顺序依次为：5SF-BC，5S-BC，5CK。通过以上比较，可知改性材料 SF-BC 处理的土壤其水稻叶绿素相对含量相对高于改性材料 S-BC，可能与改性材料固化重金属能力有关；由图 3-22(d)知，在 Cd 浓度为 10 mg/kg 的土壤中，添加不同的改性材料后水稻叶片叶绿素相对含量并没有表现出明显的差异性，改性材料的施加并没有减缓土壤中镉对水稻的毒性作用，这可能与土壤受到重金属污染程度有关，叶绿素相对含量由大到小顺序为：10CK≈10S-BC≈10SF-BC。

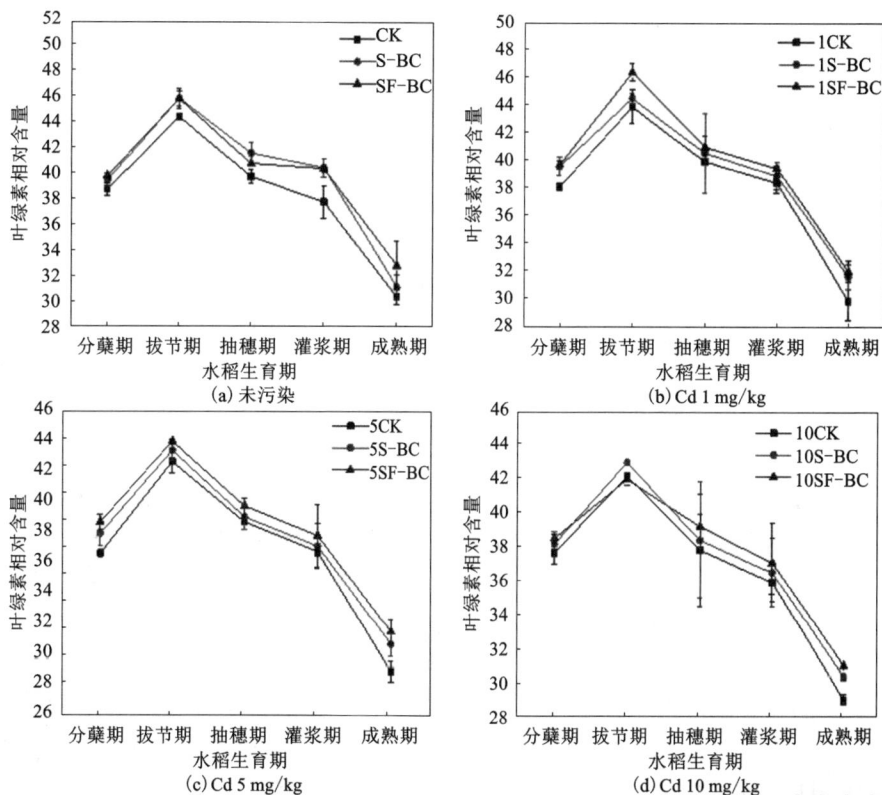

图 3-22　水稻不同生育期叶片叶绿素相对含量动态变化图

整体来说，通过对不同处理的镉污染土壤中水稻的生理生化动态变化进行综合分析后，可以得出以下结论：在未污染土壤、1 mg/kg 和 5 mg/kg 的镉污染土壤中，施加改性材料均可以不同程度地降低镉的生物有效性，从而增加叶绿素相对含量；而在 10 mg/kg 的镉污染土壤中水稻叶绿素相对含量并没有表现出明显增加的效果，水稻叶绿素相对含量整体表现为先增加后下降，这与曾路生等研究结果相吻合（曾路生等，2006）。土壤中添加外源改性材料 S-BC 或 SF-BC，一方面改性生物炭提高了土壤肥力，可以为水稻提供营养物质，促进叶绿素相对含量的增加，提高光合作用强度；另一方面硫或铁与土壤中的镉发生一系列反应，如螯合、络合和沉淀反应等，从而降低了镉对水稻的胁迫作用。在 Cd 污染的土壤中，受环境胁迫，重金属可导致叶绿素含量降低，叶绿素合成受阻或叶绿素降解。Cd 严重危害植物，强烈抑制细胞及植物的生长，引起植物叶片失绿及叶绿素总量下降，这是由于重金属抑制叶绿素酸酯还原酶活性引起的（Dawood M et al.，2012）。有关学者表明（黄益宗等，2004），硫基可通过提高植物体内抗氧化剂酶的活性、柠檬酸分泌物和柠檬酸转运基因的表达及 PMH$^+$-ATPase 的活性来抑制植物对重金属离子的吸收，减缓重金属对植物的胁迫作用。Dawood 等（Dawood M et al.，2012）采用温室水培实验探究了外源硫基物质对植物叶片叶绿素相对含量变化的影响。结果表明，硫基的加入减少了 MDA 的积累，提高了根部 POD、ATPase 活性和光合作用强度，同时增加了植物对营养元素 S、P、Ca、Mg 和 Fe 的吸收，从而增加了叶绿素相对含量。Chen 等（Chen J et al.，2013）研究也证实了外源硫基物质可促进细胞内叶绿体内囊的发育，通过增加线粒体数目来缓解镉对植物体的胁迫作用，进一步提高植物的叶绿素含量、光合作用强度。有关学者研究指出，在镉污染环境下，镉毒害导致水稻叶绿素含量下降，通过加入铁可以抑制镉的这种影响，这是由于铁作为叶绿素合成的必需元素，补铁后促进了植物的光合作用，缓解了镉毒害症状，从而增加了植物的叶绿素含量（Tao S et al.，2003）。

3.2.3.2 硫基改性材料对孔隙水 pH、DOC、水溶态镉含量的影响

随着水稻生育期的延续，根际与非根际孔隙水 pH 的变化在分蘖期-拔节期-抽穗期-灌浆期-成熟期呈现出先升高后降低的变化趋势（表3-8），其中根际与非根际孔隙水 pH 变化幅度仅为 0.02~0.32；在拔节期孔隙水 pH 达到最大，加入不同改性材料表现出了类似的趋势。在相同条件下，与非根际孔隙水相比，根际孔隙水 pH 较低：根际 pH<非根际 pH，但不存在显著性差异（$P<0.05$）。与对照组相比，改性材料的加入并没有显著改变孔隙水 pH，这与之前土壤培育实验（表3-4）的结果相一致。

表 3-8　改性材料对根际/非根际孔隙水 pH 的影响

处理条件	分蘖期				拔节期				抽穗期				灌浆期				成熟期			
	根际	差异性	非根际	差异性	根际	差异性	非根际	差异性	根际	差异性	非根际	差异性	根际	差异性	非根际	差异性	根际	差异性	非根际	差异性
CK	6.56	abAB	6.54	aABC	6.68	abA	6.71	aA	6.56	aAB	6.67	aA	6.63	aAB	6.74	abA	6.36	aC	6.46	dBC
S-BC	6.67	aABC	6.87	aAB	6.79	abABC	6.89	aA	6.69	aABC	6.62	aABC	6.59	aABC	6.71	abABC	6.44	aC	6.53	cdBC
SF-BC	6.64	aAB	6.74	aA	6.77	abA	6.82	aA	6.66	aAB	6.75	aA	6.67	aAB	6.75	abA	6.42	aC	6.50	cdBC
1CK	6.48	abAB	6.54	aAB	6.59	bAB	6.69	aA	6.56	aAB	6.62	aAB	6.49	aAB	6.55	bAB	6.43	aB	6.49	cdAB
1S-BC	6.49	abA	6.56	aA	6.65	abA	6.73	aA	6.50	aA	6.60	aA	6.43	aA	6.56	bA	6.53	aA	6.60	abcA
1SF-BC	6.54	abABC	6.66	aAB	6.63	abABC	6.77	aA	6.54	aABC	6.62	aABC	6.48	aBC	6.61	bABC	6.42	aC	6.52	cdBC
5CK	6.52	abB	6.62	aAB	6.68	abAB	6.73	aA	6.55	aAB	6.62	aAB	6.50	aB	6.60	bAB	6.49	aB	6.57	bcdAB
5S-BC	6.46	abA	6.55	aA	6.64	abA	6.78	aA	6.55	aA	6.60	aA	6.54	aA	6.63	bA	6.61	aA	6.74	aA
5SF-BC	6.51	abA	6.61	aA	6.67	abA	6.87	aA	6.59	aA	6.73	aA	6.63	aA	6.71	abA	6.58	aA	6.71	aA
10CK	6.65	aBC	6.74	aABC	6.82	abABC	7.04	aA	6.73aABC		6.80	aABC	6.59	aC	6.97	aAB	6.51	aC	6.61	abcBC
10S-BC	6.38	bB	6.69	aAB	6.85	abAB	6.94	aA	6.69aAB		6.74	aAB	6.63	aAB	6.95	aA	6.63	aAB	6.67	abAB
10SF-BC	6.50	abC	6.60	aBC	6.98	aAB	7.13	aA	6.74aBC		6.84	aABC	6.80	aABC	6.97	aAB	6.66	aBC	6.71	aBC

注：大、小写字母分别表示在同行、列不同处理条件下存在显著性差异（$P<0.05$），下同。

整体而言，根际与非根际孔隙水 pH 表现为先升高后降低的趋势，拔节期后孔隙水 pH 呈现下降的趋势：拔节期 pH>抽穗期 pH>灌浆期 pH>成熟期 pH≈分蘖期 pH。改性材料作为碱性物质添加至镉污染土壤中，在水稻开始生育阶段，根系分泌物对土壤 pH 的影响有限，主要受到外源改性材料的影响。随着时间的延长，改性材料 OH^- 的缓慢释放导致土壤 pH 呈现出上升的趋势，但拔节期后由于根际分泌物的质子化作用导致 OH^- 的消耗，使得土壤 pH 逐渐下降，但土壤本身作为一个缓冲体系，pH 的变化不大，均处于一种动态平衡之中，但根际孔隙水 pH<非根际孔隙水 pH，根际酸化的原因有 3 个：①根系对阴阳离子的吸收速率不同；②根系与微生物的呼吸作用产生酒精与乳酸等；③根系分泌大量的低分子量有机酸、H^+ 和氨基酸等物质(Zhu X F et al., 2011；Dakora F D et al., 2002)。有机酸包括苹果酸、柠檬酸和草酸等(朱姗姗等，2013)，会导致根际区域 pH 降低，同时有机酸有利于植株对营养元素的吸收和重金属的解毒，促进矿化和微生物富集(Kalbitz K et al., 1998)。根际泌氧氧化硫化物导致土壤 pH 下降，有关学者指出(Dosskey M G et al., 1997)，当水稻处于淹水状态时，水稻所需的营养元素大部分以 NH_4^+ 形态为水稻所吸收，为了保持水稻体内的电荷平衡呈电中性，水稻根系分泌 H^+ 导致根际孔隙水呈酸性；同时添加外源铁基材料，根系分泌的 O_2 将亚铁(Fe^{2+})氧化：$4Fe^{2+}+O_2+10H_2O \Longrightarrow 4Fe(OH)_3+8H^+$，也会导致根际孔隙水 pH 下降。

土壤溶解性有机碳虽然在土壤中含量较低，但它是土壤生态系统中一种重要的活性组分，其含有大量的功能基团，具有较强的活性，充当"配位体"和"迁移载体"，能与重金属元素结合，从而影响重金属的溶解和迁移等化学行为(Tipping E et al., 1999)。在镉污染土壤中，改性材料对水稻不同生育期土壤根际与非根际孔隙水 DOC 的影响如图 3-23 所示。在水稻分蘖期—拔节期—抽穗期—灌浆期—成熟期整个生育期根际孔隙水 DOC 呈现出先升高后降低的趋势，灌浆期或抽穗期 DOC 值较大；非根际孔隙水 DOC 表现出下降的趋势，成熟期达到最小；孔隙水 DOC 值：根际>非根际，且存在显著性差异($P<0.05$)。在未污染的土壤中[图 3-23(a)]，对照组与 SF-BC 组根际孔隙水的 DOC 值在水稻灌浆期最高，分别为 173.07 和 116.33(mg/L)；施加 S-BC 组的 DOC 值在水稻抽穗期最高，为 145.60 mg/L，在水稻整个生育期，根际孔隙水 DOC 值大小依次为：$DOC_{根CK}$>$DOC_{根S-BC}$>$DOC_{根SF-BC}$；非根际孔隙水 DOC 值变化幅度不大。在 1 mg/kg 的 Cd 污染土壤中[图 3-23(b)]，3 种处理条件下根际孔隙水 DOC 值在灌浆期最高，分别为 240.97、211.90 和 223.30(mg/L)；而非根际孔隙水 DOC 值无显著性差异。在 5 mg/kg 的 Cd 污染土壤中孔隙水 DOC 值与 1 mg/kg Cd 污染土壤具有相类似的结果。但在 10 mg/kg 的 Cd 污染土壤中[图 3-23(d)]，3 种处理条件下根际孔隙水 DOC 值差异显著，可能与受到镉胁迫作用有关。

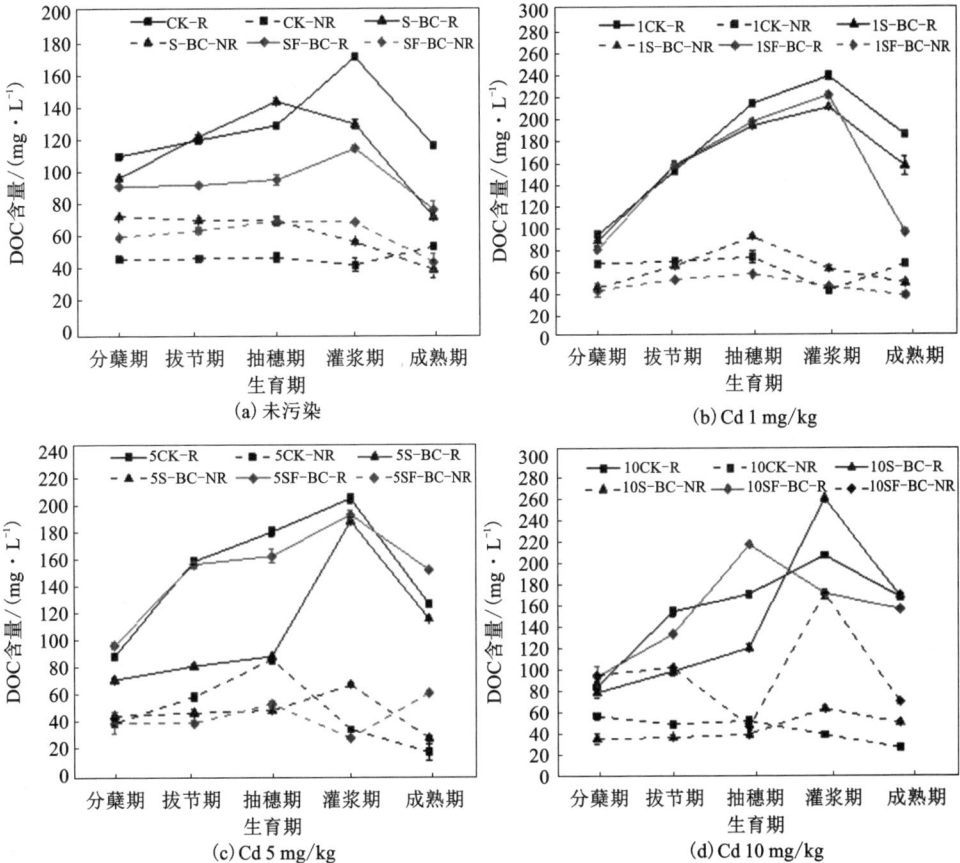

图 3-23　改性材料对根际/非根际孔隙水 DOC 值的影响

研究发现，添加外源有机质能提高 DOC 浓度，Dosskey 等（Dosskey M G et al.，1997）对某地土壤的研究表明，土壤 DOC 浓度与土壤有机质含量成正相关，这与 Tipping 等（Tipping E et al.，1999）研究结果相吻合。但本研究发现外源物质的加入导致孔隙水 DOC 含量升高或降低，处于一种波动变化之中。有关学者指出，外源物质对 DOC 的贡献率还不清楚，其对 DOC 的影响还不能定量化（李廷强等，2004）。在植物生长过程中，植物根含有可溶和不可溶的 C，根系分泌活动的增强会导致根际土壤的 DOC 浓度上升，与 Li 等（Li Y et al.，2014）和 Martinez 等（Martinez-Alcalá I et al.，2010）的研究结果相一致；同时根际土壤中 DOC 含量显著高于非根际土壤，这与魏亮等（魏亮等，2017）的研究结果相吻合。同时，不同有机酸与 Cd 形成复合物的亲和力存在差异。随着水稻的发育生长，根际 DOC 含量升高，这是由于根际激发效应对土壤有机质产生了影响，一方面根的生长会促进团聚体的破坏，被物理包裹的活性有机质组分更易被微生物降解，进而促进根际土壤有机质的降解；另一方面根际微生物在生长过程中会利用根系分泌的物质摄取营养，加快微生物对土壤有机质的降解（Kuzyakov Y et al.，2002）。与对照组相比，S-BC 或 SF-BC 组的水稻孔隙水 DOC 值较低，可能是由于外源硫或铁官能团增强了土壤对 DOC 的吸附，减少了 DOC 的释放。Jardine 等（Jardine P M et al.，1989）研究发现，含硫基物质对土壤中 DOC 具有较好的吸附作用，吸附过程主要表现为物理吸附；铁矿物赤铁矿（α-Fe_2O_3）和磁赤铁矿（γ-Fe_2O_3）对 DOC 具有较强的吸收作用。Kaiser 等（Kaiser K et al.，1998）最近研究发现，土壤中大量的 DOC 可以被铁氧化物（Fe_xO_y）及氢氧化物 [$Fe_m(OH)_n$] 不可逆吸附。在根系分泌物中，属于 DOC 的低分子量有机酸被认为是影响根系吸收重金属的重要因素。低分子量有机酸除调节 pH 之外，还能与镉形成复合物，提高 Cd 离子在木质部中的移动性，从而促进植物地上部对镉的积累（Guadalupe de la Rosa et al.，2004）。

水溶态镉在土壤中最易于迁移也最易被水稻吸收，其含量在镉污染土壤中较低，不同处理条件对水稻不同生育期根际与非根际孔隙水水溶态镉含量的动态影响如图 3-24 所示。

在不同镉浓度污染土壤中，水稻在分蘖期-拔节期-抽穗期-灌浆期-成熟期整个生育期其根际与非根际土壤孔隙水水溶态镉含量，均呈现出先增加后降低的趋势（图 3-24）。在分蘖期水溶态镉含量较低，随后含量逐渐增加，灌浆期达到最大。在不同 Cd 污染浓度、不同处理条件下，根际孔隙水水溶态镉含量大于非根际孔隙水。整体而言，在未污染的土壤中［图 3-24(a)］，不同处理条件下根际与非根际水溶态镉含量变化表现出相同的效果，其含量由大到小依次为：$w_{Cd、CK}$>$w_{Cd、S-BC}$≈$w_{Cd、SF-BC}$，均在 1.91×10^{-2} μg/L 至 3.86×10^{-2} μg/L 之间；在 1 mg/kg 的镉污染土壤中［图 3-24(b)］，S-BC 和 SF-BC 组的在水稻分蘖期-拔节期-抽穗期-灌浆期的根际水溶态镉含量与 CK 组相比存在显著性差异（$P<0.05$），含量由大到小为：CK，S-BC，SF-BC，非根际水溶态镉含量表现出相类似的结果，其值均在 6.12×10^{-2} μg/L 至 16.60×10^{-2} μg/L 之间。

在 5 mg/kg 的 Cd 污染土壤中［图 3-24(c)］，在水稻不同生育期，与 CK 组相比 S-BC 和 SF-BC 组根际水溶态镉含量均显著减少，存在显著性差异（$P<0.05$），分别由 0.1027、0.1290、0.2042、0.2895、0.2228（μg/L）降低至 0.0803、0.1120、0.1965、0.2521、0.2188（μg/L）和 0.0766、0.1043、0.1823、0.2456、0.2056（μg/L），均在灌浆期达到最高，SF-BC 固化镉效果最佳；其非根际水溶态镉含量变化情况与图 3-24(a)、(b)类似。在污染水平为 10 mg/kg 镉污染土壤中，在水稻分蘖期-拔节期-抽穗期-灌浆期-成熟期，分别施加 S-BC 与 SF-BC 至镉污染土壤中，其根际水溶态镉含量与 CK 组相比分别由 0.2261、0.3310、0.3433、0.3526、0.2859（μg/L）下降至 0.1741、0.2727、0.2758、0.2917、

0.2584(μg/L)和 0.1547、0.2062、0.2461、0.2523、0.2338(μg/L),分别下降了
23.00%、17.67%、19.65%、17.26%、9.63% 和 31.57%、37.69%、28.32%、
28.44%、18.23%,水溶态镉含量由大到小顺序为:CK 组,S-BC 组,SF-BC 组;
非根际水溶态镉镉含量变化表现出与根际水溶态镉含量类似的效果,与 CK 组相
比,S-BC 和 SF-BC 组非根际水溶态镉含量均显著减少($P<0.05$),分别降低了
21.13%、16.31%、26.31%、5.95%、4.35% 和 32.80%、36.26%、29.84%、
19.44%、9.27%,且两者之间存在显著性差异($P<0.05$)。

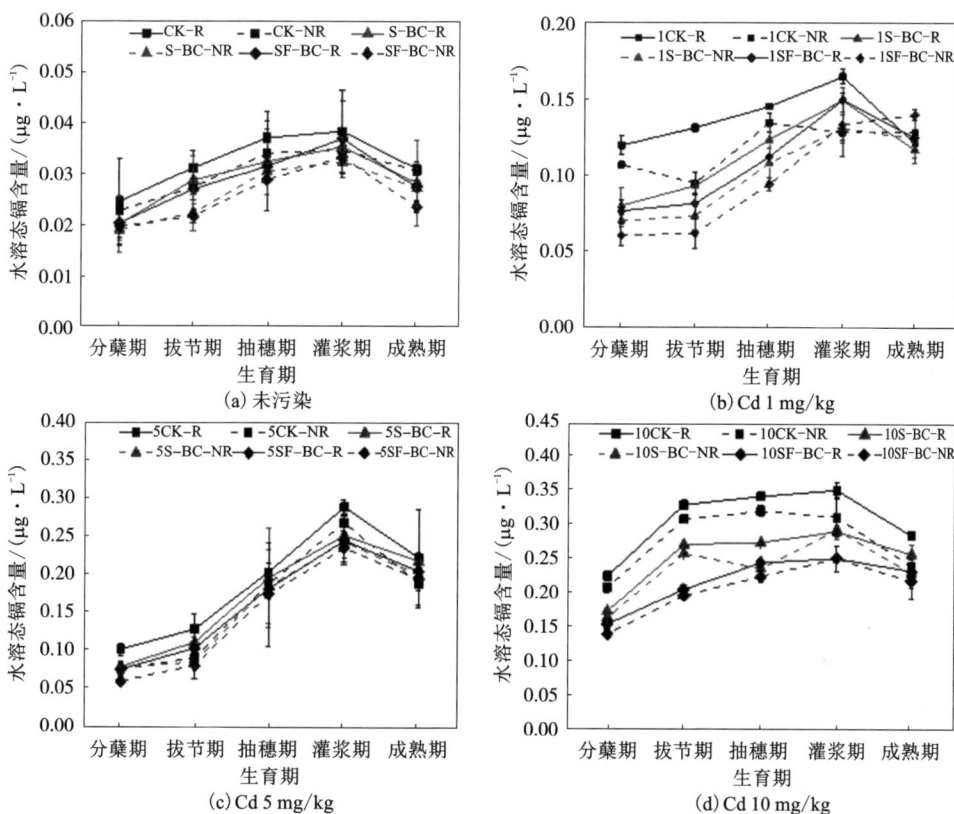

图 3-24　不同改性材料对土壤孔隙水镉含量的变化

整体来说,在不同程度镉污染的土壤中,孔隙水水溶态镉含量存在不同程度
的差别,表现为 $w_{Cd, 10 \text{ mg/kg}} > w_{Cd, 5 \text{ mg/kg}} > w_{Cd, 1 \text{ mg/kg}} > w_{Cd, CK}$,可能是添加的外源镉的量
不同所致。有关研究表明,土壤中的外源重金属胁迫会显著地刺激水稻根系有机
酸的分泌,使得根际土壤 pH 降低及 DOC 浓度升高,进一步导致镉的释放及
DOC-Cd 浓度的上升,孔隙水水溶态镉的移动性增强(Zeng F et al.,2008)。经分

析知根际水溶态镉含量大于非根际水溶态镉含量, 结合表 3-8 可知, 水稻根部土壤 pH 较低, 土壤胶体负电荷降低, H^+ 的竞争力增强, 使土壤中重金属释放出来, Cd 的有效性增强(Mcbride et al., 2002), 导致根际孔隙水水溶态镉含量大于非根际孔隙水隔含量; 另外由图 3-23 可知根际 DOC 含量高于非根际, Li 等有关研究表明, 根际 DOM 可与水溶态镉结合形成 DOM-Cd 络合物增加镉的生物有效性, 从而提高水溶态镉的移动性(Li T et al., 2013)。水溶态 Cd 含量呈现出先升高后降低的趋势, 这与 Iqbal 等(Iqbal M et al., 2012)研究的植物孔隙水变化规律相一致。与对照组相比, S-BC 和 SF-BC 组土壤根际与非根际水溶态镉含量明显降低, 可能是改性材料硫或铁基与土壤中的活性态镉相结合降低了镉的有效性, 从而导致水溶态镉含量下降, 水溶态镉含量下降反映出改性材料对镉起到了较好的固定修复作用。

3.2.3.3 硫基改性材料对土壤根际镉结合形态的影响

在不同污染程度的镉土壤中施加改性材料, Cd 在水稻根际与非根际土壤中各形态分布状况一致(图 3-25)。水稻根际与非根际土壤中可交换态 Cd 为主要存在形态, 其次为碳酸盐结合态、残渣态、铁锰氧化物结合态, 有机质结合态 Cd 含量占比最小, 可交换态向残渣态, 镉的有效性降低, 有利于减少镉向水稻的迁移转化。

在未污染的土壤中[图 3-25(a)], 与对照组相比, 加入改性材料 S-BC 和 SF-BC 均可以降低根际与非根际土壤可交换态 Cd 含量, Cd 含量分别由对照组的 33.85% 和 30.83% 降低至 S-BC 组的 31.97%、28.93% 和 SF-BC 组的 29.11%、28.17%; 碳酸盐结合态镉含量趋于下降, 铁锰氧化物结合态镉含量变化不大, 而有机结合态和残渣态镉含量趋于上升, 根际与非根际土壤有机质结合态镉百分比由 2.85% 和 3.04% 增加至 4.02%、4.67% 和 3.62%、4.06%, 残渣态镉百分比分别由 18.42% 和 24.43% 增加至 21.99%、26.09% 和 26.76%、29.64%, 残渣态镉根际含量<非根际含量。在 1 mg/kg 的镉污染土壤中[图 3-25(b)], 根际与非根际土壤可交换态、碳酸盐结合态和铁锰氧化物结合态镉含量趋于下降, 有机结合态镉含量变化不一致, 残渣态镉含量趋于上升, 与 CK 组相比, S-BC 组和 SF-BC 组根际与非根际土壤可交换态镉含量分别由 CK 组的 34.89% 和 30.08% 降低至 32.46%、30.87% 和 28.88%、28.48%; 碳酸盐结合态镉含量分别由 25.05% 和 21.50% 降低至 23.78%、22.55% 和 19.90%、18.70%, 残渣态镉含量分别由 13.41% 和 28.34% 增至 18.15%、31.39% 和 29.07%、33.36%, 且表现为根际含量低于非根际含量。

在 5 mg/kg 的镉污染土壤中[图 3-25(c)], 与对照组相比, 两种改性材料的施加使根际与非根际土壤可交换态、碳酸盐结合态和铁锰氧化物结合态镉的百分比下降, 而有机质结合态和残渣态的 Cd 含量显著上升($P<0.05$)。结果显示, S-

BC 和 SF-BC 改性材料的施加均降低了根际与非根际土壤可交换态镉含量，与 CK 组相比分别由 1.48 和 1.38（mg/kg）下降至 1.29、1.23 mg/kg 和 1.26、1.21（mg/kg），分别下降了 4.5%、6.57% 和 2.51%、4.28%；而根际土残渣态镉含量分别由 2.82 mg/kg 增加至 3.06、3.27（mg/kg），显著增加了 10.31%、14.75%（$P<0.05$）；非根际土残渣态镉含量分别由 3.26 mg/kg 增加至 3.42、3.61（mg/kg），分别增加了 6.81%、11.68%，且残渣态镉根际含量<非根际含量。当镉添加量为 10 mg/kg 时［图 3-25（d）］，改性材料 S-BC 和 SF-BC 的施加均可以降低根际与非根际土壤可交换态 Cd 含量，有利于降低镉的迁移性。结果显示，与对照组相比，两种改性材料分别使根际和非根际可交换态镉含量降低了 1.98%、2.54% 和 0.35%、1.41%；碳酸盐结合态镉含量降低了 2.34%、3.19% 和 1.60%、2.4%；残渣态镉含量显著增加了 9.96%、12.20% 和 4.99%、7.90%，根际残渣态镉含量>非根际含量。

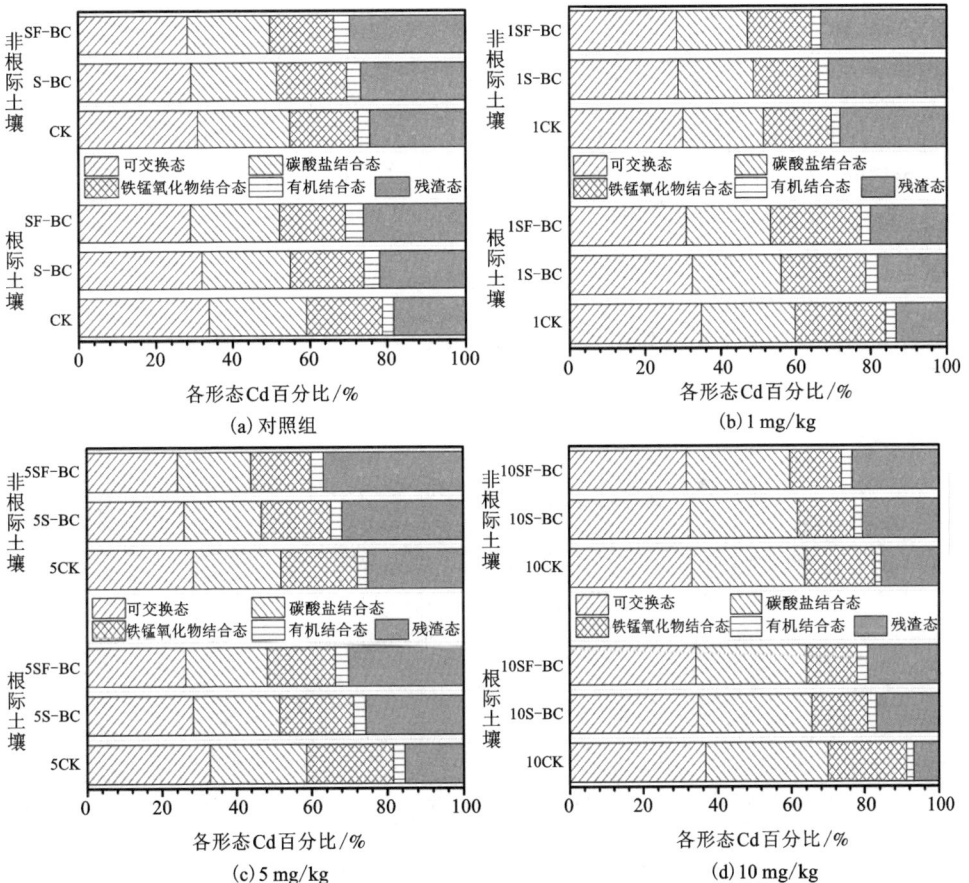

图 3-25　不同处理条件下根际与非根际土壤中不同结合形态 Cd 的含量

镉的不同形态会影响其在土壤-植物系统中的化学行为, 进而影响植物根部对镉吸收的难易程度(Lorenz S E et al., 1994)。在镉污染的同一土壤中, 随着改性材料 S-BC 和 SF-BC 的加入, 根际与非根际土壤中各形态镉的含量存在差异, 这与刘达等(刘达等, 2016)的研究结论一致。整体而言, 与对照组相比, 改性材料可使土壤中 Cd 由可交换态残渣态, 镉的生物有效性降低; 碳酸盐结合态和铁锰氧化物结合态 Cd 含量并未发生较大变化, 而处于一种动态变化之中; 有机质结合态 Cd 所占比例较小, 改性材料对其含量影响不明显。在中低浓度污染水平下(原土、1 mg/kg、5 mg/kg), 改性材料修复效果为 SF-BC>S-BC; 在高浓度污染水平下(10 mg/kg), 改性材料修复效果为 S-BC≈SF-BC; 土壤可交换态镉根际含量>非根际含量, 可能是根际周围微生物的呼吸作用及根系分泌大量的低分子量酸性物质(Zhu X F et al., 2011; Dakora F D et al., 2002), 导致根际 pH 小, 于是减小了镉的活性, 这与孔隙水 pH 变化情况相一致(表 3-9)。有学者指出(刘绍兵等, 2011), 在淹水条件下, 硫经过一系列还原作用, 产生的 S^{2-} 与 Cd^{2+} 相互作用生成沉淀 CdS, 转化为植物难以吸收的残渣态。改性材料含有 C═S 键, 可与重金属镉离子结合形成稳定的四元螯合物, 在土壤溶液中生成螯合沉淀物。含铁物质的加入有利于降低镉的生物有效性, 促使土壤中的镉向活性较低的有机质结合态和残渣态转变, 研究发现铁基水解产生的羟基铁氧化物 $Fe(OH)_2^+$、$Fe(OH)_3$、$Fe(OH)_4^-$、$Fe_2(OH)_2^{4+}$、$Fe_3(OH)_4^{5+}$ 和 $Fe_n(OH)_m^{a+}$ 等与镉发生吸附、凝聚和沉淀等作用(Yin D et al., 2017)。

表 3-9　不同处理条件下水稻根表铁膜中铁和镉的含量

外源 Cd 添加量 /(mg · kg⁻¹)	处理条件	DCB-Fe 含量 /(g · kg⁻¹)	差异性	DCB-Cd 含量 /(mg · kg⁻¹)	差异性
原土	CK	3.91±0.63	aD	0.14±0.03	aD
	S-BC	4.04±0.26	aD	0.16±0.01	aD
	SF-BC	4.51±0.79	aD	0.15±0.02	aD
1	CK	5.27±2.17	aCD	0.84±0.15	aD
	S-BC	6.62±0.76	aBC	0.71±0.08	aD
	SF-BC	6.98±1.24	aBC	0.94±0.16	aD
5	CK	7.14±0.81	aBC	6.30±2.07	aC
	S-BC	7.31±1.20	aB	6.89±0.92	aBC
	SF-BC	8.06±1.42	aB	7.84±2.93	aABC

续表3-9

外源 Cd 添加量 /(mg·kg⁻¹)	处理条件	DCB-Fe 含量 /(g·kg⁻¹)	差异性	DCB-Cd 含量 /(mg·kg⁻¹)	差异性
10	CK	13.62±0.85	aA	8.50±1.22	aAB
	S-BC	14.05±0.74	aA	9.11±0.72	aA
	SF-BC	14.13±1.26	aA	9.34±0.67	aA

注：大、小写字母表示不同处理条件下，相同污染程度下存在显著性差异（$P<0.05$）。

3.2.3.4　硫基改性材料对水稻根表铁膜中 Fe 和 Cd 含量的影响

采用 DCB 法提取水稻根表铁膜中 Fe 和 Cd，并测量其含量，水稻根表铁膜形成量以 DCB—Fe 含量表示。在未污染的原土土壤中添加不同改性材料，水稻根表铁膜中铁含量和镉含量无显著性差异（$P>0.05$）。与对照组相比，S-BC 和 SF-BC 的加入不同程度地增加了水稻根表铁膜中铁的含量，分别由 3.91 g/kg 增加至 4.04 和 4.51 g/kg；由于原土镉含量较低，因此根表铁膜镉含量较低且三者之间无显著性差异（$P<0.05$）（表 3-9）。

在未污染的土壤中，未加入外源镉时，水稻根表铁膜镉含量较低，说明铁膜吸收的 Cd 为土壤本身中存在的镉。在 1 mg/kg 镉污染土壤中，与对照组相比，S-BC 和 SF-BC 的加入使铁膜中铁含量分别由 5.27 g/kg 增加至 6.62、6.98（g/kg），三者之间无显著性差异（$P>0.05$）。

在 5 mg/kg 的镉污染土壤中，对照组的水稻铁膜铁含量最小，为 7.14 g/kg；S-BC 和 SF-BC 组的水稻根表铁膜中铁含量升高，分别为 7.31 g/kg 和 8.06 g/kg；水稻根表铁膜镉含量分别由 6.30 mg/kg 增加至 6.89 mg/kg 和 7.84 mg/kg，分别增加了 9.37% 和 24.44%，两种改性材料对水稻根表铁膜镉吸附效果无显著性差异（$P<0.05$）。与 5 mg/kg 的镉污染土壤相类似，10 mg/kg 的镉污染土壤中 S-BC 和 SF-BC 的加入使水稻根际铁膜中铁和镉的含量分别提高了 3.16%、3.75% 和 7.18%、9.88%。由分析可知，经过 S-BC 和 SF-BC 处理后土壤中的镉进一步在水稻铁膜中富集。

整体来说，水稻根表铁膜中铁与镉含量在不同处理条件下不存在显著性差异（$P>0.05$），但在不同浓度镉污染土壤中存在显著性差异（$P>0.05$），铁、镉含量表现为：10 mg/kg>5 mg/kg>1 mg/kg>原土。在不同浓度 Cd 污染的土壤中，根表铁膜铁含量随着外源镉含量的增加而升高，归因于外源镉的加入增加了土壤中的镉含量，土壤中的羟基铁氧化物或氧化物与不同形态的镉结合发生共沉淀或络合作用，形成难溶的羟基铁-镉化合物并沉积在根表，最终导致随着铁膜数量的增加，根表铁膜镉的含量也在增加，反映出铁膜对重金属的富集作用在一定程度上取决于 DCB-Fe 的数量。同时有关研究表明(胡正义等,2009),硫能显著增加水稻根表铁的含量,其效应主要与硫的形态及含量有关,因为无机硫的氧化还原、根际含硫还原性物质的氧化、硫在根表富集等化学过程影响了铁的氧化还原及溶解沉淀反应,从而提高了水稻根表面氧化物胶膜的数量。Borch 等(Borch T et al.,2010)研究发现,土壤中高浓度的 Fe^{2+} 与硫酸盐反应生成 S^{2-},可进一步形成 FeS,减少铁膜的数量。但在成熟期土壤中 FeS 等沉淀会在硫氧化菌的作用下被氧化为 SO_4^{2-},为铁膜的形成提供了更多的 Fe^{2+} 和 Mn^{2+},导致铁膜数量的增加。有关研究认为,根表铁膜成为镉的缓冲层从而减少水稻根系对镉的吸收(Liu J et al.,2010)。通过相关性分析(图 3-26)可知,根表铁膜中铁的含量与镉的含量存在极显著的正相关关系:$y=0.87513x-2.73027(R^2=0.69283,P<0.05)$,这与杨俊兴等(杨俊兴等,2016)的研究结果相一致。进一步说明水稻根表铁膜镉吸附量随着铁含量的增加而增加(Liu H et al.,2008),铁膜对于镉从根部向茎叶及谷壳迁移起到抑制作用。

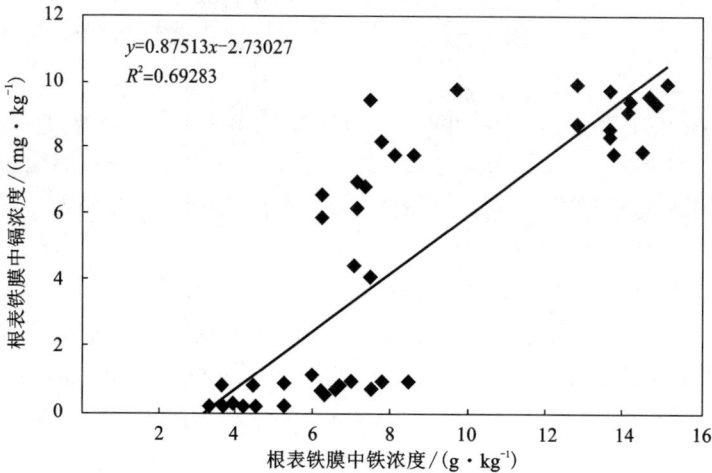

图 3-26 水稻根表铁膜中镉和铁的相关关系

3.2.3.5 硫基改性材料对水稻不同部位镉积累的影响

在原土土壤中,与对照组相比,水稻根部与茎叶生物量无显著性差异($P<0.05$),SF-BC 组根部生物量达到最大,为 55.07 g/盆,而茎叶生物量最小,为 280.07 g/盆;对照组水稻茎叶生物量最大,为 289.70 g/盆;与 CK 和 S-BC 组相比,SF-BC 组水稻谷壳生物量显著增加($P<0.05$),分别增加了 25.40% 和 19.95%(表 3-10)。在 1 mg/kg 的镉污染土壤中,与原土土壤相比,水稻根部和茎叶生物量均不同程度地出现了下降,但差异性不大;且不同处理条件下水稻根部和茎叶生物量无显著性差异($P<0.05$)。SF-BC 组稻茎叶生物量较大,为

275.97 g/盆。经 S-BC 和 SF-BC 处理后水稻谷壳生物量则显著增加($P<0.05$)，分别由 17.83 g/盆提高至 21.83 g/盆和 21.90 g/盆，分别提高了 22.43% 和 22.83%。在 5 mg/kg 的镉污染土壤中，与对照组相比，水稻根部、茎叶和谷壳生物量无显著性差异($P>0.05$)，由大到小顺序为：根部 $w_{生、CK}>w_{生、SF-BC}>w_{生、S-BC}$；茎叶 SF-BC，S-BC，CK；谷壳 SF-BC，S-BC，CK，说明改性材料的加入并没有显著改变水稻各部位生物量。在 10 mg/kg 的 Cd 污染土壤中，水稻各部位生物量，与 Cd 浓度为 5 mg/kg 的土壤情况相类似。与对照组相比，S-BC 和 SF-BC 组水稻根部、茎叶和谷壳生物量均无显著性差异($P>0.05$)，可说明添加改性材料并没有显著改变水稻各部位的生物量。

整体而言，对比不同镉污染程度下水稻各部位生物量大小，可知根部生物量由大到小的顺序依次为：$w_{根生、原土}>w_{根生、1 mg/kg}>w_{根生、5 mg/kg}>w_{根生、10 mg/kg}$；茎叶生物量由大到小的顺序依次为：$w_{茎生、原土}>w_{茎生、1 mg/kg}>w_{茎生、5 mg/kg}>w_{茎生、10 mg/kg}$；谷壳生物量由大到小的顺序依次为：原土生物量>1 mg/kg≈5 mg/kg>10 mg/kg。

水稻根部、茎叶、谷壳和糙米中镉含量的变化反映出改性材料在镉污染土壤中的钝化效应(图 3-27)。在不同镉浓度土壤中水稻根中镉含量表现出显著差异性($P<0.05$)，由大到小顺次依次为：10 mg/kg>5 mg/kg>1 mg/kg>原土镉含量[图 3-27(a)]。在未污染土壤中，对照组、S-BC 和 SF-BC 组水稻根部镉含量三者之间无显著性差异($P>0.05$)。在 1 mg/kg 镉污染土壤中，S-BC 和 SF-BC 组水稻根部镉含量与对照相比由 12.09 mg/kg 减少至 11.73 和 8.10(mg/kg)，分别降低了 3.98% 和 33.00%，后者水稻根中镉含量降低较为明显。在 5 mg/kg 的镉污染土壤中，施加改性材料 S-BC 和 SF-BC 均显著降低了水稻根部镉含量($P<0.05$)，分别降低了 30.08% 和 23.29%。与 5 mg/kg 的镉污染土壤相类似，在 10 mg/kg 镉污染土壤中，两种改性材料均显著降低了水稻根部镉含量，分别由 32.64 mg/kg 降低至 20.17 和 18.08(mg/kg)，下降了 38.20% 和 44.60%。总体来说，在不同浓度镉污染土壤中，钝化效果表现为：SF-BC>S-BC。

表 3-10 不同处理条件对水稻各部位生物量的影响　　单位：g/盆

外源 Cd 加入浓度/(mg·kg⁻¹)	处理条件	根部	差异性	茎叶	差异性	谷壳	差异性
原土	CK	48.70±3.31	aAB	289.70±11.51	aA	20.47±0.76	bBC
	S-BC	48.87±7.13	aAB	286.60±24.10	aAB	21.40±0.66	bBC
	SF-BC	55.07±0.75	aA	280.07±12.85	aAB	25.67±1.63	aA
1	CK	46.17±5.66	aB	259.87±19.96	aBC	17.83±1.70	aC
	S-BC	46.77±7.60	aAB	267.60±19.95	aABC	21.83±6.36	aB
	SF-BC	45.13±4.05	aB	275.97±5.75	aABC	21.90±2.23	aAB

续表3-10

外源 Cd 加入浓度/(mg·kg⁻¹)	处理条件	根部	差异性	茎叶	差异性	谷壳	差异性
5	CK	45.87±1.68	aB	260.23±15.73	aBC	19.43±2.11	aBC
	S-BC	44.40±5.17	aB	271.40±4.05	aABC	20.30±1.40	aBC
	SF-BC	44.67±9.60	aB	276.57±9.65	aABC	20.87±1.44	aBC
10	CK	43.13±0.55	aB	259.03±5.12	aBC	17.80±0.44	aC
	S-BC	46.73±3.56	aAB	266.33±36.62	aABC	17.73±0.47	aC
	SF-BC	43.33±4.73	aB	249.43±7.73	aC	17.93±0.83	aC

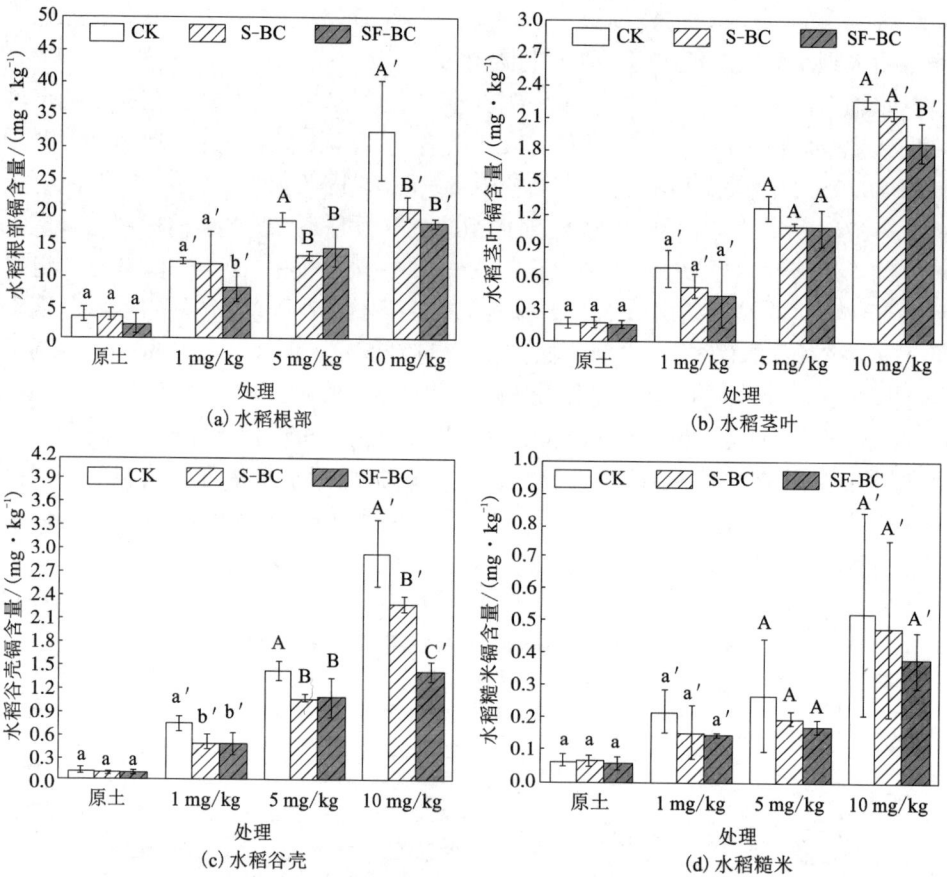

(a) 水稻根部

(b) 水稻茎叶

(c) 水稻谷壳

(d) 水稻糙米

注：不同字母表示不同组之间存在显著性差异（$P<0.05$）。

图 3-27 不同镉浓度污染土壤中不同改性材料对水稻各部位 Cd 含量的影响

在不同程度的镉污染土壤中，水稻茎叶镉含量表现出显著差异性（$P<0.05$），Cd 含量由小到大依次为：$w_{差Cd、原土}<w_{差Cd、1\ mg/kg}<w_{差Cd、5\ mg/kg}<w_{差Cd、10\ mg/kg}$［图 3-27（b）］。在未污染土壤中，与对照组相比，添加中 S-BC 和 SF-BC 的土壤中水稻茎叶镉含量未表现出显著差异性（$P<0.05$），茎叶镉含量变化不大。在 Cd 浓度为 1 mg/kg 污染土壤中，S-BC 组水稻茎叶镉含量变化不显著（$P>0.05$），Cd 浓度为 SF-BC 组水稻茎叶镉含量显著降低（$P<0.05$），为 0.45 mg/kg。在 Cd 浓度为 5 mg/kg、10 mg/kg 污染土壤中，施加 S-BC 和 SF-BC 改性材料降低了水稻茎叶的镉含量，与对照组相比，分别降低 13.42% 和 14.34%、5.22% 和 16.98%。在 5 mg/kg 的镉污染土壤中两种改性材料的加入对 Cd 含量的影响无显著性差异（$P>0.05$）。改性材料降低水稻茎叶镉含量效果表现为：SF-BC>S-BC。

在原土，Cd 浓度为 1 mg/kg、5 mg/kg 和 10 mg/kg 污染土壤中，水稻谷壳镉含量表现出显著性差异（$P<0.05$），Cd 含量由小到大的顺序为：$w_{谷Cd、原土}<w_{谷Cd、1\ mg/kg}<w_{谷Cd、5\ mg/kg}<w_{谷Cd、10\ mg/kg}$［图 3-27（c）］。在原土和 Cd 浓度为 1 mg/kg 污染土壤中，改性材料并未显著降低水稻谷壳镉含量（$P>0.05$）。在 Cd 浓度为 5 mg/kg 和 10 mg/kg 污染土壤中，与对照组相比，施加 S-BC 和 SF-BC 改性材料均显著降低了水稻谷壳镉含量（$P<0.05$），分别由 1.44 mg/kg、2.96 mg/kg 降低至 1.07 和 2.29（mg/kg）、1.09 和 1.41（mg/kg），分别降低了 25.69% 和 23.10%、24.30% 和 52.36%。整体来说，在不同程度的镉污染土壤中（除 10 mg/kg 外），施加改性材料降低水稻谷壳镉含量无显著性差异（$P>0.05$），表现为：S-BC≈SF-BC。

在原土土壤中加入，S-BC 和 SF-BC 水稻糙米中镉含量均低于《食品安全国家标准食品中污染物限量》（GB 2762—2020）Cd 含量为 0.20 mg/kg 的限值，改性材料的加入并未显著降低水稻糙米中镉含量（$P>0.05$）［图 3-27（d）］。在 1 mg/kg 镉污染的土壤中，对照组水稻糙米中镉含量为 0.22 mg/kg，超过国家标准食品中污染物含量的限制；S-BC 和 SF-BC 组水稻糙米中镉含量为 0.16 和 0.15（mg/kg），均低于国家标准食品中污染物含量的限制，分别下降了 27.27% 和 31.81%，但并无显著性差异（$P>0.05$），改良效果表现为：S-BC≈SF-BC。在 Cd 浓度为 5 mg/kg、10 mg/kg 污染土壤中，S-BC 和 SF-BC 均降低了水稻糙米中镉含量，分别由 0.27 mg/kg、0.53 mg/kg 降低至 0.21 和 0.48（mg/kg）、0.18 和 0.39 mg/kg，高于国家标准食品中污染物 Cd 含量为 0.20 mg/kg 的限值，分别降低了 22.22% 和 9.43%、33.33% 和 26.41%，改性材料降低水稻糙米镉含量效果表现为：SF-BC>S-BC。

水稻在不同处理条件下各部位镉含量表现为 $w_{根}>w_{茎}≈w_{谷}>w_{糙}$ 的总体规律（图 3-27）。施加 S-BC 和 SF-BC 改性材料后，与对照组相比，不同处理条件下水稻根、茎叶、谷壳和糙米中镉含量都表现为不同程度的下降；同时水稻各部位镉含量随着外源镉浓度的增加而增加。作为最接近土壤的水稻部位，水稻根部对镉的富集能力最为突出,水稻根部 Cd 含量为 2.57~32.64 mg/kg,水稻茎叶和谷壳镉含量范围为 0.17 mg/kg 至 2.26 mg/kg 和 0.11 mg/kg 至 2.96 mg/kg,水稻糙米镉含量为 0.07~0.53 mg/kg。

水稻根部镉含量最高,所以减少根部镉含量是阻控水稻茎叶、谷壳和糙米对镉吸收累积的重要环节。将本次研究开发的 S-BC 和 SF-BC 改性材料加入 1 mg/kg 镉污染土壤中,均使糙米镉含量低于国标 GB 2762—2020 规定的 0.20 mg/kg 的限量;在 5 mg/kg 镉污染土壤中,S-BC、SF-BC 组水稻糙米中镉含量分别为 0.21 和 0.18(mg/kg),均接近国家标准食品污染物 0.20 mg/kg 的限量。说明施加改性材料应针对镉不同污染情况进行,应减少根部 Cd 的吸收,降低水稻糙米镉含量,最大限度地使其镉含量低于国家标准食品中污染物 0.20 mg/kg 指标。

水稻根部 Cd 分布率较高,为 80.37%~91.41%,表明水稻根部镉含量较高;水稻茎叶和谷壳分布率分别为 4.11%~8.63% 和 2.50%~9.16%;水稻糙米中镉分布率为 0.92%~2.21%(图 3-28)。随着外源镉浓度的增加,水稻糙米中 Cd 的分布率变化不大。在高浓度镉污染土壤中,水稻茎叶和谷壳中镉分布率提高,镉浓度的增加,促进了茎叶和谷壳对镉的吸收,进一步导致水稻糙米镉含量的增加。

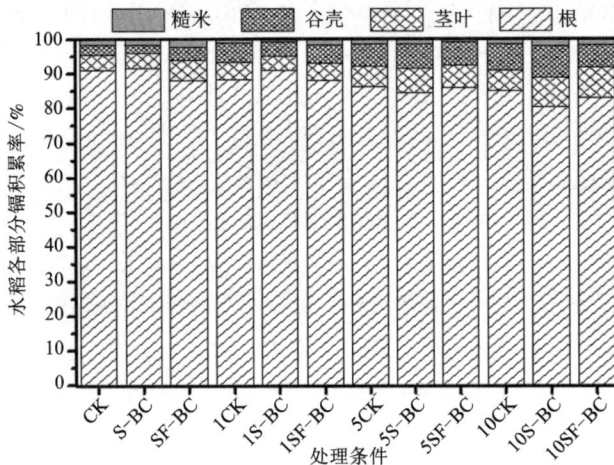

图 3-28 不同处理条件下 Cd 在水稻各部位的分布图

通过分析可知,在不同镉污染浓度及不同处理条件下,S-BC 和 SF-BC 对水稻根部、茎叶和谷壳生物量影响不大;但改性材料对减少水稻各部位镉含量的效果较明显。这与之前的研究结果相一致(Liu H et al.,2008)。Yin 等(Yin D et al., 2017)在盆栽试验中将 1% 铁改性生物炭添加至复合污染的土壤中, 结果表明, 水稻谷壳及糙米中镉含量降低, 但无显著性差异(P>0.05); 水稻各部位镉分布表现为: 根>茎>谷壳>糙米, 与本研究结果相一致。有关研究表明, 加入的改性材料中的铁基物质经过水解产生的羟基铁氧化物能够吸附更多的重金属, 铁氧化物增加了植物根表铁膜数量, 使大量的镉被固定在水稻根表铁膜上, 从而抑制了镉向地上部迁移, 降低了水稻茎叶、谷壳和糙米中镉的含量, 且糙米中 Cd 含量降低幅度达 9.60%~13.75%(黄崇玲, 2013), 这与本研究的结果相一致。Liu 等(Liu H et al., 2008)研究表明, 根表铁膜含量随外源铁的加入而升高, 可以进一步抑制水稻各部位镉的积累量, 降低水稻地上部镉含量; 其对水稻根及茎部生物量均无显著性影响, 这与表 3-6 的结果相一致。同时有关研究表明(史静等, 2013), 外源物质的加入导致土壤有机质含量增加, 土壤有机质与 Cd 发生络合与螯合作用, 降低了 Cd 在土壤-水稻系统中的迁移性, 从而显著降低水稻根、茎和谷粒中镉的含量(P<0.05)。Fan 等(Fan J et al., 2010)研究发现, 在镉污染土壤中加入含硫的物质可以显著减少水稻糙米中镉的积累量(P<0.05), 这是因为茎叶中产生了较多的谷胱甘肽, 谷胱甘肽与重金属相结合, 从而使镉的移动性降低。

3.2.3.6　硫基改性材料对土壤-水稻系统中镉迁移转化的影响

TF 代表水稻各部位转移的系数, 其值越大, 则表明该部位对 Cd 的转运能力越强(Ueno D et al., 2011)。水稻根系、茎叶和谷壳向籽粒转运镉的能力可用转运系数来表示(表 3-11)。

表 3-11　不同处理条件对水稻各部位转移系数的影响

处理条件	$TF_{根/茎叶}$	差异性	$TF_{茎叶/谷壳}$	差异性	$TF_{谷壳/糙米}$	差异性
CK	0.06±0.03	aB	0.64±0.06	aB	0.66±0.32	aA
S-BC	0.05±0.00	aB	0.59±0.16	aB	0.68±0.15	aA
SF-BC	0.08±0.04	aAB	0.64±0.18	aB	0.62±0.22	aA
1CK	0.06±0.01	aB	1.11±0.29	aAB	0.21±0.07	aB
1S-BC	0.06±0.04	aB	0.96±0.03	aAB	0.26±0.15	aB
1SF-BC	0.05±0.03	aB	2.20±2.61	aA	0.33±0.10	aB
5CK	0.07±0.01	aB	1.15±0.06	aAB	0.20±0.14	aB
5S-BC	0.08±0.01	aAB	0.99±0.06	aAB	0.19±0.03	aB
5SF-BC	0.08±0.02	aAB	1.02±0.16	aAB	0.14±0.02	aB
10CK	0.07±0.02	bAB	1.31±0.18	aAB	0.19±0.13	aB

续表3-11

处理条件	$TF_{根/茎叶}$	差异性	$TF_{茎叶/谷壳}$	差异性	$TF_{谷壳/糙米}$	差异性
10S-BC	0.11±0.01	aA	1.07±0.07	aAB	0.21±0.12	aB
10SF-BC	0.10±0.01	aA	0.76±0.12	bB	0.28±0.08	aB

注：表中不同类型字母表示不同处理方法，不同部位转移系数间的显著性差异（$P<0.05$）。

在原土及 1 mg/kg、5 mg/kg 镉污染土壤中，不同处理条件对水稻根-茎叶转运系数的影响无显著性差异（$P>0.05$），$TF_{根/茎叶}$ 转运系数变化范围在 0.05 至 0.08 之间；在较高镉污染浓度下（10 mg/kg），与 10CK 组相比，10S-BC 和 10SF-BC 组水稻根-茎叶转运系数显著增加（$P<0.05$），$TF_{根/茎叶}$ 分别增加了 57.14% 和 42.86%，但两者之间无显著性差异（$P>0.05$）。说明在高浓度下，水稻根部对镉的转运能力较强。在水稻茎叶-谷壳转运方面，在不同污染浓度不同处理条件下水稻 $TF_{茎叶/谷壳}$ 之间无显著性差异（$P>0.05$）（除 1SF-BC 组），$TF_{茎叶/谷壳}$ 转运系数变化范围在 0.59 至 1.31 之间，说明改性材料对水稻茎叶-谷壳转运效率影响不大。水稻谷壳-糙米转运系数在 CK、S-BC 和 SF-BC 组间无显著性差异（$P>0.05$）；在污染水平为 1 mg/kg、5 mg/kg 和 10 mg/kg 的镉污染土壤中，转运系数均无显著性差异（$P>0.05$），$TF_{谷壳/糙米}$ 转运系数在 0.14 至 0.33 范围之内波动，不同 Cd 浓度下 $TF_{谷壳/糙米}$ 转运系数由大到小顺序为：$TF_{谷壳/糙米、原土}<TF_{谷壳/糙米、1 mg/kg}<TF_{谷壳/糙米、5 mg/kg}\approx TF_{谷壳/糙米、10 mg/kg}$。从总体来说，水稻各部位转运系数由小到大表现为：$TF_{根/茎叶}>TF_{谷壳/糙米}>TF_{茎叶/谷壳}$。

水稻根际 pH 与根际 DOC 含量成正相关关系，但效果并不显著（$P>0.05$）；与根际水溶态镉、土壤全镉和根表镉含量均成极显著正相关关系（$P<0.01$）；与茎叶及糙米 Cd 含量均成显著正相关（$P<0.05$）（表3-12），说明本研究中 pH 对水稻糙米镉含量有一定影响。整体来说，水稻糙米镉含量与土壤 pH 和土壤镉含量成显著正相关关系（$r=0.62$ 和 0.93，$P<0.05$）；与土壤水溶态镉和根际 DOC 成极显著正相关关系（$r=0.88$ 和 0.71，$P<0.01$）。Yin 等（Yin D et al.，2017）将铁改性生物炭添加至镉污染的土壤中，结果表明水稻糙米镉含量与水溶态镉含量成显著正相关关系（$r=0.592$，$P<0.01$），与本研究结果相吻合。土壤水溶态镉含量与 DOC 之间表现出一定正相关关系，与 Beesley 等（Beesley L et al.，2010）相关研究一致。土壤水稻糙米镉含量与水稻根表镉、根全量镉、茎叶镉含量和谷壳镉含量成极显著正相关关系（$r=0.86$，0.94，0.98 和 0.97，$P<0.01$），这与 Fan 等的（Fan J et al.，2010）水稻根表镉含量与糙米镉含量呈正相关的研究结论一致。总体而言，在土壤-水稻系统中各指标之间均成显著或极显著正相关关系。水稻糙米镉含量是否低于《食品安全国家标准食品中污染物限量》（GB 2762—2020）0.20 mg/kg 的指标，受到多种因素的影响。

表 3-12　镉土壤-水稻系统中各指标之间的相关系数

指标	根际 pH	水溶态 Cd	根际 DOC	土壤 Cd	根表 Cd	根部 Cd	茎叶 Cd	谷壳 Cd	糙米 Cd
根际 pH	1								
水溶态 Cd	0.77**	1							
根际 DOC	0.49	0.66*	1						
土壤 Cd	0.79**	0.90**	0.59*	1					
根表 Cd	0.78**	0.95**	0.53*	0.95**	1				
根部 Cd	0.56*	0.91**	0.71**	0.86**	0.86**	1			
茎叶 Cd	0.74**	0.94**	0.68**	0.98**	0.94**	0.93**	1		
谷壳 Cd	0.59*	0.91**	0.65*	0.91**	0.89**	0.97**	0.96**	1	
糙米 Cd	0.62*	0.88**	0.71**	0.93**	0.86**	0.94**	0.98**	0.97**	1

注：* $P<0.05$ 显著性差异，** $P<0.01$ 极显著性差异。

采用土壤培育实验，研究了赤泥、酸改性赤泥、沸石、石膏和硫酸亚铁及其复配对复合污染土壤铅、镉、砷有效性的影响，赤泥与硫酸亚铁复配对铅-镉-砷复合污染土壤重金属钝化效果最佳。S-BC、SF-BC 和 SSH-BC 处理显著降低了土壤有效态镉含量和土壤可交换态镉含量（$P<0.05$），同时显著增加了残渣态镉含量（$P<0.05$），表明改性材料促进了镉向稳定形态的转化。此外，S-BC 和 SF-BC 处理改变了土壤微生物群落结构，显著提高了土壤微生物多样性指数（$P<0.05$），其中 Proteobacteria 和 Bacteroidetes 相对丰度显著增加，而 Acidobacteria 相对丰度降低。随着水稻生育期的延长，叶绿素相对含量呈现先升高后降低的趋势。S-BC 和 SF-BC 处理对土壤孔隙水 pH、DOC 及水溶态镉含量的动态变化有显著影响，且根际与非根际之间存在差异。在不同镉污染土壤中，S-BC 和 SF-BC 处理促进土壤可交换态镉向残渣态的转化，降低镉的有效性，从而降低镉向水稻的迁移转化。同时，S-BC 和 SF-BC 处理可以增加水稻根表铁膜铁和镉含量。在对照和 1 mg/kg 镉污染土壤中，S-BC 和 SF-BC 处理的水稻糙米镉含量均低于《GB 2762—2017》规定的 0.20 mg/kg 限值。在 5 mg/kg 镉污染土壤中，SF-BC 处理的水稻糙米镉含量也低于国家标准限值。整体来说，水稻各部位转运系数表现为：$TF_{根/茎叶} > TF_{谷壳/糙米} > TF_{茎叶/谷壳}$。

第 4 章　铁循环耦合生物成矿对砷污染土壤的修复

　　土壤砷污染不但严重影响农作物产量和品量，而且还能通过食物链进入人体，威胁人体健康。针对大面积受砷污染的土壤，传统的物理、化学修复方法受成本高、工程量大等限制，难以大面积应用于污染农田的治理，而植物修复技术由于耗时长、效果不明显，目前难以做到广泛应用。如何降低土壤砷的迁移性、有效性和毒性已成为我国亟待解决的食品安全和环境问题。微生物可以通过改变重金属的化学形态，使重金属转变为毒性较小的形态，达到解毒的目的；或者通过微生物代谢作用的最终产物吸附或固定重金属，降低重金属的生物有效性和迁移转化率(钱香香等，2013)。微生物修复具有最终产物无害、稳定，不破坏原生土壤环境，污染物去除时间短，投资少等优点，是一项新兴的高效修复技术，具有良好的社会、经济及生态综合效益，因此越来越受到人们重视，具有广阔的应用前景。

　　在微生物作用下，铁(氢)氧化物的还原溶解会导致吸附的砷释放，并且在还原溶解过程中可能发生矿物转化，形成新的二次矿物，这些二次矿物可能会发生 As 的再吸附，从而降低 As 迁移。然而，铁耦合生物成矿的影响因素及其相关机制尚不明确，需要进一步研究。

4.1　铁还原对土壤–水稻系统砷铁形态转化

4.1.1　生物炭耦合电子传递过程对砷形态转化影响

　　水体和环境中 As 的毒性、迁移和形态通常由微生物–腐殖质–矿物质等的电子传递过程决定。在厌氧环境下，微生物介导的异化铁还原过程在很大程度上影响 As 的环境行为，包括 As 的解吸/再吸附、氧化/还原和溶解/再沉淀以及生物成矿过程。目前，对于异化铁还原过程是否造成环境中 As 释放还是固定仍存在较大争议。本研究以人工合成含砷水铁矿为实验材料，研究生物炭耦合 $S.\ oneidensis$ MR-1 还原水铁矿过程中 Fe^{2+} 和 As 的迁移转化规律及矿物表面行为，识别水铁矿还原过程对 As 形态转化的影响。

4.1.1.1　不同处理对砷的吸附作用

生物炭、水铁矿、生物炭+水铁矿和 AQDS+水铁矿处理后液相中的 As 浓度分别为 69.59、37.72、29.52 和 35.52（mg/kg），其中对照组中 As 质量浓度为 73.48 mg/L，不同处理中 As 的吸附率分别为 5.3%、48.7%、59.83% 和 51.67%（图 4-1）。不同处理对 As 的吸附作用存在显著的差异（$P<0.05$），其中生物炭对 As 的吸附能力很弱，而水铁矿对 As 的吸附能力显著高于生物炭，生物炭+水铁矿以及 AQDS+水铁矿处理进一步增强了对 As 的吸附。

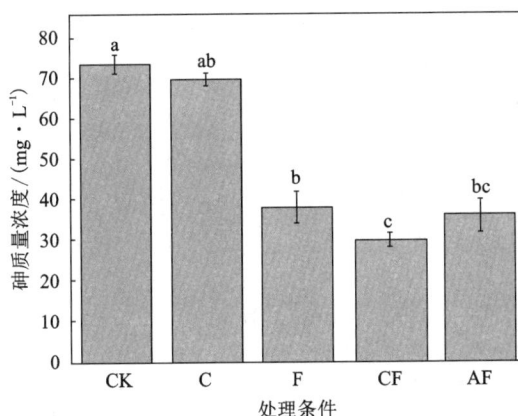

注：不同字母表示不同组之间存在显著性差异（$P<0.05$）。

图 4-1　生物炭、水铁矿、生物炭+水铁矿和 AQDS+水铁矿处理后溶液中砷的浓度

生物炭具有密度低、表面积大、多孔隙、稳定难溶等特点，表面具有大量的带负电的有机官能团，对金属阳离子具有很强的吸附作用，但是环境中的 As 通常以含氧阴离子形式 [As(V) 在 pH 为 4~8 时为 $H_2AsO_4^-$ 和 $HAsO_4^{2-}$，As(Ⅲ) 在 pH<8 时为 H_3AsO_3] 存在，这导致生物炭对 As 的吸附作用很弱；而水铁矿具有大比表面积、正表面电荷、吸附位点充足等特点，对砷酸根等阴离子的吸附能力很强，尤其是对水体中的 As，其吸附率最高可达 90% 以上（Liang L et al.，1993），As 在铁（氢）氧化物表面形成内层双齿双核螯合形式的表面配位体。

4.1.1.2　水铁矿生物还原过程中 Fe^{2+}/As 变化曲线

水铁矿中不可溶的 Fe(Ⅲ) 被 *Shewanella oneidensis* MR-1 还原成可溶的 Fe^{2+} 并快速释放到溶液中 [图 4-2(a)]。相比于 BF 处理，BCF 和 BAF 处理组中还原产生的 Fe^{2+} 含量明显更高；在 12 d 的水铁矿还原过程中，不同处理条件产生的 Fe^{2+} 含量由大到小为 BCF，BAF，BF；其中 BF 和 BAF 处理产生的 Fe^{2+} 含量在水铁矿生物还原 3 d 后达到最大值，分别为 11.5 mg/L 和 15.3 mg/L，而 BCF 处理产生的 Fe^{2+}含量在 4 天后达到最大值, 为 21.67 mg/L, 随后三个处理中的 Fe^{2+}含量略有下降后趋于平稳; Fe^{2+}含量变化曲线的斜率反映了 *Shewanella oneidensis* MR-1 对水铁矿的还原速率, 结果表明 *Shewanella oneidensis* MR-1 对水铁矿的还原速率由大到小为 BCF, BAF, BF, 说明生物炭和 AQDS 加快了 *Shewanella oneidensis* MR-1 对水铁矿的还原速率, 且生物炭的效果要强于 AQDS; 随着时间的推移, 曲线的斜率逐渐降低, 说明水铁矿生物还原的速率逐渐降低。图 4-2 (b) 中 B 和 BC 处理分别表明了还原过程中 *Shewanella oneidensis* MR-1 对 As 的固定作用, 结果表明在前期 *Shewanella oneidensis* MR-1 对 As 有一定的吸附作用, 几天后, 溶液中 As 慢慢增加至初始水平; 从图 4-2(b)可知, 随着水铁矿的还原性溶解, BF、BCF 和 BAF 溶液中 As 的含量均呈现先增加后下降, 最后趋于平稳的趋势; 其中 BF 和 BCF 处理在水铁矿生物还原 5 天后释放的 As 含量达到最大值, 分别为 38.8 mg/L 和 27.6.3 mg/L, 而 BAF 处理在 4 天后释放的 As 含量达到最大值, 为 36.27 mg/L; 在前 4d 的水铁矿还原过程中, 不同处理条件释放的 As 含量由大到小为 BAF, BCF, BF, 即 AQDS 添加促进 As 释放的效果强于生物炭; 而在之后的 8 d, 铁还原释放的 As 含量由大到小为 BCF, BAF, BF。最后我们对溶液中的 As 形态进行分析, 结果表明溶液中 As 只以 As(Ⅴ)形态存在。

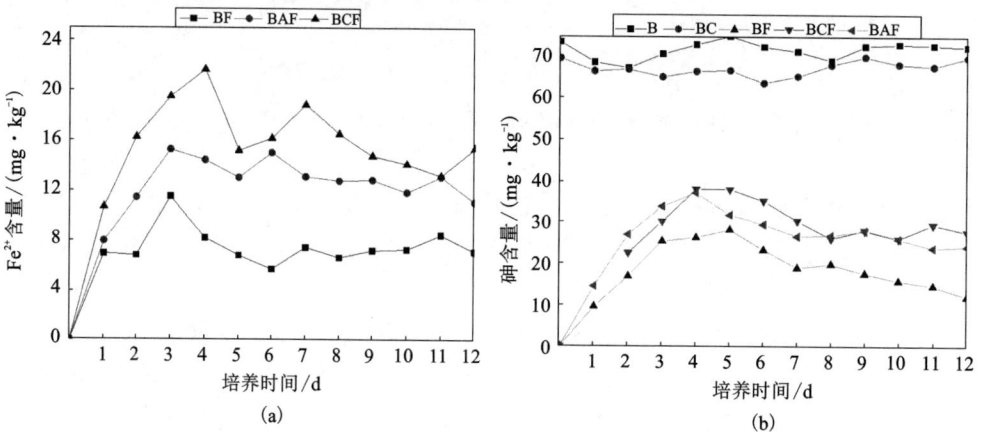

图 4-2 在对照(BF)、生物炭(BCF)和 AQDS(BAF)处理条件下 *Shewanella oneidensis* MR-1 还原水铁矿溶液中 Fe^{2+}和 As 浓度的变化曲线; B 和 BC 分别表示细菌及细菌生物炭在 12 d 内对砷浓度变化情况的影响

在水铁矿还原过程中, 我们发现溶液中 Fe^{2+}和总 As 含量之间存在正相关关系(图 4-2), 结果证实了 As 的释放与铁的还原有关, 即 As 的移动是由铁还原造成的。AQDS 是一种典型的电子中间体, 具有很强的氧化还原活性, 含有大量能

直接参与微生物 - 矿物间电子传递的醌基官能团，能够增强 *Shewanella oneidensis* MR-1 的胞外电子传递过程，促进水铁矿的还原性溶解（Chen Z et al.，2016）；生物炭是一种内固态腐殖质，其表面含有大量的醌基和吩嗪类官能团，具有很强的氧化还原活性，能够同时作为电子供体、电子受体和电子中间体参与微生物——腐殖质——矿物间的间接电子传递，加速微生物胞外呼吸电子的远距离和广范围传递，这也能够解释为何生物炭添加会增加土壤溶液中 As 含量（吴云当等，2016）；生物炭和 AQDS 促进水铁矿还原的效果与反应体系中的含量有关，在本研究中，5 g/L 的生物炭处理促进 *Shewanella oneidensis* MR-1 还原水铁矿的效果要强于 AQDS；而溶液中 Fe^{2+} 在还原后期略有下降，其原因可能是 Fe^{2+} 与溶液中的 As 结合生成沉淀或二次吸附到水铁矿上进而使溶液中 Fe^{2+} 含量轻微下降；之前研究认为长时间的铁还原可以导致铁矿物晶形的转变，进而促进砷固定在矿物中；此外 *Shewanella oneidensis* MR-1 还原水铁矿会导致水铁矿二次吸附溶液中的 As。

　　研究表明，即使在无菌条件下，生物炭也能够介导铁矿物的还原，即生物炭本身也能够促进水铁矿的还原；加入 *Shewanella oneidensis* MR-1 后，生物炭处理会提高溶液体系中的水溶性有机质（DOM）含量，这增强了电子传递过程的同时还能够促进铁还原菌的生长和代谢，进一步促进铁还原速率（Kappler A et al.，2016；Chen Z et al.，2016）。Kappler 等和 Chen 等（Chen Z et al.，2017）发现，还原前后过程中 AQDS 含量不变，AQDS 作为电子传递中间体促进铁还原和 As 释放；当 AQDS 添加量由低浓度（0.05 mmol/L）变为高浓度时（1 mmol/L）时，Fe（Ⅲ）和 As（Ⅴ）的生物还原速率降低，Fe、As 和溶液中的 DOM 复合作用大大增强，这减弱了铁的生物还原过程，降低了溶液中的 Fe/As 含量，这也能够解释为何 5 g/L 浓度的生物炭促进电子传递过程效果强于 1 mmol/L 的 AQDS。

4.1.1.3　水铁矿还原产物表征

　　从不同处理条件下水铁矿还原前后矿物物相变化（图 4-3）可以看出，人工合成的水铁矿属于二线水铁矿，为非结晶形矿物；还原前（F）、对照（BF）和生物炭（BCF）处理后水铁矿 XRD 谱图无明显变化，没有产生明显波峰，说明 *Shewanella oneidensis* MR-1 还原及生物炭处理均没有对水铁矿 F 的晶形造成影响，没有晶形矿物产生；而 BAF 处理能检测臭葱石（$FeAsO_4 \cdot 2H_2O$）的矿物特征峰，但由于还原时间过短等原因，生成的 $FeAsO_4 \cdot 2H_2O$ 为弱结晶矿物，因而检测到谱图信号较弱，Wang 等（Wang N et al.，2017）研究表明高浓度的 AQDS 能够促进 Fe 和 As 发生共沉淀等复合作用，这与 Jiang 等（Jiang S et al.，2013）运用同步辐射技术发现水铁矿还原过程中 As（Ⅴ）与 Fe^{2+} 在水铁矿表面形成了非结晶的 $Fe_3(AsO_4)_2$ 矿物的研究结果类似，因此需将还原产物进行同步辐射分析，以明确铁还原过程中 As-Fe 矿物相转变过程。

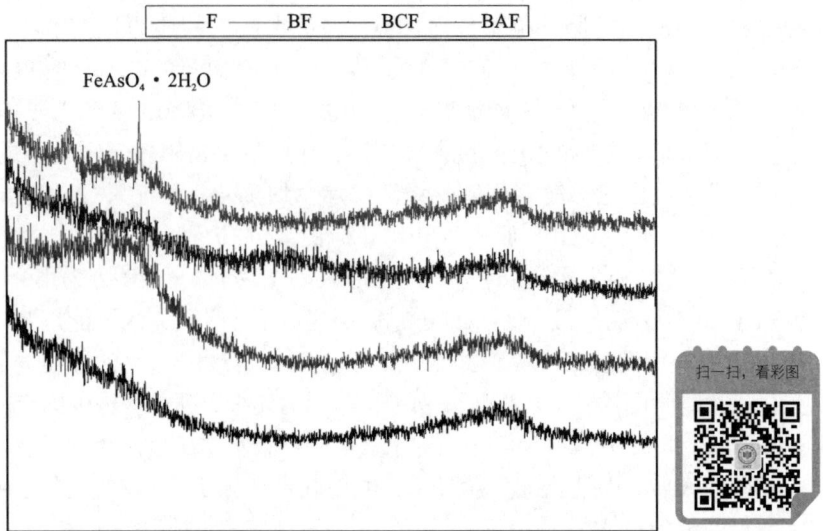

图 4-3　水铁矿还原前(F)和对照(BF)、生物炭(BCF)和
AQDS(BAF)处理后还原 12 d 后的 XRD 谱图

　　XPS 是一种多功能的分析技术，可用于分析物质表面组分及其化学形态。水铁矿还原产物收集处理后进行 As 3d 和 Fe 2p 的 XPS 图谱检测(图4-4)。在还原前后，不同处理并没有改变 Fe $2p_{3/2}$ 和 Fe $2p_{1/2}$ 的峰值位置。相对于 Fe $2p_{1/2}$，Fe $2p_{3/2}$ 峰面积大，峰值更强，因此 Fe $2p_{3/2}$ 普遍用于分析环境中铁氧化物组成及形态。环境中包含很多类型和形态的铁氧化物，包括 FeS_2，FeO，Fe_3O_4，Fe_2O_3，$FeOOH$ 等，其结合能分别为 706.75、708.3、709.8、710.6 和 711.6(eV)(Fan J X et al.，2014)，实验样品为人工合成的水铁矿，经生物还原后可能存在 Fe^{2+} 和 Fe^{3+}，还原前及不同处理还原后产物样品拟合结果如图 4-4(a)所示，拟合结果如表 4-1 所示。709.2、710.6、711.6(eV)分别为 Fe^{2+}、Fe^{3+} 和水铁矿的电子结合能，713.1 eV、714.5 eV 为铁矿物表面性质，还原前样品 F 中并不存在 Fe^{2+}，BF、BCF 和 BAF 处理中，水铁矿还原后表面 Fe^{2+} 相对含量分别为 2.1%、5% 和 3.8%，即 Fe^{2+} 在水铁矿表面吸附量很少，BCF 处理中 Fe^{2+} 吸附量最高。从图中可以看出，As(Ⅴ)结合能为 45.75 eV；除了生物炭处理外，样品表面均只存在 As(Ⅴ)形态，由于 *Shewanella oneidensis* MR-1 细胞内不存在 As 氧化还原基因，在水铁矿生物还原前后反应体系都不存在 As 的氧化还原过程，然而在生物炭处理中，样品表面出现了少部分的 As(Ⅲ)，其结合能为 43.5 eV，含量为总 As 的 7.4%。As 形态转变除了微生物驱动外，还存在化学转变，例如 MnO_2 能够将 As(Ⅲ)氧化成 As(Ⅴ)。生物炭成分复杂，含有大量醌基和吩嗪类等氧化还原活

性官能团，能同时作为电子供体受体及电子中间体参与。

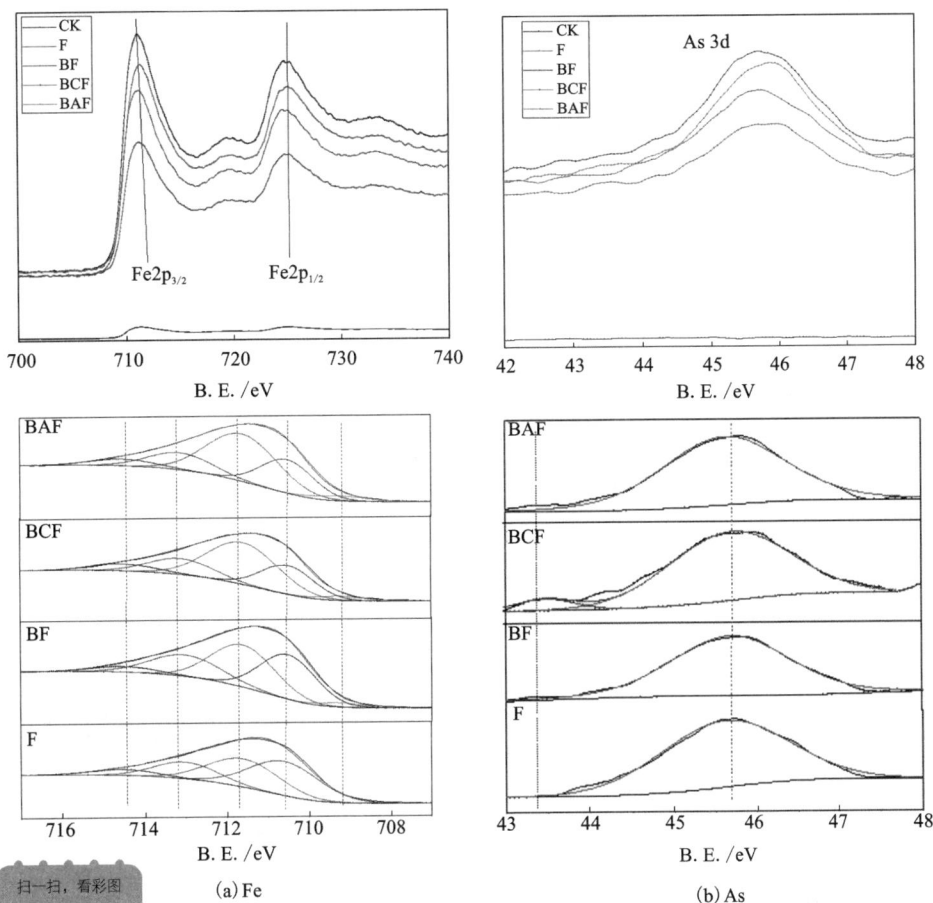

(a) Fe

(b) As

图 4-4　水铁矿还原前(F)和对照(BF)、生物炭(BCF)和
AQDS(BAF)处理后还原 12 d 后表面 Fe/As 元素 XPS 图谱

　　S. oneidensis MR-1 对水铁矿的还原过程，在中性条件下醌基等基团被还原，产生的氢醌能将 As(V)还原成 NaAsO$_2$(Jiang J et al.，2009)；此外，Jiang 等(Jiang S et al.，2013)运用同步辐射技术，发现 *S. oneidensis* MR-1 还原水铁矿过程中 As(V)与 Fe^{3+}在水铁矿表面形成了非结晶的 Fe$_3$(AsO$_4$)$_2$ 矿物，而液相中的 Fe^{2+}也能与 As(V)形成微溶的 Fe^{2+}-As(V)沉淀物，这也能够解释为何 XPS 结果中水铁矿表面存在较大比例的 As(V)与 Fe^{3+}以及还原后期溶液体系中 Fe、As 浓度下降。

表 4-1　Fe 2p$_{3/2}$ 的 XPS 拟合结果

峰	位点	F		BF		BCF		BAF	
		面积	半峰宽	面积	半峰宽	面积	半峰宽	面积	半峰宽
0	709.2	—	—	1855	1.2	2750	1.2	3112	1.5
1	710.6	24965	1.5	28751	1.5	13454	1.5	21012	1.5
2	711.6	30565	2	43350	2	26054	2	39512	2
3	713.1	13565	1.8	14750	1.8	9054	1.8	12812	1.8
4	714.5	4765	1.8	4751	1.8	3854	1.8	5012	1.8

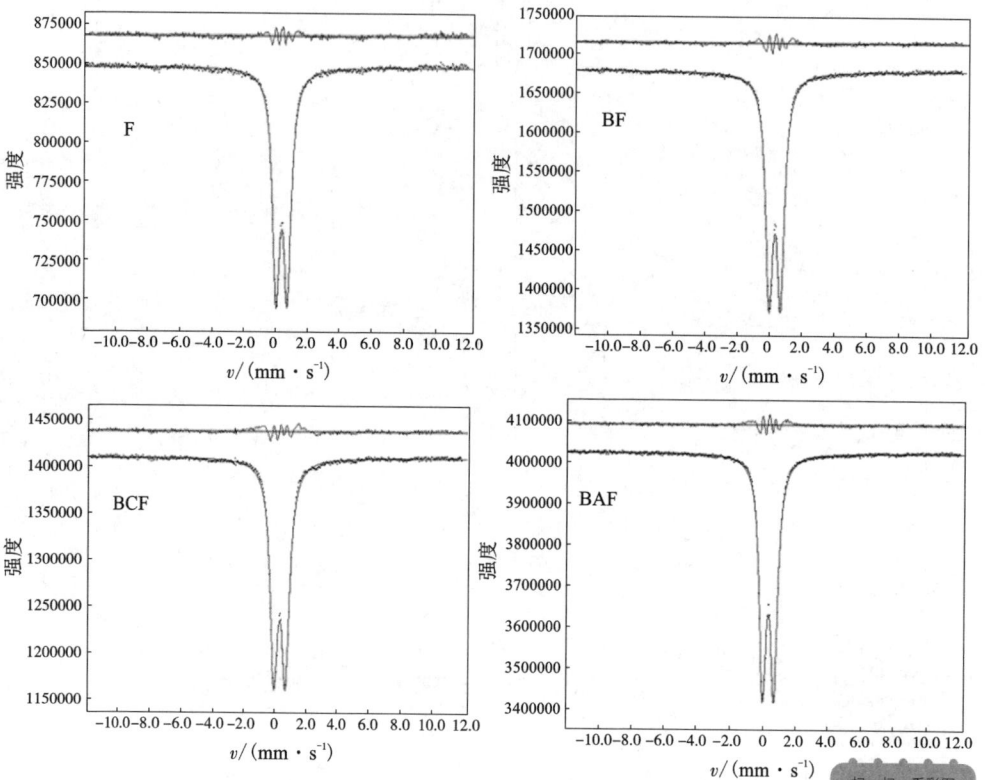

图 4-5　水铁矿还原前(F)和对照(BF)、生物炭(BCF)和
AQDS(BAF)处理后还原 12 d 后穆斯堡尔谱

穆斯堡尔光谱基于晶体中 Fe 的磁性行为，可以得到 Fe 的电子结构、化学环境和配位信息。室温条件下，水铁矿穆斯堡尔谱为顺磁性双峰(图 4-5)。结果表明，还原前及不同处理后水铁矿中心位移(C_s)差异不大，在 0.331 至 0.351 之

间变化；其四级分裂能(Q_s)值在 0.685 至 0.731 之间波动，这与以前报道的水铁矿双峰结果相似(Stevens J G et al.，2005)。此外，我们分别在 BF 和 BCF 样品中发现了 Fe^{2+} 痕迹。其中心位移(C_s)分别为 1.23 和 1.38，其四级分裂能(Q_s)值分别为 2.71 和 2.85，所占百分比分别为 1% 和 2%。在穆斯堡尔谱结果中并没有发现次生矿物的存在，与 XRD 结果一致，也与 Piepenbrock 等(Piepenbrock A et al.，2013)的研究结果一致，对于非生物合成的水铁矿，异化铁还原过程没有发生次生矿物的生成，且产物穆斯堡尔谱表征中的 Fe^{2+} 含量很低，接近于穆斯堡尔谱检测限，说明生成的 Fe^{2+} 几乎都释放进入液相中，吸附的 Fe^{2+} 含量很低。

4.1.2　铁还原对砷形态转化的微生物驱动机制

由于自然活动和人为活动，大面积的水稻田遭受了中低程度 As 污染。农田 As 污染不仅降低了稻米的产量和质量，还会通过食物链进入人体，严重威胁人体健康，水稻 As 污染已经成为人体暴露 As 主要途径之一。在淹水厌氧条件下，界面微环境水稻土中铁(氢)氧化物生物还原及根表铁膜形成是导致 As 释放还原及再吸附的原因，其中涉及 As 的解吸/再吸附、氧化还原及其次生矿物形成等生物地球化学行为，然而，在水稻根际环境作用下，铁还原过程中如何对 As 代谢微生物产生作用，从而影响 As 的地球化学行为，包括 As 的迁移、转化及固定和水稻吸收过程还有待进一步研究。

研究选取中南地区常见的 4 个水稻品种，在温室模拟实际田间操作条件下进行盆栽实验，了解铁还原过程对 As 氧化还原甲基化基因丰度的影响，识别铁还原过程中 As、Fe 释放和植株 As 吸收的微生物驱动机制。

4.1.2.1　土壤溶液性质变化

四个品种水稻(SY-9586、FYY-299、XWX-17 和 XWX-12)在生长 15 天、30 天、45 天、60 天、75 天、90 天和 105 天后的根际和非根际土壤溶液，除无机 As 以外，土壤溶液中 MMA 和 DMA 这两种有机 As 含量未检测到，因此 As 形态含量以 As(Ⅲ)进行表示(图 4-6)。在土培期间，根际土壤溶液和非根际土壤溶液 pH 相差不大，其范围为 7.41~8.8，且总体呈现先增加后降低的趋势，最大 pH 均出现在水稻灌浆中期。而根际土壤溶液和非根际土壤溶液 κ 范围为 116.3~820 mS/cm，在水稻分蘖期、拔节期、抽穗期和灌浆前期呈现显著上升趋势，随后下降明显，并在成熟期再次上升，从图中可以看到，在相同生长时期，根际土壤溶液 κ 略高于非根际土壤溶液。在整个土培期间，根际和非根际土壤溶液中 Fe 含量呈现显著上升趋势，在水稻成熟期达到最高值，其范围为 0.9~72.1 mg/L，其中根际土壤溶液中 Fe 浓度略高于非根际土壤溶液。土壤溶液中 As 含量变化趋势与 Fe 相似，呈现上升趋势，其范围为 73.54~453 µg/L，根际土壤溶液中 As 含量略高于非根际土壤溶液。分别在水稻分蘖期、拔节期、抽穗期、灌浆前期和成熟期对根际土壤溶液中 As(Ⅲ)进行检测，从图中可以看出，在前四个时期根际土壤溶液中 As(Ⅲ)呈现逐渐增加的趋势，并在成熟期略有下降，其范围为 98.5～453 $\mu g/L$，与总 As 和 Fe 含量相似，根际土壤溶液中 As(Ⅲ)含量高于非根际土壤溶液。此外，从图中我们可以看出，水稻生长至抽穗期后，杂交稻 SY-9586 和 FYY-299 根际土壤溶液中 Fe、总 As 和 As(Ⅲ)含量均要高于常规稻。

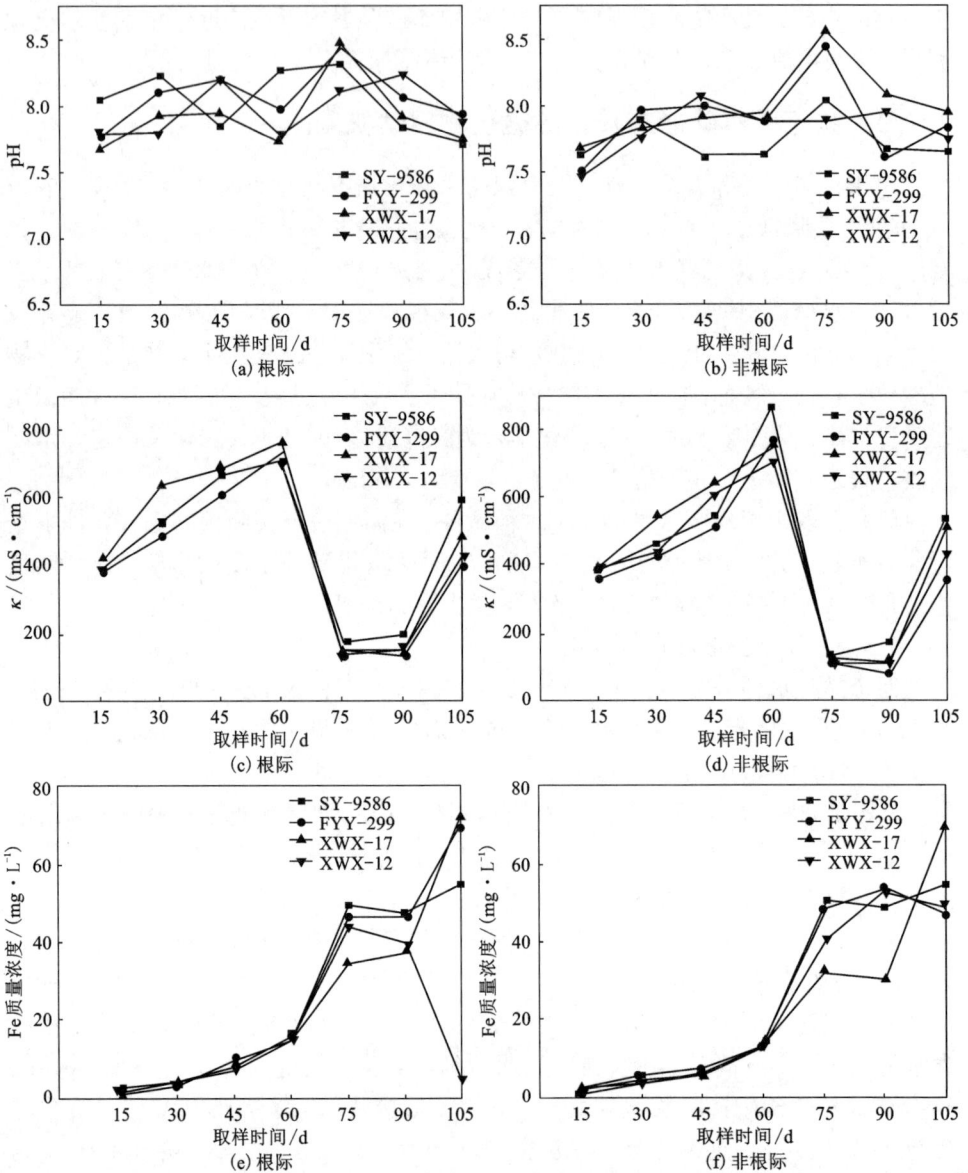

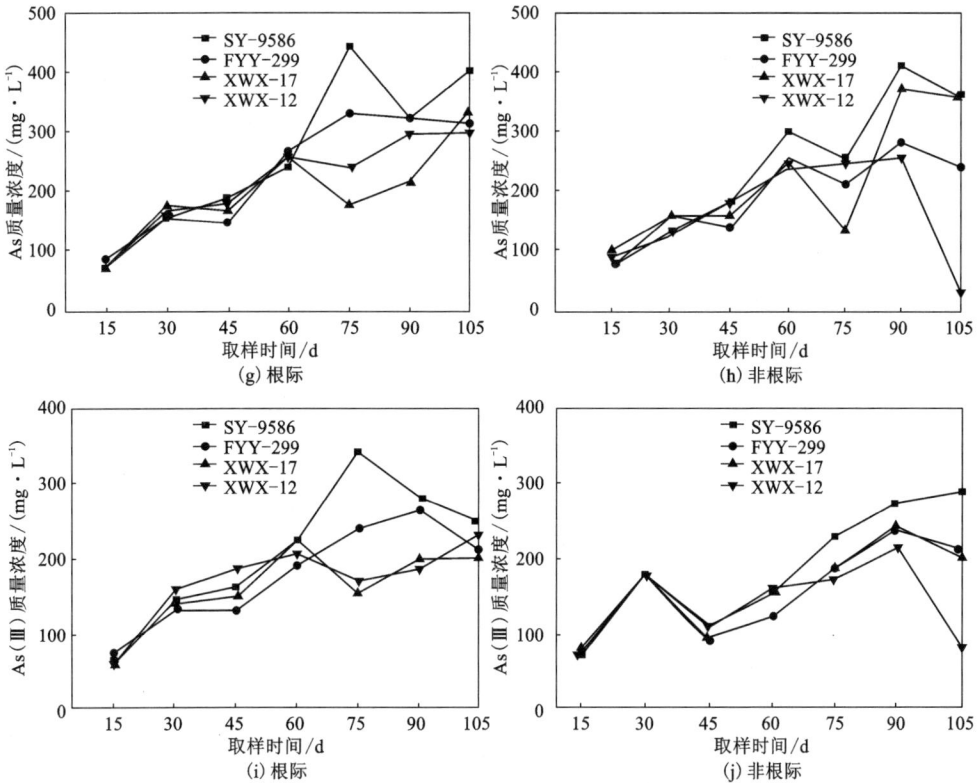

图 4-6　四个品种水稻(SY-9586、FYY-299、XWX-17 和 XWX-12)在生长 15 d、30 d、60 d、75 d、90 d、105 d、130 d 后的根际和非根际土壤溶液 pH、κ、总 Fe、总 As 和砷含量

根际和非根际土壤溶液中各理化性质相关性呈现相似的相关关系(表 4-2 和表 4-3);在根际和非根际土壤溶液中, pH 与 Fe($P < 0.05$)和 As(Ⅲ)($P < 0.001$)含量显现显著的负相关关系,其相关度分别为 -0.223 和 -0.503;κ 显著影响了 Fe($P < 0.001$)和总 As($P < 0.001$)的含量,其相关度分别为 -0.455 和 0.375;而土壤溶液中 Fe 含量与总 As($P < 0.001$)和 As(Ⅲ)($P < 0.001$)均呈显著正相关关系,其相关度分别为 0.473 和 0.673,而总 As 和 As(Ⅲ)含量也呈现显著正相关关系($P < 0.001$, $R^2 = 0.447$);而在非根际土壤溶液中, pH 与 κ($P < 0.05$)、Fe($P < 0.001$), 和 As(Ⅲ)($P < 0.001$)均存在显著负相关关系,其相关度分别为 -0.271、-0.351 和 -0.582;κ 与 Fe 含量和 As(Ⅲ)含量分别存在极显著的负相关($P < 0.001$)和正相关($P < 0.001$)关系,其相关度分别为 -0.445、0.417,土壤溶液中 Fe 含量与总 As($P < 0.05$)和 As(Ⅲ)($P < 0.001$)均呈显著正相关关系,其相关度分别为 0.232 和 0.836,而总 As 和 As(Ⅲ)含量也呈现显著正相关关系($P <$

$0.05, R^2=0.244)$。

表4-2　根际土壤溶液理化性质相关性($n=84$)

	pH	κ	Fe	As	As(Ⅲ)
pH					
κ	-0.101				
Fe	-0.223*	-0.455**			
As	-0.138	0.375**	0.473**		
As(Ⅲ)	-0.503**	0.203	0.673**	0.447**	

*表明存在显著性差异($P<0.05$)。

表4-3　非根际土壤溶液理化性质相关性($n=84$)

	pH	κ	Fe	As	As(Ⅲ)
pH					
κ	-0.271*				
Fe	-0.351**	-0.445**			
As	-0.081	-0.023	0.232*		
As(Ⅲ)	-0.582**	0.417**	0.836**	0.244*	

*表明存在显著性差异($P<0.05$)。

4.1.2.2　水稻生物量、根表铁膜形成、总砷及砷形态含量

根部的生物量范围为43.1~65.1 g/盆；秸秆生物量范围为61.5~119.8 g/盆；杂交稻SY-9586和FYY-299谷粒生物量分别为12.7 g/盆和15.5 g/盆（表4-4）。四个水稻品种（SY-9586、FYY-299、XWX-17和XWX-12）根表铁膜中铁含量分别为1059.3、925.1、1485.9和1155.8（mg/kg），As含量分别为35.2、34.1、44.5和37.3（mg/kg）（表4-5）；根表铁膜中Fe含量存在显著的基因型差异（$P<0.05$）。

表4-4　4个水稻品种根部、秸秆和谷粒生物量（g/盆；平均值±标准差，$n=4$）

水稻品种	根	秸秆	谷粒
SY-9586	41.9±10.3	62.9±9.6	12.7±4.4
FYY-299	65.1±10.4	119.8±48.4	15.5±6.7
XWX-17	43.1±10.2	61.5±8.6	8.2±1.9
XWX-12	63.8±7.2	81.9±5.6	10.1±1.8

表 4-5　不同品种水稻根表铁膜中的 Fe 和 As 含量(mg/kg; 平均值±标准差)

品种	Fe 含量/(mg · kg⁻¹)	As 含量/(mg · kg⁻¹)
SY-9586	1059±91.8b	35.2±8.47a
FYY-299	925±255.8b	34.1±10.1a
XWX-17	1486±298.4a	44.5±10.9a
XWX-12	1156±160.2b	37.3±11.7a

表 4-6　4 个水稻品种根部、秸秆、谷壳和谷粒总砷含量(mg/kg, 平均值±标准差, $n=4$)

水稻品种	根部	秸秆	谷壳	谷粒
SY-9586	478±26.2	31.4±4.81	14.8±0.84	8.05±1.41
FYY-299	475±27.9	28.3±7.22	17.5±1.26	8.62±0.78
XWX-17	528±31.2	22.3±2.61	13.9±0.06	6.26±1.22
XWX-12	413±16.5	24.5±5.77	7.78±0.29	5.90±1.12

4 个水稻品种根部、秸秆、谷壳和谷粒总 As 含量分别为 413～528 mg/kg、22.3～31.4 mg/kg、7.78～17.5 mg/kg 和 5.90～8.62 mg/kg(表 4-6)。水稻中 As 主要以 As(Ⅲ) 和 As(Ⅴ) 这两种无机 As 形态存在, DMA 和 MMA 这两种有机 As 占总 As 比例很小, 常规稻 XWX-17 和 XWX-12 的秸秆、谷壳和谷粒中积累的 As(Ⅲ) 和总 As 含量均低于杂交稻 SY-9586 和 FYY-299(表 4-7)。

表 4-7　不同水稻品种根部、秸秆、谷壳和谷粒中不同 As 形态的含量(平均值±标准差, $n=3$)

品种	部位	As(Ⅲ) 含量/(mg · kg⁻¹)	As(Ⅴ) 含量/(mg · kg⁻¹)	DMA 含量/(mg · kg⁻¹)	MMA 含量/(mg · kg⁻¹)	总砷[a] 含量/(mg · kg⁻¹)	回收率/%
SY-9586	根部	123.3±3.6	117.5±4.3	16.7±0.7	22.7±3.8	280.3	58.56
FYY-299		128.9±19.3	114.3±4.7	23.4±5.2	16.7±2.9	283.4	59.64
XWX-17		162.2±71.9	120.6±5.9	30.7±7.1	22.7±5.5	280.3	53.04
XWX-12		95.2±14.6	131.1±10.0	17.6±8.8	15.82.9	259.5	62.72
SY-9586	秸秆	12.1±9	5.1±1.3	2.9±1.1	1.8±0.9	21.93	69.84
FYY-299		11.4±1.7	8.7±1.1	2.3±0.1	0.3±0.1	22.80	80.54
XWX-17		7.6±2.1	5.9±2.3	1.7±0.2	0.3±007	16.46	73.79
XWX-12		9.2±0.9	4.7±1.5	1.3±0.3	0.3±0.04	15.50	63.34

续表4-7

品种	部位	As(Ⅲ)含量/(mg·kg⁻¹)	As(Ⅴ)含量/(mg·kg⁻¹)	DMA含量/(mg·kg⁻¹)	MMA含量/(mg·kg⁻¹)	总砷ᵃ含量/(mg·kg⁻¹)	回收率/%
SY-9586	谷壳	4.77±0.64	3.29±0.45	1.33±0.23	0.93±0.44	10.31	69.93
FYY-299		2.88±0.86	3.27±0.49	1.83±0.26	0.42±0.04	8.38	47.98
XWX-17		2.90±0.55	1.31±0.25	1.74±0.15	0.32±0.03	6.26	44.87
XWX-12		2.53±0.63	3.17±2.53	1.64±0.11	0.46±0.21	7.79	100.1
SY-9586	谷粒	5.73±0.73	ND	1.75±0.42	ND	7.47	92.88
FYY-299		4.44±0.23	ND	1.70±0.02	ND	6.14	71.24
XWX-17		3.39±1.12	ND	1.61±0.30	ND	5.01	79.94
XWX-12		2.71±0.69	ND	2.32±0.39	ND	5.03	85.24

注：a 表示由四种砷形态含量相加的总砷；ND 表明未检测到相关含量。

根际 pH、κ 和 Fe、As 和 As(Ⅲ)含量对根表铁膜形成和水稻各部位总 As 含量存在不同程度的影响(表4-8)，根际土壤溶液 Fe 含量与水稻根部总 As 含量存在显著正相关关系($P<0.05$)，其相关系数为 0.588；此外，根际 As(Ⅲ)含量显著提高了铁膜中 Fe、As 含量，促进了根表铁膜形成及其对 As 的固定。

表 4-8 水稻根表铁膜中 Fe、As 含量和根部、秸秆、谷壳、谷粒砷含量与根际土壤溶液理化性质相关性($n=12$)

	根际				
	pH	κ/(mS·cm⁻¹)	Fe 含量/(mg·kg⁻¹)	As 含量/(mg·kg⁻¹)	As(Ⅲ)含量/(mg·kg⁻¹)
铁膜 Fe 含量	0.391	0.491	0.539	0.231	0.708*
铁膜 As 含量	0.532	0.392	0.215	0.287	0.602*
根部 As 含量	0.053	0.310	0.588*	0.397	0.135
秸秆 As 含量	0.230	0.246	0.020	0.277	−0.010
谷壳 As 含量	0.205	−0.115	0.239	0.165	0.244
谷粒 As 含量	−0.363	−0.242	0.215	0.224	0.439

4.1.2.3 水稻根际和非根际土壤砷功能转化和铁还原基因丰度

在分蘖期，非根际土壤 aioA 基因拷贝数范围为($1.03 \sim 7.12$)$\times 10^{11}$ 拷贝数/mg DW；根际土壤 aioA 基因拷贝数范围为($0.96 \sim 9.05$)$\times 10^{11}$ 拷贝数/mg DW，其中 FYY-299 型水稻显著高于其他三个品种水稻[图 4-7(a)和(b)]；当水稻生

长至拔节期时，四个水稻品种的根际和非根际土壤中 aioA 拷贝数均呈现升高的趋势，随着水稻生长至成熟期，非根际土壤 aioA 基因拷贝数呈现逐渐下降的趋势，且成熟期 aioA 基因拷贝数范围为 $3.58 \times 10^{10} \sim 2.49 \times 10^{11}$ 拷贝数/mg DW，低于拔节期，整个水稻生长期非根际土壤 aioA 基因拷贝数均不存在显著的基因型差异；而根际土壤表现出先下降后又增加的趋势，在灌浆期 XWX-12 水稻品种 aioA 基因拷贝数显著高于其他三个水稻品种（$P<0.05$），在水稻成熟期 aioA 基因拷贝数范围为 $2.35 \times 10^{11} \sim 9.91 \times 10^{11}$ 拷贝数/mg DW，显著高于相同时期的根际土壤（$P<0.05$）。从图 4-7（c）和（d）可以看出，随水稻生长至成熟期，4 个水稻品种的根际和非根际土壤中 As 还原基因 arsC 拷贝数均呈现一致的变化趋势，即从拔节期生长至灌浆期时，arsC 基因拷贝数逐渐增加，在成熟期时又下降；在灌浆期时根际土壤和非根际土壤的 arsC 基因拷贝数范围分别为 $(7.69 \sim 9.19) \times 10^{10}$ 拷贝数/mg DW 和 $(6.25 \sim 8.69) \times 10^{10}$ 拷贝数/mg DW，根际环境对 arsC 基因影响不大。在成熟期，常规稻 XWX-12 和 XWX-17 根际土壤 arsC 基因拷贝数要显著高于杂交稻 SY-9586 和 FYY-299。As 还原基因 arsC 拷贝数要低于 As 氧化基因一个数量级［图 4-7（a）和（b）］。在非根际环境中，As 甲基化基因 arsM 拷贝数在不同的水稻基因型上表现出不同的变化规律：在 SY-9586 和 XWX-12 水稻品种上，arsM 拷贝数从水稻分蘖期至灌浆期呈现逐渐下降的趋势，在成熟期又大幅提高；在 FYY-299 和 XWX-17 上则在整个生长时期都呈现逐渐上升的趋势，在成熟期 arsM 拷贝数范围为 $(1.43 \sim 2.50) \times 10^{13}$ 拷贝数/mg DW，在整个生长时期则没有发现基因型差异。而在根际土壤区域，除 XWX-12 外，水稻生长时期内所有水稻品种则呈现相似的变化趋势，即先增加后降低再增加的变化规律，在水稻成熟期达到最高值，其范围为 $(1.69 \sim 3.77) \times 10^{13}$ 拷贝数/mg DW。在灌浆期，XWX-12 基因型水稻在根际土壤区域 arsM 拷贝数明显高于其他三个水稻品种（$P<0.05$）。

砷甲基化基因 arsM 拷贝数要高于 As 氧化基因 aioA 一个数量级（图 4-7）。在四个水稻品种整个的生长时期，铁还原基因 Geo 在水稻根际和非根际区域均呈现逐渐上升的趋势；在拔节期，FYY-299 品种水稻根际区域 Geo 基因拷贝数显著高于其他三个品种；当水稻生长至灌浆期以后，无论是在根际区域还是非根际区域，常规稻 XWX-17 和 XWX-12 铁还原基因相对丰度均低于杂交稻 SY-9586 和 FYY-299。

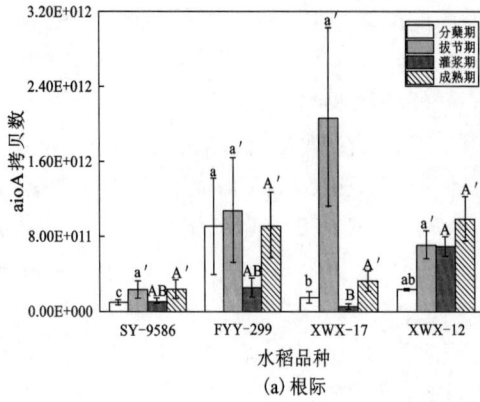

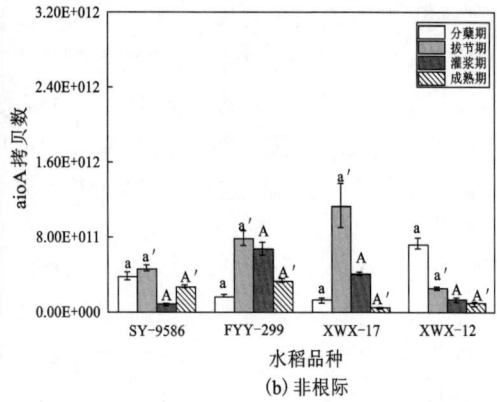

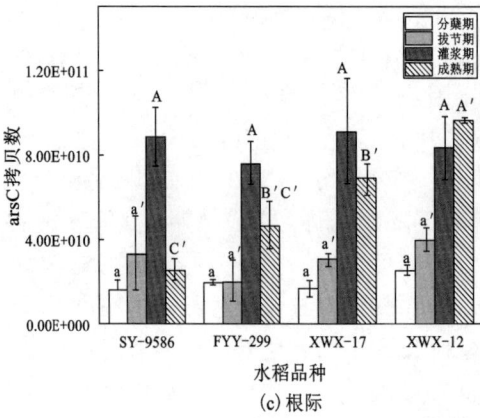

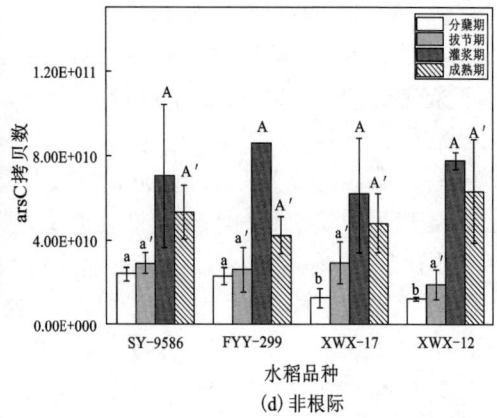

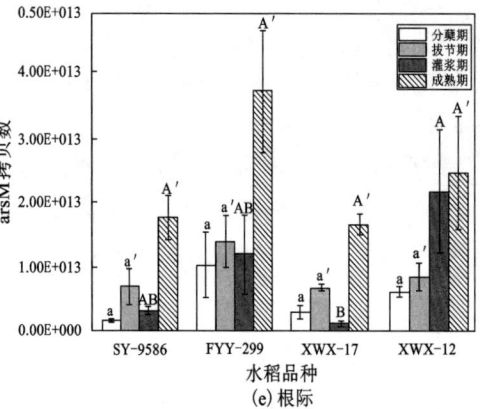

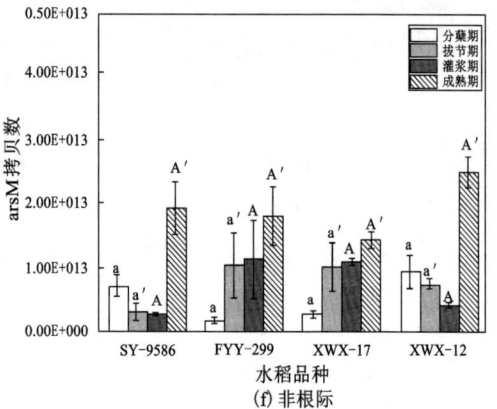

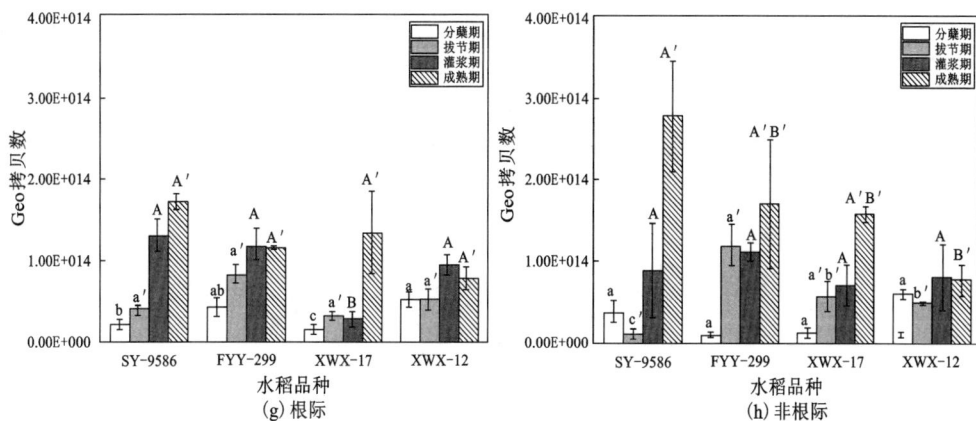

注：不同字母表示不同分组间存在显著性差异（$P<0.05$）。

图 4-7 不同水稻品种在分蘖期、拔节期、灌浆期和成熟期根际和非根际土壤砷氧化基因（aioA）、砷还原基因（arsC）、砷甲基化基因（arsM）和铁还原基因（Geo）拷贝数

水稻生长时期（$P=0.002$）、κ（$P=0.012$）、Fe（$P=0.002$）、As（$P=0.002$）和 As（Ⅲ）（$P=0.004$）含量显著说明了基因丰度的差异，其解释率分别为 66.8%、22.1%、36.5%、50.8% 和 30.0%（图 4-8）。其中第一轴和第二轴分别解释了总方差的 23.99% 和 8.5%。

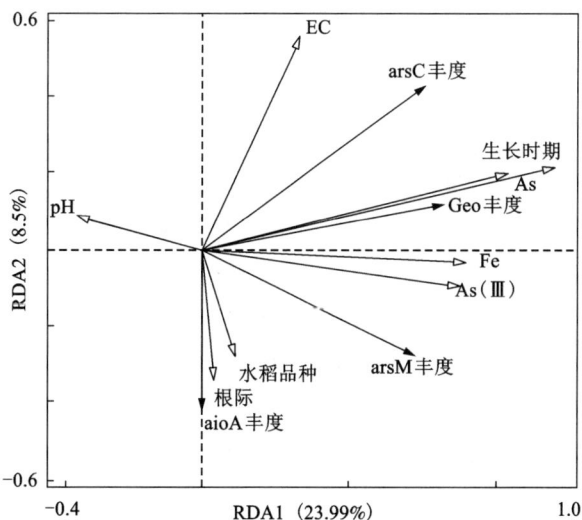

图 4-8 土壤溶液理化性质与土壤 aioA、arsC、arsM 和 Geo 基因丰度的 RDA 分析

4.1.2.4 铁还原对稻田土砷功能转化基因和砷形态转化的影响

土壤铁还原基因 Geo 丰度分别与 As 还原基因 arsC 丰度（$P<0.001$）和 As 甲基化基因 arsM 丰度（$P<0.01$）呈极显著正相关关系，As 氧化基因 aioA 丰度与 Geo 基因丰度相关性很小（图 4-9），说明 Geo 基因丰度提高导致 arsC 和 arsM 基因丰度升高，即土壤中铁还原过程会促进 As 的还原和甲基化。

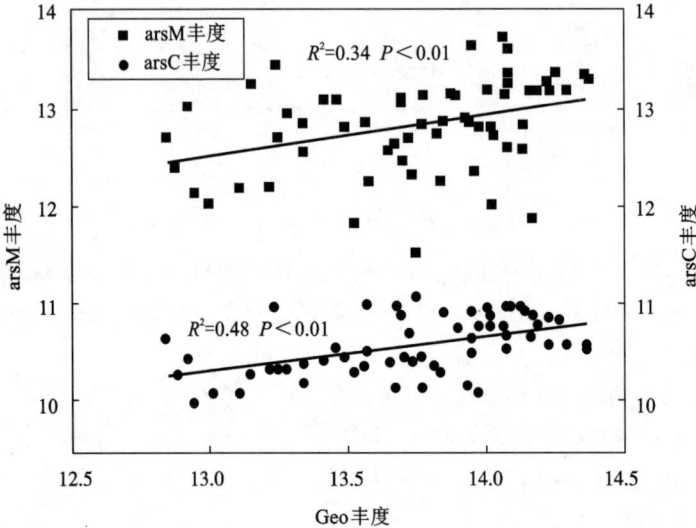

图 4-9　土壤铁还原基因 Geo 丰度分别与砷还原基因 arsC 丰度和 arsM 基因丰度的相关性

pH 与 arsC、arsM 和 Geo 基因丰度均呈负相关关系，其中 pH 对 arsC 的影响尤其显著（$P<0.01$）；Fe、As 和 As（Ⅲ）含量与 Geo 和 arsM 均呈极显著正相关关系（$P<0.001$），与 arsC 呈显著正相关关系（$P<0.01$）（图 4-10）。结果表明，在稻田土的淹水环境下，铁还原过程逐渐增强，土壤中铁（氢）氧化物溶解，大量 Fe 和 As 释放进入土壤溶液，导致 As 还原和甲基化微生物丰度增加和活动增强，arsC 和 arsM 基因丰度提高，促进了 As 的还原和甲基化过程，导致土壤溶液 As 主要以 As（Ⅲ）存在；土壤中 As 的迁移转化主要由微生物驱动，其中铁生物还原过程是主要的驱动力。

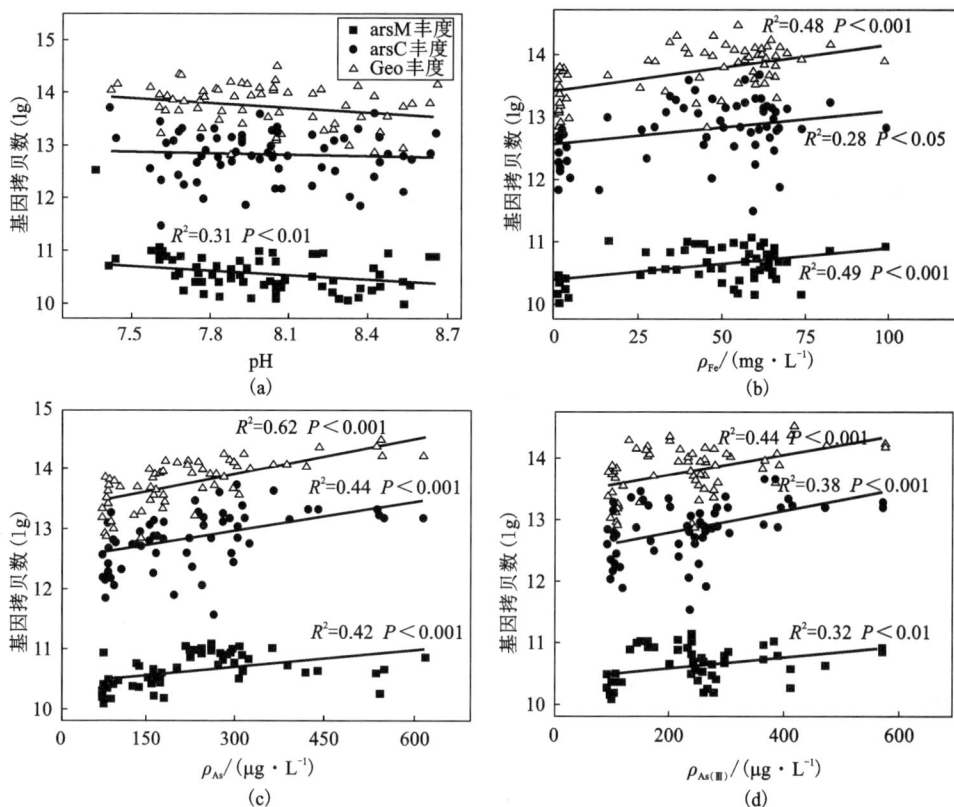

图 4-10　土壤砷功能转化基因 arsC、arsM 丰度及铁还原基因 Geo 丰度分别
与土壤溶液 pH、Fe、As 和As(Ⅲ)含量的相关性

4.1.2.5　铁还原对水稻砷吸收和形态的影响

土壤中 As 的微生物代谢和铁还原过程对水稻根部 As 积累的影响不显著，土壤 arsC 基因丰度与秸秆、谷壳和谷粒中 As 浓度均呈显著负相关关系($P<0.05$)(图 4-11)。谷粒中 As(Ⅲ)含量分别与 aioA 基因丰度、arsC 基因丰度呈显著负相关关系($P<0.05$)，DMA 含量与 arsM 基因丰度呈显著正相关关系($P<0.05$)，Geo 基因丰度对水稻总 As 及不同 As 形态含量的直接影响不大(图 4-12)。

为明确 arsC 基因对水稻总 As 和谷粒 As(Ⅲ)的影响机制，考虑到铁膜是影响水稻 As 吸收和形态的主要因素之一，将 arsC 基因丰度与铁膜中 DCB-提取态 Fe、As 含量进行线性拟合(图 4-13)。DCB-提取态 Fe、As 含量与 arsC 均呈极显著正相关性，说明 arsC 基因能够促进根表铁膜形成和 As 的固定，从而降低水稻对砷的吸收。

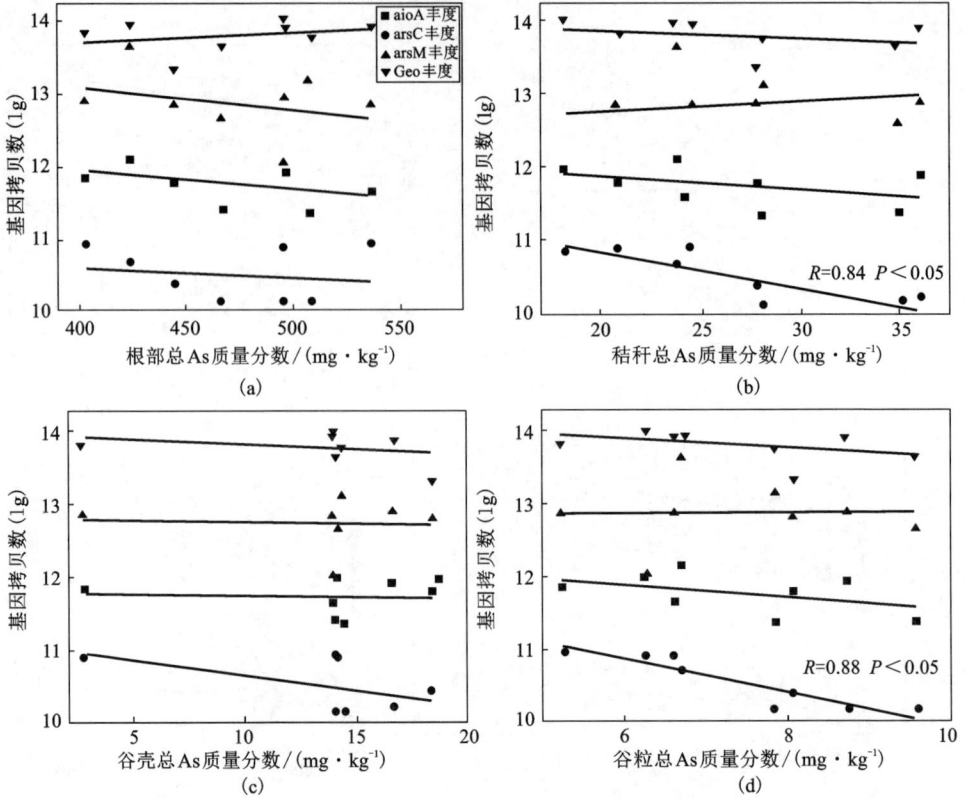

图 4-11　土壤砷功能转化基因 aioA、arsC、arsM 丰度及铁还原基因 Geo 丰度分别
与水稻根部、秸秆、谷壳和谷粒总砷含量的相关性

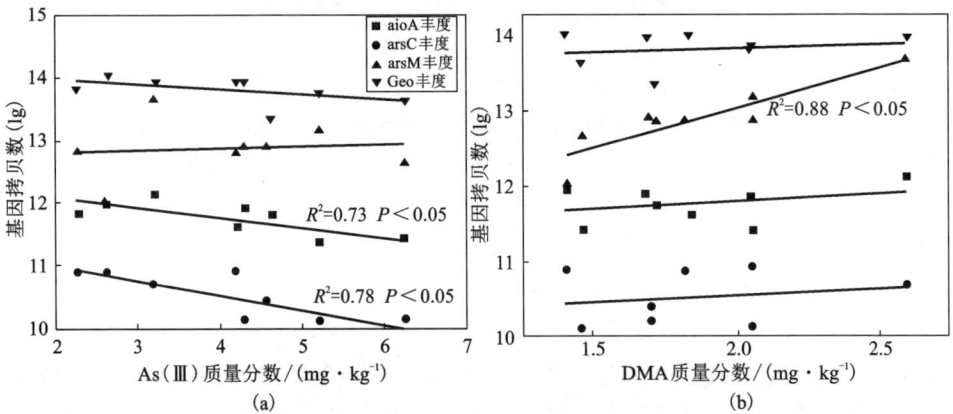

图 4-12　土壤砷功能转化基因 aioA、arsC、arsM 丰度及铁还原基因 Geo 丰度分别与
水稻谷粒As(Ⅲ)和 DMA 含量的相关性

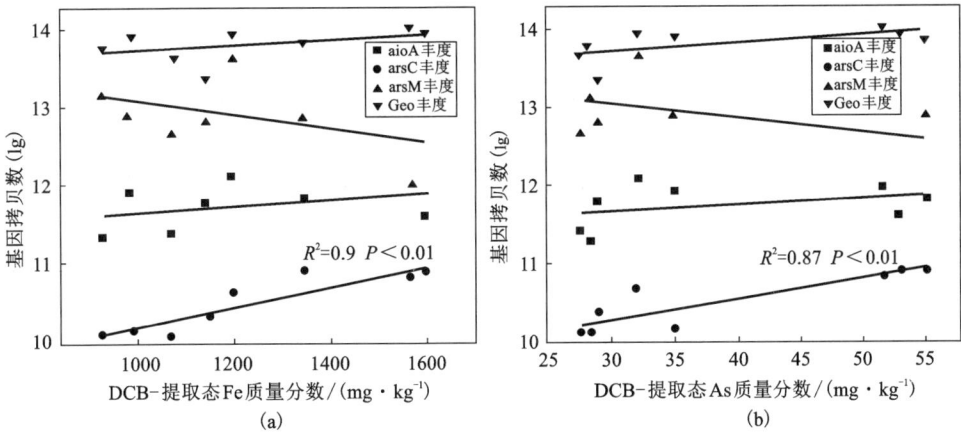

图 4-13 土壤砷功能转化基因 aioA、arsC、arsM 丰度及铁还原基因 Geo 丰度分别与
水稻铁膜中 DCB-提取态 Fe、As 含量的相关性

水稻拔节期至灌浆中期，根际和非根际土壤溶液 pH 呈现增加的趋势，随后水稻生长至成熟期时 pH 则逐渐下降[图 4-6(a)和(b)]，这与前人的研究相似（Honma T et al.，2016；Takahashi Y et al.，2004；Yamaguchi N et al.，2011）。在水稻的生长期内，水稻土处于持续的淹水条件下，厌氧状况导致土壤环境向还原状况转变，生物和非生物过程导致土壤有机物分解和铁铝（氢）氧化物等矿物溶解，因而导致土壤去质子化，消耗 H^+ 而导致土壤 pH 升高（Zou Q et al.，2011）；随着淹水状况持续，土壤 φ 持续降低，生物和非生物过程介导的氧化还原过程，例如铁（氢）氧化物溶解和 As 释放及形态转化等，导致土壤溶液中离子浓度增加，从而提高了 κ，在根际和非根际土壤溶液中，κ 与 Fe 浓度均成极显著正相关关系（$P<0.001$），并分别与总 As 和 As(III) 含量呈极显著相关关系（$P<0.001$）；根际和非根际土壤孔隙水中 Fe、总 As 和 As(III) 浓度整体均呈现逐渐升高的趋势，且根际 Fe、总 As 和 As(III) 浓度高于非根际，从图 4-7(c)、(d)、(g)和(h)可以看出，在水稻的整个生长时期，As、Fe 还原基因（arsC 和 Geo）的丰度很高，且呈逐渐增加的趋势，且根际 Fe 还原基因高于非根际，这与 Fe、总 As 和 As(III) 浓度情况一致；而土壤中铁还原基因 Geo 丰度与土壤溶液中 Fe 和总 As 浓度均呈现极显著相关性（$P<0.01$），这些都说明微生物作用是促进土壤中 As、Fe 释放的主要驱动机制；此外，无论是在根际还是在非根际土壤溶液中，pH 与 Fe 和 As(III) 浓度也呈现显著相关性，说明 pH 变化也是促进 As、Fe 释放的重要因素。淹水条件导致了土壤 pH 升高和 φ 下降，研究表明 φ 降至+100 mV 以下时，铁（氢）氧化物发生还原性溶解，异化铁还原菌（FeRB）和 As 还原微生物相对丰度提高

(Somenahally A C et al., 2011; Yamaguchi N et al., 2014)。一方面, FeRB 能够耦合有机物氧化过程, 并通过还原铁(氢)氧化物获得能量, 这个过程会导致土壤铁(氢)氧化物还原性溶解, 不可溶的 Fe(Ⅲ) 被还原成可溶的 Fe^{2+} 离子, 而土壤中的 As 大部分以铁氧化物吸附态的形式存在, 因而铁(氢)氧化物的还原性溶解会导致吸附态的 As 释放进入土壤溶液中(Somenahally A C et al., 2011), 根际和非根际土壤溶液中 Fe 和总 As 含量的显著相关性也证实了这一点($P<0.05$)。研究表明异化铁还原在水稻土中普遍存在, 据报道 24% 的还原性总铁由异化铁还原过程产生(Hori T et al., 2010)。另一方面, 从图 4-6(g)、(h)、(i) 和 (j) 这 4 个总 As 和 As(Ⅲ) 的含量图可看出, 在淹水条件下, 根际和非根际土壤溶液中 As 大部分是以 As(Ⅲ) 形态存在, As(Ⅲ) 所占总 As 的比例最高达 94%; 在厌氧条件下, 土壤 φ、DOC、κ 及 SO_4^{2-}、总 As、Fe 含量等参数会显著影响砷还原基因 arsC 相对丰度, 改变 As 还原微生物的丰度(Wang N et al., 2017; Chen Z et al., 2017)。在本研究中, 在水稻生长期间, pH、κ 及总 As、Fe 含量升高, φ 降低, arsC 相对丰度显著增加, As 还原微生物活动增强, 土壤中大量的 As(Ⅴ) 转化为 As(Ⅲ), 因此土壤溶液中的 As 绝大部分以 As(Ⅲ) 形式存在。As 还原过程存在两种途径: 一是铁(氢)氧化物的还原性溶解导致吸附的 As(Ⅴ) 释放进入土壤溶液, 随后 As(Ⅴ) 在土壤溶液中被 As 还原细菌还原成吸附能力更弱的 As(Ⅲ); 二是吸附的 As(Ⅴ) 在铁(氢)氧化物表面被直接还原成 As(Ⅲ), 吸附能力弱的 As(Ⅲ) 释放进入土壤溶液中。这两个过程在水稻土中普遍存在(Zhang S et al., 2015)。我们的研究结果表明, 当水稻生长至灌浆期以后, 无论是在根际区域还是在非根际区域, 常规稻 XWX-17 和 XWX-12 根际土壤 Geo 和 arsC 基因相对丰度均低于杂交稻 SY-9586 和 FYY-299; 且非根际区域 Geo 和 arsC 基因丰度高于根际区域, 说明根际局部好氧状况能够降低 Fe 还原微生物的丰度和活动; 4 个水稻品种中根际土壤溶液 As 含量高于非根际土壤溶液, 以及常规稻 XWX-17 和 XWX-12 根际土壤溶液 As 和 As(Ⅲ) 含量低于杂交稻 SY-9586 和 FYY-299 也证明了这一点。

在厌氧条件下, 土壤中大量的铁(氢)氧化物被还原成 Fe^{2+}, 由于根际局部的好氧环境, 根际土壤溶液中 Fe^{2+} 和非根际土壤溶液中通过扩散作用迁移来的 Fe^{2+} 被氧化成 Fe^{3+}, 随后以铁氧化物沉淀的形式存在于根表上成为铁膜, 因而实际上水稻土壤被分为 3 个区域: 一是直接附着在根表的铁膜区域, 这个区域氧化性最强; 二是与水稻根部毗邻的根际土壤区域, 这个区域同时受根际好氧环境和淹水环境导致的还原状况影响; 三是非根际土壤区域, 这个区域受水稻根部 ROL 作用的影响很弱, 主要以还原状况为主。这 3 个区域都有其独特的生物化学性质(Somenahally A C et al., 2011)。由于不成熟的水稻根系缺乏必要的通气组织, 且更深的根际土壤层其 φ 很低, 其根表几乎不存在铁膜, 因而不存在对 As 的固定作用[图 4-6(g)](Wang X et al., 2015; Yamaguchi N et al., 2014); 我们的研究结果表明灌浆期及成熟期杂交稻根际土壤溶液 As(Ⅲ)含量高于常规稻[图 4-6(i)],表 4-2 也表明根际土壤 As(Ⅲ)含量与铁膜中 As 含量存在显著的正相关关系($P<0.05$),其相关度为 0.447。Yamaguchi 等(Yamaguchi N et al., 2014)研究发现,在厌氧条件下水稻根表铁膜中主要以 As(Ⅲ)形式存在,因为此环境下土壤溶液中不存在溶解态 As(Ⅴ),所以向根际迁移的 As(Ⅴ)量非常有限,而因为根际 ROL 的作用,存在少部分 As(Ⅲ)转化为 As(Ⅴ),因此铁膜中 As 形态很可能由土壤的 φ 决定。此外,根际土壤 As(Ⅲ)含量与铁膜中 Fe 含量也存在显著正相关关系($P<0.05$),其相关度为 0.673,说明 As(Ⅲ)能够影响铁膜的形成。我们的研究结果与 Lee 等研究结论一致(Lee C et al., 2013)。

微生物介导的 As 生物转化在很大程度上决定了水稻土壤中 As 的环境行为和生物有效性。研究表明 As 代谢基因主要来自水稻根际土壤的变形菌门、芽单胞菌门和厚壁菌门等,影响砷代谢微生物活动的因素有很多,包括土壤 pH、κ、总碳、氮、As 和铁、C、N 含量比及硫酸根离子、硝酸根离子等;此外,水稻根际环境对水稻土壤理化性质、微生物组成和活动也起着重要的作用,根部分泌的黏胶质、多糖、氨基酸和有机酸能够提高微生物丰度,改变微生物群落结构(Zhang S et al., 2015)。研究结果表明根际 aioA 基因丰度高于非根际[图 4-7(a)],这与 Jia 等的研究结果一致(Jia Y et al., 2014)。相比于非根际土壤,根际土壤 pH 和 φ 更高,As 氧化微生物更倾向于好氧环境,因此根际 aioA 基因丰度高于非根际土壤;此外,我们发现 SY-9586 根际 aioA 基因丰度显著低于其他 3 个水稻品种[图 4-7(a)],这有可能是其根际 ROL 能力最低,而 SY-9586 根际土壤溶液中 As 和 As(Ⅲ)也高于其他 3 个水稻品种[图 4-6(g)、(i)],说明水稻根际局部好氧环境能影响 As 氧化微生物丰度,进而改变 As 的生物有效性和减缓植物吸收。在无菌状况下,无论在厌氧环境还是在有氧环境,仅仅靠 O_2 的化学氧化能力,As(Ⅲ)几乎不会被氧化成为 As(Ⅴ)(E. Danielle Rhine et al., 2005),而根际 As 以 As(Ⅴ)的形式固定、吸附在土壤和铁膜的铁(氢)氧化物上,说明根际微生物介导 As 氧化作用对于降低砷的有效性和减缓植物吸收至关重要。

根际 As 还原基因 arsC 丰度高于非根际,且根际 ROL 能力低的杂交稻 SY-9586 和 FYY-299 根际 arsC 丰度低于 ROL 能力高的常规稻。arsC 属于 As 的解毒还原酶基因,砷还原微生物广泛存在于有氧和无氧环境中,属于典型的根际微生物,包括假单胞菌目和根瘤菌目,Jia 等(Jia Y et al., 2014)研究发现根际 arsC 丰度高于非根际 50.8%,与我们的研究结果一致。研究结果表明水稻植株中含有一定量的甲基 As 形态,尤其是在籽粒中,其所占总 As 的比例高达 39%。研究表明水稻本身不具备甲基化 As 的能力,植株中积累的甲基 As 来源于土壤(Jia Y et al., 2013)。土壤中甲基 As 来源于人为活动、大气沉积和微生物甲基化,第三者是土壤中甲基 As 的主要来源(Huang J H et al., 2011),研究表明土壤灭菌后，没有发生任何 As 甲基化过程，说明 As 甲基化过程是一个生物过程，且当土壤处于淹水等厌氧环境时，微生物介导的 As 甲基化过程快速且剧烈（Huang J et al.，2006）。目前的研究结果显示 arsM 丰度分别高于 aioA 和 arsC 一个数量级和两个数量级，除了 XWX-17，根际 arsM 丰度高于非根际，且 arsM 整体呈现升高的趋势。然而，孔隙水中并没有检测到 DMA 和 MMA 的存在，这有可能是以下几方面原因造成的：一是甲基化微生物的活性，而不是 arsM 丰度，决定土壤中 As 甲基化过程，研究表明 arsM 基因丰度和有机 As 浓度分别与土壤 pH 成显著正相关和负相关关系，As 甲基化微生物在酸性条件下活性较强，而我们的土壤 pH 范围为 7.3~8.5（Zhao F J et al.，2013）二是 Jia 等研究发现根际环境和添加水稻秸秆都显著提高了 arsM 基因丰度，土壤中的 DOC 能够促进 As 甲基化，这或许是由于根际环境和作为碳源的 DOC 促进了甲基化微生物的活动（Jia Y et al.，2013）。此外，淹水条件能够促进有机砷在谷粒中的积累，因为 As（Ⅲ）能够作为砷甲基化的基质（Huang J et al.，2006）。在淹水条件下，铁还原菌能够促使铁（氢）氧化物还原性溶解，导致砷大量释放进入土壤溶液中（David E et al.，1999）。现在的研究表明根际 Geo 丰度低于非根际，且随着土壤持续淹水，根际和非根际 Geo 丰度均呈现逐渐增长的趋势。这与 Somenahally 等的研究结果一致（Somenahally A C et al.，2011；Somenahally A C et al.，2011）。研究表明铁还原菌广泛存在于稻田土壤中，主要为厌氧菌（黎慧娟等，2011），还原环境能够促进其生长。

我们的研究结果表明土壤淹水条件提高了铁还原基因 Geo 丰度，铁还原增强导致 arsC 和 arsM 基因丰度升高，从而促进 As 在土壤溶液中释放和还原以及水稻籽粒内 DMA 的累积（图 4-10~图 4-12）。研究表明稻田土壤中存在大量同时携带 aioA、arsC、arsM 和 Geo 等功能基因的细菌和真菌，例如变形菌门等（α-变形菌门，β-变形菌门，γ-变形菌门和 δ-变形菌门等），铁还原导致 As 大量释放进入土壤溶液，可能触发微生物的 As 解毒机制，促进砷的还原和甲基化，即 challenger 通路：As（Ⅴ）→As（Ⅲ）→MMA（Ⅴ）→MMA（Ⅲ）→DMA（Ⅴ）→DMA（Ⅲ）→TMAO（Ⅴ）→TMA（Ⅲ）（Somenahally A C et al.，2011；Ye J et al.，2012），提高了 arsC 和 arsM 基因丰度；我们的研究结果也表明 arsC 基因丰度与铁膜形成和砷固定存在极显著的正相关关系（$P<0.01$）（图 4-13），土壤溶液中 As（Ⅲ）含量也与铁膜形成和砷固定存在显著的正相关关系（$P<0.05$）（表 4-8），即 arsC 基因丰度的提高导致土壤溶液中 As（Ⅲ）含量大大提高，促进了铁膜形成和砷固定；Yamaguchi 等（Yamaguchi N et al.，2014）研究发现厌氧条件下根表铁膜主要吸附 As（Ⅲ），这限制了水稻对 As（Ⅲ）的吸收，这种抑制效果远强于土壤溶液中 As（Ⅲ）浓度提高的效果，这是土壤 arsC 基因丰度与水稻总砷和谷粒中 As（Ⅲ）含量呈现显著负相关性的原因。铁膜对 DMA 的吸附能力较弱，且水稻不具备甲基化砷的能力，因而 arsM 基因丰度的提高能够促进水稻谷粒 DMA 的积累。

4.1.3　铁还原对不同粒级组分中砷的分布和形态的影响

铁还原过程受多个因素影响，包括微生物种类、铁矿物类型、有机质含量及 As 含量等，而土壤是由各种矿物质、有机物、空气、水和微生物等多组分以及不同颗粒构成的非均质体，不同粒径的土壤颗粒的 pH、有机质及铁铝氧化物等矿物质存在差异，其铁还原过程也存在很大差异，从而影响 As 在土壤中的分布和形态。

本研究以常规稻品种湘晚籼 17 号（XWX-17）的根际和非根际土壤为研究对象，联合采用湿筛和离心等方法将其分离为砂粒组（0.25~2 mm）、细砂粒组（0.05~0.25 mm）、粉粒组（0.05~0.002 mm）和黏粒组（<0.002 mm），研究铁还原对不同粒径土壤颗粒砷的形态和分布的影响机制。

4.1.3.1　土壤不同粒级组分总砷含量

根际和非根际原土及不同粒径土壤颗粒中总砷（As）、土壤有机碳（SOC）、全铁（Fe_2O_3）、全钙（CaO）、全镁（MgO）、全铝（Al_2O_3）、全锰（MnO_2）含量及比表面积数量上存在差异（表 4-9）。根际和非根际原土总砷（As）含量分别为 118.2 mg/kg 和 124.9 mg/kg；随粒径的减小，As 含量呈现先减少后增大的趋势，其最大值均出现在粒径< 0.002 mm 的颗粒中，分别为 260.4 mg/kg 和 316.4 mg/kg；原土及相同粒径土壤颗粒的根际 SOC 含量均高于非根际，其原土 SOC 含量分别为 25.1 mg/kg 和 20.2 mg/kg，随着颗粒粒径的减小，SOC 含量呈现先减少后增加的趋势，根际不同粒径颗粒 SOC 含量范围为 19.3~43.6 mg/kg，非根际为 18.8~35.2 mg/kg；根际和非根际土壤不同粒径颗粒中 Fe_2O_3、MgO、Al_2O_3 含量和比表面积变化趋势类似，均是随着粒径的减小其含量增加。根际和非根际原土中 Fe_2O_3 含量分别为 46.9 g/kg 和 43.7 g/kg，在根际和非根际大粒径土壤颗粒（0.25~2 mm）中，Fe_2O_3 含量很低，分别为 13.3 g/kg 和 16.4 g/kg；而在小粒径颗粒（<0.002 mm）中，Fe_2O_3 含量最高，分别为 79.8 g/kg 和 100.5 g/kg；DCB 提取态铁和草酸提取态铁为无定型及弱质结晶型铁氧化物，两者在不同粒径颗粒中的含量变化趋势与土壤全铁类似，其中 DCB 提取态铁含量大于草酸提取态铁，根际和非根际原上中含量分别为 16.9 g/kg 和 14.2 g/kg，在粒径为 0.002~0.005 mm 的颗粒中含量最高，分别为 24.5 g/kg 和 27.9 g/kg；草酸提取态铁在粒径<0.002 mm 的颗粒中达到最高，分别为 13.2 g/kg 和 14.9 g/kg。根际和非根际原土中 Al_2O_3 含量分别为 163.4 g/kg 和 193.6 g/kg，在根际和非根际大粒径土壤颗粒（0.25~2 mm）中，Al_2O_3 含量很低，含量分别为 73.9 g/kg 和 81.9 g/kg；而在小粒径颗粒（< 0.002 mm）中，Al_2O_3 含量最高，分别为 276.9 g/kg 和 320.6 g/kg；根际和非根际原土 MgO 含量为 3.19 g/kg 和 2.14 g/kg，随土壤粒径变化，其含量变化范围分别为 1.22~10.37 g/kg 和 1.71~13.98 g/kg；

根际和非根际原土比表面积分别为 125.7 m²/g 和 137.5 m²/g, 随土壤粒径变化, 其面积变化范围分别为 31.8~203.2 m²/g 和 36.1~223.7 m²/g; CaO 含量随着土壤粒径的减小而降低, 其在根际和非根际原土中的含量分别为 1.82 g/kg 和 1.99 g/kg, 含量变化范围分别为 1.19~2.17 g/kg 和 0.92~2.40 g/kg。

表 4-9　不同粒径土壤理化性质

土壤类别		As 含量 /(mg·kg⁻¹)	SOC 含量 /(mg·kg⁻¹)	Fe₂O₃ 含量 /(g·kg⁻¹)	CaO 含量 /(g·kg⁻¹)	MgO 含量 /(g·kg⁻¹)	Al₂O₃ 含量 /(g·kg⁻¹)	MnO₂ 含量 /(g·kg⁻¹)	总比表面积 /(m²·g⁻¹)
					根际				
原土		118.2±4.2	25.1±2.1	46.9±2.3	1.82±1.25	3.19±0.33	163.4±3.7	1.88±0.12	125.7
土壤颗粒 r/mm	0.25~2	154.1±10.5	43.6±3.2	13.3±1.2	1.88±0.39	1.22±0.21	73.9±4.9	2.74±0.14	31.8
	0.05~0.25	100.4±8.9	29.1±1.8	23.4±4.6	2.17±0.63	2.82±0.62	119.6±8.2	0.88±0.10	62.4
	0.002~0.05	152.5±15.3	19.3±1.1	63.8±6.1	1.19±0.31	5.98±1.02	247.1±10.3	0.91±0.23	116.2
	<0.002	260.4±18.3	25.9±1.3	79.8±5.3	1.27±0.22	10.37±1.47	276.9±16.3	0.48±0.09	203.2

土壤类别		As 含量 /(mg·kg⁻¹)	SOC 含量 /(mg·kg⁻¹)	Fe₂O₃ 含量 /(g·kg⁻¹)	CaO 含量 /(g·kg⁻¹)	MgO 含量 /(g·kg⁻¹)	Al₂O₃ 含量 /(g·kg⁻¹)	MnO₂ 含量 /(g·kg⁻¹)	总比表面积 /(m²·g⁻¹)
					非根际				
原土		124.9±17.1	20.2±2.6	43.7±7.4	1.99±0.21	2.14±0.11	193.6±12.7	1.98±0.20	137.5
土壤颗粒 r/mm	0.25~2	137.1±3.9	35.2±1.9	16.4±1.4	2.40±0.30	1.71±0.26	81.9±5.1	1.12±0.31	36.1
	0.05~0.25	93.2±11.4	22.9±2.4	29.9±2.2	2.16±0.75	3.8±0.62	129.4±8.4	1.17±0.45	60.2
	0.05~0.002	195.5±13.7	18.8±2.5	73.8±2.8	1.46±0.26	6.48±1.21	240.9±10.2	0.78±0.23	88.9
	<0.002	316.4±22.5	24.0±1.1	100.5±5.3	0.92±0.47	13.98±2.14	320.6±13.2	0.84±0.19	223.7

4.1.3.2　土壤不同粒级组分中总砷含量影响因素

根际和非根际土壤中总 As 与 Fe₂O₃、DCB 提取态铁、草酸提取态铁、Al₂O₃、MnO₂、SOC 及比表面积的相关关系(图 4-14)。结果表明除 SOC 外, 其他理化性质对砷含量都存在不同程度的显著影响。从图 4-14 中可以看出, 总 As 含量与 Fe₂O₃($P<0.001$)、DCB 提取态铁($P<0.001$)、草酸提取态铁($P<0.001$)、Al₂O₃($P<0.001$)和比表面积($P<0.001$)均存在显著的正相关关系, 其相关系数分别为 0.63、0.53、0.58、0.53 和 0.76, 与 MnO₂ 存在显著负相关关系($P<0.05$), 其相关系数为-0.22。

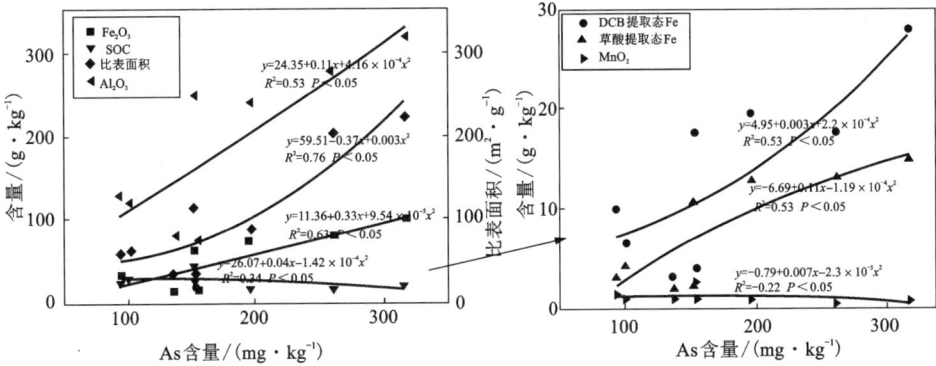

图 4-14　砷含量与其他元素含量及比表面积、SOC 相关性曲线

4.1.3.3　土壤不同粒级颗粒中砷化学结合形态

土壤中 As 化学形态可用具有选择性的化学提取剂分离出来(图 4-15),它能够反映 As 与土壤各种组分的结合方式和结合强弱程度,从而为分析土壤 As 的迁移性和生物有效性及环境风险提供依据。

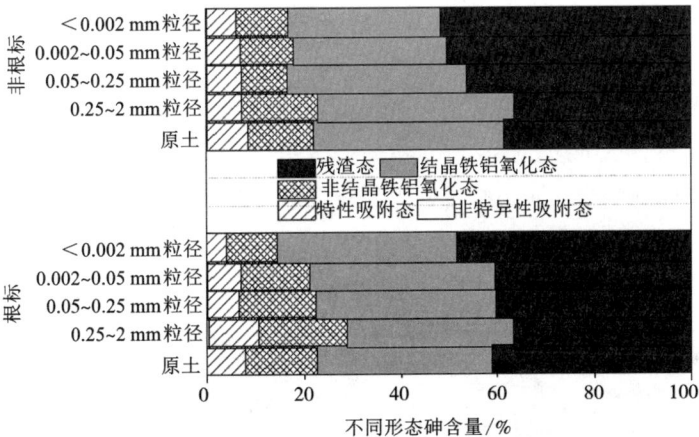

图 4-15　根际与非根际原土和不同粒径土壤颗粒中砷的连续分级提取形态占比

根际和非根际原土及不同粒径颗粒中非特异性吸附态砷所占总砷的比例很低,为 0.1% ~ 0.4%,根际和非根际原土非特异性吸附态 As 所占比例分别为 0.15% 和 0.22%(图 4-15)。随着颗粒粒径的减少,非特异性吸附态 As 比例均呈现下降的趋势;特异性吸附态 As 所占比例显著高于非特异性吸附态 As,且随着粒径的减少,其变化趋势与非专性吸附态 As 相似,在根际和非根际不同粒径颗粒中,粒径为 0.25 ~ 2 mm 的颗粒中专性吸附态 As 比例最高,分别为 10.3% 和 7.1%;粒径 <0.002 mm 的颗粒中所占比例最小,分别为 4% 和 6%;非结晶铁铝氧

化态 As 所占总 As 比例为 9.4%~20.7%，在根际和非根际原土中，这种化学形态 As 所占比例分别为 9.6% 和 13.4%，随着土壤粒径的减小，非结晶铁铝氧化态 As 含量呈现降低的趋势，其在粒径<0.002 mm 的颗粒中所占比例低于其他粒径组分，分别为 10.3% 和 10.7%；结晶铁铝氧化态 As 所占总 As 的比例较大，为 29.4%~40.9%，根际和非根际原土结晶铁铝氧化态 As 所占比例分别为 36.2% 和 39.5%，且随着土壤粒径减小，其比例呈现下降的趋势；残留态 As 含量在根际和非根际原土中分别为 41.6% 和 38.6%，从图 4-15 可以看出，随着土壤粒径的减小，残留态 As 所占比例呈现增加的趋势，最高值均出现在根际和非根际粒径<0.002 mm 土壤颗粒中，分别为 46.5% 和 50.3%；此外，在不同粒径组分中，根际非特异性吸附态 As 和特异性吸附态 As 所占比例高于非根际，而非结晶铁铝氧化态 As、结晶铁铝氧化态 As 和残渣态 As 含量低于非根际，即根际环境也会对砷 As 的形态分布造成影响。

4.1.3.4 土壤不同粒级组分中盐酸提取态 Fe^{2+}、As 含量

HCl-提取态 Fe^{2+} 常用来表示细菌对土壤颗粒中非结晶型铁(氢)氧化物的还原能力，HCl-提取态 As 常用来表征吸附在非结晶型铁(氢)氧化物表面上的 As 的含量，在还原条件下这种结合态 As 易释放进入土壤溶液中。从图 4-16 可以看出，随着土壤颗粒粒径的减小，HCl-提取态 Fe^{2+} 和 As 浓度逐渐减小，其中 0.25~2 mm 粒级组分中 Fe^{2+} 含量显著高于其他粒径组分($P<0.05$)，这与总 Fe 和总 As 的变化趋势相反，说明随着粒径的减小，组分中 Fe 和 As 含量增加，但可供铁还原的 Fe 含量逐渐减小，铁还原过程主要发生在大粒径组分颗粒中，这与 As 化学结合形态的变化结果一致。

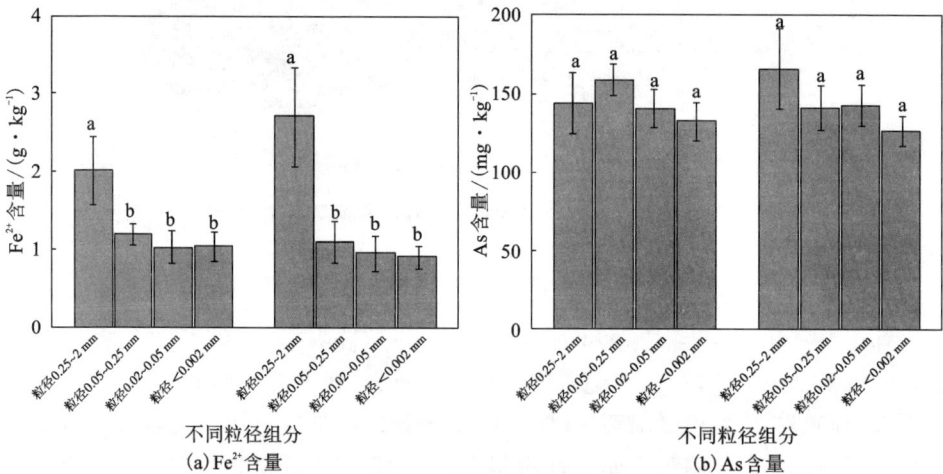

注：不同字母表示存在显著性差异($P<0.05$)。

图 4-16　不同粒径组分中 HCl 提取态 Fe^{2+}、As 含量

4.1.3.5　铁还原对土壤不同粒级组分矿物相变化和砷富集的影响

随着粒径的减小，其矿物相发生变化，在粒径<0.05 mm 和<0.002 mm 的颗粒中，XRD 图谱中主要检测到的矿物相为二氧化硅(SiO_2)和铝锰矿(Al_8Mn_5)，且在粒径<0.002 mm 颗粒中 SiO_2 峰面积和含量减少(图 4-17)。在粒径<0.001 mm 和<0.0006 mm 的颗粒中开始出现高岭石、地开石和水合砷酸铁矿物，SiO_2 峰面积和位点减少，铝锰矿特征峰消失，由于 XRD 特征峰检测含量限值为 2%，因此在粒径<0.05 mm 和<0.002 mm 的颗粒中虽然可以看到高岭石、地开石和水合砷酸铁特征峰，但其所占比例很低；从图 4-17 中可以看出，高岭石、地开石和水合砷酸铁有所重叠，且在粒径<0.0006 mm 颗粒中，其特征峰更加明显，且出现了绿泥石-蛇纹石混合矿物；相比于根际土壤，非根际土壤各粒径颗粒出现的矿物相相同，且各矿物相特征峰更加明显，这说明根际环境对土壤矿物相也有所影响。

土壤不同粒径颗粒总砷含量与原土总 As 含量的比值为 As 在不同粒径土壤颗粒中的富集系数，依此可判断不同粒径土壤颗粒对 As 的亲和性。从图 4-18 可以看出，无论是根际土壤还是非根际土壤，随着粒径的减少，As 富集系数均呈现先降低后增大的趋势，黏粒级(<0.002 mm)颗粒对 As 的亲和力最强，其富集系数分别为 2.2 和 2.6；在砂粒组(0.25~2 mm)和细砂粒组(0.05~0.25 mm)，根际土壤对 As 的富集系数高于非根际土壤，而在粉粒组(0.002~0.05 mm)和黏粒组(<0.002 mm)则表现出相反的效应。

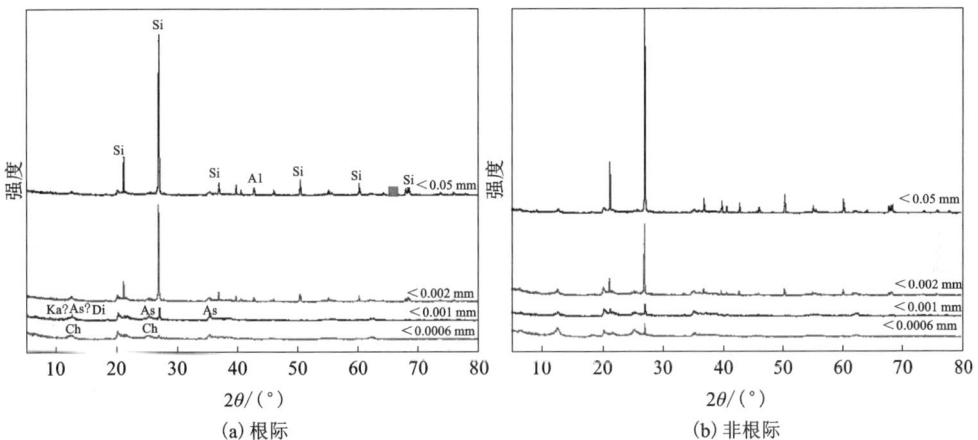

注：Si—二氧化硅；Al—铝锰矿；As—水合砷酸铁；Ka—高岭石；Di—地开石；Ch—绿泥石-蛇纹石。

图 4-17　根际和非根际土壤粒径<0.05 mm、<0.002 mm、<0.001 mm 和
<0.0006 mm 的土壤颗粒 XRD 图谱

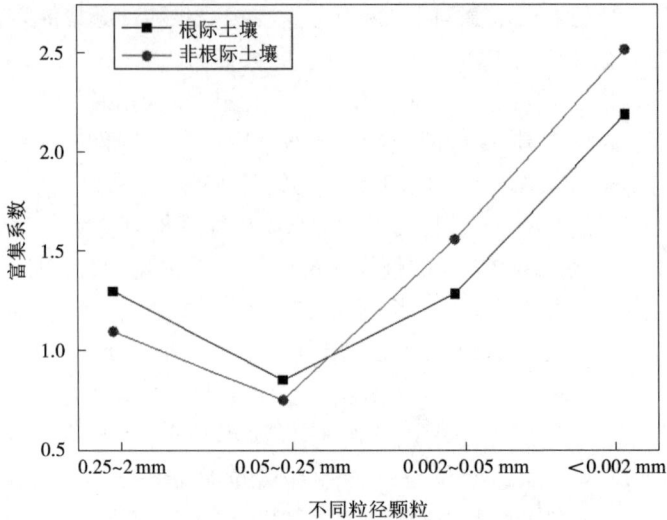

图 4-18　根际和非根际土壤不同粒径(0.25~2 mm、0.05~0.25 mm、
0.002~0.05 mm、<0.002 mm) 颗粒砷富集系数

　　土壤是由各种矿物质、有机物、空气、水和微生物等多组分以及不同颗粒大小形成的非均质体,不同粒径的土壤颗粒其 pH、有机质及铁铝氧化物等矿物质含量存在差异,导致砷在其表面的环境行为具有很大差异,这在很大程度上影响了砷在环境中的迁移性和生物有效性(李士杏等,2011)。由于吸附和共沉淀等作用,土壤矿物质和有机质对不同粒径颗粒中砷的富集和形态有着重要影响(Bradl H B et al.,2004)。表 4-9 表明 As 和 SOC 含量的变化趋势基本一致,即随着粒径减小呈现先增加后降低的趋势。在水稻土壤不同粒径颗粒中,尤其是在根际土壤中,粒径为 0.25~2 mm 的颗粒中包含大量的植物微小根系及残留物和分泌物,有机质含量很高,对砷的吸附能力较强。然而由于有机质易被微生物分解,吸附的 As 易被释放,因此有效态 As 含量较高。As 的 5 步连续提取结果也表明粒径为 0.25~2 mm 颗粒中有效态 As 的含量最高。随着粒径减小,小粒径颗粒中有机质含量和矿物质以及比表面积增加,As 在粒径<0.002 mm 的黏粒中高度累积,表 4-9 也表明粒径和铁、铝、锰元素含量以及比表面积成负相关关系,而各粒径颗粒中 As 分别与总铁、总铝、总锰以及比表面积成显著正相关关系($P<0.05$)。As 在不同粒径颗粒中的形态和分布差异是由多个原因造成的,一是土壤受物理机械破碎和化学风化作用影响,大粒径颗粒减小,小粒径颗粒增加;二是增加的小粒径颗粒拥有更大的比表面积,能够促使含 As 矿物的溶解及次生矿物的形成或者促进溶解释放的 As 吸附在铁(氢)氧化物上,在这个过程中会发生原生矿物的化学分解和破坏作用,铁、铝、砷等元素被释放并在生物和非生物作用下形成

次生矿物, 这也能够解释随着粒径的减小, 铁、铝和锰等元素含量升高(Kim C S et al., 2013)。

As 的化学结合形态主要由土壤矿物学和物化性质决定, 考虑到一些相对不可溶的矿物结合态 As 不能进行有效提取, 常结合采用一些物理表征手段如同步辐射 μXRF、XANES 和 XRD 等手段进行分析。在根际和非根际土壤中, 残渣态 As 所占比例随着颗粒粒径减小而增加, 且相同粒径颗粒的根际残渣态 As 含量小于非根际。研究表明残渣态 As 主要存在于 FeAsS 等土壤中的原生矿物和次生矿物中, 主要集中在微团聚体等小粒径颗粒中, 而 XRD 结果表明, 从砂粒到黏粒, 图谱检测到的矿物相在增多的同时, 其相对含量也逐渐增多; 我们以前的研究结果表明根际环境会影响 As 的化学结合形态, 促进含 As 矿物的溶解[132]。此外, 在相同粒径颗粒中, 根际中非结晶铁铝氧化态和结晶铁铝氧化态 As 比例高于非根际。我们的研究表明根际铁还原微生物丰度低于非根际, 这可能导致根际铁氧化物含量低于非根际, 从而降低 As 吸附比例。特异性吸附态和非特性吸附态 As 所占比例随着粒径的减小而减少, 说明 As 的生物有效性降低, 即虽然 As 会富集在小粒径颗粒中, 但大部分以铁铝氧化物结合态或者残渣态存在, 在长期处于淹水土壤等还原环境和微生物作用下, 可能会导致 As 的大量释放。

研究表明随着粒径的减小, 不同粒级颗粒中的碳逐渐由不稳定态向稳定态转化(Zhu F et al., 2016), 且根际土壤可溶性有机质等有机碳含量高于非根际土壤(Somenahally A C et al., 2011), 土壤中的腐殖质和可溶性有机质能够同时作为电子供体和受体以及电子中间体促进铁在还原菌—腐殖质—铁矿物间的间接电子传递, 促进铁的还原和砷的释放; 此外, 随着粒径的减小, 砷铁代谢微生物丰度和活动显著降低(Chen J et al., 2014), 因此铁的微生物还原主要在大粒径颗粒中进行。

稻田土壤在耕作等物理机械破碎和化学风化作用下, 原生砷铁矿物经铁还原菌等微生物作用经历矿物溶解和二次矿物生成等过程(Kim C S et al., 2013)。研究结果表明铁还原主要发生在大粒径颗粒中, 砷结合态 5 步连续提取结果也表明主要是大粒径粒级组分中非结晶铁铝氧化态 As 参与反应。同时 XRD 结果也表明随粒径减小, 粒级组分中含 Fe 和 As 的矿物相增加, 表明大粒径颗粒中铁氧化物溶解, 吸附态的 As 释放, 生成了小粒径的含 As 和 Fe 的二次矿物, 可供微生物还原的 Fe/As 减少, 大部分 As 以矿物相形式存在于小粒径颗粒中, 导致粒径 <0.002 mm 的颗粒 As 富集系数最高, 有效性最低。Kim 等(Kim C S et al., 2013; Zhang H et al., 2013)研究发现铁对 As 的形态和分布影响很大。在自然风化作用下, 吸附态 As 和可溶态 As 促使含 As 矿物如砷酸钠等溶解, 溶解态 As 吸附在铁氧化物表面或者在细颗粒中形成砷酸钙铁等二次矿物, As 富集在细颗粒中, 同时有效态 As 含量降低, 这和我们的研究结果一致。

生物炭对砷的吸附能力较弱, 而人工合成水铁矿对砷的吸附能力较强;

S. oneidensis MR-1 对砷的固定能力不强，对液相中砷的迁移影响较小；生物炭能促进水铁矿的生物还原速率，且效果强于 AQDS，同时铁矿物的还原性溶解可以促进砷的释放。水铁矿生物还原 12 天内，溶液中砷形态未发生变化。生物炭一方面可以还原吸附在水铁矿表面的 As^{5+}，另一方面作为电子传递中间体，促进水铁矿的还原和砷的释放。水铁矿铁还原过程中产生的 Fe(Ⅱ)和 As 可能通过共沉淀作用生成弱结晶的臭葱石(FeAsO$_4 \cdot$2H$_2$O)和微溶的 Fe^{2+}-As(Ⅴ)沉淀物。

水稻生长期间，根际和非根际土壤溶液 pH 和 EC 呈现先增加后降低的趋势，而 Fe、As 和 As^{3+} 含量均逐渐增加。根际土壤溶液中 Fe、As 和 As^{3+} 含量略高于非根际。根际土壤 aioA 基因丰度随水稻生长逐渐降低，而 arsC 和 arsM 基因丰度则逐渐上升，并在水稻成熟期达到最高值。根际土壤中砷代谢功能基因丰度均高于非根际。Geo 基因丰度与 arsC 和 arsM 基因丰度呈显著正相关，表明铁还原过程促进了砷的释放和形态转化。arsC 基因丰度与水稻总砷和谷粒 As^{3+} 呈显著负相关，而 arsM 基因丰度提高可显著促进水稻谷粒 DMA 的积累。随着土壤粒径减小，总砷含量逐渐增加，Fe$_2$O$_3$、MgO、Al$_2$O$_3$ 含量及比表面积也明显增加，而 CaO 和 MnO$_2$ 含量则逐渐降低。不同粒径组分中，残渣态砷比例最高，非专性吸附态砷比例较低，且随粒径减小而下降。根际非专性吸附态砷和专性吸附态砷比例高于非根际，而无定型及弱晶质铁铝氧化物结合态砷、结晶质铁铝氧化物结合态砷和残留态砷比例则低于非根际。

4.2 微生物介导的电子传递过程对铁还原耦合砷转化的影响

4.2.1 微生物还原含 As(Ⅴ)水铁矿对 Fe、As 转化的影响

微生物胞外电子传递(EET)在土壤和沉积物的铁循环中起着重要作用(Reguera G et al., 2005)，可以影响铁(氢)氧化物的溶解度、价态和形态，并导致次生矿物的形成(O'loughlin E J et al., 2010)。同时，有机物[如蒽醌-2,6-二磺酸盐(AQDS)]可以作为电子供体、电子受体和电子穿梭体，促进微生物与铁矿物之间的电子传递(Roden E E et al., 2010)。生物炭中含有被认为是最重要的直接影响电子转移的官能团，如醌和吩嗪(Kappler A et al., 2014; Roden E E et al., 2010)。Chen 等研究表明生物炭提高了 DOM 的生物利用度，促进了 Fe(Ⅲ)和 As(Ⅴ)的生物还原(Chen Z et al., 2016)。Kappler 等指出生物炭可以作为铁矿物生物还原的电子穿梭体，与 Fe(Ⅱ)结合生成为菱铁矿，在 AQDS 的存在下形成磁铁矿和菱铁矿(Kappler A et al., 2014)。

铁(氢)氧化物在还原溶解过程中可能发生矿物转化，形成新的二次矿物如蓝铁矿、磁铁矿、菱铁矿等，这些二次矿物可能会发生 As 的再吸附，从而降低 As

的迁移性（Hansel C M et al. , 2003；Johnston R B et al. , 2007；O'loughlin E J et al. , 2010）。然而，电子穿梭体促进铁（氢）氧化物的生物还原是否会导致其释放或固定以及其相关机制尚不清楚，需要进一步研究。水铁矿是一种常见的铁氢（氧）化物，广泛分布于环境中，与其他铁（氢）氧化物相比，微生物的还原率更高（Li X M et al. , 2012；Peak D et al. , 2012）。因此，本节主要以 AQDS 和生物炭作为电子穿梭体来研究促进 As(Ⅴ) 吸附的水铁矿在还原过程中矿物相的转化及 As(Ⅴ) 的化学行为，探讨上清液中 DOM 浓度的变化以及 As 和 Fe 的反应机理。

4.2.1.1　材料表征及不同材料对砷的吸附效果

生物炭（C）、水铁矿（F）、生物炭+水铁矿（CF）、AQDS+水铁矿（AF）上清液中 As 总浓度分别为 66.6、52.7、48.0、52.4（mg/L），CK 组中为 73.4 mg/L（图 4-19）。吸附率分别为 9.36%、28.1%、34.6% 和 28.6%。不同处理材料对 As(Ⅴ) 的吸附效果有显著差异（$P<0.05$），生物炭对 As 的吸附效果不显著，As(Ⅴ) 在水铁矿上的吸附量明显高于生物炭。同时，CF 和 AF 增强了对 As(Ⅴ) 的吸附。

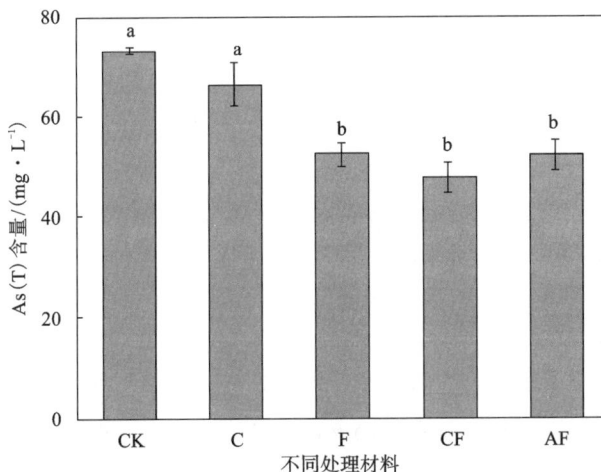

注：不同字母表示存在显著性差异（$P<0.05$）。

图 4-19　生物炭（C）、水铁矿（F）、生物炭+水铁矿（CF）、AQDS+水铁矿（AF）吸附 As(Ⅴ) 后溶液中的 As(T) 浓度

水铁矿和生物炭的比表面积分别为 273 m²/g 和 91.6 m²/g，与水铁矿相比，生物炭的 BET 较低。一般而言，吸附能力会随着比表面积的增加而增大，因而水铁矿具有较强的吸附能力（Yu J F et al. , 2019）。除此之外，生物炭表面具有大量带负电的有机官能团（波长 3448 cm⁻¹ 和 1628 cm⁻¹ 处对应 O—H，1092 cm⁻¹ 处对应 C—O、C—N 和 Si—O，450 cm⁻¹ 处对应 Si—O）（图 4-20），对带正电荷的离子有良好的去除效果（Klüpfel L et al.，2014；Yu J F et al.，2019）。然而，As（V）在环境中通常以 $H_2AsO_4^-$ 和 $HAsO_4^{2-}$ 形式存在（pH 4~8），从而使生物炭对 As 无明显吸附效果。水铁矿具有较大的 BET，表面带有大量正电荷和丰富的吸附位点（波长 3414 cm^{-1} 和 1628 cm^{-1} 处对应 O—H，波长 579 cm^{-1} 处对应 Fe—OH 和波长 447 cm^{-1} 对应 Fe_2O_3），对 As（V）有很强的吸附作用（Doušová B et al.，2011；Tang L et al.，2018）。

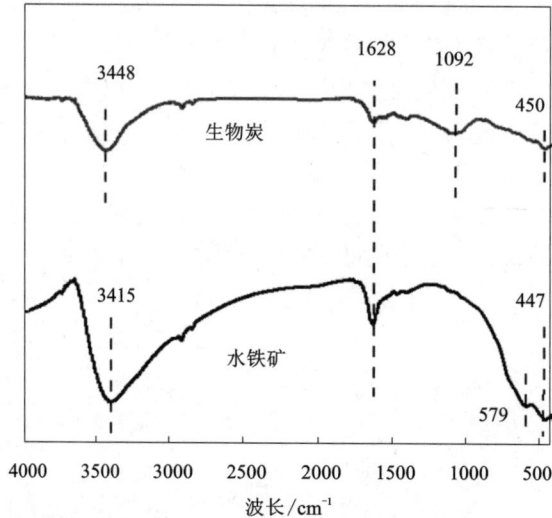

图 4-20　生物炭和水铁矿的傅里叶红外表征

4.2.1.2　微生物还原含砷水铁矿过程中砷铁变化曲线

为了描述微生物还原含砷水铁矿的过程（Kappler A et al.，2014；Wu S et al.，2018），绘制 Fe（II）、总 As 和 As（III）的浓度及 Fe（II）浓度/Fe（T）浓度 12 天的变化曲线（图 4-21）。*Shewanella oneidensis* MR-1 可以将水铁矿还原成溶解性的 Fe（II）释放到溶液中。随着培养时间的增加，不同处理组的 Fe（II）的浓度及 Fe（II）浓度/Fe（T）浓度均呈上升趋势，数值由大到小为：BCF、BAF 组>BF［图 4-21（a）和（b）］。BCF、BAF 和 BF 处理组 Fe（II）浓度/Fe（T）浓度的最大值分别为 90%，85%和 62%。在微生物还原水铁矿过程中，BCF 和 BAF 组 Fe（II）的浓度显著高于 BF 组，BAF 处理组在第 3 天 Fe（II）的浓度达到最大为 13.0 mg/L，BF 和 BCF 在第 4 天浓度达到最大，分别为 8.80 和 18.8（mg/L）。然而，后期曲线轻微下降后，Fe（II）浓度均趋于稳定。结果显示，Fe（III）的还原速率由大到小为 $v_{还BCF}>v_{还BAF}>v_{还BF}$，表明生物炭促进异化铁还原的能力要强于 AQDS。在反应初期，*Shewanella oneidensis* MR-1 对 As 具有轻微的吸附能力［图 4-21（c）］。随着水铁矿的还原溶解，BF、BCF 和 BAF 处理组上清液中总砷的浓度都呈现先增高后降低，最后稳定的趋势。在前三天，不同处理组总砷的浓度由大到小为：$\rho_{As、BCF}$ > $\rho_{As、BAF}$ > $\rho_{As、BF}$，表明生物炭促进砷释放的能力高于 AQDS；BF、BAF、BCF 处理组总砷浓度均在第四天达到最大值，分别为：63.0、61.5、65.4（mg/L）。图 4-21（d）表明，在整个反应过程中，上清液中的 As 均以 As（V）存在，表明 *Shewanella oneidensis* MR-1 不具备将 As（V）还原为 As（Ⅲ）的能力。在反应后期，Fe（Ⅱ）和 As 浓度降低，表明 AQDS 的添加抑制了砷的释放，可能出现了二次矿物的生成和 Fe（Ⅱ）的再吸附（Jiang S H et al.，2013；Kappler A et al.，2014；Muehe E M et al.，2016）。长期的微生物还原可能使水铁矿的矿物相发生了变化，从而导致了砷的再吸附。

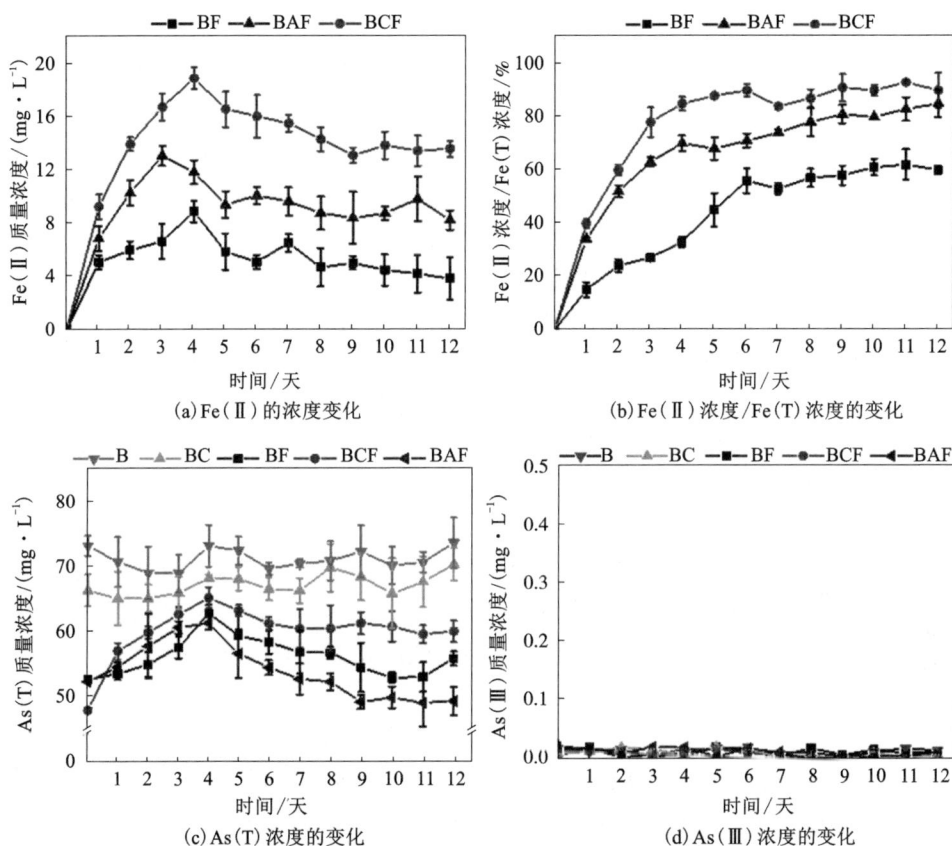

(a) Fe（Ⅱ）的浓度变化

(b) Fe（Ⅱ）浓度/Fe（T）浓度的变化

(c) As（T）浓度的变化

(d) As（Ⅲ）浓度的变化

图 4-21 微生物还原含砷水铁矿过程中，Fe（Ⅱ）、总 As、As（Ⅲ）浓度及 Fe（Ⅱ）浓度/Fe（T）浓度的 12 天变化曲线

AQDS 作为一种典型的电子穿梭体，其含有大量的醌类结构，可以参与微生

物–矿物间的电子传递(Chen Z et al., 2016)。由于具有较强的氧化还原能力，AQDS 可以促进 *Shewanella oneidensis* MR–1 胞外电子传递和水铁矿的还原(Chen Z et al., 2016)。生物炭是典型的腐殖质–醌类化合物，表面含有大量醌类和吩嗪类基团，具有较强的氧化还原能力，不仅可以作为电子供体和电子接收体，还可以作为电子穿梭体参与促进微生物–腐殖质–矿物之间的电子传递过程(Doušová B et al., 2011; Kappler A et al., 2014)。甚至在没有微生物的条件下，生物炭也可以使水铁矿发生还原。除此之外，还原产生的 Fe(Ⅱ)相较多吸附在水铁矿表面及生物炭上，可以促进水铁矿的还原(Kappler A et al., 2014)。生物炭和 AQDS 促进水铁矿还原的能力取决于具体的添加量，实验结果表明，浓度为 5 g/L 的生物炭促进 *Shewanella oneidensis* MR–1 还原水铁矿的能力要优于浓度为 0.1 mmol/L 的 AQDS。Kappler 和 Chen 等人的研究结果表明，AQDS 可以促进水铁矿的还原和砷的释放，在实验过程中，AQDS 的浓度保持不变(Chen Z et al., 2017; Kappler A et al., 2014)。高浓度 AQDS(0.1 mmol/L)促进铁还原能力低于低浓度(0.05 mmol/L)AQDS，即低浓度 AQDS 更容易促进水铁矿的还原(Chen Z et al., 2017)。这可以解释为什么浓度为 5 g/L 的生物炭促进 *Shewanella oneidensis* MR–1 还原水铁矿的能力要优于浓度为 0.1 mmol/L 的 AQDS。

4.2.1.3　铁还原过程的电化学分析

以 PBS 缓冲液为空白对照，溶液呈弱酸性，在 –0.4 V 处观察到一个小而宽的阴极峰(A)，可由式(4-1)描述。在此基础上，逐步加入乳酸钠、As(Ⅴ)和水铁矿后，阳极电流略有增强，但曲线上的峰值位置无明显变化(图 4-22)。电位为 1.5 V 时存在较大的阳极电流，电位为 –1.5 V 时存在较大的阴极电流，这可能是氧气和氢气的析出所致(Wei Z et al., 2004)。微生物反应 6 天后，溶液呈弱碱性(pH：8.6~9.0)。在电位为 –1.34 V 和 1.31 V 时检测到一个阴极峰(B)和一个显著的阳极峰(C)，阴极峰(B)可以表示为如式(4-2)所示的还原反应。阳极峰(C)可以表示 Fe^{2+} 氧化为 Fe^{3+} 的复杂反应(Luo W J et al., 2017)。BCF 的峰值强度高于 BF 的峰值强度，这与 Fe^{2+} 在溶液中的浓度相等。在 AQDS 溶液体系中，检测到两个阳极峰(D1, D2)和两个阴极峰(E1, E2)。这两对峰代表了一个中间半醌基的连续单电子顺序转移($Q + e^- \Longleftrightarrow Q^-$, $Q^- + e^- \Longleftrightarrow Q^{2-}$)(Nurmi j t et al., 2002)。AQDS 具有电子穿梭的功能，可以接收微生物传递的电子并将电子转移到不溶性铁氧化物上，促进水铁矿的溶解和还原(Kappler A et al., 2014)。然而，在所有处理组中都没有检测到与 As 变化相关的特征峰。可能的相关反应为：

$$O_2 + H^+ + e^- = HO_2 \tag{4-1}$$

$$Fe(OH)_3 + e^- = Fe(OH)_2 + OH^- \tag{4-2}$$

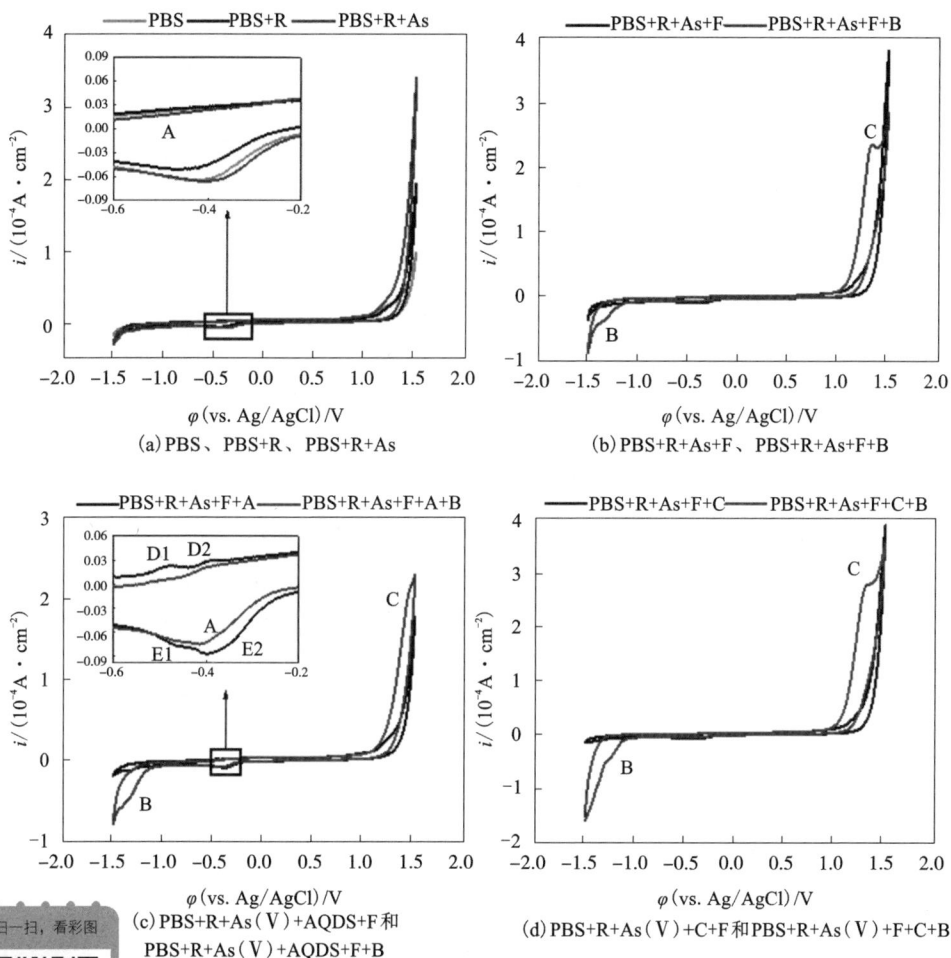

图 4-22　铁还原过程循环伏安曲线

4.2.1.4　溶液中 DOM 的动态变化

三维荧光光谱可以描述溶解性有机质如类蛋白、可溶性的微生物代谢产物、富里酸类似物和腐殖酸类似物的动态变化(图 4-23)。在 F 处理组中出现了一个微弱的峰，可能是由缓冲液中的乳酸钠造成的。反应 6 天后，在 BF 处理组中，富里酸类似物和可溶性的微生物代谢产物叠加的峰荧光增强；在 BAF 处理组中，生物还原后出现富里酸类似物和可溶性的微生物代谢产物叠加的峰，与 BF 处理组相同，但荧光强度弱于 BF 处理组，可能与 AQDS 荧光猝灭作用有关(Chen Z et al.，2017）。溶液中添加生物炭后其荧光光谱中出现了类富里酸和类腐殖酸峰，反应后类富里酸的峰消失，上清液中发生了DOM腐殖化，出现了由类腐殖酸和微弱的微生物代谢类似物叠加产生的峰，但峰值强度较BF和BAF处理组的峰值强度弱。一方面是因为添加生物炭后会有更多的DOM以电子供体的形式被氧化分解从而导致体系中DOMW含量更低，另一方面微生物大多附着在溶液中固相介质上生长，因此液相中的微生物代谢类似物较少，即与生物炭吸附作用有关（Chen Z et al.，2016）。

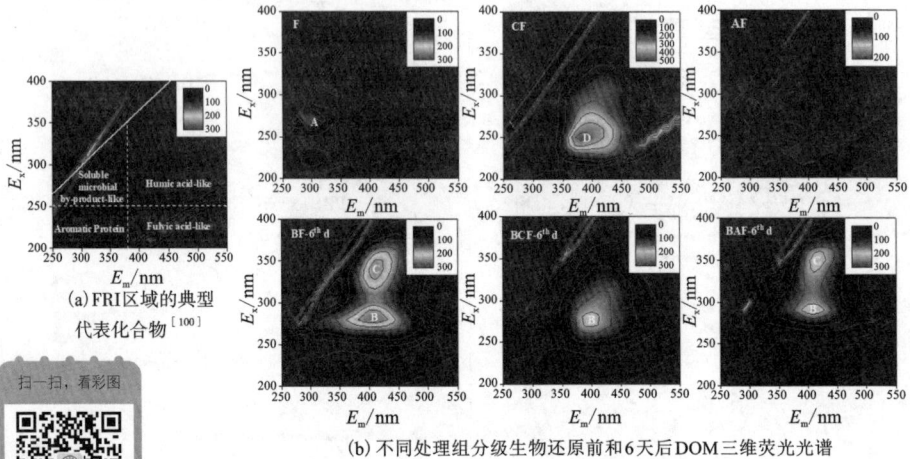

(a) FRI区域的典型代表化合物[100]

(b) 不同处理组分级生物还原前和6天后DOM三维荧光光谱

图 4-23　不同处理条件 FDOM 三维荧光光谱图

4.2.1.5　最终产物的矿物学表征

人工合成的水铁矿属于 2 线水铁矿（图 4-24），是一种结晶性较差的材料。在 BF 组中[图 4-24(a)]，第 6 天出现了蓝铁矿[$Fe_3(PO_4)_2 \cdot 8H_2O$，vivianite]的特征峰，但随着 AQDS 的加入，蓝铁矿的形成时间缩短至第 2 天，结果表明 AQDS 的添加可以促进水铁矿的矿物相转化。但在 BCF 组的 XRD 图谱中没有观察到二次矿物形成，说明生物炭的加入抑制了水铁矿的矿物相转化，生物炭-铁(Ⅱ)矿物复合物的形成降低了铁(Ⅱ)的迁移性。此外，新矿物的形成可能是导致液相中 As 和 Fe(Ⅱ) 浓度下降的原因之一。铁还原菌在铁还原过程中产生的次生矿物类型与培养体系中的阴离子类型密切相关，并受这些阴离子的相对含量所控制（Kappler A et al.，2014；Li X M et al.，2012）。以 piperazine－1，4－bis（2－ethanesulfonic acid）（PIPES）为缓冲液时，水铁矿还原产生磁性铁（Li X M et al.，2012）。在含 HCO_3^- 的缓冲液中，水铁矿容易还原为磁铁矿和菱铁矿（Kappler A et al.，2014）。当培养液中存在磷酸盐时，还会形成蓝铁矿[$Fe_3(PO_4)_2 \cdot 8H_2O$]（Li

X M et al.，2012）。一般认为，浓度小于 4 mmol/L 的磷酸盐溶液有利于绿锈的形成，而绿锈是不稳定的，在较高的磷酸盐浓度下会转化为蓝铁矿（Li X M et al.，2012）。在田间，磷酸盐广泛分布于砷污染的水体、土壤和沉积物中（Roberts L C et al.，2004）。在这些环境条件下，在铁还原菌还原铁矿物的过程中，可能产生相同的二次矿物并影响砷的迁移。

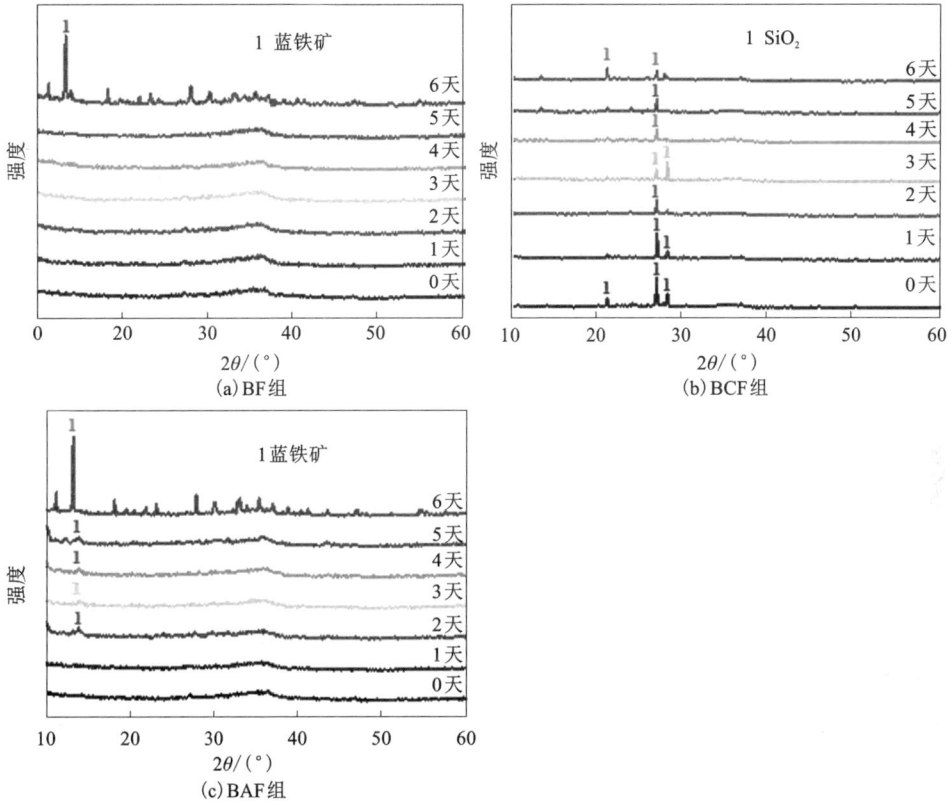

图 4-24　在铁还原菌还原水铁矿过程中，不同处理组铁矿物矿物相变化 XRD 表征

　　为了研究不同处理组中固相产物的元素组成和价态变化，进行了固相产物 XPS 分析。结果表明元素 C、O、Fe 有强烈的峰值，此外还出现了含量较低的 As 和 P 元素（表 4-10），Fe 在 BF 和 BAF 处理组中的相对含量分别为 17.77% 和 14.62%，说明 AQDS 可以促进水铁矿的还原和 Fe(II) 的释放。BAF 处理组中元素 P 和 As 的相对含量分别为 6.21% 和 0.66%，高于 BF 处理组的 4.95% 和 0.49%。说明 AQDS 可以促进水铁矿微生物还原过程中矿物相的转变和新矿物的生成，从而抑制 As 的释放。在 BCF 处理组中，Fe 和 As 的相对含量较低，可能是因为 C 和 O 的相对含量较高促进了 Fe 的还原和 As 释放。

表 4-10　不同处理组固相产物 XPS 分析结果　　　　单位：%

处理组	C1s	O1s	Fe2p	As3d	P2p
BF	25.61	51.18	17.77	0.49	4.95
BAF	28.88	49.63	14.62	0.66	6.21
BCF	62.22	32.17	4.37	0.01	1.23

根据 BF、BAF 处理组中 As、P 的 XPS 拟合结果可知（图 4-25），在结合能为 133.4 eV 时，出现了 P2p 的特征峰，经拟合为蓝铁矿的磷酸盐成分（Pratt A R，1997）。As3d 特征峰的结合能值分别为 44.7 eV 和 45.6 eV，这些值分别对应为 $Na_2HAsO_4 \cdot 7H_2O$ 和 As(Ⅴ)（Frau'f et al.，2010）。Frau 等研究结果表明，纯 $Na_2HAsO_4 \cdot 7H_2O$ 的 As3d 特征峰结合能为（44.7±0.2）eV，在浓度为 2 mg/L As(Ⅴ)溶液中水铁矿发生吸附作用后，As3d 特征峰值对应的结合能值为在（45.6±0.2）eV（Frau f et al.，分别为 1.73 和 1.95，表明生物还原后，BAF 处理组的铁矿物中有更多的砷被固定。As 的 XPS 结果表明，不同处理组之间的特征峰没有显著差异。本实验中，水铁矿生物还原前后，反应体系中均不存在砷的氧化还原。事实上，最近研究表明，*Shewanella oneidensis* MR-1 不具有将 As(Ⅴ)转化为 As(Ⅲ)的能力（Jiang S H et al.，2006；Jiang S H et al.，2013；Wu S et al.，2018）。Muehe 等报道 As(Ⅴ)代替了蓝铁矿中的 P 生成复合矿物 $Fe_3(PO_4)_{1.7}(AsO_4)_{0.3} \cdot 8H_2O$（Muehe E M et al.，2016）。Jiang 等运用同步辐射技术发现 *S. oneidensis* MR-1 还原水铁矿过程中 As(Ⅴ)与 Fe^{3+} 形成了非结晶的 $Fe_3(AsO_4)_2$ 矿物（Jiang S H et al.，2013）。在我们的实验中，还原前后砷的 XPS 结果无显著变化，是由于反应前后砷均以 AsO_4^{3-} 的形式存在。

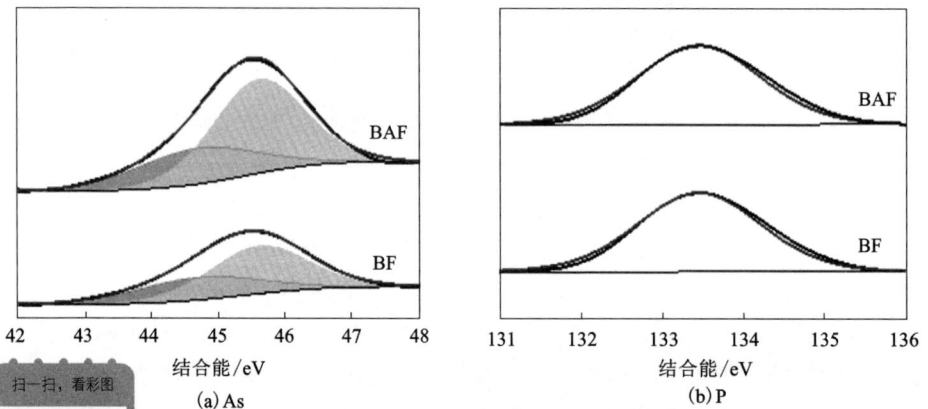

图 4-25　BF、BAF 处理组中 As、P 的 XPS 拟合结果

　　为了证明 Fe(Ⅱ)是否出现在反应的固相产物中以及生物炭和 AQDS 是否导致次生矿物的形成等,对水铁矿和生物还原反应 6 天后的产物进行穆斯堡尔谱测定(图 4-26)。合成水铁矿为顺磁性双峰,其异构体位移为 0.35 mm/s,四极分裂为 0.65 mm/s,半宽度为 0.49 mm/s(a)。在 BF 和 BAF 中发现小的 Fe(Ⅱ)峰,同分异构体位移为 1.221、1.078 和 1.213、1.069(mm/s),四极分裂为 2.903、2.617 和 2.882、2.571(mm/s)。这些结果与之前报道的蓝铁矿的穆斯堡尔谱相似(Mccammon C A et al., 1980)。铁原子在蓝铁矿的晶体结构中有两种不同的八面体位置(Wilfert P et al., 2018)。一种是孤立的 Fe_A 八面体,其中 Fe^{2+} 的 6 个配位体为处于菱形平面上 4 个 H_2O 和两个顺排的氧,后者属于 PO_4^{3-} 四面体;另一种是 Fe_B 八面体,其中有两个配位体是反排的 H_2O,另外 4 个配位体也是 PO_4^{3-} 四面体的氧(Mccammon c A et al., 1980)。$[Fe_B^{2+}]/[Fe_A^{2+}]$ 的比值通常是 2。然而,在我们的结果中,这一比例高于 2,这可能是蓝铁矿的氧化所致。Mccammon 等

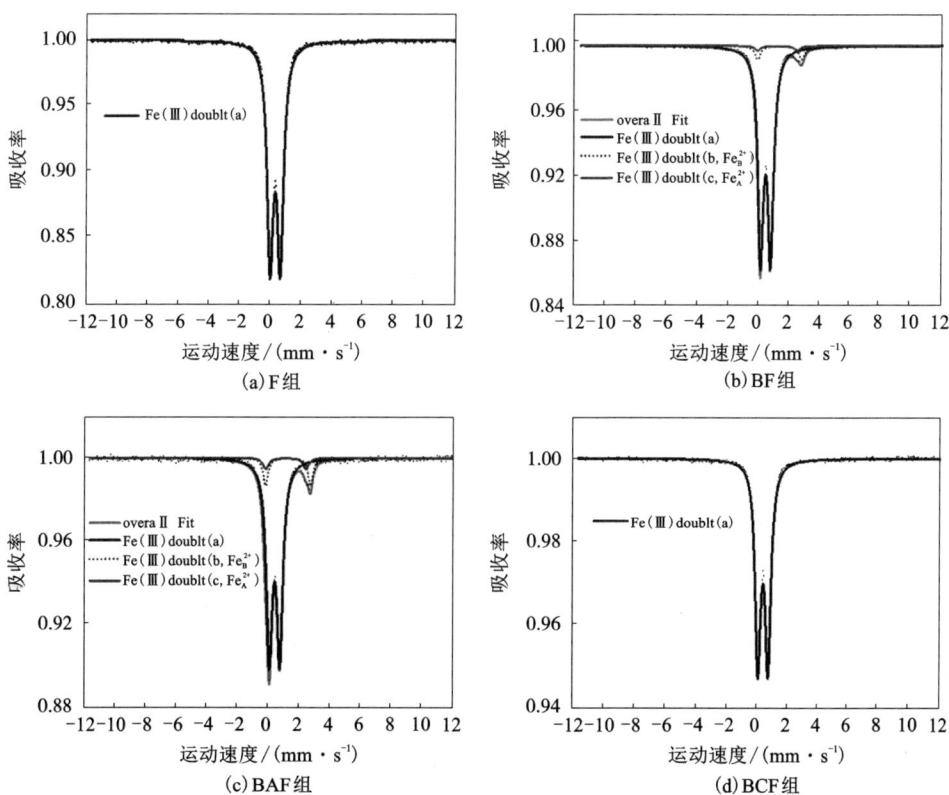

图 4-26　水铁矿以及生物还原反应 6 天后 BF、BCF、BAF
处理组固相最终产物的穆斯堡尔谱图

(Mccammon c A et al., 1980)报道,蓝铁矿在空气中容易氧化,Fe_A^{2+} 比具有抗氧化能力的 Fe_B^{2+} 更容易氧化,$[Fe_B^{2+}]/[Fe_A^{2+}]$ 比值随着氧化程度的增加而增加(Mccammon c A et al., 1980)。此外,穆斯堡尔谱数据结果中的化学位移、四极矩分裂能、半宽度和面积比更接近氧化后的蓝铁矿数据(Mccammon C A et al., 1980)。XRD 和 Mossbauer 谱拟合结果表明,在 BF 和 BAF 处理组中产生了蓝铁矿,其含量分别占总铁的 8.12% 和 15.6%。Fe(Ⅱ)没有完全释放到液相中,AQDS 可以促进 Fe(Ⅱ)在固相中的积累。然而,BCF 处理组的穆斯堡尔谱异构体位移为 0.36 mm/s,四极分裂为 0.66 mm/s,半宽度为 0.45 mm/s,BCF 组处理后与还原前的水铁矿没有显著差异,这与之前的 XRD 结果一致。

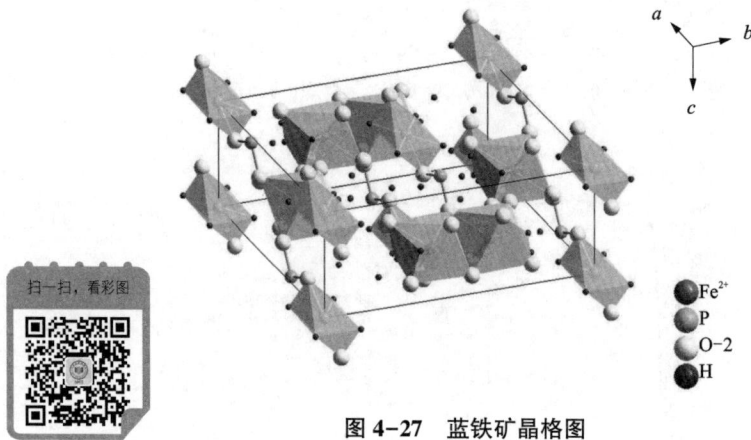

图 4-27 蓝铁矿晶格图

4.2.2 微生物还原含 As(Ⅲ) 水铁矿对 Fe、As 转化的影响

生物地球化学过程可以直接或间接地导致砷的氧化还原转化,例如在活性铁屏障、Fe(Ⅱ)-针铁矿体系或 H_2O_2-依赖的 Fenton 反应中形成的 Fe(Ⅳ)存在等情况下,As(Ⅲ)发生了非生物氧化(Borch T et al., 2010)。大量的研究表明,Fe(Ⅱ)与三氧化二铁矿物结合[表面结合 Fe(Ⅱ)]在溶液中的反应活性要高于溶液中的 Fe(Ⅱ),表面结合 Fe(Ⅱ)能显著提高许多还原性污染物的转化率,例如 As 的氧化还原状态可以被观察到的活性 Fe(Ⅱ)-Fe(Ⅲ)矿物体系改变(Borch T et al., 2010; Elsner M et al., 2004)。表面结合的 Fe(Ⅱ)可以在地下不断再生,例如通过微生物铁还原,因而它是污染物原位还原转化最有效的天然介质之一。土壤中存在着大量的有机物,有机物可以通过吸附竞争和形成复杂的络合物影响 As 的迁移性,而微生物氧化外源和内源有机物导致含 As(Ⅲ)水铁矿的还原溶解,通常被认为是导致 As 释放的最重要过程(Muehe E M et al., 2013)。与此同

时，生物炭溶解产生的 DOM 中的半醌自由基可以参与 As(Ⅲ)氧化(Dong X L et al.，2014)；半醌自由基也是腐殖质醌类物质 AQDS 用于 As(Ⅲ)氧化的主要电子接受基团(JIANG J et al.，2009)。

在微生物还原铁氧化物过程中，As(Ⅲ)和 As(Ⅴ)的"命运"有显著差异。大量的研究表明，微生物在还原含 Fe(Ⅲ)氧化物的过程中可能会出现 As(Ⅲ)形态的转变(氧化，甲基化)(王娟等，2015；汪明霞等，2014)。越来越多的证据表明有机质参与了环境中 As 和 Fe 的形态转化，所以在评估污染物的"命运"时必须考虑有机物。为了充分了解微生物 Fe 还原对 As(Ⅲ)"命运"的影响，本节研究了生物炭-AQDS 对含 As(Ⅲ)水铁矿还原的影响，探索了由此产生的非生物和生物过程中铁和 As(Ⅲ)的化学行为及矿物相的转化，并分析了微生物还原含 As(Ⅲ)、As(Ⅴ)水铁矿对 As(Ⅲ)和 As(Ⅴ)的迁移性影响的差异性及原因。

4.2.2.1　材料表征及不同材料对 As(Ⅲ)的吸附效果

通过 SEM 分析，得到了人工合成的水铁矿和生物炭材料的形貌结构(图 4-28)，形貌分析表明合成的水铁矿表面无固定形态，表面粗糙、不规则，且表面不连续，大多呈颗粒状，含少量不同大小的球状颗粒(谢亚巍等，2012；钟松雄等 2017)；生物炭在 600℃ 热解，发生放热反应，大量的能量从其孔道内部冲出，形成片状结构，且表面形成较多的微孔(常西亮等，2017)。

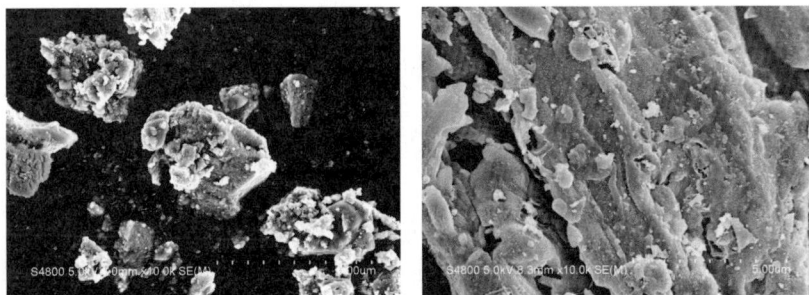

(a) 水铁矿　　　　　　　　　　　　　(b) 生物炭

图 4-28　水铁矿和生物炭 SEM 分析

水铁矿(F)、AQDS+水铁矿(AF)、生物炭+水铁矿(CF)吸附 As(Ⅲ)后，其上清液中 As(T)浓度分别为 22.0、23.1、28.3(mg/L)，对照组为 78.2 mg/L，吸附率分别为 71.9%，70.4%，63.8%(图 4-29)。相对于对照组，不同处理组对 As(Ⅲ)的吸附效果均存在显著差异($P < 0.05$)，且不同处理组对 As(Ⅲ)吸附效果远远高于对 As(Ⅴ)的吸附效果(见图 4-19，F 组 71.9%>28.2%、AF 组 70.4%>34.6%、CF 组 63.8%>28.6%)；相对于 F 处理组，不同缓冲液中 AF 对 As(Ⅲ)的吸附效果均不显著，CF 抑制了对 As(Ⅲ)吸附。而由 4.2.1 节数据可知，CF 和 AF 材料微弱地增强了对 As(Ⅴ)吸附，对 As(Ⅲ)和 As(Ⅴ)的吸附作用产生两种不同的影响。

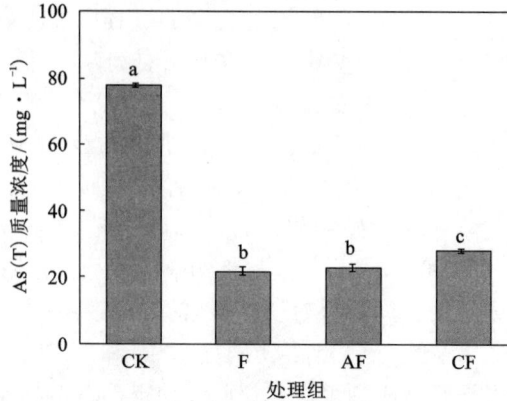

注：不同字母表示存在显著性差异。

图 4-29   对照组(CK)、水铁矿组(F)、AQDS+水铁矿组(AF)、生物炭+
水铁矿组(CF)吸附As(Ⅲ)后溶液中的 As(T)浓度

大量的研究表明，PO_4^{3-} 可以与 As 竞争铁氧化物表面的吸附位点，由于竞争吸附作用，使 As(Ⅲ)的吸附量减少(Antelo J et al. , 2010；Antelo J et al. , 2005；Stachowicz M et al. , 2008)。研究表明，As(Ⅲ)的初始浓度大于 100 mg/L 时，水铁矿的吸附率可达到 90%，与土壤及其胶体对 As(Ⅴ)比对 As(Ⅲ)具有更强的吸附能力不同，水铁矿和水铁矿胶体对 As(Ⅲ)具有更强的吸附能力，因为 As(Ⅲ)优先结合双配位羟基，而 As(Ⅴ)则优先结合三配位羟基(马玉玲等，2018)；此外，As(Ⅴ)在无定形水铁矿上可以形成内层表面配位体，主要是通过形成内圈型表面络合物被吸附和固定，属于专性吸附；而 As(Ⅲ)在水铁矿上不仅存在内层配位，还有外层配位，既可形成内圈型表面络合物又可形成外圈型表面络合物，吸附类型包括专性吸附和静电吸附(孙林等，2016；Goldberg S et al. , 2001)。马玉玲等研究表明，水铁矿及其胶体对 As(Ⅲ)的吸附速度和吸附量均高于 As(Ⅴ)，吸附易于进行且为多层吸附(马玉玲等，2018)。本实验在 PBS 缓冲液中不同处理组对 As(Ⅲ)吸附的效果远远高于对 As(Ⅴ)的吸附效果，与马玉玲等研究结果一致(马玉玲等，2018)。

孙林等研究表明，腐殖酸浓度的增加，使反应体系酸化，促进了铁氧化物的溶解，并占据铁氧化物表面的吸附位点，使水铁矿对 As(Ⅲ)的吸附能力逐渐减小；在低浓度条件下，腐殖酸使溶液 H^+ 浓度略微增高，pH 降低，使铁氧化物表面的正电荷数量增加，微弱地提高 As（V）的吸附量，即低浓度的腐殖酸微弱地促进铁氧化物对 As（V）的吸附（孙林等，2016）。根据 4.2.1 节可知，生物炭对在环境中以含氧阴离子形式存在的砷（pH 为 4~8 时，As（V）以 $H_2AsO_4^-$ 和 $HAsO_4^{2-}$ 形式存在；pH<8 时，As（Ⅲ）以 H_3AsO_3 形式存在）无明显吸附效果，但生物炭产生的少量溶解性有机质可能会抑制水铁矿对 As（Ⅲ）的吸附并微弱地促进对 As（V）的吸附。此外，由于 AQDS 添加量相当低，因而对 As（Ⅲ）的吸附率由大到小为 F、AF、CF；对 As（V）吸附率由小到大为 F、AF、CF。

4.2.2.2　非生物条件下不同处理溶液中铁砷变化

非生物条件下，水铁矿（F）、AQDS+水铁矿（AF）、生物炭+水铁矿（CF）溶液中，Fe（Ⅱ）浓度和 Fe（Ⅱ）浓度/Fe（T）浓度的变化趋势相似（图 4-30）。

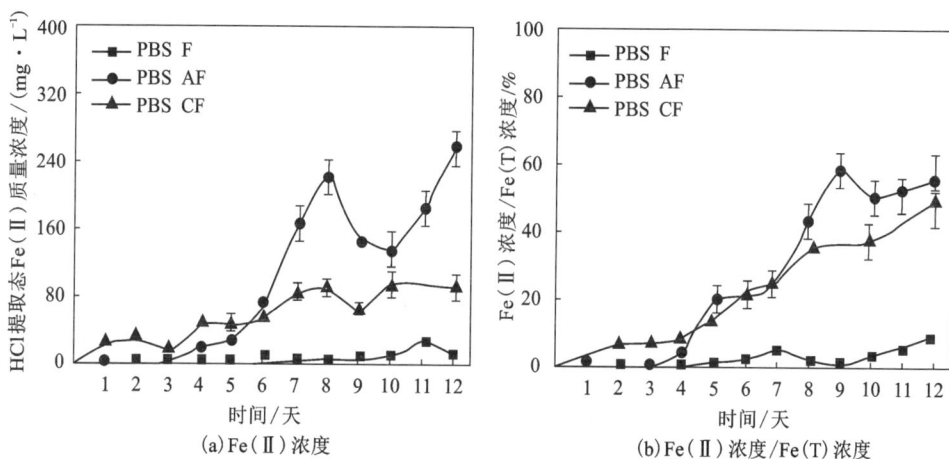

图 4-30　非生物条件下，水铁矿（F）、AQDS+水铁矿（AF）、生物炭+水铁矿（CF）溶液中的 Fe（Ⅱ）浓度和 Fe（Ⅱ）浓度/Fe（T）浓度变化曲线

前期 Fe（Ⅱ）含量和 Fe（Ⅱ）及 Fe（T）浓度的比值在不同处理组均呈现 CF 组>AF 组>F 组，后期呈现 AF 组>CF 组>F 组的趋势，表明 AQDS 和生物炭均可以促进水铁矿的化学还原。反应前期，生物炭对铁还原的影响大于 AQDS 反应，6 天后 AQDS 处理组 Fe（Ⅱ）的产生量显著高于生物炭处理组（第 12 天，AF 组的Fe（Ⅱ）含量为 256 mg/L>CF 组的 97.1 mg/L）。长期来看，AQDS 促进铁化学还原的能力更强（Fe（Ⅱ）含量最大值，AQDS 为 256 mg/L，PBS 生物炭为97.1 mg/L）。AQDS 和生物炭处理组 Fe（Ⅱ）浓度和 Fe（Ⅱ）浓度/Fe（T）浓度后期均出现先降低后增加的趋势，AQDS 和生物炭处理组 Fe（Ⅱ）浓度/Fe（T）浓度最高分别达 60.3%，49.0%。Zhou 等研究结果表明，相对于无菌对照组，添加

2.5 g/L 生物炭 + 0.5 mmol/L AQDS 可促进水铁矿的还原(Zhou G W et al.，2016)。生物炭是生物质在低温和缺氧条件下加热产生的，是一种低密度的富碳材料，广泛用于土壤改良剂和肥料中(Dong X L et al.，2014)。生物炭溶解可以产生活性 DOM，既可以作为电子供体又可以作为电子受体参与化学反应。Kappler 等研究了在非生物条件下，添加不同浓度的生物炭[0.5，1，5，10(g/L)]对水铁矿还原的影响，结果表明，生物炭可以促进水铁矿化学还原，可使电子从生物炭转移至水铁矿，促进 Fe(Ⅱ)的生成。随着生物炭添加量的增加，Fe(Ⅱ)含量显著增加，生物炭浓度为 5 g/L 时，Fe(Ⅱ)的产生量为 1.00 ~ 1.25 mmol/L(55.8~69.8 mg/L)(Kappler A et al.，2014)。吴松等的研究表明，在未加微生物的条件下，添加生物炭和活性炭，可以提高溶液中 Fe(Ⅱ)浓度/Fe(T)浓度(吴松等，2018)的比值。因此，生物炭可以促进水铁矿的化学还原，且这种促进作用主要发生在前期，后期 Fe(Ⅱ)含量趋于稳定。

实验结果表明，AQDS 促进水铁矿化学还原主要发生在后期。天然有机物(NOM)具有氧化还原活性，不仅可以在非生物条件下还原 Fe(Ⅲ)，还可以通过氧化 As(Ⅲ)和还原 As(Ⅴ)来改变其氧化还原状态(图 4-31)(Chen J et al.，2003；Jiang J et al.，2009)。尽管已知在腐殖酸类物质中除了醌类以外还有其他氧化还原活性基团，但醌类化合物被认为是腐殖酸类物质中最重要的氧化还原活性官能团(Chen J et al.，2003；Jiang J et al.，2009)。AQDS 是典型的醌类化合物，可以通过氧化 As(Ⅲ)而被还原，醌(Quinone)接受一个电子形成半醌(Semiquinone)，再接受一个电子形成氢醌(对苯二酚)(Hydroquinone)(图 4-31)。Jiang 等(2009)提出，半醌自由基是腐殖质醌类物质 AQDS 用于氧化 As(Ⅲ)过程中主要的电子接受基团，当半醌自由基自旋浓度从 5.6×10^{18} spins/L 增加到 2.5×10^{20} spins/L 时，As(Ⅲ)氧化率从 13% 增加到 67%(Jiang J et al.，2009)。Chen 等研究表明，NOM 能够以非生物方式还原 Fe(Ⅲ)(Chen J et al.，2003)。Duesterberg 等研究表明，醌类化合物可以作为 Fe(Ⅲ)的还原剂，参与 Fe 的氧化还原循环(Duesterberg C K et al.，2007)。半醌(QH)和氢醌(QH_2)可以将 Fe(Ⅲ)还原为 Fe(Ⅱ)，$Fe(Ⅲ) + QH_2 \Longleftrightarrow Fe(Ⅱ) + QH + H^+$，$Fe(Ⅲ) + QH \Longleftrightarrow Fe(Ⅱ) + Q + H^+$。然而，Borch 等报道，在没有微生物的对照组中，用浓度为 0.5 mmol/L 的 AQDS 处理用浓度为 6 mmol/L 的水铁矿，显示溶液中没有明显的 Fe(Ⅱ)产生(Borch T et al.，2015)。因此，可能是 AQDS 处理组前期通过氧化 As(Ⅲ)产生半醌和氢醌(对苯二酚)反应基团，随后这些活性基团还原铁矿物而生成 Fe(Ⅱ)，从而导致 AQDS 处理组 Fe(Ⅱ)的生成量在培养后期迅速增加(Baxendale J H et al.，1957；Chen J et al.，2003；Duesterberg C K et al.，2007；Van der zee F P et al.，2009)。

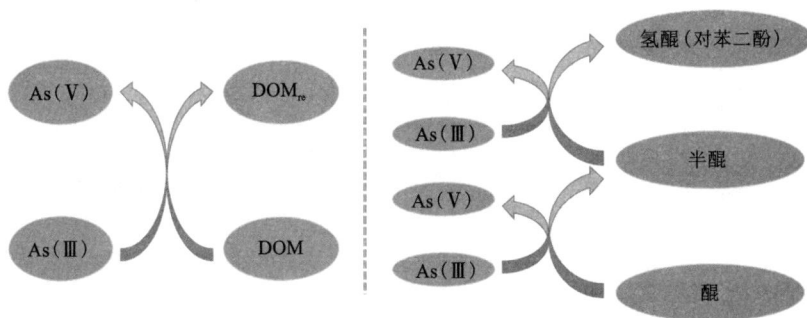

图 4-31　DOM 和 AQDS 化学氧化 As(Ⅲ)

在非生物条件下，水铁矿(F)、AQDS+水铁矿(AF)、生物炭+水铁矿(CF)溶液中的 As(T)浓度和 As(Ⅲ)浓度/As(T)浓度变化曲线如图 4-32 所示。不同处理组上清液中 As(T)的含量均呈现为先稳定后上升的变化趋势，CF 组 As(T)浓度始终均高于 AF 和 F 组，CF 组和 AF 组 As(T)浓度在第 11 天达到最大，F 组 As(T)浓度在第 12 天达到最大，As(T)浓度最大值 CF 组为 42.1 mg/L，AF 组为 39.4 mg/L，F 组为 27.8 mg/L。相对于吸附实验，第 12 天不同处理组释放到溶液中的砷浓度分别为 CF 组 11.5 mg/L，AF 组 15.0 mg/L，F 组 5.86 mg/L，表明非生物条件下，AQDS 促进砷释放的能力要高于生物炭。造成上清液 As(T)的含量增加的原因主要有两个，一个是水铁矿的还原导致吸附在水铁矿上的 As(Ⅲ)释放到溶液中；由 4.2.1 节可知，水铁矿对 As(Ⅲ)的吸附效果要优于 As(Ⅴ)，另一个原因可能是溶液中出现了 As(Ⅲ)形态的转化，水铁矿对溶液中砷的吸附能力减弱，导致溶液中 As(T)含量增加。

由 As(Ⅲ)浓度/As(T)浓度变化曲线图[4-32(b)]可知，生物炭和 AQDS 促进了 As(Ⅲ)形态的转化，后期 As(Ⅲ)浓度/As(T)浓度呈现为 CF 组<AF 组<F 组，在第 10 天溶液中 As(Ⅲ)浓度/As(T)浓度比值为 74.5%(CF)<81.3%(AF)<90.7%(F)，表明生物炭处理组溶液中 As(Ⅲ)形态的转化更为明显。后期 As(Ⅲ)浓度/As(T)浓度比值升高可能与生物炭对 As(Ⅴ)及二次矿物的生成有关，As(Ⅲ)转化生成的 As(Ⅴ)以吸附、共沉淀的形式固定在固相，导致上清液 As(Ⅲ)浓度/As(T)浓度比值升高。无论铁氧化物的矿物化学计量学特性和晶体结构如何，Fe(Ⅱ)都能吸附在铁氧化物上形成 Fe(Ⅲ)—O—Fe(Ⅱ)—OH 典型表面络合物(Elsner M et al.，2004)。铁(氢)氧化物和 Fe(Ⅱ)同时存在的情况，类似于铁还原微生物的环境，可能会出现 As(Ⅲ)的氧化(Amstaetter K et al.，2010)。Amstaetter 等研究表明，针铁矿与溶解的 Fe(Ⅱ)相互作用表现出较高的氧化还原活性，在 Fe(Ⅱ)-针铁矿体系中 As(Ⅲ)快速氧化为 As(Ⅴ)(Amstaetter

K et al., 2010)。此外, DOM 作为环境中生物地球化学的重要组成部分, 在氧化还原反应中既是电子供体又是电子受体, 是影响 As 化学形态的重要因素(Dong X L et al., 2014)。Redman 等研究表明, 在 90 小时内, DOM(C 浓度为 10 mg/L, pH 6.0)能够将浓度为 25~40 μg/L 的 As(Ⅲ)氧化为 As(Ⅴ)化学反应式如式(4-3)所示(Redman A D et al., 2002)。Dong 等(2014)的电子自旋共振研究表明, 生物炭溶解产生的 DOM 中的半醌自由基参与了 As(Ⅲ)的氧化, 可通过式(4-3)描述(Dong X L et al., 2014)。Jiang 等提出, 半醌自由基是腐殖质醌类物质 AQDS 氧化 As(Ⅲ)的主要电子接受基团, 当半醌自由基自旋浓度从 $5.6×10^{18}$ spins/L 增加到 $2.5×10^{20}$ spins/L 时, As(Ⅲ)氧化率从 13% 增加到 67%(Jiang J et al., 2009)。

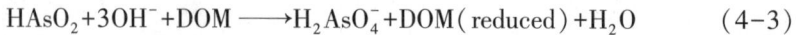

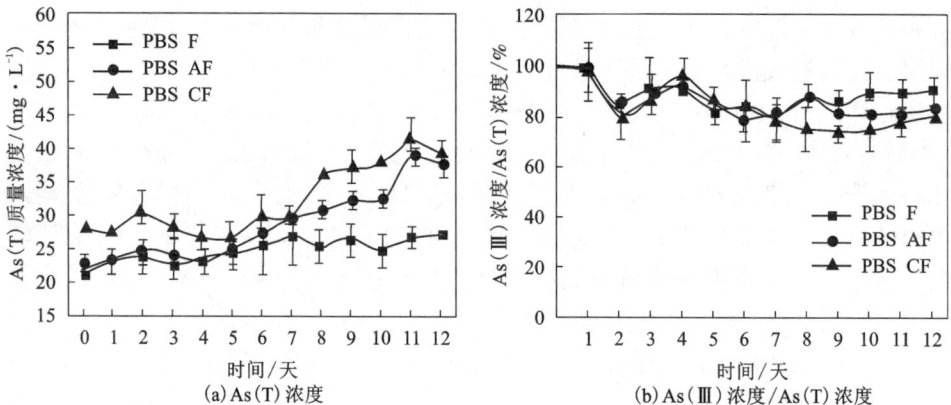

$$HAsO_2 + 3OH^- + DOM \longrightarrow H_2AsO_4^- + DOM(reduced) + H_2O \qquad (4-3)$$

图 4-32 非生物条件下, 水铁矿(F)、AQDS+水铁矿(AF)、生物炭+水铁矿(CF)溶液中的 As(T)和 As(Ⅲ)浓度/As(T)浓度变化曲线

4.2.2.3 微生物还原含 As(Ⅲ)水铁矿过程中铁砷浓度变化曲线

为了描述微生物还原含 As(Ⅲ)水铁矿的过程, 绘制 Fe(Ⅱ)及 Fe(Ⅱ)浓度/Fe(T)浓度 12 天的变化曲线(图 4-33)。相对于非生物组, 添加了 *Shewanella oneidensis* MR-1 之后, 长期来看, 生物炭和 AQDS 的可以促进 Fe(Ⅱ)的生成, AQDS 的促进效果更加显著[图 4-33(a)]。在 *Shewanella oneidensis* MR-1 作用下, 不同处理组 Fe(Ⅱ)的浓度由大到小为 BAF 组浓度>BCF 组浓度>BF 组浓度, BF、BAF 和 BCF 组均呈现先增加后稳定, 后期略有降低的变化趋势。BAF 组 Fe(Ⅱ)含量在第 8 天达到最大为 245 mg/L, BF 组和 BCF 组 Fe(Ⅱ)含量在第 11 天达到最大, 分别为 41.2 mg/L 和 113 mg/L。Fe(Ⅱ)浓度/Fe(T)浓度始终呈 BAF 组浓度>BCF 组浓度>BF 组浓度的趋势(第 12 天的 Fe(Ⅱ)浓度/Fe(T)浓度,

PBS BAF 组为 62.8%，PBS BCF 组为 34.0%，PBS BF 组为 18.8%）［图 4-33（b）］。

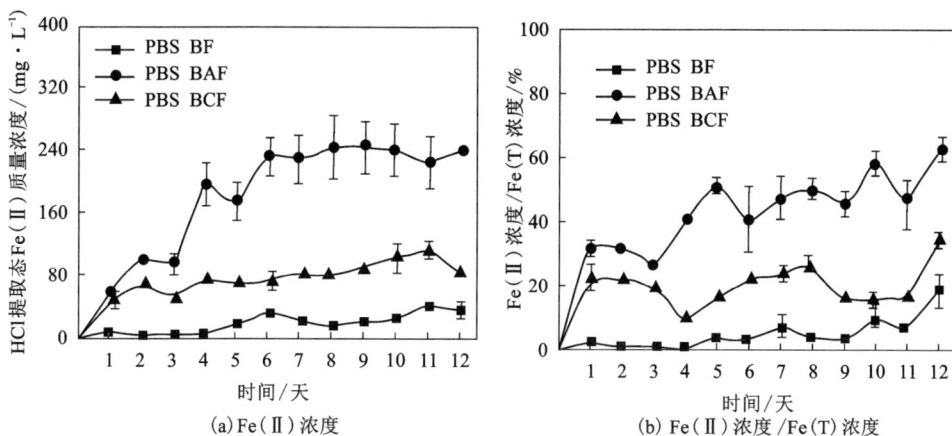

图 4-33　生物条件下，水铁矿（BF）、AQDS+水铁矿（BAF）、生物炭+水铁矿（BCF）溶液中 Fe(Ⅱ) 浓度和 Fe(Ⅱ) 浓度/Fe(T) 浓度的变化曲线

对比 As(Ⅲ)-水铁矿非生物处理组，发现 BF 组还原产生的 Fe(Ⅱ) 含量不高，可能与 As(Ⅲ) 对菌生长的抑制作用有关。对比 BF 组及非生物条件下 AF 和 CF 组，生物炭和 AQDS 可以作为电子穿梭体促进水铁矿的异化铁还原过程。与 As(Ⅴ)-水铁矿反应体系生物炭促进 Fe(Ⅱ) 含量增加，As(Ⅲ)-水铁矿反应体系 AQDS 处理组产生的 Fe(Ⅱ) 含量更高，一方面这可能是因为 As(Ⅲ) 对 *Shewanella oneidensis* MR-1 的生长抑制作用较 As(Ⅴ) 更为严重，在微生物还原 As(Ⅲ)-水铁矿反应体系中，铁的化学还原占主导优势。在非生物条件下，生物炭产生的溶解性有机质可以将水铁矿还原为 Fe(Ⅱ)，AQDS 可以通过氧化 As(Ⅲ) 产生半醌和氢醌等活性反应基团还原铁矿物生成 Fe(Ⅱ)，且总体来看，浓度为 0.1 mmol/L 的 AQDS 对 As(Ⅲ)-水铁矿体系铁化学还原的效果优于浓度为 5 g/L 的生物炭。另一方面可能是因为生物炭产生的溶解性有机质与 As(Ⅲ) 发生了氧化还原反应，未能用于促进微生物的生长代谢。因此，在异化铁还原 As(Ⅲ)-水铁矿过程中 AQDS 处理组溶液中 Fe(Ⅱ) 的含量更高。在反应后期，Fe(Ⅱ) 和 Fe(Ⅱ) 浓度/Fe(T) 浓度比值降低，可能与二次矿物的生成和 Fe(Ⅱ) 的再吸附有关。

As(Ⅲ) 对 *Shewanella oneidensis* MR-1 的生长有一定程度的抑制作用，可能是通过抑制糖代谢，使其得不到足够的电子供体，从而抑制菌的生长与活性，减缓 Fe(Ⅲ) 的还原（汪明霞等，2014）。Wang 等研究了不同价态的无机砷对 *Shewanella oneidensis* MR-1 生长的抑制作用，发现浓度为 1.0 mg/L 的 As(Ⅲ) 和

As(Ⅴ)分别使后对数期延长了 4 天和 3 天,表明三价砷对 *Shewanella oneidensis* MR-1 的毒害作用更大(Wang J et al.,2016)。汪明霞等报道,As(Ⅲ)可以通过制约 *Shewanella oneidensis* MR-1 的生长及代谢活性来抑制铁矿物的微生物还原(汪明霞等,2014)。然而,有研究表明 As(Ⅲ)使微生物 *Shewanella oneidensis* MR-1 对针铁矿的还原程度更高,对水铁矿的微生物还原无抑制作用,较高的 As、Fe 含量比甚至可以提高针铁矿的还原速率(Muehe E M et al.,2013)。Muehe 等合成含砷铁矿物的方法是在制备铁矿物过程中添加砷溶液,对此的解释为 As(Ⅲ)离子的存在会降低合成矿物的粒度和结晶度,可能会增加铁还原菌对铁氧化物的生物利用度,但不足以解释为什么 As(Ⅲ)的存在对微生物 *Shewanella oneidensis* MR-1 对水铁矿的还原无抑制作用以及高的 As、Fe 含量比提高了 Fe(Ⅲ)矿物的溶解度(Muehe E M et al.,2013)。因此,我们推测在异化铁还原过程中,As(Ⅲ)转化为 As(Ⅴ)或 As(Ⅲ)的甲基化在一定程度上促进了 Fe(Ⅲ)的还原(图 4-34)。

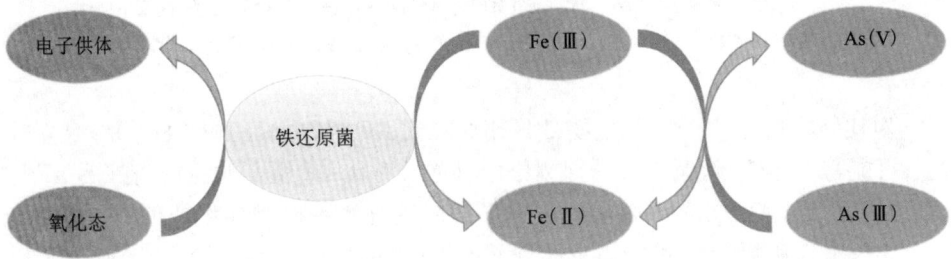

图 4-34 *S. oneidensis* MR-1 异化还原 Fe(Ⅲ)介导 As(Ⅲ)氧化转化过程

生物条件下,水铁矿(BF)、AQDS+水铁矿(BAF)、生物炭+水铁矿(BCF)溶液中的 As(T)和 As(Ⅲ)浓度/As(T)浓度变化曲线如图 4-35 所示。各组上清液 As(T)的含量前期表现为 BCF 组 As(T)浓度>BAF 组 As(T)浓度>BF 组 As(T)浓度,后期为 BAF 组 As(T)浓度>BCF 组 As(T)浓度>BF 组 As(T)浓度,在第 7 天,不同处理组上清液 As(T)浓度 BCF 组为 30.1 mg/L,BAF 组为 30.2 mg/L,BF 组为 27.0 mg/L,在第 12 天,为 BAF 组 As(T)浓度>BCF 组 As(T)浓度>BF 组 As(T)浓度[As(T)浓度 PBS BCF 组为 39.1 mg/L,PBS BAF 组为 46.2 mg/L,PBS BF 组为 33.1 mg/L]。As(Ⅲ)浓度/As(T)浓度在 12 天内始终呈现 BAF 组>BCF 组>BF 组的趋势。相对于吸附实验,第 12 天不同处理组释放到溶液中的砷浓度 BCF 组为 10.8 mg/L,BAF 组为 23.1 mg/L,BF 组为 11.1 mg/L,表明在微生物铁还原过程中,AQDS 促进砷形态转化和释放的能力要高于生物炭。非生物条件下,生物炭处理组溶液中 As(T)的含量更高且 As(Ⅲ)形态的转化更为明显,根据 Fe(Ⅱ)浓度及 Fe(Ⅱ)浓度/Fe(T)浓度变化可知,添加了 *Shewanella oneidensis* MR-1 之后, 生物炭和 AQDS 可以促进 Fe(Ⅱ) 的生成, AQDS 促进异化铁还原的能力更加显著, BAF 组溶液中 Fe(Ⅱ) 的含量显著高于 BF, BCF 组, 说明溶液中释放了更多的砷。

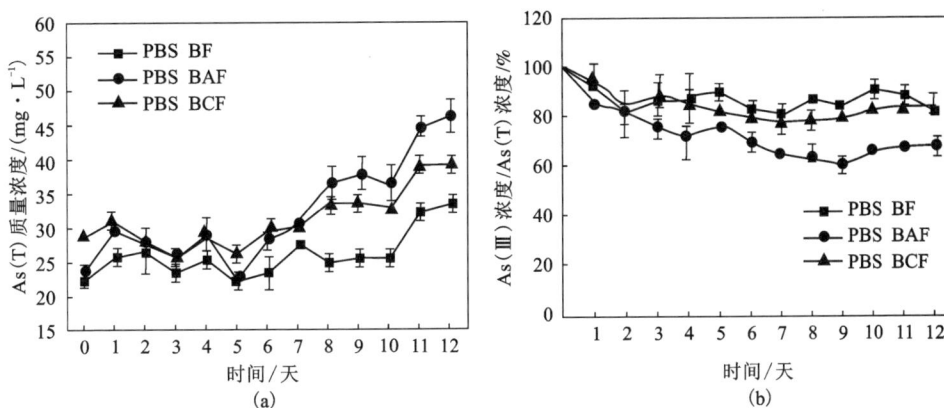

图 4-35　生物条件下, 水铁矿(BF)、AQDS+水铁矿(BAF)、生物炭+
水铁矿(BCF)溶液中 As(T)浓度和As(Ⅲ)浓度/As(T)浓度的变化曲线

　　Shewanella oneidensis MR-1 属于典型的铁还原菌, 在没有铁氧化物存在的条件下, *Shewanella oneidensis* MR-1 对砷没有直接的氧化还原作用, 但在还原 Fe(Ⅲ) 的同时, 可使 As(Ⅲ) 氧化成 As(Ⅴ)(王娟等, 2015; 汪明霞等, 2014)。汪明霞等的研究表明, Fe(Ⅲ) 被 *Shewanella oneidensis* MR-1 还原为 Fe(Ⅱ) 的同时伴随着 As(Ⅲ) 氧化为 As(Ⅴ), 适量浓度的 Fe(Ⅲ) 会促进 As(Ⅲ) 氧化转化(汪明霞等, 2014)。王娟等的研究表明, 在添加 As(Ⅲ) 时, 由于 *Shewanella oneidensis* MR-1 细胞自身的解毒作用 As(Ⅲ) 会氧化生成少量的 As(Ⅴ), 同时在酶的作用下, As(Ⅲ) 甚至可以与培养体系中甲基供体结合生成 MMA 和 DMA(王娟等, 2015)。Wang 等(2016)研究表明, *Shewanella oneidensis* MR-1 可以将无机砷甲基化转化为毒性较小的有机砷化合物, 甲基供体、培养基的组成和 Fe(Ⅲ) 可以影响 *Shewanellu oneidensis* MR-1 对无机砷的生物转化, 以 S-腺苷蛋氨酸为供体的培养基中甲基化砷的含量大于以甲基钴胺为供体的培养基中甲基化砷的含量(Wang J et al., 2016)。Muehe 等在铁还原中同样观察到了 As(Ⅲ) 的氧化, 在微生物还原含 As(Ⅲ) 人工合成的含砷针铁矿、水铁矿和生物合成的铁(氢)氧化物的过程中, 分别有 21%~25%, 20%~43% 和 32%~34% 的 As(Ⅲ) 被氧化为 As(Ⅴ), 这是由于 AQDS 在还原过程中生成了具有氧化能力的活性半醌自由基, 也可能是由于 Fe(Ⅱ)-Fe(Ⅲ) 矿物表面形成的复合物将 As(Ⅲ) 氧化为 As(Ⅴ)(Muehe E M et al., 2013)。

在非生物和生物条件下，水铁矿(F, BF)、AQDS+水铁矿(AF, BAF)、生物炭+水铁矿(CF, BCF)溶液中的 As(T)浓度和 As(Ⅲ)浓度/As(T)浓度变化曲线如图 4-36 所示。对比 F 和 BF 组可知，在未添加电子穿梭体的条件下，*Shewanella oneidensis* MR-1 略微增加了砷的释放和形态转化[第 12 天，As(T)浓度 BF 组为 33.1 mg/L>F 组 27.8 mg/L，As(Ⅲ)浓度/As(T)浓度比值 BF 组为 82.3%<F 组的 90.6%]；添加 AQDS 不仅可以促进微生物介导 Fe(Ⅱ)的生成，也可以促进 As(Ⅲ)的释放并耦合 As(Ⅲ)的形态转化[第 12 天，As(T)浓度 BAF 组为 46.2 mg/L>AF 组 38.1 mg/L，As(Ⅲ)浓度/As(T)浓度为 BAF 组为 67.9%< AF 组为 84.0%]；相对于非生物组，微生物使生物炭处理组溶液中的 As(T)含量略微降低，As(Ⅲ)浓度/As(T)浓度略微升高，这可能是因为生物炭产生的溶解性有机质一部分被微生物代谢消耗，并未完全参与化学氧化还原反应。

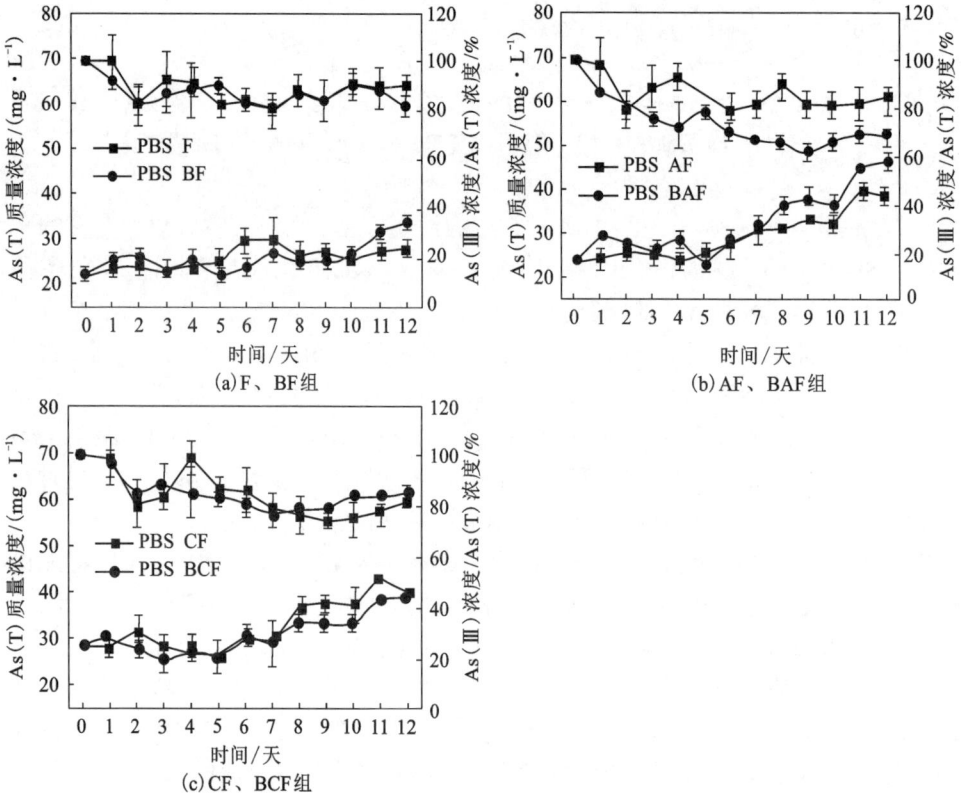

图 4-36　生物条件和非生物条件下，水铁矿(F, BF)，AQDS+水铁矿(AF, BAF)，生物炭+水铁矿(CF, BCF)溶液中 As(T)浓度和 As(Ⅲ)浓度/As(T)浓度变化曲线

4.2.2.4　溶液中 DOM 含量的动态变化

测定对照组（F）、生物炭处理组（CF）、AQDS 处理组（AF）及生物还原后 BF、BCF、BAF 组反应 120 天后，溶液中 DOM 的动态变化（图 4-37）。由 4.2.1 节可知，添加生物炭会在溶液中产生类富里酸和类腐殖酸峰，然而在反应后的 CF 组未检测到类似的峰，表明生物炭产生的 DOM 可能与溶液中的物质发生氧化还原

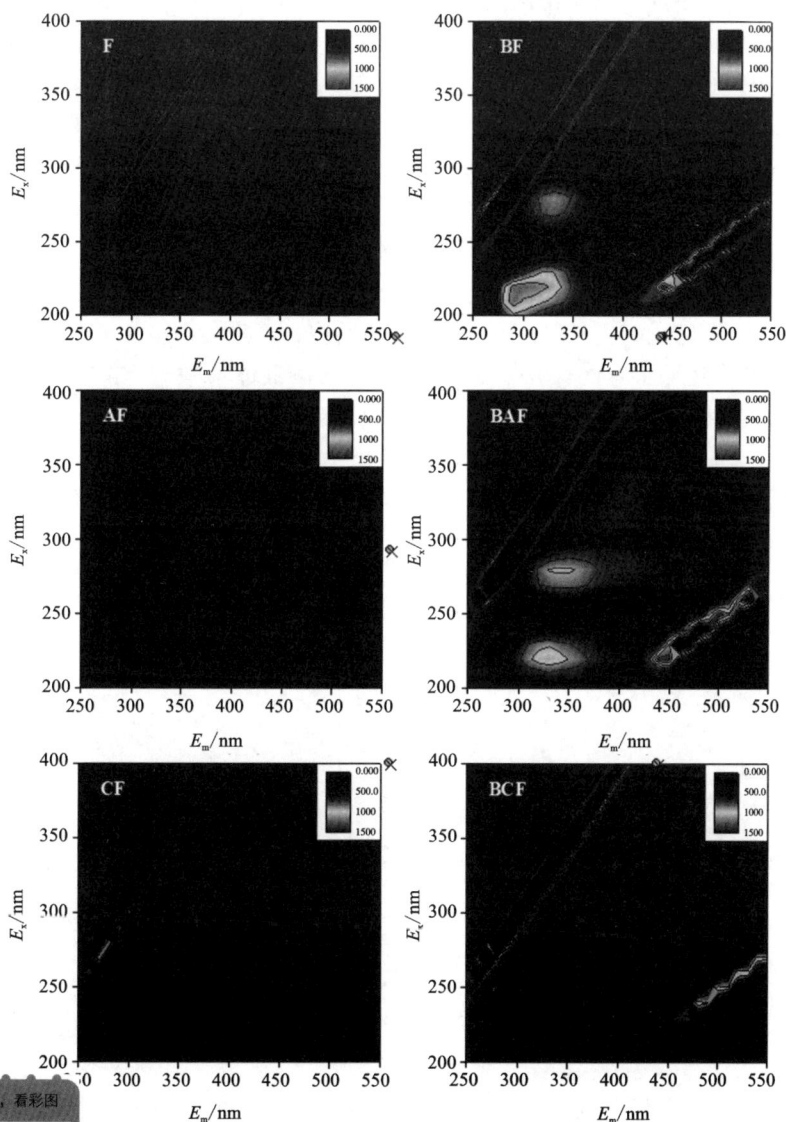

图 4-37　对照组（F）、AQDS 处理组（AF）、生物炭处理组（CF）；生物还原后 BF、BAF、BCF 组溶液的三维荧光光谱图

作用被消耗殆尽。生物反应后，在 BF、BAF、BCF 组的类蛋白和可溶性微生物代谢产物代表区域观察到了明显的荧光峰，这是微生物的活动代谢造成的，表明溶液中发生了铁的生物还原反应。但由于 AQDS 具有荧光猝灭作用以及微生物可能附着于溶液中的生物炭上生长，因此液相中 BAF 和 BCF 中的类蛋白和可溶性微生物代谢产物峰较弱。

4.2.2.5 不同处理组溶液电化学分析

电位为 1.5 V 和 -1.5 V 时存在较大的阳极电流和阴极电流，可能分别对应氧气和氢气的析出（图 4-38）。相对于非生物组，生物组具有更大的阳极电流，表明微生物加入后，溶液中电子转移性能变强。在电位为 -0.4 V 处观察到一个小而宽的阴极峰（A），可由式（4-4）描述。在 0.25 V 处观察到一个小而宽的阳极峰（B），可能对应了 As(Ⅲ) 氧化为 As(Ⅴ)（Ottakam Thotiyl M M et al., 2012），但可能由于溶液中 As 含量过低，峰强相对较弱。F/BF、AF/BAF、CF/BCF 组在电位为 1.31 V 处均检测到一个显著的阳极峰（C），生物组的峰强高于非生物组，阳极峰（C）可以表示 Fe^{2+} 氧化为 Fe^{3+} 的复杂反应，表明生物组和非生物组溶液中均出现了铁的还原，与铁溶液数据一致。AQDS 溶液体系中应有两个阳极峰（D1、D2）和两个阴极峰（E1、E2），这两对峰代表了一个中间半醌基的连续单电子顺序转移（$Q+e^- \Longleftrightarrow Q^-$，$Q^-+e^- \Longleftrightarrow Q^{2-}$）。实验组中仅出现了微弱的阴极峰（E1、E2），对应了醌-半醌-氢醌的还原反应，表明溶液中的 AQDS 由于发生氧化还原反应被消耗。

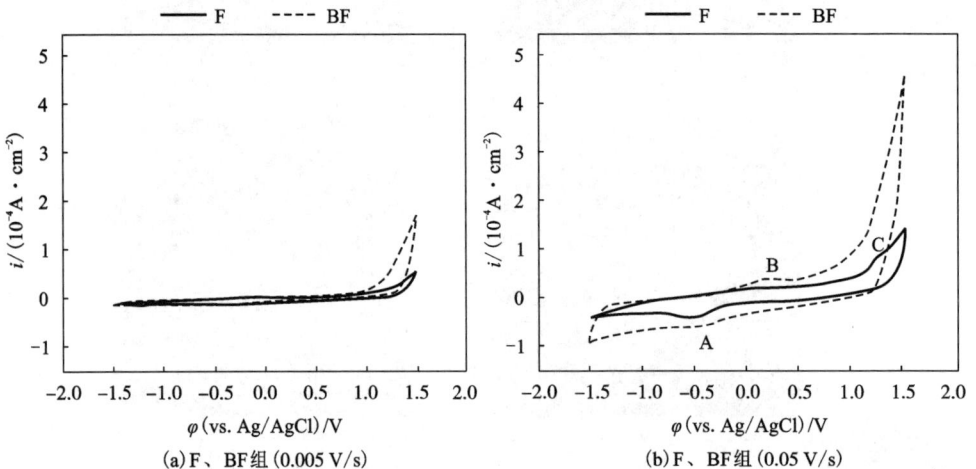

$$O_2+H^++e^- \Longrightarrow HO_2 \qquad (4-4)$$

(a) F、BF 组（0.005 V/s）   (b) F、BF 组（0.05 V/s）

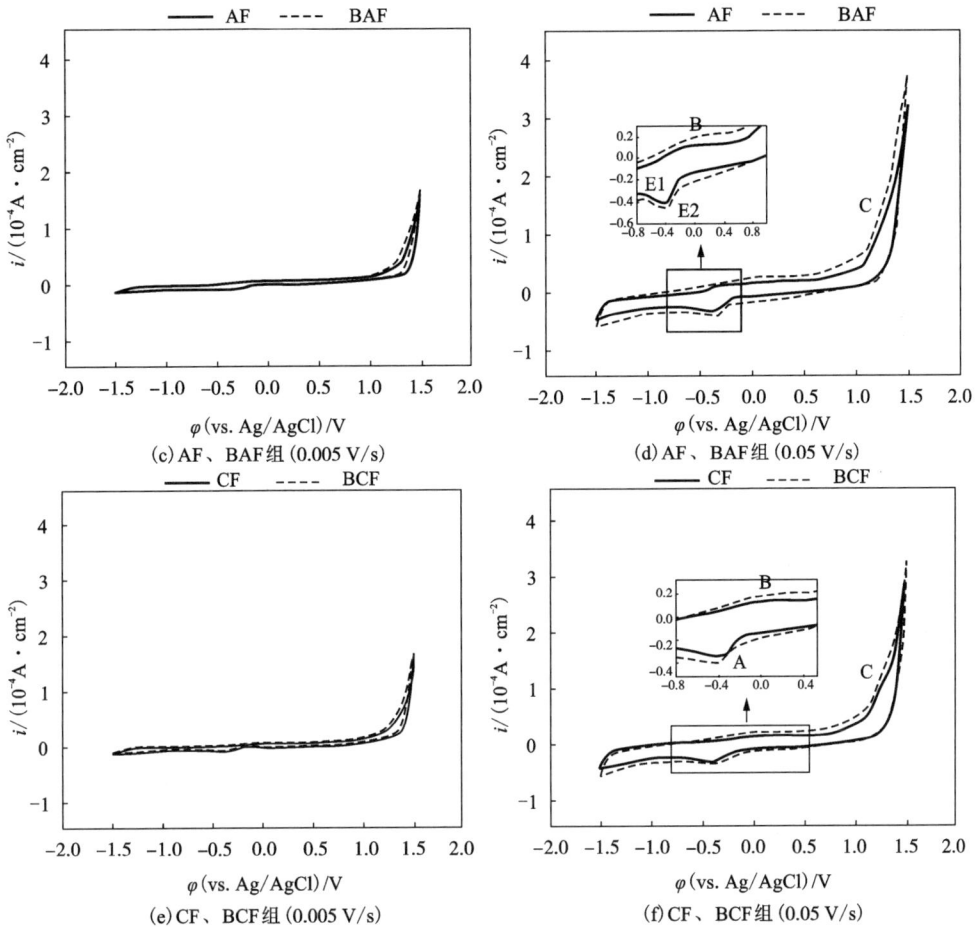

图 4-38　不同处理条件下，生物组和非生物组循环伏安曲线及局部放大图

4.2.2.6　非生物条件下铁还原最终产物的矿物学表征

对反应 120 天后的非生物对照组（F）、AQDS 处理组（AF）、生物炭处理组（CF）进行 XRD 表征（图 4-39）。研究发现，F 组和 CF 组均未出现次生矿物，仅在 AQDS 处理组出现了次生矿物蓝铁矿。次生矿物的生成与其溶解性有关，25℃时蓝铁矿的 lg K_{sp} 为 -36（Muehe E M et al.，2013；Postma d，1981）。实验所用 PBS 缓冲溶液中分别含有浓度为 20 mmol/L 的磷酸根，根据 4.2.2 节可知，PBS 缓冲溶液中 AF 组还原产生 Fe(Ⅱ) 的含量远远高于其他组（第 12 天 Fe(Ⅱ) 含量 F 组为 12.5 mg/L，AF 组为 256 mg/L，CF 组为 97 mg/L），可能导致次生矿物蓝

铁矿仅在 AF 组中出现。除此之外，由吸附实验可知，生物炭表面具有大量带负电的有机官能团，对金属阳离子具有很强的吸附能力，因此可能吸附了溶液中还原产生的 Fe(Ⅱ)，抑制了新矿物的形成（Klüpfel L et al.，2014；Yu J F et al.，2019）。

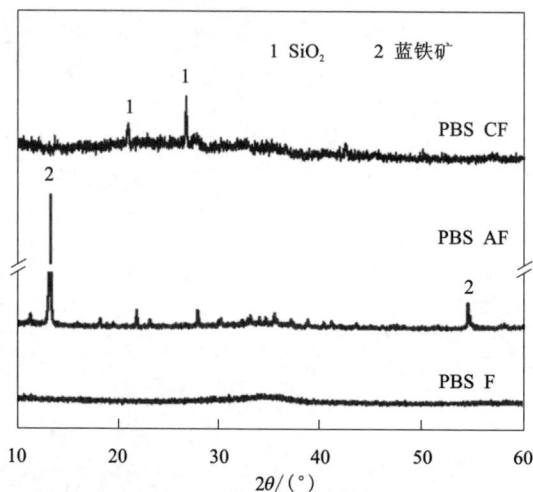

图 4-39 反应 120 天后，非生物对照组（F）、AQDS 处理组（AF）、生物炭
处理组（CF）矿物相 XRD 表征

4.2.2.7 微生物铁还原最终产物的矿物学表征

在 *Shewanella oneidensis* MR-1 还原水铁矿过程中，还原反应发生第 0、7、14、21、120 天生物对照组 BF、AQDS 处理组 BAF、生物炭处理组 BCF 中铁矿物矿物相 XRD 结果如图 4-40 所示。在 PBS 缓冲溶液中，BF、BCF 组的 XRD 谱图均未出现新特征峰，BAF 组在第 14 天已经出现了次生矿物，表明添加的生物炭抑制了水铁矿矿物相的转化。为了验证 XRD 的结果，我们对第 120 天的矿物进行了 SEM 形貌分析（图 4-41），BAF 组观察到了大量片状矿物的生成，而 BF 组仍为无定形的水铁矿，BCF 组也未出现次生矿物。实验结果均与 XRD 结果一致，因此可以得知，新生成的片状矿物为蓝铁矿，与 Muehe、吴松、Wu 等形貌分析结果一致（Muehe E M et al.，2016；Wu S et al.，2018）。生物炭抑制了次生矿物的生成，生物炭-铁(Ⅱ)矿物复合物的形成降低了铁(Ⅱ)的迁移性（Kappler A et al.，2014）。

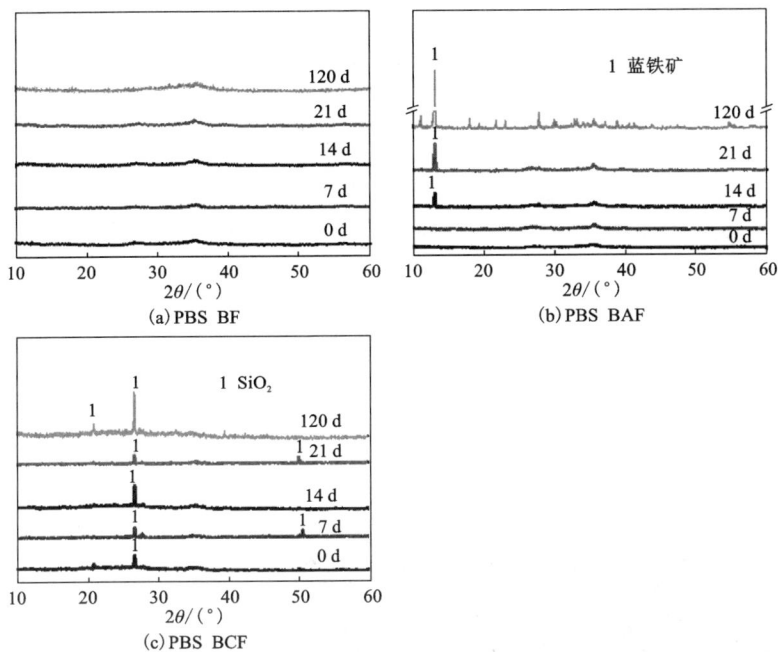

(a) PBS BF

(b) PBS BAF

(c) PBS BCF

图 4-40　还原反应发生第 0、7、14、21、120 d BF、BAF、BCF 组铁矿物矿物相变化 XRD 表征

(a) PBS BF

(b) PBS BAF

(c) PBS BCF

图 4-41　*Shewanella oneidensis* MR-1 还原水铁矿第 120 天，对照组 BF、AQDS 处理组（BAF）、生物炭处理组（BCF）铁矿物矿物相变化 SEM 表征

此外，新矿物的形成可能是导致液相中 As(T) 和 Fe(Ⅱ)浓度下降的原因之一。为了进一步确定次生矿物对 As 的固定效果，通过 SEM-EDX 方法观察了不同元素在矿物中的分布(图4-42)。选取 C、Fe、P、As 4 种元素进行面扫，结果表明，磷酸根离子可以与砷竞争吸附位点，吸附在矿物表面，但相对于其他处理组，BAF 处理组矿物具有更高的 P 含量(BAF 组 P 含量 20.03%>BF 组 P 含量 5.62%>BCF 组 P 含量 4.75%)，这与次生矿物蓝铁矿的生成有关；根据 As 元素面扫结果可知，生物炭表面 As 含量远低于水铁矿对砷的吸附量，BAF 组砷的吸附量高于 BF 组(BCF 组砷吸附量 0.73%<BF 组砷吸附量 1.69%<BAF 组砷吸附量 1.82%)，表明生物反应后 As 可以被新生成的次生矿物蓝铁矿所固定，与吸附实验结果一致。Wu 等的 SEM-EDX 结果表明，As(Ⅲ)与蓝铁矿结合较差，而 As(Ⅴ)与蓝铁矿结合较强(Wu S et al., 2018)。因此，我们可以推测与蓝铁矿结合 As 大部分为氧化后的 As(Ⅴ)。

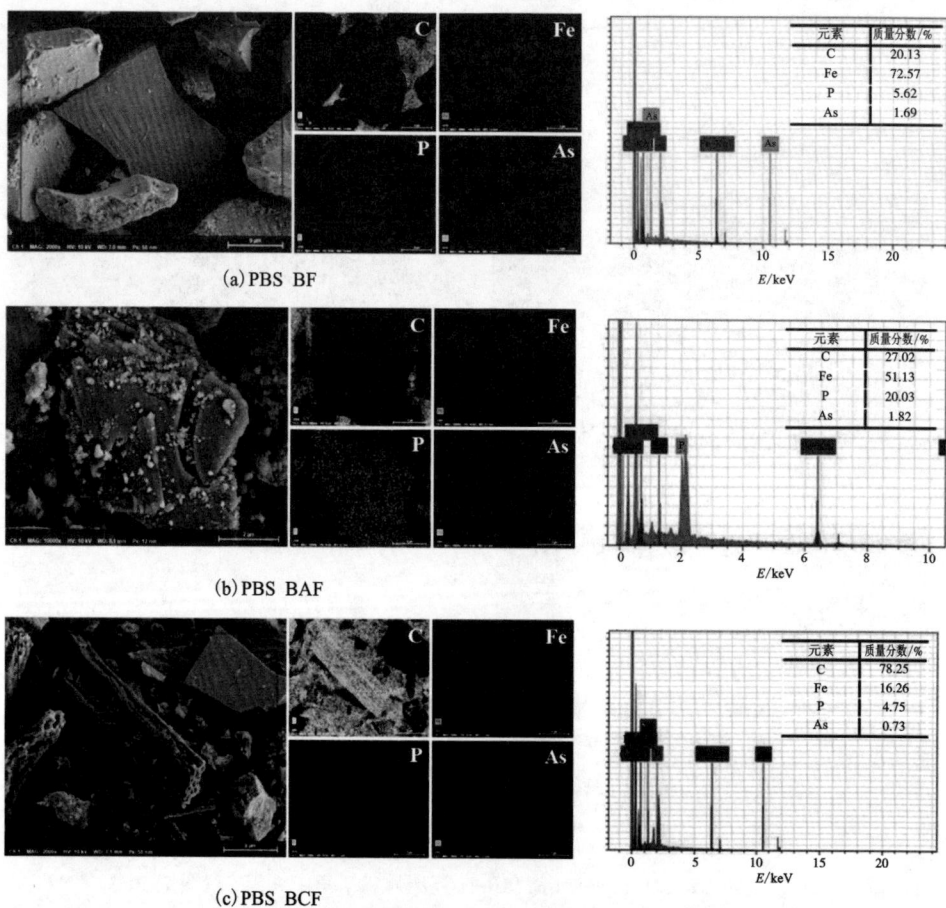

(a) PBS BF

元素	质量分数/%
C	20.13
Fe	72.57
P	5.62
As	1.69

(b) PBS BAF

元素	质量分数/%
C	27.02
Fe	51.13
P	20.03
As	1.82

(c) PBS BCF

元素	质量分数/%
C	78.25
Fe	16.26
P	4.75
As	0.73

图 4-42 *Shewanella oneidensis* MR-1 还原水铁矿第 120 d 矿物 EDX-SEM 表征

砷的形态［As(Ⅲ)、As(Ⅴ)］并未影响生成的次生矿物类别，*Shewanella oneidensis* MR-1 还原含 As(Ⅲ)、As(Ⅴ)的水铁矿均生成了蓝铁矿，可用式(4-5)来表示(Zhou G W, 2016)。由于与介质中的磷酸盐相似，As(Ⅴ)在整个反应过程中可能受吸附竞争过程及 Fe(Ⅲ)还原后矿物转化的控制。根据文献，磷酸盐与 As(Ⅴ)比 As(Ⅲ)能更有效地竞争矿物上的吸附位点(Jiang S H et al., 2013)。大量的研究表明，微生物还原含 As(Ⅲ)的铁氧化物导致溶液中 As(Ⅲ)浓度显著增加，但在新矿物形成后其并未或很少被再吸附及与次生矿物发生吸附/共沉淀反应(吴松等, 2018; Muehe E M et al., 2013; Wu S et al., 2018)。先前的研究表明，可能由于蓝铁矿的 PZC 点较低(point of zero charge, PZC 值=5.3)，蓝铁矿在中性 pH 下表面带有负的电荷，因此 As(Ⅲ)与天然的蓝铁矿结合极少(Muehe E M et al., 2013; Thinnappan V et al., 2008)。尽管蓝铁矿的 PZC 值 5.3 是在水中测得的，溶液体系的不同会对 PZC 值有一定的影响，但假设在我们培养过程中生成的蓝铁矿具有相似的 PZC 点，那么不带电的 As(Ⅲ)和带负电的 As(Ⅴ)在很大程度上不会被吸附在蓝铁矿上(Muehe E M et al., 2013; Thinnappan V et al., 2008)。然而，与 As(Ⅲ)相比，微生物对含 As(Ⅴ)的水铁矿的还原并没有导致更多的 As(Ⅴ)被释放。As(Ⅴ)在铁还原过程中被固定可能有以下 3 种机制：①在中性 pH 条件下，As(Ⅴ)可以通过吸附作用被吸附到 Fe(Ⅱ)次生矿物蓝铁矿中；②通过竞争作用，替代了磷酸根阴离子，生成 $Fe_3(AsO_4)_2 \cdot 8H_2O$；③由于磷酸盐与 As(Ⅴ)在结构上具有同源性，As(Ⅴ)可能与蓝铁矿中的磷酸盐发生交换(Muehe E M et al., 2013)。除此之外，砷铁矿和蓝铁矿在 25℃的溶解度很相似，分别为 $10^{-33.25}$ mol/L 和 $10^{-33.06}$ mol/L，砷铁矿-蓝铁矿复合矿物可能也具有相似的溶解度(Muehe E M et al., 2016)。综上所述，微生物还原含 As(Ⅴ)的水铁矿可能生成了蓝铁矿-复合矿物 $[Fe_3(PO_4/AsO_4)_2 \cdot 8H_2O]$，导致 As(Ⅴ)被固定(吴松等, 2018; Jiang S H et al., 2013; Muehe E M et al., 2013)。

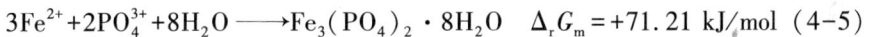

$$3Fe^{2+} + 2PO_4^{3+} + 8H_2O \longrightarrow Fe_3(PO_4)_2 \cdot 8H_2O \quad \Delta_r G_m = +71.21 \text{ kJ/mol} \quad (4-5)$$

4.2.3　赤铁矿对 As(Ⅴ)吸附效果及 CD-MUSIC 模型拟合

铁(氢)氧化物在还原溶解过程中可能发生矿物转化，形成新的二次矿物如蓝铁矿、磁铁矿、菱铁矿、赤铁矿等，这些二次矿物可能会发生 As 的再吸附，从而降低 As 的迁移。有研究表明，在培养前期，MR-1 野生型和突变体所有处理组次生矿物均以针铁矿和赤铁矿为主(韩蕊, 2016)。此外，水铁矿在土壤中很不稳定，在不同的温度、湿度条件下易转化成针铁矿或赤铁矿(李娟等, 2011)。近年来，CD-MUSIC 模型研究都集中在水铁矿和针铁矿上，对赤铁矿的研究较少。Antelo 等用 CD-MUSIC 模型模拟计算了水铁矿对 PO_4^{3-} 吸附的表面络合常数

（Antelo J et al.，2010），与文献中关于针铁矿颗粒中磷酸盐表面络合物的值相当。Stachowicz 等通过 CD-MUSIC 模型研究了在 Mg^{2+}、Ca^{2+}、PO_4^{3-}、CO_3^{2-} 等多种无机元素存在下，As(Ⅲ) 和 As(Ⅴ) 的氧阴离子在针铁矿上的吸附（Stachowicz M et al.，2008）。此外，Sø 等利用 CD-MUSIC 模型成功地模拟了方解石对砷酸盐和磷酸盐的吸附（Sø H U et al.，2012）。本节选取异化铁还原次生矿物赤铁矿为研究对象，研究赤铁矿在不同 pH 和离子强度下对 As(Ⅴ)吸附效果，通过文献调研建立赤铁矿吸附模型，并对实验数据进行拟合。

4.2.3.1 赤铁矿的表征

人工合成的赤铁矿 XRD 结果如图 4-43 所示。可见所合成的赤铁矿 XRD 图谱与 XRD 标准图谱一致，未出现其他矿物相的衍射峰，合成矿物为纯相赤铁矿。人工合成的赤铁矿 SEM（图 4-44）显示其形貌均一、表面光滑，主要为片状，粒径为 200 nm 以下，与报道文献相符（谈波，2012；熊娟等，2018）。通过 BET 法，测得赤铁矿的比表面积为 27.8 m^2/g。与熊娟等（20.5 m^2/g），Christ 等（24.0 m^2/g），谈波（30.0 m^2/g），Hiemstra 等（36.5 m^2/g）合成的赤铁矿比表面积相近（谈波，2012；熊娟等，2018；Christl I et al.，2012；Hiemstra T et al.，1998）。

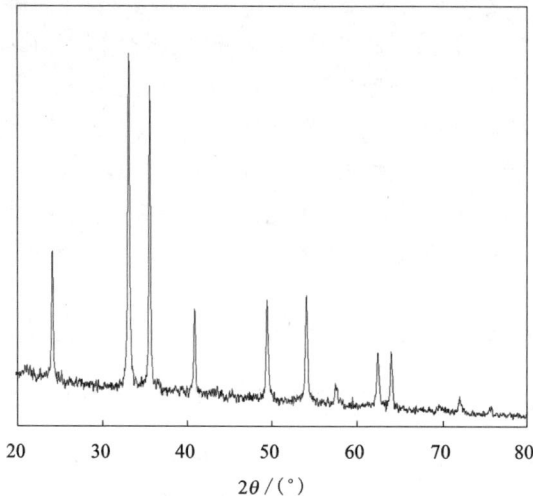

$2\theta/(°)$

图 4-43　赤铁矿的 XRD 图谱

图 4-44　赤铁矿的 SEM 谱图

4.2.3.2　赤铁矿 PZC 值

金属氧化物的带电情况对离子的吸附行为有重要影响，金属(氢)氧化物表面可以带正、负电荷或呈中性，这种可变电性可以用金属(氢)氧化物表面基团对质子的吸附和解吸反应来解释，因此，相应的质子亲和常数对理解表面形态具有重要意义(Venema P et al.，1998)。金属(氢)氧化物的质子亲和能与 PZC(point of zero charge)值之间存在一定的关系，PZC 与亲和能之间的相关性只能产生一个质子亲和能常数，然而每种类型的表面基团都需要一个或两个质子亲和能常数(Hiemstra T et al.，1998)。尽管赤铁矿表面两个基团的质子亲和力可能不同，单配位基团酸性更强，但在实际情况中，受多种因素的影响，两个 lg K 值都等于赤铁矿表面的 PZC，表面质子化常数 $K_{1,2}=[FeOH_2^{0.5+}]/[FeOH^{0.5-}]\cdot[H^+]$，$K_{3,1}=[Fe_3OH^{0.5+}]/[FeO^{0.5-}]\cdot[H^+]$，$K_{1,2}=K_{3,1}=PZC$(谈波，2012)。当体系的 pH< $PZC_{hematite}$ 值时，赤铁矿的表面带可变正电荷；当体系 pH>$PZC_{hematite}$ 时，赤铁矿表面带可变负电荷。赤铁矿用于吸附络合反应的活性位点随着离子强度的增高而增多，离子强度越大，赤铁矿所带的正电荷和负电荷越多(谈波，2012)。

4.2.3.3　CD-MUSIC 模型的建立

CD-MUSIC 模型是一种机理上更加准确且复杂的表面络合模型(Hiemstra T et al.，1998；Hiemstra T et al.，2006)。近年来，CD-MUSIC 模型越来越多地用于描述结晶和非结晶矿物氧化物的表面反应活性(Antelo J et al.，2005；Komárek M et al.，2018；Ponthieu M et al.，2006)。该模型结合扩展的 Stern 层的概念对固体/溶液界面进行描述，能够利用比表面络合模型更简单的表面络合形态，如热力学吸附参数(DLM)，更真实地描述金属离子与带可变电荷矿物表面的相互作用(Komárek M et al.，2018)。在模型建立过程中，需要几个参数来描述金属离子与铁氧化物的结合，即晶体的表面位点密度和比表面积、质子和电解质结合常数、金属稳定性常数和固体/溶液界面的电容(熊娟等,2018;Antelo J et al.,2010)。质子化常数由酸碱滴定的零电荷点(PZCs)得到(Weng L P et al.,2006;Venema P et al.,1998)。尽管反应位点的质子亲和力可能不同,单个配位位点的酸性更强,但由于 CD-MUSIC 方法的简化原因,假定质子化常数值等于 PZC(Komárek M et al.,2018;Stachowicz M et al.,2008)。为了简化计算,还假设了离子对的形成,即,lg K_{Na}=lg K_{NO3}(Komárek M et al.,2018)。这些假设通常适用于 CD-MUSIC 方法,用于模拟离子与铁矿物表面的结合(Hiemstra T et al.,1998)。根据 Pauling 价键理论,离子在金属(氢)氧化物中的电荷在内部得到完全中和(Hiemstra T et al.,1998)。电中性原理表明,阳离子的电荷由周围的氧的电荷中和,电荷分布在周围的配体上,可以通过化学键来表示,从而引出了 Pauling 提出的键价 v 的概念,价键定义为阳离子的电荷 z 除以其阳离子配位数 C_N,即每个键的平均电荷为:

$$v=z/C_N \tag{4-6}$$

通过式(4-6)计算可得,每个价键所带电荷相对于单个配体 v 为 0.5(谈波,2012)。

在 MUSIC 模型中,假设金属(氢)氧化物中电荷是对称分布,将价键概念应用于羟基化表面,价键表示金属中心与周围配体上存在的质子之间的有效排斥力,相互作用不仅取决于金属离子的化合价,而且取决于能够中和金属中心电荷的周围氧的数量,金属离子和 H 相互作用的有效电荷总量决定了质子的亲合力,这意味着与氧配位的金属阳离子对表面基团的质子亲和力很重要(Hiemstra T et al.,1998)。此外,亲和力也由表面配体的质子数决定。因为羟基存在 H-H 相互作用,所以氧基的亲和力比相应羟基的亲和力要大得多。

与针铁矿或纤铁矿相比,赤铁矿(α-Fe$_2$O$_3$)的晶体形态尚不明确(Venema P et al.,1998)。Hiemstra 等研究认为,赤铁矿可能有几种不同的晶面结构(图 4-45),可能的晶面结构是 110 面和 120 面,这两个晶面的表面位点构成是相似的,即单配体、双配体、三配体(Hiemstra T et al.,1989)。Jodan 等研究表明,磁赤铁矿颗粒的主要晶面是(100)和(110),主要由 ≡Fe OH$^{-0.5}$ 组成,(111)晶面由 ≡Fe$_3$ OH$^{-0.5}$ 和 ≡Fe$_2$ OH^0 组成(Jodan N et al.,2012)。熊娟等报道,赤铁矿主要等效晶面是(001)面和(110)面,对比表面积的贡献分别是 60% 和 40%(熊娟等,2018;Barrón V et al.,1996)。片状赤铁矿晶体的主导晶面是(001),主要由 ≡Fe$_2$ OH^0 构成,在完整的(001)面上,所有表面基团都是具有一个长键和一个短键的双配位基团(Venema P et al.,1998)。然而 ≡Fe$_2$ OH^0 是惰性基团,也就是说赤铁矿(001)面是惰性晶面,活性位点主要来源于(110)面。晶胞在(110)方向上的横截面结构中的所有氧都被 4 个铁原子包围着,氧和铁之间有两个长键和两个短键,铁氧键长度为 1.944 Å 和 2.113 Å,(110)面的表面基团有

$\equiv$FeOH$^{-0.5}$ 和 $\equiv$Fe$_3$OH$^{-0.5}$（熊娟等，2018；Hiemstra T et al.，1998；Venema P et al.，1998）。

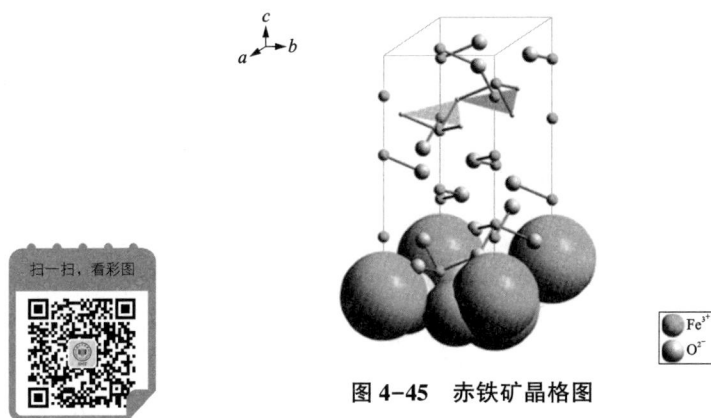

图 4-45　赤铁矿晶格图

试验所用赤铁矿为片状赤铁矿，为了简化建模计算，我们假设 $\equiv$FeOH$^{-0.5}$ 和 $\equiv$Fe$_3$OH$^{-0.5}$ 这两个反应基团在晶体表面之间没有区别（谈波，2012；Komárek M et al，2018）。赤铁矿中一个 Fe^{3+} 与一个氧 O^{2-} 结合成 FeO$^{-0.5}$，这种结构在水中极不稳定，进一步加 H$^+$ 形成 FeOH$^{-0.5}$；两个 Fe^{3+} 和一个表面氧 O^{2-} 形成 Fe$_2$O^{-1}，加一个 H$^+$ 形成 Fe$_2$OH^0，对于铁氧化物而言，双配位基团基本上是惰性的，在计算中没有考虑；3 个 Fe^{3+} 和一个表面氧 O^{2-} 形成 Fe$_3$O$^{-0.5}$，加一个 H$^+$ 形成 Fe$_3$OH$^{+0.5}$。$\equiv$Fe$_2$OH^0 是惰性位点，而 $\equiv$FeOH$^{-0.5}$ 及 $\equiv$Fe$_3$O$^{-0.5}$ 是主要的活性位点，然而 $\equiv$Fe$_3$O$^{-0.5}$ 仅吸附 H$^+$ 和外层电解质，因此只有 $\equiv$FeOH$^{-0.5}$ 对 As 的吸附起作用（谈波，2012）。赤铁矿的表面反应类型及参数见表 4-11。

表 4-11　赤铁矿的表面反应类型及参数[138]

反应类型	反应式	lg$K$
质子化反应	$\equiv$Fe OH$^{0.5-}$ +H$^+$ $\Longrightarrow$ $\equiv$Fe OH$_2^{0.5+}$	7.32
	$\equiv$Fe$_3$ O$^{0.5-}$ +H$^+$ $\Longrightarrow$ $\equiv$Fe$_3$ OH$^{0.5+}$	7.32
电解质离子对结合反应	$\equiv$Fe OH$^{0.5-}$ +Na$^+$ $\Longrightarrow$ $\equiv$Fe OH- Na$^{0.5+}$	-0.10
	$\equiv$Fe OH$^{0.5-}$ +H$^+$ +NO$_3^-$ $\Longrightarrow$ $\equiv$Fe OH$_2$-NO$_3^{0.5-}$	7.22
	$\equiv$Fe$_3$ O$^{0.5-}$ +Na$^+$ $\Longrightarrow$ $\equiv$Fe$_3$ O-Na$^{0.5+}$	-0.10
	$\equiv$Fe$_3$ O$^{0.5-}$ +H$^+$ +NO$_3^-$ $\Longrightarrow$ $\equiv$Fe$_3$ OH-NO$_3^-$	7.22

赤铁矿的金属吸附边使用 ECOSAT 形态分析软件和 FIT 软件进行建模

（Stachowicz m et al., 2008；Weng L P et al., 2005）。表 4-12 给出了水相物质的反应式及平衡常数（Stachowicz m et al., 2008）。

表 4-12 溶液离子形态形成反应及其平衡常数（$I=0$）

离子形态	反应式	$\lg K$
$HAsO_4^{2-}$	$AsO_4^{3-}+1H^+ \Longleftrightarrow HAsO_4^{2-}$	11.60
$H_2AsO_4^-$	$AsO_4^{3-}+2H^+ \Longleftrightarrow H_2AsO_4^{1-}$	18.35
$H_3AsO_4^0$	$AsO_4^{3-}+3H^+ \Longleftrightarrow H_3AsO_4^0$	20.60
$NaNO_3^0$	$Na^+ +1NO_3^- \Longleftrightarrow NaNO_3^0$	-0.55
$NaOH$	$Na^+ +OH^- \Longleftrightarrow NaOH^0$	-13.9
$H_2O(1)$	$H^+ +OH^- \Longleftrightarrow H_2O(1)$	14.00

扩展的 Stern 层中共包含 3 个静电面，两两静电面组成了静电层，不同层间具有不同的静电电容，分别为 C_1（内层电容）、C_2（外层电容）和 C_T（熊娟等，2018），三者之间的关系为：

$$1/C_T = 1/C_1 + 1/C_2 \tag{4-7}$$

对理想条件下的参数进行计算：

$$\Delta z_0 = \Delta n_H z_H + f z_{Me} \tag{4-8}$$

$$\Delta z_1 = (1-f) z_{Me} + \sum m_j z_j \tag{4-9}$$

式中：Δn_H 为表面反应中表面配位体中质子变化的数目；z_H 为质子的价态（+1）；z_{Me} 为表面络合中心离子的价态；m_j 为在 1-Plane 中心配位体的价态；z_j 为配位体的电荷（$z_j = 0, -1, -2$，对应 OH_2^0、OH^- 或 O^{-2} 配位体）；f 为电荷分配系数。

f 为可调因子，Δz_0 和 Δz_1 值作为 f 输入 CD-MUSIC 模型的系数，目前可以进行 CD-MUSIC 拟合运算的 ECOSAT-FIT 程序，能够提供 f 值的自动拟合，并能相应地调整 f 值变化造成的 0 层和 1 层电荷的变化。

CD-MUSIC 模型基础参数如表 4-13 所示。比表面积为 27.8 m^2/g；$C_{total}=0.96$ F/m^2（$C_1 = 1.86$ F/m^2；$C_2 = 2.00$ F/m^2）；位点密度 $\equiv Fe_3O^{0.5-}$ 为 2.36 m^{-2}，$\equiv Fe_3OH^{0.5+}$ 为 2.66 m^{-2}（谈波，2012；Komárek M et al., 2018）。

表 4-13 赤铁矿 CD-MUSIC 模型表面参数

种类	$\equiv Fe_3O$	$\equiv FeOH$	Δz_0	Δz_1	Δz_2	H^+	Na^+	NO_3^-	$\lg K$
$\equiv Fe_3 O^{0.5-}$	1	0	0	0	0	0	0	0	0
$\equiv Fe_3 OH^{0.5+}$	1	0	1	0	0	1	0	0	7.32
$\equiv Fe_3 OHNO_3^{0.5-}$	1	0	1	-1	0	1	0	1	7.22

续表4-13

种类	≡Fe$_3$O	≡FeOH	Δz_0	Δz_1	Δz_2	H$^+$	Na$^+$	NO$_3^-$	lg K
≡Fe$_3$ONa$^{0.5+}$	1	0	0	1	0	0	1	0	-1
≡Fe OH$^{0.5-}$	0	1	0	0	0	0	0	0	0
≡Fe OHH$^{0.5+}$	0	1	1	0	0	1	0	0	7.32
≡Fe OHHNO$_3^{0.5-}$	0	1	1	-1	0	1	0	1	7.22
≡Fe OHNa$^{0.5+}$	0	1	0	1	0	0	1	0	-1

4.2.3.4　赤铁矿对五价砷的吸附模型建立

Morin 等人通过 EXAFS 研究证实, 无论氧化铁矿物(针铁矿、水铁矿、纤铁矿或磁赤铁矿)的性质如何, 砷酸盐主要以双齿共角络合物(bidentate corner-sharing complexes)的形式与氧化铁表面结合(Antelo J et al., 2005; Morin G et al., 2008)。对 As(V)而言, As-Fe 距离表明, 可能与磁赤铁矿主要形成了单个双核双齿双角络合物(single binuclear bidentate double-corner complexes)(Morin G et al., 2008)。最近的文献报道了一些关于砷酸盐表面络合物性质的争议, 这些作者结合 EXAFS 信息和红外光谱数据, 认为单原子螯合配体配位(monodentate coordination)可能是砷酸盐结合到铁氧化物上的主导几何结构(Antelo J et al., 2005)。

本研究在模拟计算中用双齿和(质子化)单齿表面络合物来描述赤铁矿对砷酸盐的吸附。为简化起见, 假设赤铁矿中所有的单配位基团对砷酸盐离子都表现出相同的反应活性, 且共角和共边表面络合物之间没有区别。在拟合中唯一允许改变的参数是砷酸盐在表面基团的络合常数 lg K。利用 Stachowicz 等人之前获得的砷酸盐在针铁矿上吸附的络合常数作为初步估算依据, 电荷分布系数 Δz_0 和 Δz_1 也取自相同的研究(Stachowicz M et al., 2006; Stachowicz M et al., 2008)。这些值可能不是很精确, 因为它们是由分子轨道和密度泛函理论计算得到的, 并在考虑了引入固体/溶液界面电荷引起静电偶极效应后进行了修正(Antelo J et al., 2005; Stachowicz M et al., 2006)。砷酸盐的吸附可分为 3 种类型, 一个未质子化的双配位 ≡(FeO)$_2$AsO$_2$, 一个质子化的单配位(MH) ≡Fe OAsO$_2$OH 表面基团和一个质子化的双配位 ≡(FeO)$_2$AsOOH^{1-} 表面基团(Stachowicz M et al., 2008)。砷酸盐的表面络合参数如表 4-14 所示。

表 4-14　CD-MUSIC 模型中 AsO$_4^{3-}$ 和表面基团反应所用表面参数

种类	≡Fe$_3$O	≡FeOH	Δz_0	Δz_1	Δz_2	H$^+$	Na$^+$	NO$_3^-$	AsO$_4^{3-}$	lg K
≡Fe OAsO$_2$OH	0	1	0.30	-1.30	0	2	0	0	1	24.01

续表4-14

种类	≡Fe$_3$O	≡FeOH	Δz$_0$	Δz$_1$	Δz$_2$	H$^+$	Na$^+$	NO$_3^-$	AsO$_4^{3-}$	lg K
≡(FeO)$_2$AsO$_2$	0	2	0.47	-1.47	0	2	0	0	1	22.10
≡(FeO)$_2$AsOOH	0	2	0.58	-0.58	0	3	0	0	1	31.47

4.2.3.5 赤铁矿对五价砷的吸附实验数据拟合

不同 pH 和不同溶液离子强度下,赤铁矿对 As(V)的吸附曲线如图 4-46 所示,使用表 4-13 中的表面参数来描述吸附数据,并根据实验数据进行拟合。对应的 ≡Fe OAsO$_2$OH, ≡(FeO)$_2$AsO$_2$, ≡(FeO)$_2$AsOOH 形成的亲和常数如表 4-14 所示。图 4-46 的图形符号代表了 2 种不同离子强度下的实验数据,即 0.5 mol/L(圆形)、0.1 mol/L(正方形),用拟合的 lg K 值计算所得数据用直线表示,数据可以被很好地描述。由图 4-46 可知,pH 越高,溶液中 As(V)浓度越高,吸附量越少。pH 从 4 增大到 6 后,赤铁矿的表面发生去质子化,带负电的表面位点数增加,与含氧阴离子 AsO$_4^{3-}$ 之间静电斥力增大,使 As(V)吸附量减少。As(V)浓度越高,吸附量也随之增高。

豆小敏等使用 CD-MUSIC 模型很好地模拟了不同 pH 条件下 As(V)在铁锰氧化物上的吸附,≡Fe OAsO$_2$OH 和 ≡(FeO)$_2$AsO$_2$ 分别为 31.5 和 34.2(豆小敏等,2006)。Stachowicz 等研究了不同 pH 和浓度下 As(V)在针铁矿上的吸附效果,通过 CD-MUSIC 模型进行了两种模式的拟合,拟合效果均很好,一种采用 ≡Fe OAsO$_2$OH 和 ≡(FeO)$_2$AsO$_2$ 的吸附方式,亲和常数分别为 26.76 和

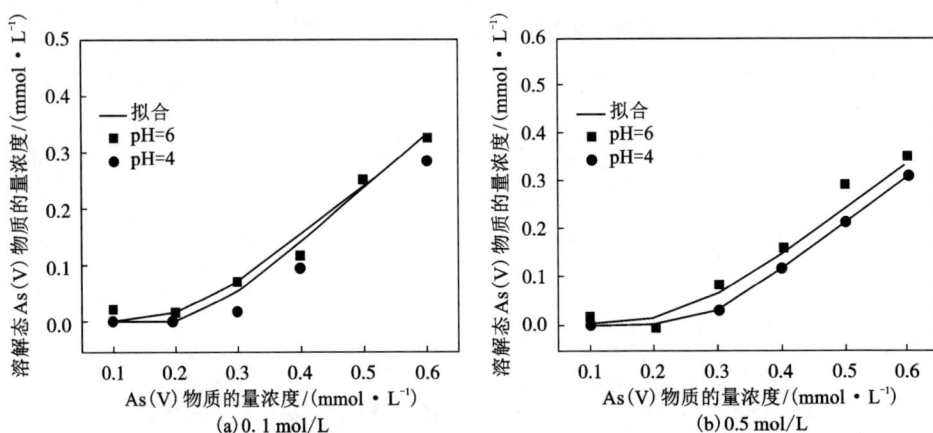

图 4-46　赤铁矿对As(V)的吸附曲线

29.28；另一种采用 $\equiv Fe\,OAsO_2OH$、$\equiv(FeO)_2\,AsO_2$ 和 $\equiv(FeO)_2\,AsO_2$ 的吸附方式，亲和常数分别为 26.62、29.29 和 32.69(Stachowicz M et al.，2006)。

生物炭和 AQDS 作为电子穿梭体可显著促进 As(Ⅴ)-水铁矿的微生物还原过程，生物炭促进水铁矿还原溶解的能力更强，导致更多的砷释放到溶液中。通过 EEM 分析发现，生物炭产生的溶解性有机质促进微生物代谢，而 AQDS 则更有利于水铁矿向蓝铁矿的转化。电化学分析表明，微生物还原过程中 Fe(Ⅲ)/Fe(Ⅱ)氧化还原对起主导作用，液相中未发生 As(Ⅴ)的还原。穆斯堡尔谱和 XPS 分析进一步证实，最终固相产物中 As 均以 As(Ⅴ)形式存在，表明固相中未发生 As(Ⅴ)的还原。水铁矿对 As(Ⅲ)的吸附能力显著高于 As(Ⅴ)，而生物炭和 AQDS 的添加可进一步促进水铁矿的化学还原和 As(Ⅲ)的化学氧化。AQDS 促进水铁矿还原、砷释放的能力更强，而生物炭则更有利于砷的形态转化。EEM 和电化学分析表明，生物炭产生的 DOM 可参与氧化还原反应，而 AQDS 则更有利于次生矿物的生成。EDX-SEM 分析证实，新矿物的生成有利于砷的固定，且砷形态不影响次生矿物的生成类别。CD-MUSIC 模型表明不同 pH、离子强度，不同浓度对 As(Ⅴ)在赤铁矿表面的吸附效果均有影响。

4.3　铁氧化菌耦合成矿对土壤砷的修复

4.3.1　铁氧化菌铁氮转化能力及耦合砷成矿

南方稻田土壤的高砷含量严重威胁着以大米为主食的人群健康(Oremland R et al.，2003)。铁是土壤中丰度排第 4 的元素，再加上人为施加的无机氮肥，因此氮、铁元素在稻田土壤中丰度尤其高，它们之间可以通过硝酸盐还原耦合亚铁氧化或铁还原耦合氨氧化过程进行生物地球化学循环(Clément J et al.，2005)。这些耦合的氧化还原过程在陆地、淡水以及海洋环境中都起着重要的作用。Ratering 和 Schnell(Ratering S et al.，2001)首次测定了淹水条件下稻田土壤的氧气浓度和硝酸盐、亚硝酸盐、Fe(Ⅱ)、Fe(Ⅲ)及铵的浓度，结果表明在淹水的稻田环境中发生了硝酸盐还原耦合亚铁氧化反应。FeOB 能利用氧化亚铁获得能量自身生长，在此过程中，形成条带状含铁构造物(BIFs)，进而生成含铁矿物(Kappler A et al.，2005)。这些铁矿物能够耦合各种金属离子及去除有毒污染物并固定污染物到矿物相中，形成稳定的矿物结构，阻止有毒污染物的迁移转化，这对于保护土壤、底泥和水体中环境具有重要的意义(Fortin D et al.，2005)。

稻田被施加大量无机氮肥，为硝酸盐依赖型 FeOB 在土壤中进行亚铁氧化-硝酸盐还原-砷氧化的耦合提供可能性。本节对从土壤中筛选的一株 FeOB 进行耦合砷的成矿研究并探究该株新菌的铁氧化能力及铁氮转化过程，为该株新的 FeOB 在硝酸盐作用下的成矿矿物类型及其耦合砷的作用机制研究提供理论参考。

4.3.1.1 铁氧化菌筛选及鉴定

FeOB 的分离纯化实验是指利用 MMWM 矿质培养基进行 Fe(II)—O_2 逆浓度梯度管法分离 FeOB。图 4-47 显示，接种土壤悬浮液后，培养基的氧化还原界面出现一圈红褐色铁氧化带，宽度为 1~2 cm，(A)、(B) 分别表示不接菌处理和接菌处理，陈娅婷等(陈娅婷等，2016)利用相似的方式分离出嗜中性微好氧 FeOB 菌群，在其富集培养和传代培养过程中，*Azospira*、*Magnetospirillum*、*Clostridium* 和 *Rhodoplanes* 等菌属在群落中占优势地位且在分离最后阶段得到几种细菌的混合菌群，*Azospira*(63.9%) 这种硝酸盐依赖型 FeOB 属占优势地位。实验结果表明铁氧化带中含有 FeOB，我们对铁氧化条带中的 FeOB 进一步筛分出第 6、7 代菌落，对分离结束的细菌进行菌落鉴定，鉴定结果为一株单菌(*Ochrobactrum sp.*)。至此，我们已经成功分离得到一株 FeOB 单菌。

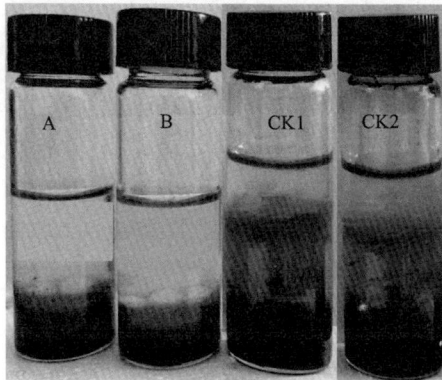

图 4-47　FeOB 分离纯化实验

利用 MWMM 矿质培养基分离纯化出一株 FeOB。在富集过程中，传代培养代数越多，红棕色氧化铁环出现的时间越长。经过几次稀释和传代培养，需要 4~5 天的时间才能出现氧化环，环的颜色比之前稍浅，宽度略窄。这与 Li 等人(Li S et al.，2018)在水稻土壤中进行的微好氧 FeOB 的分离纯化结果一致。对其进行富集培养，发现在培养皿表面的菌落为圆形、边缘平滑，无絮状或丝状物质、光泽度较好、呈乳白色(图 4-48)。用 25 kV 电压扫描电镜对 FeOB 进行成像观察，该菌细胞呈杆状，直径为 0.2~0.4 μm，长度 2~3 μm(图 4-49)。

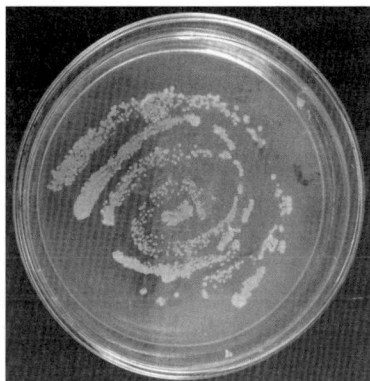

图 4-48　铁氧化菌的物理形貌

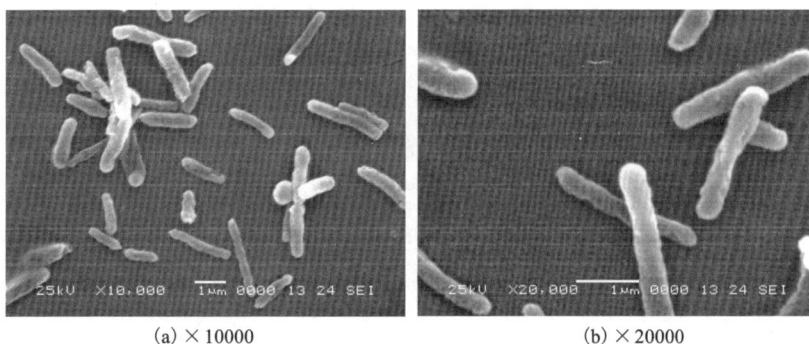

(a) ×10000　　　　　　　　　　　(b) ×20000

图 4-49　细菌 SEM 图

　　基于 *Ochrobactrum sp.* EEELCW01 的 16S rRNA 基因序列，绘制菌株系统发育进化树（图 4-50）。FeOB 的 16S rRNA（1320 bp）基因序列 BLAST 和相似性分析表明，该菌株属于苍白杆菌属，与 *Ochrobactrum anthropi* ATCC 49188 的 16S rRNA 基因序列最为相似，相似性达 99.85%。根据上述结果，将该菌株命名为 *Ochrobactrum sp.* EEELCW01。在华南水稻田土壤中曾分离出一系列 FeOB，如 Pseudomonas（Li S et al.，2018；Zhang Z N et al.，2016）、*Acidovorax*、*Pseudogulbenkiania* 和 *Azospira*（Kappler Aet al.，2005；Weber K A et al.，2006）等。在此之前苍白杆菌属还没有被确认为是一种 FeOB。将结果提交给 NCBI GenBank 后，获得登录号 CP047598，CP047599，并且将其保存于在中国典型培养物保藏中心，保藏号为 CCTCC M 2020053。

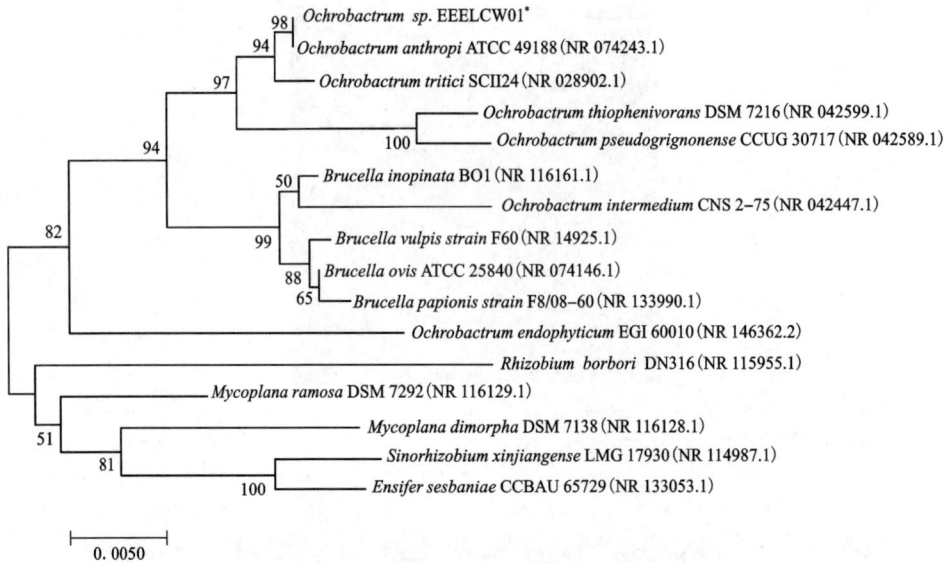

图 4-50　铁氧化菌 16S rRNA 基因序列的系统发育树

4.3.1.2　铁氧化菌最适生长条件探索

将铁氧化菌悬液加至矿物元素培养基中，在不同 pH（4、7、10）不同温度（18℃、28℃、38℃）条件下培养 FeOB，用分光光度计测定在波长 600 nm 处的吸光度（即 OD_{600}），研究其最适宜的生长条件。并添加不同百分比浓度的 FeOB 进行活化培养，研究最佳 FeOB 添加量。

该菌在 pH=7 时，细菌培养 48 h 后进入稳定期，OD_{600} 值达到 2.0，pH=5 和 9 时，细菌培养 48 h 后进入稳定期，OD_{600} 值分别为 1.3 和 1.4 左右［图 4-51（a）］，说明该菌株达到稳定期需要 2 天。在 pH=7 时，生长情况最好。不同培养温度下该菌株的研究结果如图 4-51（b）所示，该菌在温度为 28℃时，细菌培养 48 h 后进入稳定期，OD_{600} 值达到 2.0 左右，温度为 18℃或者 38℃时，细菌培养 48 h 后进入稳定期，OD_{600} 值分别为 1.25 和 1.6 左右。该菌株在培养温度为 28℃时生长情况最好。不同菌悬液添加量对该菌株的生成有显著影响［图 4-51（c）］，未添加菌悬液的 LB 培养基对照组 OD_{600} 值为 0，添加 8% 菌悬液的 OD_{600} 值在稳定期达 2.2。添加 4% 菌悬液的 OD_{600} 值在稳定期为 1.98。菌悬液添加量越多，OD_{600} 越大。但是考虑到菌悬液制备和操作的可行性，选取添加百分比浓度为 4% 的菌悬液活化 FeOB 最为合理。

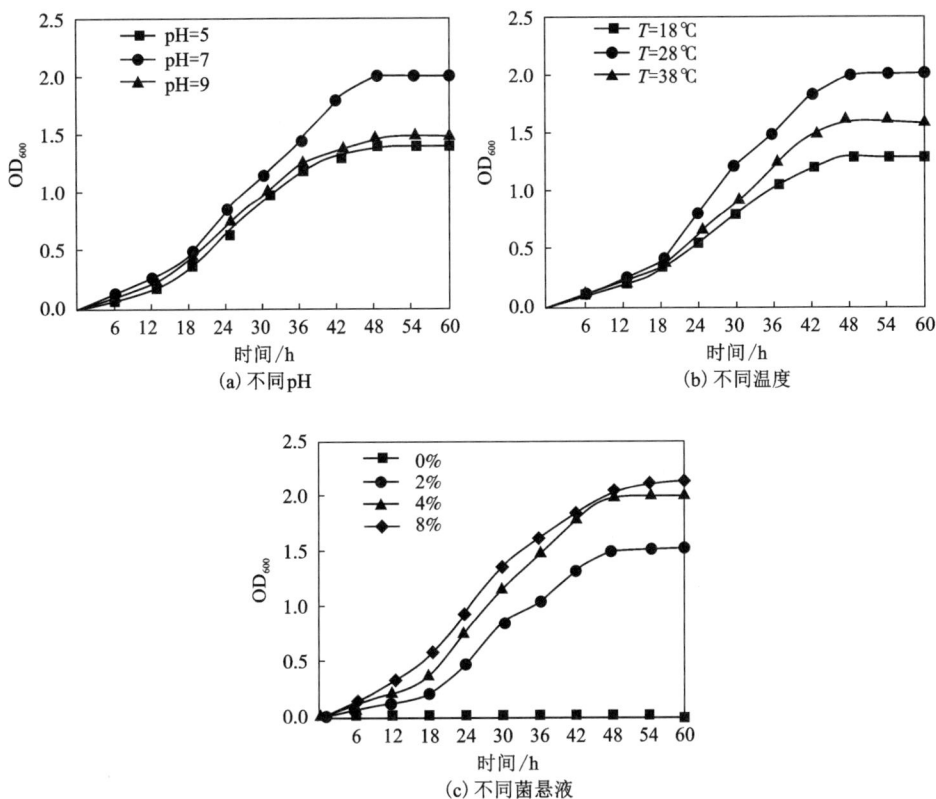

(a) 不同 pH

(b) 不同温度

(c) 不同菌悬液

图 4-51　不同处理条件下 *Ochrobactrum* sp. EEELCW01 的生长曲线

4.3.1.3　铁氧化菌的亚铁氧化动力学

添加浓度为 10 mmol/L 的 $FeCl_2 \cdot 4H_2O$ 到培养基中后，以不加菌做对照组，测定 FeOB 添加后，溶液中 Fe^{2+}、总铁含量变化(图 4-52)。与不加菌相比，添加 FeOB 后，溶液中总铁及 Fe^{2+} 含量在第 2 天基本反应完全。说明该菌株有铁氧化能力，可以将溶液中的二价铁氧化并成矿，导致溶液中的二价铁及总铁含量均下降。与不加菌对照组相比总铁及二价铁含量分别下降 1.8 mmol/L 和 2.5 mmol/L，这是因为该体系是微好氧体系，水体中有少量氧存在，存在着非生物氧化过程(陈娅婷等，2016)。

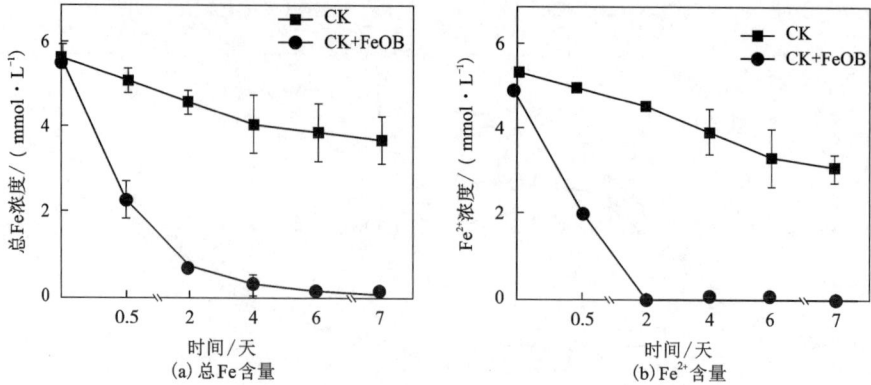

图4-52　接菌及不接菌体系内总铁及二价铁含量

4.3.1.4　铁氧化菌Fe-N转化研究

为了探讨NO_3^-对该菌的影响，阐明其代谢途径，在6种处理条件下进行实验研究。溶液中总铁、Fe^{2+}、NO_3^-、O_2^-、N_2O和NH_4^+在不同处理组的反应动力学特性如图4-53所示。在$NO_3^-+Fe(Ⅱ)$和$FeOB+Fe(Ⅱ)+NO_3^-+NaN_3$处理组，NO_3^-含量几乎没有减少，在7天内大约减少了2 mmol/L。但$FeOB+Fe(Ⅱ)+NO_3^-$和$FeOB+NO_3^-$处理组中的NO_3^-含量在前2天降低非常明显，分别减少了2.10 mmol/(L·d)和3.32 mmol/(L·d)。随后缓慢下降。与$FeOB+NO_3^-$处理组相比，$FeOB+Fe(Ⅱ)+NO_3^-$处理组的NO_3^-还原率较低。这表明$Fe(Ⅱ)$可能抑制了NO_3^-的还原，这可能与反应生成的$Fe(Ⅲ)$与NO_3^-争夺电子有关（Li X et al.，2016）。NO_3^-的还原包括反硝化和异化还原这两种途径（Melton E D et al.，2014），NO_2^-是这两种途径的共有中间产物。除$Fe(Ⅱ)+NO_2^-$处理组外，其他组中NO_2^-含量较少。$FeOB+Fe(Ⅱ)+NO_3^-$处理组NO_2^-的浓度在最初几天内逐渐升高，随着时间的推移又进一步降低，这是由于NO_2^-作为中间体进一步反应引起的。这一结果验证了NO_3^-发生了如式（4-10）和式（4-12）所示。同时，$FeOB+Fe(Ⅱ)+NO_3^-$和$FeOB+NO_3^-$处理组NO_2^-还原和N_2O的生成速率也有明显的差别。$FeOB+Fe(Ⅱ)+NO_3^-$处理组在有NO_3^-存在的情况下，铁氧化速率明显增强。$Fe(Ⅱ)$不仅可以与NO_3^-反应[式（4-13）]，还可与中间产物NO_2^-发生化学反应[式（4-14）]。

$$2NO_3^-+4H^++4e^-\longrightarrow 2NO_2^-+2H_2O \qquad (4-10)$$

$$2NO_2^-+6H^++4e^-\longrightarrow N_2O+3H_2O \qquad (4-11)$$

$$NO_2^-+8H^++6e^-\longrightarrow NH_4^++2H_2O \qquad (4-12)$$

$$10Fe(Ⅱ)+2NO_3^-+24H_2O\longrightarrow 10Fe(OH)_3+N_2+18H^+ \qquad (4-13)$$

$$4Fe(Ⅱ)+2NO_2^-+5H_2O\longrightarrow 4FeOOH+N_2O+6H^+ \qquad (4-14)$$

在反硝化和异化过程中，NO_2^-可进一步还原为N_2O[式（4-11）]、NH_4^+[式

(4-12)]（Li X et al.，2016）。FeOB+Fe(Ⅱ)+NO$_3^-$ 和 FeOB+NO$_3^-$ 处理组的 N$_2$O 含量在培养的前几天呈上升趋势。之后，随着时间的推移，N$_2$O 浓度逐渐降低。N$_2$O 也是一种中间产物，其浓度的降低的原因是反硝化过程的进一步进行引起的（Li X et al.，2016）。从总体上看，NH$_4^+$ 的含量远低于反硝化产物 N$_2$O。这说明 *Ochrobactrum sp.* EEELCW01 对 NO$_3^-$ 的还原主要是反硝化作用。

FeOB+Fe(Ⅱ)、NO$_3^-$+Fe(Ⅱ)、FeOB+Fe(Ⅱ)+NO$_3^-$+NaN$_3$ 处理组 Fe(Ⅱ)的氧化速度较慢，7 天内未被完全氧化，而 FeOB+NO$_3^-$+Fe(Ⅱ)处理组 2 天内 Fe(Ⅱ)几乎完全被氧化（98%），氧化速率约为 0.99 mmol/(L·d)。这说明 FeOB 和 NO$_3^-$ 在驱动 Fe(Ⅱ)的氧化过程中起着重要作用（Straub K L et al.，1996）。FeOB+Fe(Ⅱ)+NO$_3^-$+NaN$_3$ 及 NO$_3^-$+Fe(Ⅱ)处理组有 Fe(Ⅱ)被氧化，这是因为反应体系内存在着非生物过程的化学氧化。这进一步证实了非生物氧化还原存在于 Fe/N 循环中（Melton E D et al.，2014）。FeOB+NO$_3^-$+Fe(Ⅱ)处理组总铁含量随时间逐渐下降，第 7 天下降至 0.07 mmol/L，说明铁已经转化为其他物种，大部分铁可能被生物吸附或形成了矿物（Zhang Z N et al.，2016），所以溶液中的离子态铁含量更少。NO$_3^-$ 的存在加快了该株 FeOB 的反应速率，该菌株属于硝酸依赖型铁氧化菌。

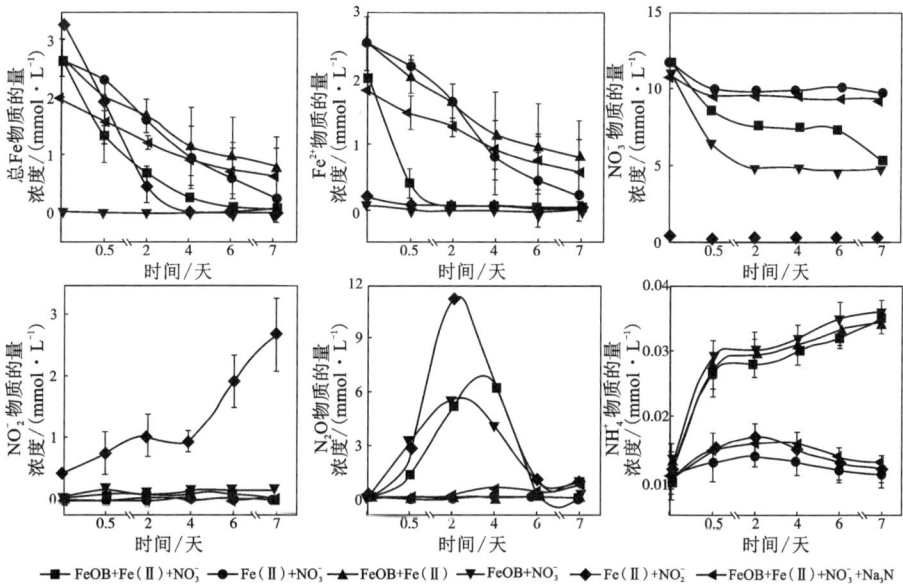

图 4-53 在不同处理溶液中总铁、Fe^{2+}、NO$_3^-$，NO$_2^-$，N$_2$O 和 NH$_4^+$ 浓度的变化

4.3.1.5 铁氧化菌耦合砷成矿研究

1）溶液理化性质变化

FeOB 诱导的 Fe(Ⅱ)氧化耦合 NO$_3^-$ 还原可以改变 Fe^{2+} 的形态，进而改变砷的赋存形态（Park J H et al.，2016）。与未接菌组相比，接种 FeOB 组在 0.5 天内

Fe²⁺和总铁含量显著降低, 随后反应速率下降(图 4-54)。有研究表明 FeOB 驱动
的 Fe(Ⅱ)氧化发生在细胞表面或细胞的周质空间内, 导致细胞结皮(Klueglein N
et al., 2014)。由于被外壳包围, FeOB 不仅代谢活性降低, 还可能导致细菌死
亡, 从而影响微生物对其他代谢物的还原效率(Mühe E M et al., 2009)。这可能
就是为什么 0.5 天之后反应速率下降的原因。As+bacteria 处理组, 溶液中总砷含
量在 0.5 天内显著下降, 结果与上述描述符合。对照组总砷含量变化不大, 说明
在无菌的情况下, 溶液中砷没有被去除, 也证实了 FeOB 在砷修复中发挥了一定
的作用。研究结果表明, 添加浓度为 8% 的菌剂, 砷的去除率最大。在不同的碳
源和氮源下, 可以发现 NaNO₃ 和 CH₃COONa 的复合效果优于单独添加的碳源, 仅
添加碳源处理组效果最差, 且在不同的菌剂浓度下差异显著。在添加氮源组, 这
种差异不是很明显。上述结果表明, *Ochrobactrum sp.* EEELCW01 具有硝酸盐依赖
性, 是一株硝酸盐依赖型 FeOB。

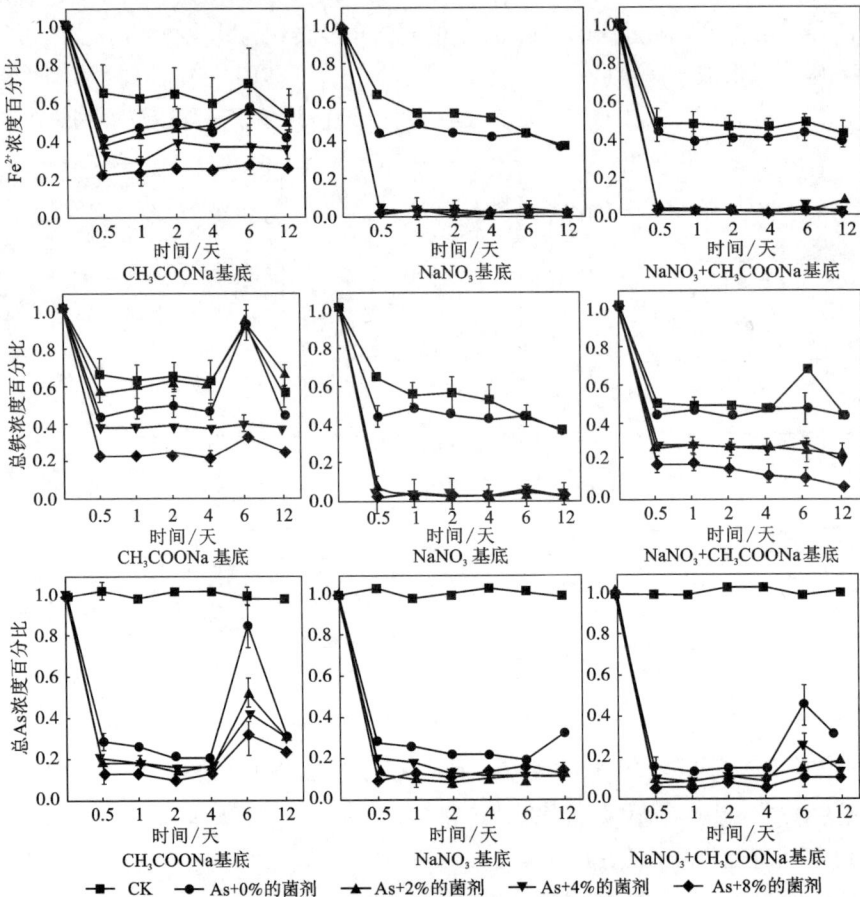

图 4-54　不同浓度菌剂溶液中铁、砷浓度变化

2）成矿矿物分析

对不含砷的铁氧化体系中生成的沉淀产物进行 XRD 分析（图 4-55），发现添加 FeOB 后，能够改变铁氧化产物的矿物结构，在无菌情况下，体系中的矿物元素通过化学作用，形成镁铁矿（magnesioferrite）和次碳酸镁铁矿（brugnatellite），而在 FeOB 的作用下，可生成磁铁矿（magnetite）、片碳镁石（coallngite）等结晶形态矿物，说明 FeOB 可以促进三价铁矿物生成。

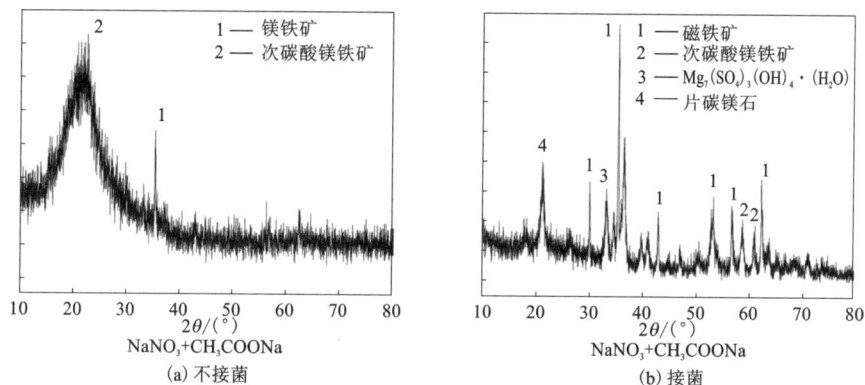

图 4-55　不接菌和接菌处理组矿物 XRD 图

对含砷的铁氧化体系中生成的沉淀产物进行 XRD 分析（图 4-56），在这项研究中，用 XRD 测定矿物形成的类型，结果显示，接菌处理组生成了纤铁矿、脆砷铁矿和斜方砷铁矿。无菌处理组没有明显的铁矿物的晶型衍射峰形成（图 4-56）。在过去的研究中发现铁氧化成矿产物有纤铁矿，但其他两种矿物很少被发现（Li S et al.，2018）。不同的细菌在不同的反应条件下会形成不同的铁矿物，在

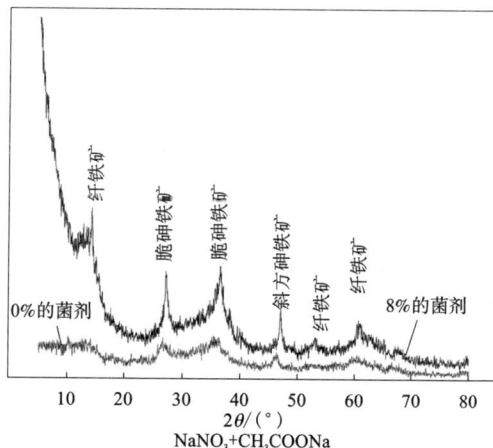

图 4-56　微生物成矿矿物的 XRD 分析

Ochrobactrum sp. 的作用下，能生成 Angelellite 和 Loellingite 等形式的晶型铁矿物。纤铁矿不含砷，但对 As(Ⅴ)和 As(Ⅲ)有较强的吸附作用，可降低体系中 As 总含量。在培养体系中，首先出现的固体通常是结晶性差的铁氧化物（铁素体）（Kappler A et al.，2004）。但水铁矿是一种不稳定的铁氧化物，它可以转变为针铁矿（$\alpha-FeOOH$）或赤铁矿（$\alpha-Fe_2O_3$）（Cudennec Y et al.，2006）。脆砷铁矿（$Fe_4As_2O_{11}$）是一种与赤铁矿结构相关的三斜相铁砷晶体。

近年来的研究表明，在赤铁矿形成过程中添加 As，As 与赤铁矿晶体耦合与 As 固定有很大的相关性，说明赤铁矿晶体在此过程中形成脆砷铁矿（Bolanz R M et al.，2013），As(Ⅴ)掺入赤铁矿结构的四面体间隙中，形成三斜相铁砷晶体。Fe^{3+} 在八面体间隙中，四面体间隙被 As(Ⅴ)占据，如图 4-57(b)所示。虽然我们的实验添加的是 As(Ⅲ)，但氧化铁的形成过程伴随着氧化还原电位的变化，会将溶液中的 As(Ⅲ)转化为 As(Ⅴ)（Bai Y et al.，2016）。前人的研究发现，在 pH 为 4~12 和极缺氧条件下，斜方砷铁矿是主要的含砷固相，其在结构上类似于白铁矿[marcasite(FeS_2)]，$[As-As]^{2-}$ 二聚体取代了晶格中的硫。在这种结构中，Fe 与 6 个 As 原子以八面体对称配位，如图 4-57(c)所示。在这项研究中，使用的是浓度为 500 μmol/L 的亚砷酸钠。溶液中 AsO_3^{3-} 发生水解，为生成 As(OH)_3 提供了条件。砷酸解离常数计算的曲线显示了 As(Ⅲ)氢氧化物在 25℃、100 kPa 下的分布规律（Perfetti E et al.，2008）。当 pH 低于 9.24 时，$As(OH)_3(aq)$ 占主导地位。在亚砷酸存在下，斜方砷铁矿的形成反应如式(4-15)所示。虽然这些矿物的反应和平衡常数是根据现有的热力学文献估计的，但标准吉布斯自由（Gibbs）能（-131.7 kJ/mol）显示该反应在理论上是可能的。在中性厌氧条件下，Loellingite 的形成机理还有待进一步的研究。

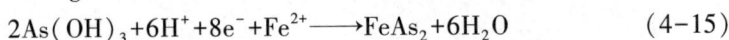

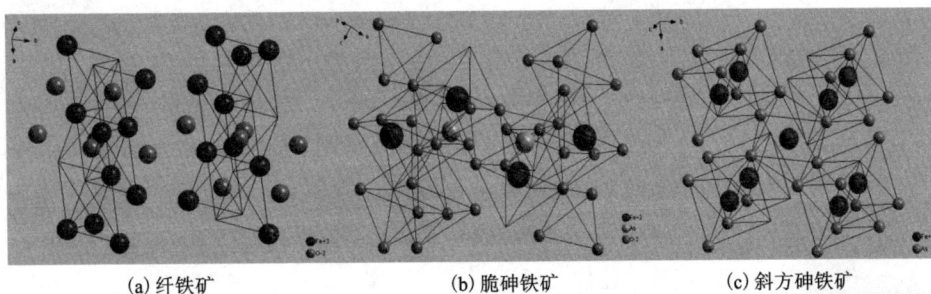

$$2As(OH)_3+6H^++8e^-+Fe^{2+}\longrightarrow FeAs_2+6H_2O \tag{4-15}$$

(a) 纤铁矿   (b) 脆砷铁矿   (c) 斜方砷铁矿

图 4-57 纤铁矿、脆砷铁矿和
斜方砷铁矿的晶胞结构

扫一扫，看彩图

4.3.2　铁氧化菌对土壤–水稻系统砷迁移转化的影响及其机制

铁氧化菌在溶液试验中能发挥氧化二价亚铁还原硝酸根离子的作用，在此过程中起耦合砷的沉淀和吸附的作用。但将从土壤中分离纯化的 FeOB 重新用到土壤中，其对土壤基因及土壤和水稻砷积累的作用效果还未可知。为研究 FeOB 回用到土壤中的效果，我们进行了土培试验研究添加 FeOB 对土壤有效砷含量变化的影响；通过盆栽试验，研究 FeOB 对土壤孔隙水理化性质、土壤砷形态、水稻各部位砷积累量及土壤 Fe/As/N 转化基因的影响，明确 FeOB 对土壤砷的去除效果。这为制作 FeOB 菌制剂施用到稻田中，降低稻田砷污染进行了前期探索。

4.3.2.1　铁氧化菌对土壤砷有效性影响

在不外加铁源情况下，CK 空白组有效态砷含量为 1.33 mg/kg，外加铁源后土壤有效态砷立刻降到 0.85 mg/kg，然后随着培养时间的增加有效态砷含量显著增加[图 4-58(a)]。这是因为所有处理组均添加了浓度为 5 mmol/L 的氯化亚铁作为 FeOB 的铁源供应，可能是土壤中的亚铁离子在空气中被氧化形成三价铁沉淀吸附了土壤中的有效态砷，导致第 0 天砷含量迅速下降，但是三价铁沉淀对砷元素的吸附位点有限，且吸附属于非专性吸附，很容易被解吸，因此土壤中的砷含量在培养后期出现上升趋势，在 4 周的培养期内土壤中有效态砷含量较 CK 组下降了 7.5%；F 处理组在第 0 天有效态砷含量较空白对照组下降了 36.8%，在第 1 天上升到 1.13 mg/kg，土壤中有效态砷先降低后增加的原因可能是添加的外源氯化亚铁在空气中被氧化，微生物成矿形成的三价铁沉淀吸附和共沉淀土壤中的砷，但是吸附的砷容易被解吸出来，而 FeOB 成矿耦合的砷形成铁砷矿物有稳定的结构，As 不容易被释放出来，因此第一周后土壤有效态砷稳定存在，土壤的有效态砷降到稳定值 1.06 mg/kg 左右。第一周到第四周后土壤有效态砷与 CK 相比，下降了 21.1%。N 处理组，土壤有效态砷含量先降低后增加，在第 2 天达到最低值 0.80 mg/kg。土壤是一种较为复杂的体系，氮源会促进土壤中可吸附砷的土著微生物的活性，例如黑曲霉 *Aspergillus niger*（Pokhrel D et al.，2006；Pokhrel D et al.，2008）、茶真菌 *Tea fungi*（Murugesan G S et al.，2006）等，从而吸附砷，2 天后，细菌的新陈代谢作用降低，砷被再次释放出来，因此后续土壤有效态砷含量呈现增加的趋势。土壤有效态砷含量在 4 周后与空白对照相比没有明显变化，较 CK 组反而增加了 0.3 mg/kg，这是因为添加的氮源促进了土壤中土著微生物的活性，吸附在土著细菌表面的砷重新解吸出来；FN 处理组土壤中有效态砷含量在 4 周后较 CK 组下降了 37.6%，在第 4 周 FN 处理组土壤中有效态砷含量比 F 处理组低 0.24 mg/kg，说明硝酸盐可以促进 FeOB 的铁氧化效率，该菌株为硝酸盐依赖型 FeOB，氮源促进了其活性（Zhao L et al.，2013）。

一般情况下，添加到土壤中的吸附或固定剂会影响土壤的结构和功能，造成二次污染(Kim E J et al., 2016)。污染物固定剂的长期稳定性和持久性也存在很大差异(Gong Y et al., 2006)。生物炭可用于稳定和固化,同时可能吸附非目标金属离子(Beesley L et al., 2006),而被固定的金属离子在不同环境条件下的稳定性仍存在疑问(Park J H et al., 2006)。相反,驱动微生物成矿的细菌大多是原位分离富集,对环境会产生较小的扰动。此外,重金属离子被晶格固定,难以解吸。这表明微生物成矿对水稻土壤或其他污染严重的土壤中 As 的修复具有良好的潜力。

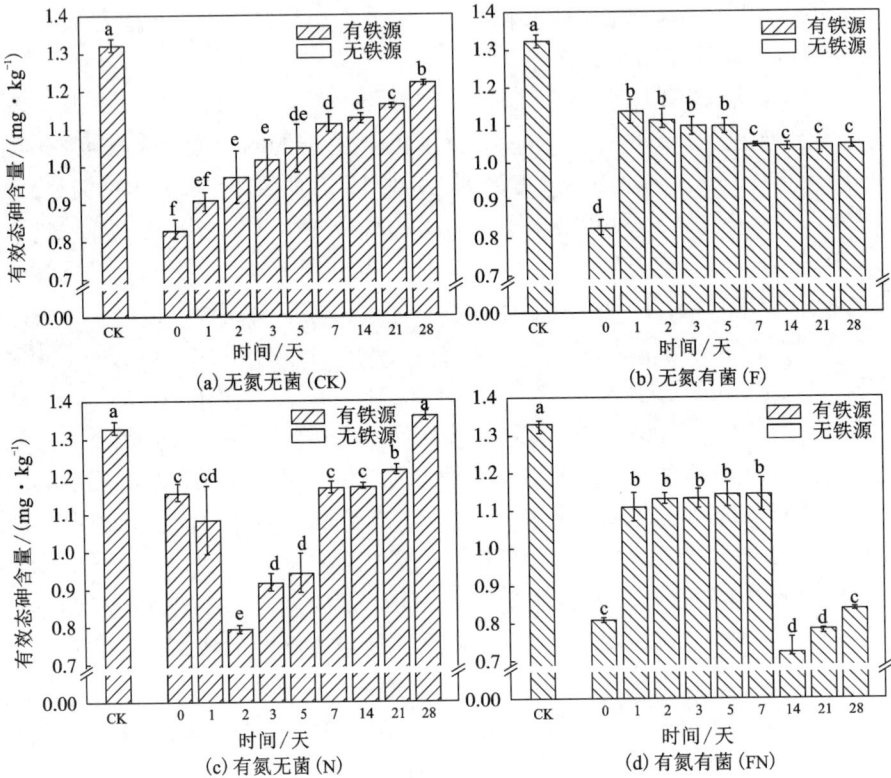

注:图中不同字母表示不同培养天数间有显著性差异($P<0.05$)。

图 4-58　不同取样时间有效态砷的含量

4.3.2.2　铁氧化菌对土壤砷形态的影响

种植前土壤有效态砷含量为 1.40 mg/kg,CK、T_R、T_F、T_{FR} 处理组的土壤有效态砷含量均呈现增加的趋势,到成熟期后 CK、T_R、T_F、T_{FR} 处理组的土壤有效态砷分别为 1.73、1.62、1.52 和 1.52(mg/kg)(图 4-59)。CK 组在水稻灌浆期土壤有效态砷含量达到最大值为 2.23 mg/kg。T_R 处理组在水稻抽穗期土壤有效态砷含量达到最大值为 2.00 mg/kg。与 Control 对照组 58.79% 的增幅相比，T_F 和 T_{FR} 处理组土壤中有效态砷含量上升缓慢，两者的增幅分别为 10.76% 和 10.25%。在水稻成熟期，土壤有效态砷含量的排序为 Control 组 As 含量>T_R 组 As 含量>T_F 组 As 含量>T_{FR} 组 As 含量；T_F 和 T_{FR} 处理组土壤中有效态砷含量较 Control 对照组显著降低（$P<0.05$），分别降低了 0.21 和 0.22（mg/kg），表明加入的 FeOB 可以显著降低土壤中有效态砷含量，是因为 FeOB 氧化了土壤溶液中的二价亚铁离子且促进了铁锰氧化物的生成，三价铁氧化物对 As 有较强的吸附和共沉淀作用，增强了对 As 的固定作用，因此其含量较 Control 对照组低。但是与原土相比，4 种不同处理组在水稻成熟期土壤有效态砷含量均有不同程度的增加，是因为我们的盆栽试验土壤一直处于淹水条件，淹水处理条件下土壤中无定形氧化铁含量增加，但铁锰氧化物的还原溶解释放 As 的影响更大，因此淹水条件使土壤中 As 的移动性和有效性增加（崔晓丹，2015）。崔晓丹等的研究也表明与干湿交替条件相比，淹水条件下土壤溶液中 As 浓度提高了 0.99 mg/L（崔晓丹等，2015）。

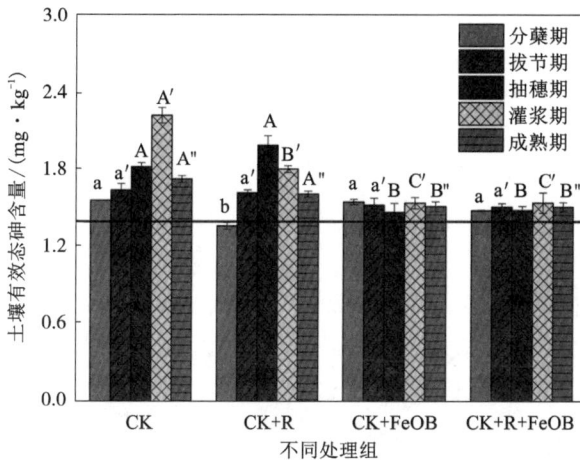

注：图中横线代表原土有效态砷含量；不同类型的字母表示不同
处理组在水稻不同生长期存在显著性差异（$P<0.05$）。

图 4-59 不同处理组水稻不同生长期土壤有效态砷含量变化

不同处理组水稻种植前和水稻成熟期土壤中非特异性形态砷量占总量的 0.1%~0.46%（图 4-60）。对比水稻种植前和水稻成熟期同一处理组的数据可以发现，CK 对照组土壤中非特异性吸附态砷含量增加了 0.07 mg/kg，T_R 处理组土壤中非特异性吸附态砷含量增加了 0.04 mg/kg，而 T_F 处理组土壤中非特异性吸附态砷含量显著下降,大约降低了 0.08 mg/kg,T_{FR} 处理组土壤中非特异性吸附态砷含量大约降低了 0.02 mg/kg。说明添加 FeOB,水稻从种植到收获季节,土壤中的非特异性吸附态砷含量会降低。土壤中各种带电离子间的静电引力产生的非特异性吸附态砷具有较高的生物有效性和环境迁移能力(朱司航等,2019),其可以通过雨水冲刷渗滤进入地下水,还可以通过生物链进入人体,对环境和人体健康造成严重威胁。铁氧化菌可以降低砷迁移和生物富集造成的环境污染及人体健康风险。

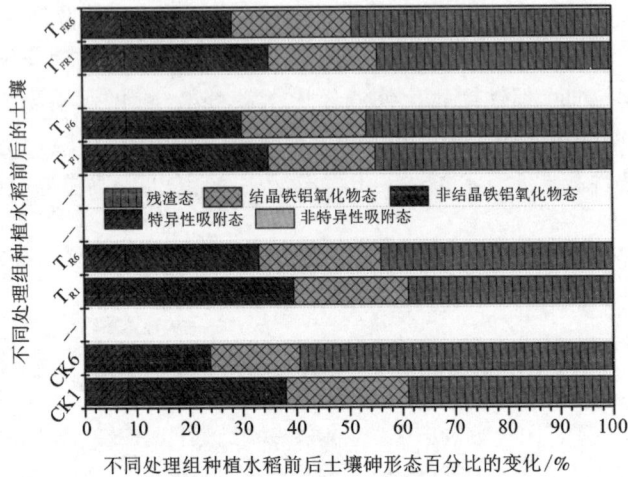

图 4-60　不同处理组水稻种植前后土壤不同形态 As 百分比

土壤中特异性吸附态砷含量在水稻种植前和成熟期没有明显的变化,特异性吸附态砷含量在 9.50 mg/kg 至 10.76 mg/kg 之间变化。成熟期 T_{FR} 处理组的特异性吸附态砷含量较种植前降低了 1.03 mg/kg。CK 组、T_R、T_F 和 T_{FR} 处理组在种植前土壤中非结晶铁铝氧化物态砷含量分别为 39.6、40.1、33.8 和 35.8(mg/kg),在成熟期土壤非结晶铁铝氧化物态砷含量分别为 22.9、32.7、26.2 和 26.7(mg/kg)(表 4-15)。添加 FeOB 后,土壤非结晶铁铝氧化物态砷含量增加的原因可能是土壤溶液中亚铁被氧化成一些非结晶型的铁矿物,比如水铁矿和 Fe(OH)$_3$,在淹水条件下发生水解产生 OH$^-$ 被 As 取代,—FeOH + H$_3$AsO$_3$ ⟶ —Fe—H$_2$AsO$_3$ + H$_2$O,生成不溶性的铁砷矿物(Hartley W et al.,2009)。在水稻生长 105 天后,CK 组、T_R、T_F 和 T_{FR} 处理组土壤中非结晶铁铝氧化物态砷含量分别降低了 16.7、7.4、7.6 和 9.1(mg/kg)。可以发现在淹水条件下,CK 组较 T_R、T_F 和 T_{FR} 组的土壤非结晶铁铝氧化物态砷含量下降明显,加 FeOB 和种植水稻后在水稻成熟期土壤中非结晶铁铝氧化物态砷含量较 CK 组有所增加，原因可能是 FeOB 氧化二价铁离子形成了一些非结晶型铁矿物（陈娅婷等，2016），比如镁铁矿和次碳酸镁铁矿等，它们可以吸附土壤中的砷。

水稻种植前，土壤中的结晶铁铝氧化物态砷含量由大到小排序为 CK 组、T_R、T_{FR}、T_F 组，但是到水稻成熟期后，土壤中的结晶铁铝氧化物态砷含量由大到小排序为 T_R 组、T_{FR} 组、T_F、CK 组。T_R、T_F 和 T_{FR} 组土壤中结晶铁铝氧化物态砷含量增加了 2.63、3.2 和 1.8（mg/kg），而 Control 组的土壤中结晶铁铝氧化物态砷含量降低了 7.4 mg/kg。这是因为该种 FeOB 能在氧化二价铁的同时，耦合砷的固定，形成纤铁矿、脆砷铁矿和斜方砷铁矿等结晶形态矿物（图 4-56），因此添加 FeOB 后土壤中结晶铁铝氧化物态砷含量明显增加。

表 4-15　不同处理组种植水稻前后土壤砷形态含量

不同时期土壤	处理	非特异性吸附态砷含量/（mg·kg⁻¹）	差异性	特异性吸附态砷含量/（mg·kg⁻¹）	差异性	非结晶铁铝氧化物态砷含量/（mg·kg⁻¹）	差异性	结晶铁铝氧化物态砷含量/（mg·kg⁻¹）	差异性	残渣态砷含量/（μg·g⁻¹）	差异性	总砷含量/（mg·kg⁻¹）	差异性
原土	对照组	0.16±0.01	a	10.8±0.39	a	39.6±1.4	a	30.6±1.2	a	51.7±0.84	a	132.8	
	T_R	0.13±0.00	b	9.50±0.75	a	40.1±0.67	a	27.2±0.66	b	48.8±0.10	b	125.8	
	T_F	0.25±0.01	c	9.65±0.48	a	33.8±1.9	a	25.0±2.2	b	56.0±1.0	c	124.7	
	T_{FR}	0.17±0.00	a	10.60±0.34	a	35.8±2.8	ab	27.0±2.1	b	58.9±1.3	d	132.4	
水稻成熟期	对照组	0.23±0.07	a	9.84±1.98	a	22.9±6.4	a	23.2±6.0	a	82.0±1.8	a	138.1	
	T_R	0.17±0.05	a	10.20±1.80	a	32.7±2.8	a	29.8±3.0	a	57.3±1.1	a	130.1	
	T_F	0.17±0.00	a	9.93±0.35	a	26.2±1.1	a	28.2±1.9	a	56.3±1.4	b	120.7	
	T_{FR}	0.15±0.03	a	9.55±0.77	a	26.7±1.4	a	28.8±3.70	a	63.3±0.58	c	128.5	

注：表中同列不同字母表示不同处理组不同生长期存在显著性差异（$P<0.05$）。

4.3.2.3　铁氧化菌对土壤理化性质及水稻砷积累的影响

T_R 试验组及 T_{FR} 试验组水稻平均株高分别为 80 cm 和 90 cm（图 4-61）。加入 FeOB 的水稻长势较空白组好，加入 FeOB 后水稻株高有明显增加。说明 FeOB 可以改善污染土壤的理化性质，缓解重金属污染土壤对水稻生长的抑制作用。为明确 FeOB 对水稻砷吸收和对根表铁膜的形成作用的影响，在水稻种植 105 天后对水稻进行 DCB 铁膜提取，测定根表铁膜中铁和砷的含量，并对水稻各部位的砷形态进行测定，从理论数据方面佐证 FeOB 对水稻砷去除的性能。在土壤砷含量为 142.5 mg/kg 的情况下，添加 FeOB 后，成熟期水稻未结籽。说明 FeOB 对于高砷污染土壤改善效果有限，需要对土壤添加其他钝化剂和改良剂进行前期预处理来优化 FeOB 的修复效果。

(a) 分蘖期　　　　　　　　　(b) 拔节期

(c) 抽穗期　　　　　　　　　(d) 灌浆期

图 4-61　水稻在不同生长时期的实物图

　　CK 对照组水稻根际孔隙水 pH 变化范围为 7.44~7.59，没有明显的变化；T_R 试验组 pH 为 7.09~7.38，在整个生育期 pH 呈现下降的趋势，到成熟期水稻根际孔隙水 pH 下降了 0.29（表 4-16）。与 CK 组相比，T_R 组成熟期水稻根际孔隙水 pH 下降了 0.35；T_F 处理组及 T_{FR} 处理组在整个生长期内水稻根际孔隙水 pH 变化范围分别为 7.31~7.42、7.07~7.24，没有明显的变化（表 4-16）。但是在同一水稻生育期，不同处理组根际孔隙水 pH 差异明显。表 4-16 数据表明，与 T_R 试验组相比，添加 FeOB 的 T_{FR} 处理组在分蘖期及拔节期水稻根际 pH 显著下降（$P<0.05$）；与 CK 组相比，T_{FR} 处理组 pH 在水稻生长的各个时期均呈显著下降趋势。这是因为添加外源 FeOB 后，根系分泌的 O_2 及细菌对 Fe^{2+} 产生氧化作用：$4Fe^{2+}+O_2+10H_2O \Longrightarrow 4Fe(OH)_3+8H^+$，产生的 H^+ 导致根际孔隙水 pH 下降（朱姗姗等，2013）。而表 4-17 的结果表明非根际孔隙水 pH 在不同处理组间没有明显的变化。除了水稻抽穗期以外，水稻生长的其他时期，相应处理组根际土壤孔隙水的 pH 均小于非根际，原因可能是水稻在抽穗期生长较快，对养分和微量元素等的吸收较大（杨文弢等，2015），根际溶液中的阳离子被水稻吸收，导致根际孔隙水溶液的 pH 下降较非根际孔隙水大。

表 4-16　不同处理组根际孔隙水的 pH 值

处理组	分蘖期	差异性	拔节期	差异性	抽穗期	差异性	灌浆期	差异性	成熟期	差异性
对照组	7.54±0.02	a	7.52±0.05	a	7.48±0.13	a	7.59±0.10	a	7.44±0.06	a
T_R	7.38±0.06	ab	7.31±0.09	b	7.25±0.06	b	7.26±0.17	bc	7.09±0.16	b
T_F	7.35±0.11	b	7.33±0.07	b	7.31±0.04	b	7.42±0.01	ab	7.33±0.08	a
T_{FR}	7.18±0.09	c	7.15±0.04	c	7.24±0.07	b	7.14±0.11	c	7.07±0.09	b

注：表中同列不同字母表示不同处理组间有显著性差异（$P<0.05$）。

表 4-17　不同处理组非根际孔隙水的 pH 值

处理组	分蘖期	差异性	拔节期	差异性	抽穗期	差异性	灌浆期	差异性	成熟期	差异性
T_R	7.77±0.42	a	7.40±0.10	a	7.20±0.10	a	7.31±0.15	a	7.15±0.15	a
T_{FR}	8.03±0.23	a	7.21±0.090	b	7.22±0.11	a	7.23±0.13	a	7.27±0.16	a

注：表中同列不同字母表示不同处理组间有显著性差异（$P<0.05$）。

在不同的水稻生长时期内，盆栽试验孔隙水中 κ 整体呈现增加的趋势，增加了 320.0～943.5 $\mu S/cm$（图 4-62）。添加 FeOB 后，水稻根际及非根际孔隙水溶液在拔节期达到最高，分别为 1743 $\mu S/cm$ 和 1705 $\mu S/cm$，随后呈下降趋势，但与种植前的水溶液的 κ 相比，成熟期溶液中的 κ 均有所增加。T_R、T_F 及 T_{FR} 处理组在成熟期较 CK 组分别增加 22.72%、103% 和 103.12%。在水稻生长的各个时期，根际 κ 值由大到小排序为 T_{FR} 组、T_F 组、T_R 组、CK 组；水稻非根际孔隙水 κ 值在整体上也呈现出增加的趋势。T_{FR} 处理组非根际孔隙水 κ 值整体上高于 T_R 处理组。T_R 处理组和 T_{FR} 处理组根际孔隙水 κ 值与非根际孔隙水 κ 值的变化趋势类似，结果相差不大。

土壤孔隙水溶液电导率为溶液中阴离子（Cl^-、SO_4^{2-}、HCO_3^-）、阳离子（Na^+、K^+、Ca^{2+}、Mg^{2+}）共同作用的结果（Zhang D et al., 2018）。研究结果表明施加 FeOB 后，在水稻整个生育期内土壤水溶性盐分离子含量有了不同程度的升高，土壤中阳离子（Ca^{2+}、Mg^{2+}、K^+、Na^+）及有效态 As 离子含量上升，导致土壤 κ 上升。阳离子含量上升的原因是在土壤中施加肥料，抽穗期土壤 κ 下降是由于在抽穗期水稻生长较快，对养分和微量元素等的吸收较大（杨文弢等，2015）。

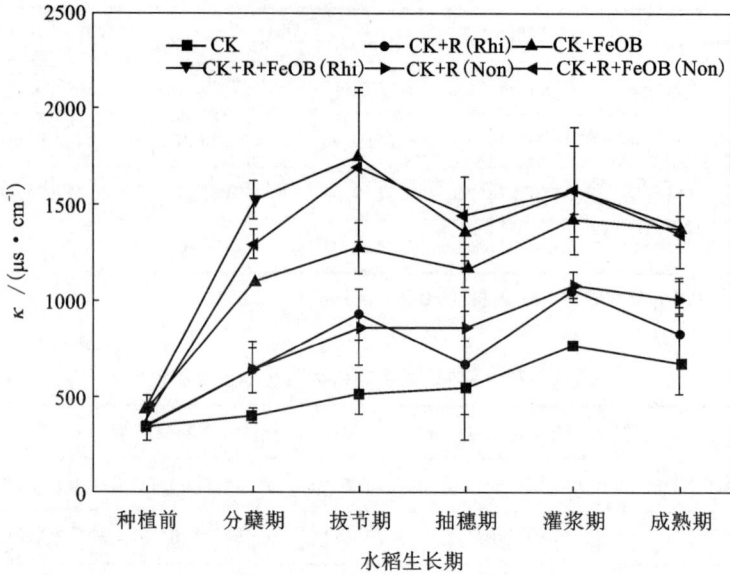

图 4-62 不同处理组根际及非根际水溶液 κ 变化曲线

种植水稻前土壤孔隙水中砷的含量范围在 70.36 μg/L 至 72.12 μg/L 之间（图 4-63）。CK 组在水稻生长的整个周期内土壤孔隙水中砷的含量为 63.75 ~ 70.36 μg/L，孔隙水砷含量稍有下降，但是没有发生显著变化。一般淹水条件会

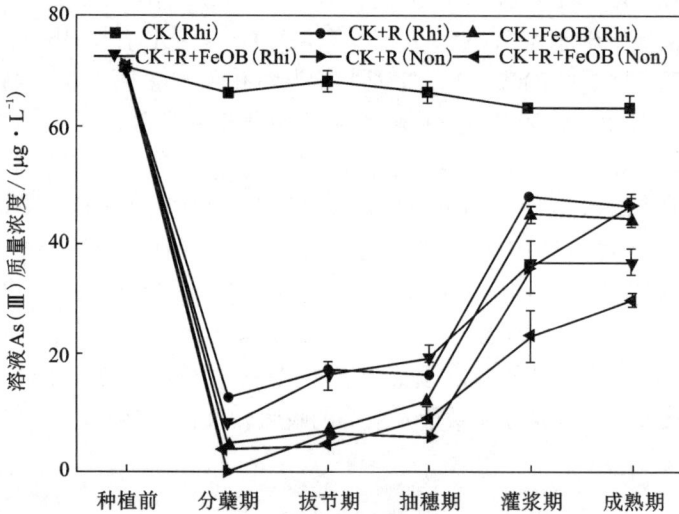

图 4-63 不同处理条件水稻不同生长期根际及非根际水溶液中砷含量

增加土壤溶液中 As、Sb 等金属离子的有效性,因为淹水会增加无定型氧化铁含量,降低结晶态铁氧化的含量,从而提高土壤氧化铁的活化(崔晓丹等,2015)。但本实验 CK 组水溶液中 As 含量整体呈现小幅度的降低趋势,原因可能是土壤从种植前的干土条件转变为持续淹水条件,土壤通气性变差,使土壤的还原性增强,φ 降低,氧化性减弱,再加之有机质增加,土壤中的还原性物质总量增多,使土壤中的亚铁离子含量增加(谭海燕,2011),在土壤土著微生物作用下,形成少量铁的氧化物,从而增加对溶液中 As(Ⅲ)的吸附作用。

在分蘖期,溶液中 As(Ⅲ)含量达到最低值,T_R、T_F 和 T_{FR} 处理组根际 As(Ⅲ)含量分别降到 13.00、4.64 和 8.26(μg/L),随后缓慢增加。原因可能是种植的水稻在根际形成根表铁膜,吸附土壤溶液中的砷(Wu C et al.,2016);加入的 FeOB 可以将淹水条件下形成的 Fe^{2+} 氧化为三价铁氧化物,从而吸附溶液中的砷(李爽等,2018)。观察图 4-63 Rhi 表示的根际水溶液,可以发现在第 15~45 天,T_F 处理组溶液中 As(Ⅲ)含量为 4.64~12.18 μg/L,较其他处理组能更加有效地降低水溶液中的 As(Ⅲ)含量。观察图 4-63 Non 表示的非根际水溶液 As(Ⅲ)含量,发现 T_R 和 T_{FR} 处理组在水稻生长的各个时期,其根际溶液中 As(Ⅲ)含量均高于非根际,这与之前的研究结果一致(Xue S et al.,2020)。在成熟期与 T_R 试验组相比,T_{FR} 处理组溶液中 As(Ⅲ)含量下降了 15.77 μg/L。

与 CK 组相比,种植水稻及添加 FeOB 的试验组水溶液中 As(Ⅲ)含量均呈现先下降后上升的趋势。接菌后溶液 As(Ⅲ)含量在分蘖期后上升的可能原因:本实验只在种植水稻时添加过一次 FeOB,后期没有进行菌液的补加,FeOB 在土壤体系内没有成为优势菌种,水稻培养中后期,部分铁氧化物吸附的砷重新释放到孔隙水中。杜(杜艳艳,2019)的研究表明,淹水条件下孔隙水砷含量随着水稻不断生长而降低,种植水稻可以降低孔隙水 As(Ⅲ)的含量。在水稻成熟期,T_{FR} 处理组溶液中 As(Ⅲ)含量从 72.12 μg/L 降到 36.65 μg/L,降低了 35.47 μg/L,其 As(Ⅲ)含量降低最为明显,而不加 FeOB 的 T_R 处理组 As(Ⅲ)含量只降低了 24.38 μg/L。Fe-As 共沉淀的稳定性受土壤 pH 的影响,pH 越高稳定性越弱(吕洪涛等,2008),T_{FR} 处理组的 pH 较 T_R 处理组低(表 4-16),因此 T_{FR} 处理组 As(Ⅲ)含量低。说明从长远来看,在种植水稻时添加 FeOB 可以起到降低孔隙水砷含量的作用。

添加 FeOB 后,T_{FR} 处理组根表铁膜中的铁含量增加为 7.35 mg/g,与 T_R 处理组相比增加了 1.85 mg/g,铁膜中的铁含量显著增加(P<0.05);T_{FR} 处理组铁膜中砷含量为 36.9 mg/kg,较 T_R 处理组增加了 9.1 mg/kg,铁膜中的砷含量也显著增加(P<0.05)(表 4-18)。为研究根表铁膜中铁、砷含量的相关性,我们对数据进行了相关性拟合(图 4-64)。结果显示,水稻根表铁膜中铁与砷含量成显著的正相关关系($R^2=0.68$,P<0.001)。水稻根际砷形态取决于根表铁膜附近土壤的

氧化还原环境，FeOB 和 ROL 的共同作用，导致土壤根表铁膜含量增多，水稻根表铁膜砷含量增加，这与前人的研究结果一致(Yamaguchi N et al.，2014)。进一步说明水稻根表铁膜 As 吸附量随着铁含量的增加而增加(Zhou H et al.，2015)，根表铁膜对于 As 从根部向茎叶及谷壳迁移起到抑制作用。添加 FeOB 后，根际孔隙水中的 Fe^{2+} 被氧化成三价铁氧化物富集到根表，形成铁膜从而吸附和共沉淀砷。根表铁膜中铁含量越多，铁膜中的砷含量也就越多，除砷的效果越明显。

表 4-18 不同处理条件下铁膜中铁、砷含量变化

处理条件	铁膜中铁浓度/(mg·g^{-1})	差异性	铁膜中砷浓度/(mg·kg^{-1})	差异性
T_R	5.50±0.31	a	27.8±2.5	a
T_{FR}	7.35±0.060	b	36.9±0.54	b

注：表中同列不同字母表示不同处理条件下存在显著性差异 ($P<0.05$)。

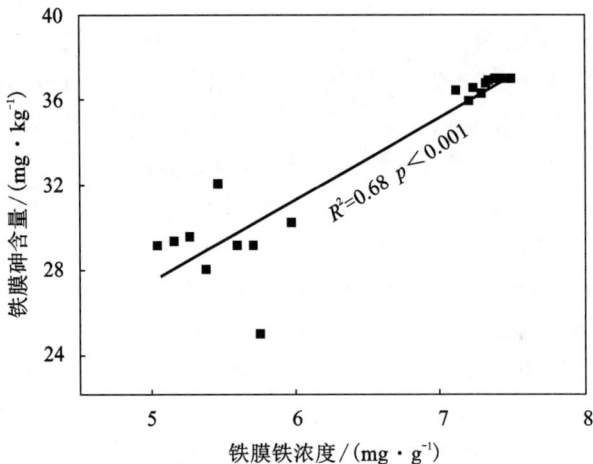

图 4-64 根表铁膜中铁、砷含量的相关性

为研究铁氧化菌对水稻砷迁移转化的影响，我们对成熟期水稻进行收割测定其地上部分(茎叶)和地下部分(根部)砷形态。表 4-19 给出了不同处理组水稻根部及茎叶中不同形态 As 的含量，根部和茎叶总 As 含量分别为 625~806 mg/kg 和 11.0~13.8 mg/kg。水稻中砷形态主要以 As(Ⅲ)及 As(Ⅴ)这两种无机砷形态为主，有机砷在植株中的含量较少，DMA 占总砷的 3.08%~15.4%。与 T_R 处理组相比，添加 FeOB 的 T_{FR} 处理组水稻总砷含量及各部位的砷含量均有不同程度的降低。T_{FR} 处理组中根系 As(Ⅲ)和 As(Ⅴ)含量分别为 11.5 和 191(mg/kg)，与

未接菌相比分别降低了 57.3% 和 26.9%，两者有显著性差异（$P<0.05$）；添加 FeOB 后，茎叶中无机砷含量降低了 29.6%。T_R 处理组水稻总砷为 379 mg/kg，与 T_R 处理组相比，T_{FR} 处理组水稻总砷含量下降了 27.5%，说明添加 FeOB 可以降低水稻植株中的砷含量。水稻在接菌处理和不接菌处理条件下各部位各形态的 As 含量均表现为：根部>茎叶 As 含量。水稻砷转运系数是反映水稻对砷吸收和富集的重要指标之一。转运系数越大表明水稻由地下部分向地上部分运输砷的能力越强（李仁英等，2019）。添加 FeOB 后，一方面水稻中总砷的转运系数（$TF_{根/茎叶}$）由 0.0581 降到 0.0562，说明 FeOB 可以通过降低总 As 由地下部分向地上部分迁移的能力来降低砷的积累量；另一方面通过添加 FeOB 增加水稻根表铁膜铁和砷含量（表 4-18），将土壤中砷阻隔在富集砷能力最为突出的水稻根际，从而减少对人体健康造成的风险。

表 4-19 水稻根部和茎叶中各形态 As 含量（平均值±标准差，$n=4$）

部位	处理	As(Ⅲ)含量/ (mg·kg^{-1})	差异性	As(Ⅴ)含量/ (mg·kg^{-1})	差异性	DMA 含量/ (mg·kg^{-1})	差异性	MMA 含量/ (mg·kg^{-1})	差异性	As[①]含量/ (mg·kg^{-1})	回收率 /%
根部	T_R	27.0±2.3	a	261±33	a	27.4±1.3	a	42.5±4.6	a	358	44.41
	T_{FR}	11.5±0.46	b	191±11	b	19.2±2.1	b	38.2±5.2	a	260	41.61
茎叶	T_R	7.74±0.54	a	11.3±0.46	a	1.32±0.030	a	0.460±0.030	a	20.8	150.25
	T_{FR}	4.86±0.51	b	8.52±0.89	b	0.920±0.020	b	0.320±0.020	a	14.6	132.91

注：①表示由四种砷形态含量相加的总 As 含量；ND 表示未检测到相关含量；表中同列不同字母表示不同处理间在水稻不同部位砷含量有显著性差异（$P<0.05$）。

4.3.2.4 铁氧化菌对水稻根际土壤铁氧化及砷、氮转化基因丰度的影响

在添加 FeOB 的第 15 天，T_F 处理组较 CK 组的 arsM 和 SSU rRNA 基因拷贝数显著（$P<0.05$）增加，T_{FR} 处理组 SSU rRNA 基因拷贝数较 CK 组降低（图 4-65）。在第 15 天，添加 FeOB 的 T_F 处理组土壤中 aioA、arsC、arsM、SSU rRNA、narG、nirS 和 nosZ 基因拷贝数较其他处理组均呈现增加趋势，说明 FeOB 可以增加土壤中的砷、铁及氮转化相关基因丰度。土壤中添加铁氧化菌并种植水稻后，铁氧化基因降低的可能原因是水稻根际泌氧作用和 FeOB 成矿过程竞争土壤溶液中的 Fe^{2+}，导致根际 Fe^{2+} 含量减少，SSU rRNA 基因拷贝数减少。

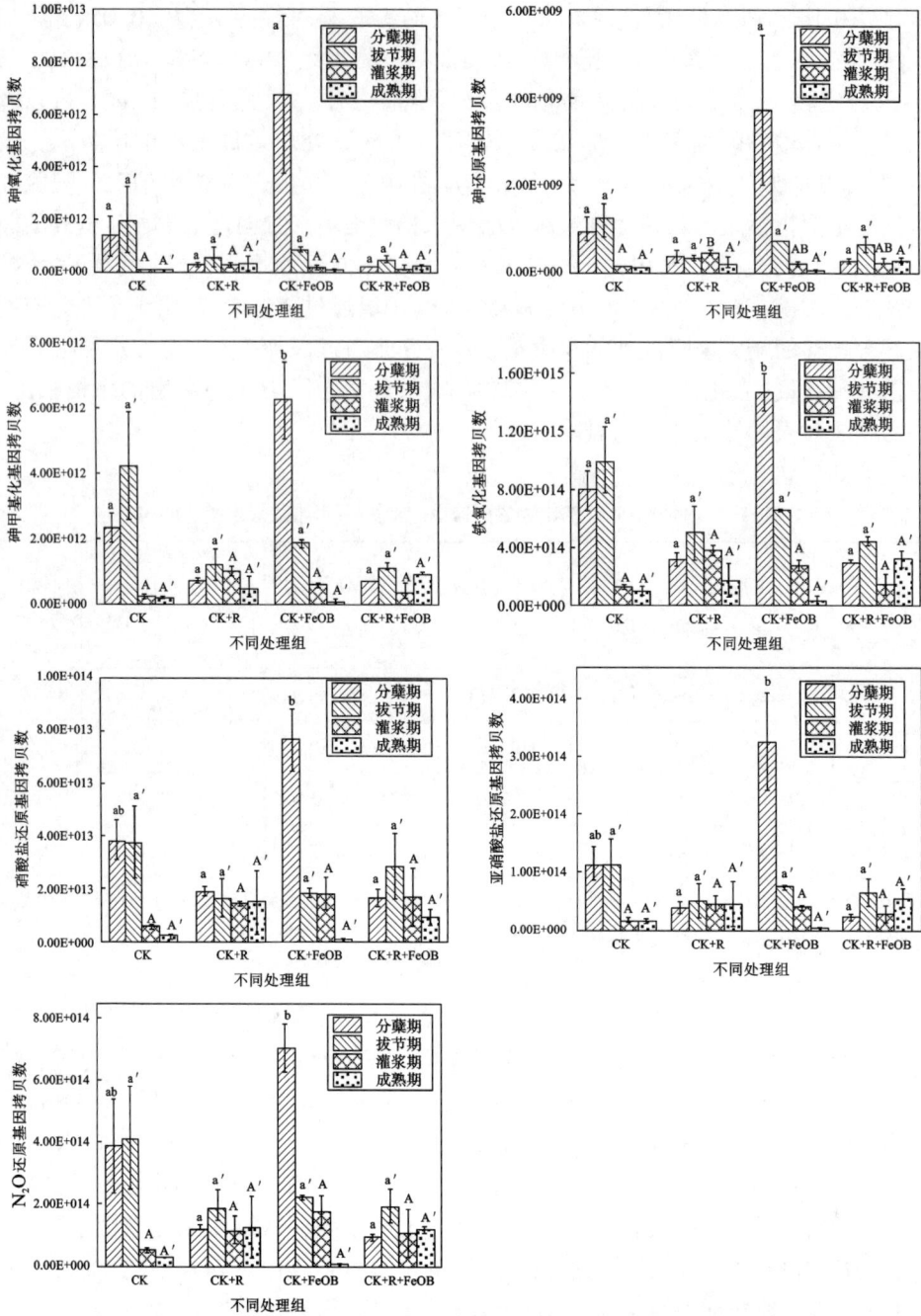

注：图中不同类型字母表示不同处理方法，不同生长时期基因拷贝数间的显著性差异（$P<0.05$）。

图 4-65　分蘖期、拔节期、灌浆期和成熟期水稻根际 aioA、arsC、arsM、SSU rRNA、narG、nirS 和 nosZ 基因拷贝数

在分蘖期，aioA 基因拷贝数为 $(1.54 \sim 6.76) \times 10^{12}$ 拷贝数/mg·DW，与空白试验组相比，T_F 处理组 aioA 基因丰度增加了 399.78%，而 T_R 及 T_{FR} 处理组 aioA 基因丰度分别降低 83.77% 和 88.64%。在拔节期，T_R、T_F 及 T_{FR} 处理组 aioA 基因丰度较 CK 组分别降低了 73.15%、57.72% 和 78.15%。而在灌浆期及成熟期，T_R、T_F 及 T_{FR} 处理组土壤 aioA 基因丰度较 CK 有所增加。可以看出在添加 FeOB 的第 15 天，T_F 处理组较 CK 组土壤中 aioA 基因丰度明显增加，这是由于 FeOB 增加了土壤中 SSU rRNA 基因丰度，SSU rRNA 基因丰度与 aioA 基因丰度成正相关关系（$R^2 = 0.92$，$P < 0.001$），从而促进 aioA 基因丰度的增加，而引入水稻后 T_{FR} 处理组土壤中的 aioA 基因丰度明显下降，这是由于水稻在淹水条件下可以通过根际 ROL 作用形成根表铁膜，吸附土壤溶液中的 As(Ⅲ)（Wu C et al.，2017），导致溶液中三价砷含量减少，因而 aioA 基因丰度降低。随着水稻的不断生长，T_F 处理组土壤中 aioA 基因丰度降低，这是由于添加到土壤中的 FeOB 没有打败土壤中的土著微生物，没有成为优势菌种，试验后期没有持续引入 FeOB，土壤中 SSU rRNA 基因丰度降低，因此 aioA 基因丰度随之减小。

在分蘖期，arsC 基因拷贝数为 $2.39 \times 10^8 \sim 3.74 \times 10^9$ 拷贝数/mg·DW，arsM 基因拷贝数为 $7.15 \times 10^{11} \sim 6.29 \times 10^{12}$ 拷贝数/(mg·DW)。arsC 及 arsM 基因拷贝数的变化趋势和 aioA 基因类似，与空白试验组相比，分蘖期 T_F 处理组 arsC 及 arsM 基因拷贝数增加，而 T_R 及 T_{FR} 处理组 arsC 及 arsM 基因拷贝数降低。拔节期 T_R、T_F 及 T_{FR} 处理组 arsC 及 arsM 基因拷贝数较 CK 组呈降低趋势，而灌浆期及成熟期 T_R、T_F 及 T_{FR} 处理组土壤 arsC 及 arsM 基因拷贝数较 CK 组有所增加。该试验结果表明，土壤中引入 FeOB 在增加砷氧化基因的同时，促进了砷的还原和甲基化。Zecchina 等（Zecchina S et al.，2017）的研究表明，淹水条件下土壤中 FeRB 丰度的升高会促进 As 的释放，导致土壤中 arsC 及 arsM 基因丰度上升，而水稻土壤中 FeOB 丰度同样会上升是因为水稻根际产生的 ROL 促进微好氧 FeOB 的生长，且淹水条件下硝酸盐依赖型 FeOB 丰度也会增加。

土壤中 narG，nirS 和 nosZ 基因拷贝数在水稻的不同生长期和不同处理组的变化趋势和 SSU rRNA 基因拷贝数的变化趋势基本类似。表明铁氧化过程和硝酸根离子反硝化生成 N_2 的过程在土壤中同时发生，FeOB 在增加土壤铁氧化基因丰度的同时还会促进土壤硝酸根离子和亚硝酸根离子还原及 N_2O 还原基因丰度的增加，SSU rRNA 基因拷贝数与 narG，nirS 和 nosZ 基因拷贝数成极显著的正相关关系（$P < 0.001$），这与图 4-66 中的描述一致。

McBeth 等（McBeth J M et al.，2016）在沿海海洋环境下的钢铁表面发现了 FeOB，用 SSU rRNA 基因作为引物进行高通量扩增的 qPCR 分析、焦磷酸测序和单细胞数据鉴定，结果发现这株 FeOB 可能是 zetaproteobacteria 的证据，它们可以影响铁循环过程，并在富含 Fe(Ⅱ) 的环境中迅速生长繁殖。盆栽实验中添加了

FeOB 的处理组中均添加了铁源, 为铁氧化菌的生长提供了适宜的环境条件。嗜中性 Fe 循环微生物包括 FeRB 和可共存于同一栖息地的嗜微氧、无氧光养和硝酸还原 Fe(Ⅱ)氧化 3 种不同生理学的 FeOB(Laufer K et al, 2016)。盆栽实验在淹水环境下, 这 3 个类群的 FeOB 可以共存, 由于添加 FeOB 的处理组中均补充了硝酸盐氮源, 加入的硝酸盐能够刺激反硝化微生物的生长。为硝酸盐还原 FeOB 的生长定植起到重要作用, 能促进 NO_3^- 的反硝化过程, 因此, 土壤中 narG、nirS 和 nosZ 基因含量增加(李爽等, 2018), 且与 SSU rRNA 基因成极显著正相关关系($P<0.001$, 图 4-66。我们的实验结果显示添加了 FeOB 的试验组在分蘖期可以显著增加土壤中 aioA 基因的拷贝数, 而 Li 等(Li S et al., 2018)通过研究水稻硝酸盐还原耦合砷氧化机制, 发现 Soil+As(Ⅲ)+NO_3^- 处理组的砷氧化(aox B)基因拷贝数明显增加($P<0.05$), 随水稻培养时间从 $5.5×10^5$ 拷贝数/(mg·DW)增长到 $1.40×10^6$ 拷贝数/(mg·DW), 而 Soil+As(Ⅲ)处理组 aox B 基因拷贝数没有显著变化($P>0.05$)。表明加入硝酸盐能够刺激三价砷氧化微生物的生长, 这与我们的研究结果一致。实验室前期研究结果显示, 水稻土壤中 aioA 基因丰度的增加使水溶液中 As(Ⅴ)含量增加, 从而促进 arsC 和 arsM 基因丰度的增加(Xue S et al., 2010), 这与本文的研究结果一致。

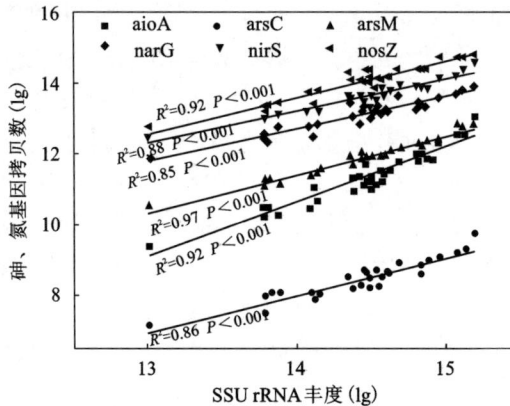

图 4-66　土壤铁氧化基因(SSU rRNA)丰度分别与砷氧化基因(aioA)、砷还原基因(arsC)、砷甲基化基因(arsM)、硝酸盐还原基因(narG)、亚硝酸盐还原基因(nirS)和 N₂O 还原基因(nosZ)丰度的相关性

土壤中的 SSU rRNA 基因丰度与 aioA($R^2=0.92$, $P<0.001$)、arsC($R^2=0.86$, $P<0.001$)、arsM($R^2=0.97$, $P<0.001$)、narG($R^2=0.85$, $P<0.001$)、nirS($R^2=0.88$, $P<0.001$)和 nosZ 基因($R^2=0.92$, $P<0.001$)丰度成极显著的正相关关系(图 4-66)。铁氧化基因丰度的增加可以导致 aioA, arsC, arsM, narG, nirS

和 nosZ 基因丰度的提高。土壤中加入 FeOB,引入了外源铁氧化基因,促进了土壤铁氧化基因(SSU rRNA)丰度的增加,从而促进土壤中的砷氧化基因、砷还原基因、砷甲基化基因、硝酸盐还原基因、亚硝酸盐还原基因和 N_2O 还原基因丰度的增加。说明 FeOB 可以促进土壤的砷氧化、还原和甲基化作用,同时还可以促进硝酸根离子、亚硝酸根离子及 N_2O 的还原。加入 FeOB 促进了硝酸根离子转化为 N_2,说明该菌株是一株硝酸盐依赖型 FeOB,该株硝酸盐还原型 FeOB 的代谢途径是将 NO_3^- 还原为 NO_2^- 和 N_2O 中间体,再进一步将其还原为 N_2,进行的是反硝化途径(Li S et al., 2018)。

为明确土壤溶液理化性质对土壤砷、铁、氮转化基因的影响,进行了土壤理化性质与土壤基因的相关性分析。土壤溶液 pH、κ 和 As 含量与 aioA、arsC、arsM、SSU rRNA、narG、nirS 和 nosZ 基因丰度的相关性如图 4-67 所示。土壤溶液的 pH、κ 及孔隙水砷含量均与土壤砷/铁/氮功能转化基因没有显著的相关关系

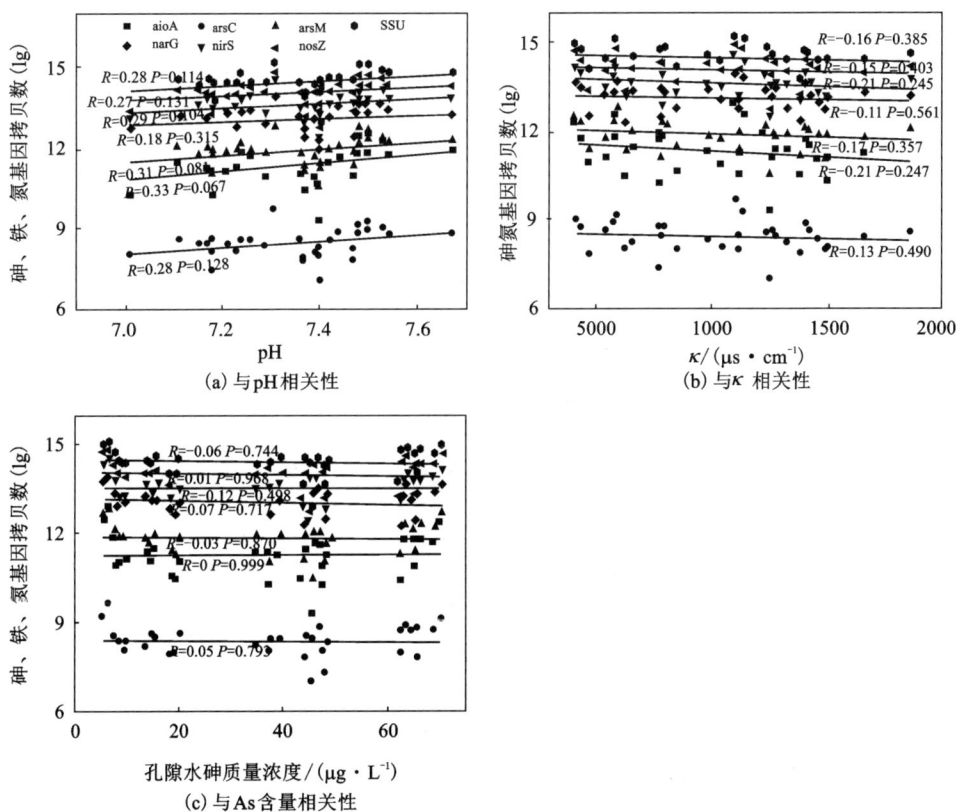

图 4-67 土壤中砷、铁、氮功能转化基因 aioA、arsC、arsM、SSU rRNA、narG、nirS 和 nosZ 丰度分别与土壤溶液 pH、κ 和 As 含量的相关性

（$P>0.05$）。整体来看，pH 与 aioA、arsC、arsM、SSU rRNA、narG、nirS 和 nosZ 基因丰度成正相关关系（R>0）；κ 与 aioA、arsC、arsM、SSU rRNA、narG、nirS 和 nosZ 基因丰度成负相关关系（R<0）；土壤孔隙水 As 含量不会影响土壤 aioA、arsC、arsM、SSU rRNA、narG、nirS 和 nosZ 基因丰度（R≈0）。

对土壤溶液理化性质与土壤 aioA、arsC、arsM、SSU rRNA、narG、nirS 和 nosZ 基因丰度进行 RDA 分析（图 4-68）。图中实心箭头表示的是环境变量，空心箭头表示的是响应变量。结果显示，pH、κ、As 含量和生长期这 4 个环境变量对土壤 aioA、arsC、arsM、SSU rRNA、narG、nirS 和 nosZ 基因丰度的总解释率为 18.4%，说明这 4 个环境变量不是影响土壤砷、铁、氮基因丰度的主要原因。4 个环境因子对土壤 aioA、arsC、arsM、SSU rRNA、narG、nirS 和 nosZ 基因丰度的解释率分别为 5.9%（$P=0.136$）、6.7%（$P=0.114$）、6.9%（$P=0.138$）、7.9%（$P=0.106$）、8.8%（$P=0.100$）、4.5%（$P=0.256$）和 6.6%（$P=0.136$），说明这 4 个环境因子对土壤 aioA、arsC、arsM、SSU rRNA、narG、nirS 和 nosZ 基因丰度的影响不大，环境因子与土壤砷、铁、氮基因丰度之间没有显著的相关关系。但是从整体上看，pH 与基因丰度间存在正相关关系；κ 与土壤基因丰度间存在负相关关系；水稻的生长期和水溶液砷浓度对土壤基因丰度影响不太。这与图 4-67 得出的结论一致。土壤溶液理化性质与土壤 aioA、arsC、arsM、SSU rRNA、narG、nirS 和 nosZ 基

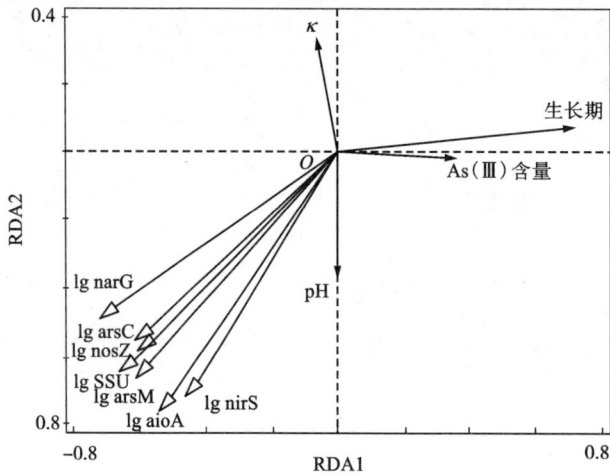

注：图中箭头大小和方向表示土壤溶液样品的理化性质这个环境因子与土壤基因丰度的关系，箭头所处的象限表示环境因子与排序轴间的正负相关性，箭头连线的长度代表某个环境因子与基因丰度间的相关程度的大小，连线越长相关性越大；箭头连线和排序轴的夹角代表某个环境因子与排序轴的相关性大小，夹角越小相关性越高。

图 4-68 土壤溶液理化性质与土壤 aioA、arsC、arsM、SSU rRNA、narG、nirS 和 nosZ 基因丰度的 RDA 分析

因丰度之间没有显著的相关性,土壤溶液理化性质并不是影响土壤基因丰度的主要原因。

4.3.3　稻田土壤砷修复研究

大田实验条件控制较困难,全过程管理较繁琐,且受外界影响大,相关研究报道相对较少(刘志彦等,2010)。水稻在室内盆栽实验和室外大田不同的环境条件下,其生长状况及对重金属的吸收、转运和积累都会有一定的差异(Shi J et al.,2009)。在复杂的大田环境中,为验证 FeOB 是否能起到盆栽试验的类似试验结果,能否降低土壤砷污染,降低水稻的砷积累,实验室前期制备的铁改性生物炭化学修复与 FeOB 的微生物修复效果是否存在差异,我们开展了大田试验,将 FeOB 制成菌制剂施加到大田中,测定大田溶液理化性质、土壤中砷的形态、水稻植株各部位砷积累量及土壤微生物 16S rRNA,考察 FeOB 耦合砷成矿降低土壤砷的实验效果。

4.3.3.1　土壤溶液

大田土壤孔隙水 pH 的变化范围在 6.37 至 9.02 之间(图 4-69)。CK 对照组土壤溶液 pH 变化不显著;G_B 处理组溶液 pH 在拔节期增加到 9.02,随后下降到

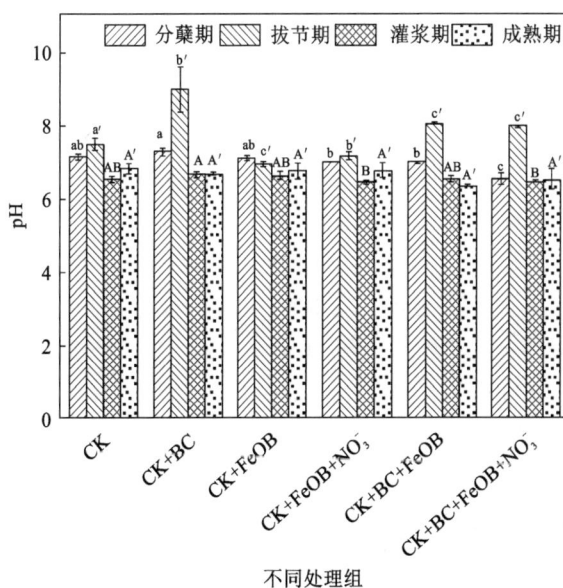

注:图中不同类型的字母表示水稻不同生育时期内不同处理组 pH 的显著性差异($P<0.05$)。

图 4-69　不同处理条件下,水稻不同生长期土壤孔隙水 pH 变化情况

稳定值 6.93 左右；G_F 处理组的溶液 pH 整体上呈下降趋势，但是降低不明显，在整个生育期土壤 pH 的变化范围在 6.64 至 7.13 之间；G_{FN} 处理组的 pH 变化也不显著，在整个生育期内 pH 的变化范围在 6.47 至 7.18 之间；G_{BF} 处理组溶液 pH 先从分蘖期的 7.02，增加到拔节期 8.07，之后显著降低，最后在成熟期达到 6.37；G_{BFN} 处理组溶液 pH 同样是在拔节期达到最大值 7.98，其变化趋势是先增加后降低。结果表明，无论何种处理，在水稻的拔节期土壤孔隙水 pH 均高于水稻的其他生育期。试验土壤的孔隙水 pH 在整体上呈现先增加后降低的趋势。G_B、G_{BF} 及 G_{BFN} 处理组在拔节期 pH 比 CK 对照组高，这是添加 BC-FeOS 导致的。Wu 等（Wu C et al.，2018）研究表明，BC-FeOS 的表面较粗糙，含有很多极性官能团，能够为土壤带来一些 Fe_xO_y 或 Fe_xOH_y，在水稻生长的拔节期，BC-FeOS 能够提供羟基官能团，从而增加土壤的 pH。在水稻生长的灌浆期和成熟期土壤溶液 pH 再次下降到 6~7。李等的研究表明，加 Fe 能显著降低土壤溶液 pH（李思妍等，2018）。本实验 pH 下降的原因是施加的 BC-FeOS 材料量所占比例较小，仅 0.2% 且土壤酸碱缓冲性能较强（田杰等，2012）。Wu 等（Wu C et al.，2018）的研究结果表明 BC-FeOS 这种材料对土壤 pH 的影响不大。与 CK 对照组相比，加菌处理组溶液 pH 在整个生育期内没有明显的变化，说明添加 FeOB 到土壤中后，成为了土壤复杂菌落的一部分，由于土壤具有很强的酸碱缓冲能力，因此 FeOB 并不会对土壤孔隙水 pH 的变化产生较大的影响。

添加不同底物到湘潭大田后，试验土壤孔隙水 κ 值整体上呈现先下降后上升最后又降低的趋势，在拔节期，所有处理组的 κ 值均达到最低值，溶液 κ 值降到 224.0~267.0 μS/cm（表 4-20）。这是由于在拔节期，水稻生长最为迅速，需要大量的营养物质供给，因此会吸收土壤溶液中的各种阳离子，包括 K、Ca、Na、Mg 等营养元素（许仙菊等，2010）。灌浆期土壤溶液 κ 值有所上升，这是生物炭的缓释作用导致的（何绪生等，2011）。添加 BC-FeOS 后，分蘖期 G_B、G_{BF} 及 G_{BFN} 处理组土壤孔隙水的 κ 值达到最大，为 1804~2142 μS/cm。在分蘖期，与 CK 对照组相比，G_B、G_{BF} 及 G_{BFN} 处理组土壤孔隙水 κ 值显著增加（$P<0.05$），而 G_F 及 G_{FN} 处理组溶液 κ 值与 CK 组相比分别降低了 56.33% 和 21.72%。添加 BC-FeOS 后，溶液 κ 值显著增加的原因可能是因为 BC-FeOS 中含有大量的表面极性官能团，且这种改性材料中 K、Ca、Na、Mg 等元素浓度都较高，分别为 9253、2563、469.5 和 834.3（mg/kg）（Wu C et al.，2018），有助于丰富土壤中的营养物质，提升土壤肥力，增加土壤溶液中阳离子含量。而添加的 FeOB 可氧化土壤中的亚铁离子，通过内层吸附的方式将 As（Ⅲ）、Cd^{2+} 等重金属离子吸附到铁氧化物表面有效作用位点中（郭莉，2013）。

表 4-20　水稻不同生长期不同处理组土壤孔隙水电导率变化 单位：μS/cm

处理组	分蘖期	差异性	拔节期	差异性	灌浆期	差异性	成熟期	差异性
CK	876.3±43.6	a	233.3±9.87	a	424.7±3.21	a	360.7±34.5	ab
G_B	1813±3.06	b	266.0±12.5	bc	424.7±11.1	a	281.3±22.3	a
G_F	382.7±3.06	c	241.7±14.2	ab	424.0±4.58	a	392.0±1.73	b
G_{FN}	686.0±136	a	267.0±2.65	c	508.3±5.86	b	396.0±34.2	b
G_{BF}	1804±20.5	b	226.3±2.31	a	454.3±15.0	c	365.0±37.0	ab
G_{BFN}	2142±187	d	224.0±5.29	a	469.7±8.96	c	351.0±69.6	ab

注：表中同列不同字母表示不同处理组土壤孔隙水电导率的显著性差异（$P<0.05$）。

　　在水稻整个生长时期，CK 对照组土壤孔隙水 As 含量为 2.32~2.63 μg/L，几乎没有明显变化；添加 BC-FeOS 的处理组土壤孔隙水 As 含量在整个水稻生育期内呈显著下降趋势，到成熟期，溶液砷含量较 CK 组下降了 36.53%（图 4-70）。BC-FeOS 能为土壤带来 Fe_xO_y 或 Fe_xOH_y 物质，通过—OH 的交换作用与 As 形成砷的络合物或通过沉淀作用形成沉淀物，使土壤孔隙水 As 含量下降（杨兰等，2016）。杜等（杜艳艳等，2017）的研究也表明，负载铁生物炭含有的 Fe 原子可通过羟基与 AsO_4^{3-} 的配位基交换作用吸附 As，从而降低矿相中砷的溶出，起到钝化砷的效果。添加 FeOB 的处理组土壤孔隙水 As 含量在整个生育期内呈显著下降趋势，到成熟期，溶液砷含量较 CK 组下降了 62.04%，添加 FeOB 的处理组溶液 As 含量较 BC-FeOS 处理组下降得更为明显，说明添加 FeOB 对溶液 As 含量下降的作用效果较添加 BC-FeOS 更为显著。成熟期，G_{FN} 处理组土壤孔隙水溶液砷含量较 CK 组下降了 75.34%。同时 G_{BF} 处理组在成熟期溶液 As 含量降低了 69.72%，说明在降低土壤孔隙水 As 含量方面，FeOB 与 BC-FeOS 的作用是协同促进的。添加 FeOB 处理组土壤孔隙水 As 含量降低的原因可能是其可以氧化淹水条件下的二价亚铁离子，从而形成铁氧化物，通过吸附和共沉淀作用降低土壤孔隙水 As 含量。在成熟期 G_{BFN} 处理组的土壤孔隙水 As 含量降低最为明显，降至 0.47 μg/L，降低了 80.03%。Wang 等（（Wang Z et al.，2013）的研究表明，在淹水条件下，在水稻成熟期，添加有机质和硅肥+有机质后土壤溶液中的 As 含量分别降低了 44.58% 和 7.02%；Ye 等（Ye W L et al.，2011）的研究表明，经过 9 个月的培养，As 超富集植物蜈蚣草可降低土壤孔隙水砷含量 18%~77%。添加 FeOB 较化学处理和植物修复处理土壤孔隙水砷含量降低最为明显，处理稻田砷污染的效果更好。

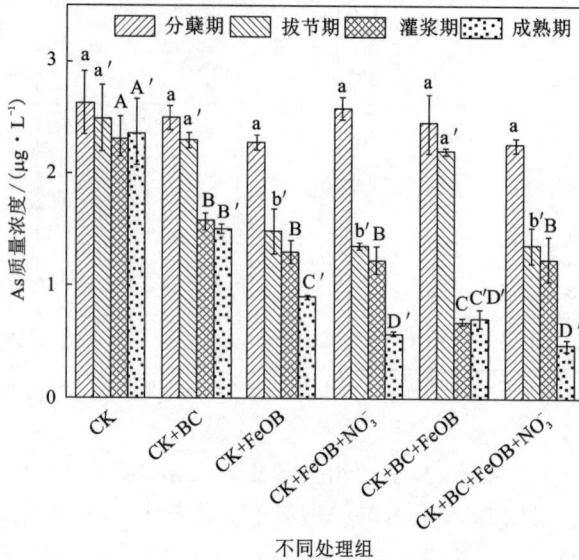

注：图中不同类型字母表示水稻不同生育时期不同处理组 As 含量的显著性差异（$P<0.05$）。

图 4-70 不同处理条件下，水稻不同生长期土壤孔隙水 As 含量

4.3.3.2 稻田土壤微生物多样性

对大田试验水稻分蘖期、拔节期、灌浆期及成熟期的土壤进行微生物多样性分析（图 4-71）。除 CK 对照组外，添加 FeOB 和 BC-FeOS 的处理组，在水稻分蘖期，土壤中的 OTU 数目较 CK 组均呈现下降趋势，其中 G_F 处理组的 OTU 数目降低得最为明显，下降了 1223 条。随着生育期的延续，CK 对照组土壤的 OTU 数呈下降趋势，到成熟期，土壤中 OTU 数降到 6312 条；G_B 处理组的土壤 OUT 数在整个生育期内先下降后增加，在水稻拔节期 OUT 数最低，达 6071 条；G_F 处理组土壤 OUT 数在生育期内呈现增加的趋势，到成熟期，土壤 OUT 数增加了 14.73%；与 G_B 处理组的变化趋势类似，G_{FN}、G_{BF} 及 G_{BFN} 处理组的土壤 OUT 数均呈现先减少后增加的趋势，到成熟期，3 个处理组的土壤 OUT 数分别达到 6572、6830 和 6403 条。在水稻成熟期，G_B、G_F、G_{FN}、G_{BF} 及 G_{BFN} 处理组的土壤 OUT 数较 CK 对照组均有不同程度的增加，分别增加 7.94%、1.30%、4.12%、8.21% 和 1.44%。说明添加 BC-FeOS 和 FeOB 在水稻收获后均可以增加土壤的 OUT 数，从而增加微生物的 Alpha 多样性。

一般情况下，实际测定的土壤 OUT 数并不能真实地表明土壤的微生物多样性，需要用到 Chao 指数和 Shannon 指数来综合评估微生物的多样性（蔡艳等，2015）。Chao 指数在生态学中常用来估计物种总数（菌群丰度），而 Shannon 指数

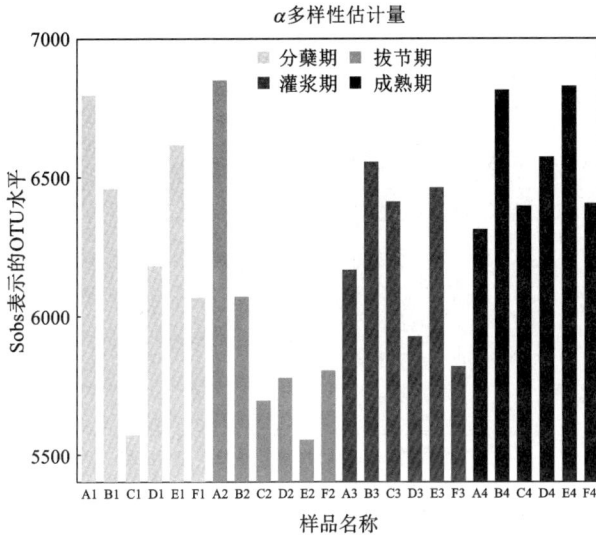

α多样性估计量

注：图中的 A、B、C、D、E、F 分别表示的是大田试验的 CK、G_B、G_F、G_{FN}、G_{BF} 及 G_{BFN} 六个处理组；1、2、3、4 分别代表水稻的分蘖期、拔节期、灌浆期及成熟期。

图 4-71　大田实验土壤不同时期 Sobs 表示的 OUT 水平

是用来估算样品中微生物的多样性指数之一，是反映 Alpha 多样性的指数。Shannon 值越大，表明群落多样性越高（Wang C et al.，2018）。为此我们列出了大田实验土壤水稻不同生育时期土壤的多样性指数表（表 4-21）。在水稻分蘖期，6 个实验组土壤的 Chao 指数排序由大到小为 CK 对照组、G_{BF} 处理组、G_{FN} 处理组、G_B 处理组、G_{BFN} 处理组、G_F 处理组、空白实验组土壤的 Chao 指数最高，达 7568。该研究结果表明，在添加 FeOB 和 BC-FeOS 的早期，并不会显著改变土壤微生物的菌群丰度，添加氮源也不会促进土壤中微生物物种的总数增加。原因可能是土壤本身是一个比较复杂的微生物培养基，它本身存在着多种多样的微生物群落，在添加外源物质的初期土壤对其有缓冲作用，因此在添加 FeOB 和 BC-FeOS 的初期，土壤的微生物物种总量没有很大的改变。对比不同处理组不同水稻生育时期 Chao 指数图［4-72（a）］及 Shannon 指数图［4-72（b）］，发现与 CK 组相比，G_B、G_F、G_{FN}、G_{BF} 及 G_{BFN}5 个处理组均没有显著性变化，说明加入 FeOB 和 BC-FeOS 对土壤的多样性没有显著影响。土壤 Chao 指数及 Shannon 指数作为重要的土壤多样性质量评价指标，其与稻田的初级生产和生态系统稳定性有良好的关系（Zhang P L et al.，2014）。结果表明添加外源 FeOB、氮源及 BC-FeOS 对土壤微生物的扰动较小。但 G_B、G_F、G_{FN}、G_{BF} 及 G_{BFN} 处理组较 CK 组 Chao 指数及

Shannon 指数存在一定的变化，如下文所述。

表 4-21　大田实验土壤微生物多样性指数表

样品名称	Sobs	Shannon	Simpson	Ace	Chao	Coverage
CK-1	6796	7.478	0.002274	7618	7568	0.9903
CK-2	6850	7.595	0.001159	7968	7950	0.9875
CK-3	6168	7.400	0.001455	7438	7481	0.9873
CK-4	6312	7.404	0.001419	7573	7582	0.9874
G_B-1	6459	7.517	0.001354	7208	7180	0.9915
G_B-2	6071	7.050	0.003034	7364	7242	0.9871
G_B-3	6553	7.410	0.001594	7710	7637	0.9875
G_B-4	6813	7.545	0.001269	8012	7909	0.9871
G_F-1	5573	7.293	0.002037	6457	6432	0.9861
G_F-2	5694	6.828	0.003977	6914	6797	0.9877
G_F-3	6410	7.049	0.003262	7817	7802	0.9855
G_F-4	6394	7.387	0.001560	7652	7588	0.9869
G_{FN}-1	6179	7.478	0.001480	7233	7185	0.9855
G_{FN}-2	5777	6.486	0.006395	7271	7165	0.9857
G_{FN}-3	5927	6.925	0.003565	7270	7274	0.9865
G_{FN}-4	6572	7.244	0.002436	7934	7845	0.9862
G_{BF}-1	6617	7.519	0.001824	7471	7462	0.9897
G_{BF}-2	5552	6.708	0.004521	6721	6639	0.9884
G_{BF}-3	6464	6.982	0.003824	7757	7668	0.9869
G_{BF}-4	6830	7.536	0.001298	8144	8124	0.9863
G_{BFN}-1	6065	7.401	0.001508	6971	7037	0.9909
G_{BFN}-2	5802	7.144	0.002100	6925	6855	0.9882
G_{BFN}-3	5816	7.205	0.002069	7116	6995	0.9858
G_{BFN}-4	6403	7.381	0.001731	7731	7646	0.9862

注：表中1、2、3、4分别代表水稻的分蘖期、拔节期、灌浆期及成熟期。

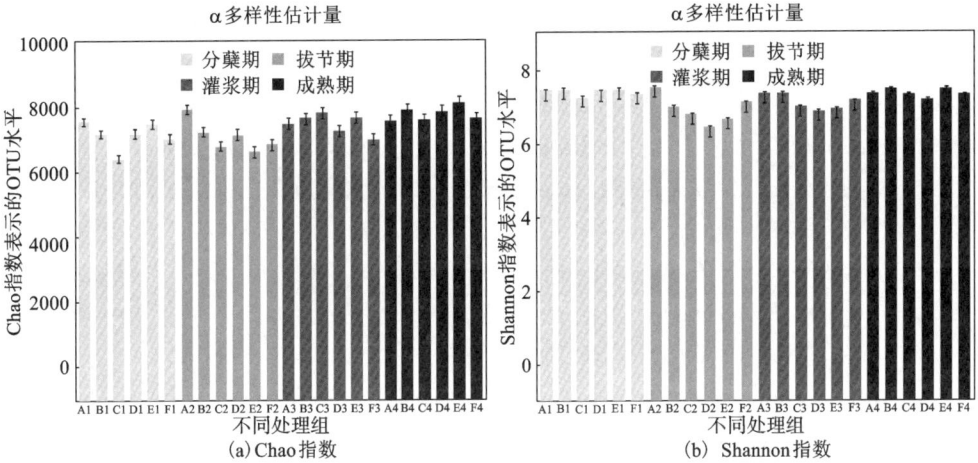

图 4-72 土壤不同时期 Chao 指数和 Shannon 指数表示的 OUT 水平

在水稻成熟期 6 个实验组土壤的 Chao 指数由大到小排序为 G_{BF} 处理组、G_B 处理组、G_{FN} 处理组、G_{BFN} 处理组、G_F 处理组、CK 对照组，CK 对照组土壤的 Chao 指数最低，为 7582。该研究结果表明从添加 FeOB 和 BC-FeOS 到大田种植水稻试验结束，二者可以不同程度地增加土壤微生物的菌群丰度，且 BC-FeOS 对土壤菌群丰度的增加效果较 FeOB 更为明显，同时添加氮源对土壤中微生物物种总数的增加效果也不明显；在水稻分蘖期，6 个实验组土壤的 Shannon 指数排序为 G_{BF} 处理组、G_B 处理组、G_{FN} 处理组、CK 对照组、G_{BFN} 处理组、G_F 处理组，G_F 处理组的土壤 Shannon 指数最低，为 7.293。该研究结果表明，添加 BC-FeOS 到土壤中可以增加土壤微生物群落多样性，这是因为添加的 BC-FeOS 含有大量的 K、Ca、Na、Mg 等营养元素，有利于土壤微生物菌群的生长和繁殖。而只添加铁氧化菌并不能增加土壤中微生物群落多样性，这是由于该实验添加的 FeOB 本身就是从稻田土壤中分离得到的。之前的研究结果也说明该菌株添加到土壤中并不会成为土壤的优势菌种，因此对土壤的微生物群落多样性不会有太大的影响。在水稻成熟期，6 个实验组土壤的 Shannon 指数由大到小排序为 G_B 处理组、G_{BF} 处理组、CK 对照组、G_F 处理组、G_{BFN} 处理组、G_{FN} 处理组。该研究结果表明，从长期来看，添加 BC-FeOS 可以增加土壤中微生物群落的多样性，而添加 FeOB 可以降低土壤微生物群落的多样性，原因可能是添加的 FeOB 是一株硝酸盐依赖型 FeOB，它会与土壤中的土著微生物竞争土壤中的氮源，导致土壤中部分微生物群落活性降低(张春辉等，2014)。且添加的氮源会降低土壤中微生物群落的多样性，这是由于外源氮的添加破坏了土壤中不同氮源的比例，影响了硝化微生物对氮源的响应(赵伟烨等, 2018), 因此土壤中较多的土著硝化微生物活性降低。

成熟期不同处理组土壤细菌门类及其所占比例如图 4-73 所示, 所得细菌序列所属类群分为 13 个, 分别为变形菌门(*Proteobacteria*)、酸杆菌门(*Acidobacteria*)、绿弯菌门(*Chloroflexi*)、拟杆菌门(*Bacteroidetes*)、厚壁菌门(*Firmicutes*)、芽单胞菌门(*Gemmatimonadetes*)、匿杆菌门(*Latescibacteria*)、已科河菌门(*Rokubacteria*)、浮霉菌门(*Planctomycetes*)、硝化螺旋菌门(*Nitrospirae*)、疣微菌门(*Verrucomicrobia*)、unclassified_k_norank_d_Bacteria、放线菌门(*Actinobacteria*)等菌群。其中, *Proteobacteria*、*Acidobacteria*、*Chloroflexi*、*Bacteroidetes* 和 *Firmicutes* 所占比例较高, 属于优势菌群, 分别为 19.46% ~ 38.54%、9.57% ~ 19.66%、9.38% ~ 17.52%、4.45% ~ 16% 和 0.66% ~ 12.01%; *Gemmatimonadetes*、*Latescibacteria*、*Rokubacteria*、*Planctomycetes*、*Nitrospirae*、*Verrucomicrobia*、unclassified_k_norank_d_Bacteria 和 *Actinobacteria* 所占比例较小, 分别为 2.64% ~ 9.38%、2.03% ~ 5.43%、2.78% ~ 5.24%、2.56% ~ 4.39%、1.67% ~ 5.06%、1.13% ~ 3.96%、1.56% ~ 3.92% 和 1.84% ~ 3.39%。不同处理组土壤细菌群落门类所占比例不同, 添加 BC-FeOS 和 FeOB 对土壤细菌群落门类有一定影响。

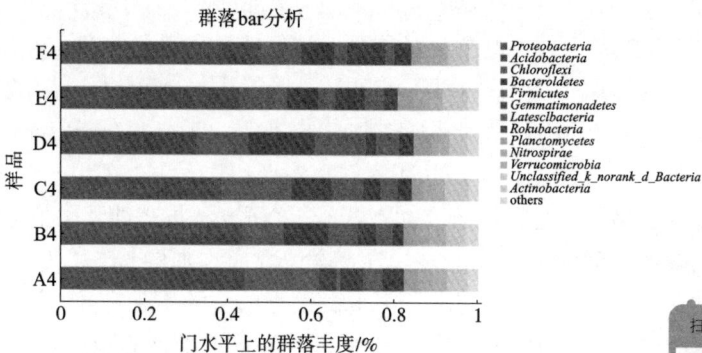

注: Other 代表相对丰度<2%的门的总和。

图 4-73 成熟期土壤门水平群落 bar 图

在成熟期, G_F、G_{FN} 处理组 *Proteobacteria* 所占比例较 CK 组分别降低了 0.83% 和 5.17%, 而添加 BC-FeOS 的处理组 *Proteobacteria* 所占比例显著增加。与 CK 组相比添加 BC-FeOS 后, Proteobacteria 所占比例增加说明 Fe 的加入可以刺激 *Proteobacteria* 这个门的微生物的生长。陈等(陈鹏程等, 2017)的研究也表明, 添加 Fe(Ⅱ)和 NO_3^- 的处理组土壤中 *Alpha Proteobacteria* 所占比例降低 60% ~ 70%。G_B、G_F、G_{FN}、G_{BF} 及 G_{BFN} 处理组 *Acidobacteria*、*Chloroflexi* 及 *Rokubacteria* 所

占比例较 CK 组分别下降 4.81%~10.09%、1.02%~8.14% 和 1.1%~2.46%。陈等(陈鹏程等,2017)的研究结果显示,添加 Fe(Ⅱ)后 *Acidobacteria* 和 *Chloroflexi* 门类所占比例分别下降 40% 和 50% 左右,但添加 NO_3^- 会促进 *Acidobacteria* 门类的微生物生长,这与我们 G_{FN} 处理组的结果相悖;而 *Bacteroidetes* 及 *Firmicutes* 所占比例较 CK 组显著增加,分别增加了 3.27%~11.55% 和 2.11%~11.35%。*Bacteroidetes* 及 *Firmicutes* 这两个门类均属于之前报道的 FeOB 门类,分别在富集培养和传代培养的微好氧铁氧化微生物群落中占 1.7%~36.3%(平均 14.9%)和 1.2%~15.8%(平均 6.2%)(陈娅婷等,2016)。说明添加 FeOB 可以增加土壤中铁氧化微生物的门类。添加 BC-FeOS 的处理组 *Bacteroidetes* 及 *Firmicutes* 所占比例较 CK 组增加的原因是添加的生物炭可以促进土壤中溶解性有机碳的增加,从而促进这两种微生物门类的增加(Zhu J et al.,2018)。

成熟期土壤属水平群落 bar 图(图 4-74)显示,拟杆菌属 *Bacteroides*、*norank_f_norank_o_norank_c_Subgroup_6*、*norank_f_Gemmatimonadaceae*、*norank_f_norank_o_norank_c_Latescibacteria* 为土壤中的优势菌属,所占比例较高,分别为 0.30%~9.34%、1.74%~6.44%、2.84%~6.92% 和 2.01%~4.50%。与 CK 处理组相比,G_B、G_F、G_{FN}、G_{BF} 及 G_{BFN} 处理组 *Bacteroides* 及 *Faecalibacterium* 菌属有不同程度的增加,分别增加 1.82%~9.04% 和 0.58%~2.35%。*Bacteroides* 是一株硝酸盐还原菌(Zhu J et al.,2018),因此添加 FeOB 和氮源后能促进其增加。*Faecalibacterium* 菌属是人和动物肠道中的优势菌,作为水体粪便污染指示菌被大量研究(段传人等,2013)。但也有研究表明 *Faecalibacterium* 菌属属于 *Firmicutes* 菌门(蒋绍妍等,2015),它是否能对铁氧化耦合硝酸盐还原产生作用还需要进一步论证;而 *norank_f_norank_o_norank_c_Subgroup_6* 及 *norank_f_norank_o_Rokubacteriales* 菌属有不同程度的下降,分别为 1.86%~4.7% 和 0.6%~2.54%。

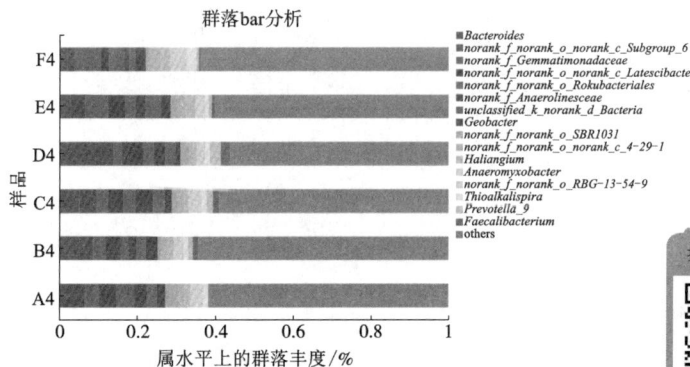

注:Other 代表相对丰度<2% 的门的总和。

图 4-74　成熟期土壤属水平群落 bar 图

4.3.3.3 土壤砷形态转化

所有处理组土壤有效态砷含量均随水稻的生长发育而降低，但是在水稻分蘖期，与 CK 对照组相比，所有处理组土壤有效态砷含量均显著降低(图 4-75)。在分蘖期，与 CK 组相比，G_B、G_F、G_{FN}、G_{BF} 及 G_{BFN} 处理组土壤有效态砷含量分别降低 39.60%、10.78%、33.92%、37.70% 和 55.48%。在水稻分蘖期，BC-FeOS 比 FeOB 使土壤有效态砷含量下降得更为显著，添加 FeOB 和添加 BC-FeOS 的处理组土壤的有效态砷含量下降最为明显，说明 BC-FeOS 和 FeOB 都可以降低土壤有效态砷含量，且在土壤中，这两者的作用是相互促进的。在水稻分蘖期，G_{FN} 处理组比 G_F 处理组土壤有效态砷含量降低了 25.94%，再次说明该株 FeOB 在生长过程中需要利用硝酸根离子作为电子受体，这是一株硝酸盐依赖型 FeOB。Wu (Wu C et al.，2018) 等研究表明添加 BC-FeOS、氯化铁改性生物炭和零价铁改性生物炭可显著降低土壤中 $NaHCO_3$ 可提取态 As 含量，分别降低 13.95%～30.35%、10.97%～28.39% 和 17.98%～35.18%。说明 G_{BFN} 处理组比单独添加土壤改性材料的处理组降低土壤有效砷效果好。成熟期，G_F 处理组较 CK 对照组，As 含量增加了 6.65%，原因可能是土壤本身存在一个复杂的菌落，单独添加 FeOB 到大田中后，在土壤的土著微生物的作用下，FeOB 并没有成为优势菌种，而我们的试验也只是在水稻插秧时施加了一次菌剂，后续并没有持续添加，因此成熟期土壤有效态砷含量略高于 CK 组。

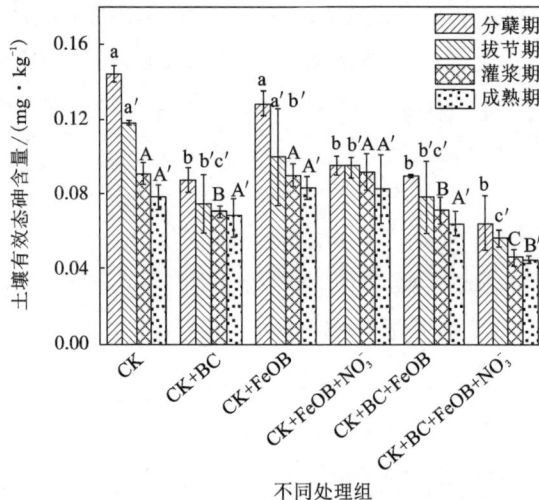

注：图中不同类型字母表示水稻不同生育时期不同处理组土壤有效砷含量的显著性差异 ($P<0.05$)。

图 4-75 不同处理组土壤有效态砷含量变化

大田土壤中非特异性吸附态砷含量为 0.27% ~ 0.37%，整体上没有显著性变化(图 4-76)。CK、G_B、G_F、G_{FN}、G_{BF} 及 G_{BFN} 处理组土壤中吸附态砷含量(包括特异性吸附态和非特异性吸附)占土壤总砷量的百分比分别为 8.46%、7.95%、7.24%、5.97%、5.54% 和 6.85%。吸附态砷可以通过物理、化学和生物等方法，很容易地从吸附介质上脱附下来，是水中砷污染的主要来源，其在砷的迁移转化方面影响较大。研究结果表明，添加 BC-FeOS 和 FeOB 可以降低土壤中吸附态砷含量，从而减少砷在土壤-水稻体系内的迁移转化。这是由于 BC-FeOS 和 FeOB 可以提供三价铁产物，从而改变土壤胶体晶格表面的电荷，使其具有导电性，可以固定土壤中的砷(Bolan N et al. , 2013)；FeOB 氧化亚铁和 BC-FeOS 表面的 Fe(OH)$_3$，在淹水条件下发生水解反应产生的 OH$^-$ 被 As 取代，—FeOH +H$_3$AsO$_3$ ——→—Fe-H$_2$AsO$_3$+H$_2$O，生成不溶性的铁砷矿物(Hartley W et al. , 2009)。与 CK 组相比，G_B、G_F、G_{FN}、G_{BF} 及 G_{BFN} 处理组土壤结晶铁铝氧化物态砷含量分别增加 15.92%、1.54%、16.00%、9.07% 和 48.09%。前人的研究表明，与空白实验组相比，添加 BC-FeOS 的处理组土壤中结晶铁铝氧化物态砷含量增加 18.69%，这与本文的研究结果类似(Wu C et al. , 2018)。添加 FeOB 和 BC-FeOS 可以增加土壤结晶铁铝氧化物态砷含量，说明 FeOB 可以在氧化二价亚铁的同时耦合砷形成结晶型铁铝氧化态砷。这与之前的成矿研究相符合，FeOB 不仅在溶液体系下可以生成矿物，在土壤环境中同样能发挥作用。

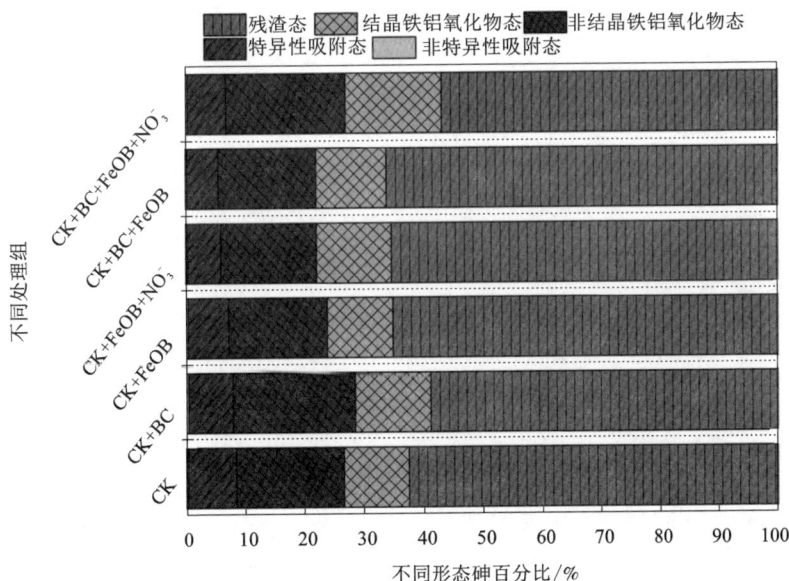

图 4-76　不同处理组水稻分蘖期土壤不同形态砷所占百分比的变化

4.3.3.4 水稻砷积累

大田水稻对照组根表铁膜铁含量为 39.2 mg/kg(图 4-77)。与 CK 组相比，G_B 和 G_F 处理组铁膜铁含量分别增加了 7.53% 和 19.52%，但这两个处理组的结果没有显著性差异($P>0.05$)。G_F 处理组铁膜铁含量较 ROL 作用产生的铁膜(CK 对照组)铁含量增加不显著($P>0.05$)。研究结果表明该株 FeOB 缺少硝酸根离子做电子受体，直接添加到土壤中，可以促进根表铁膜的形成，但是对二价亚铁的氧化效果不明显，因此促进铁膜形成的效果不明显。G_{FN}、G_{BF} 及 G_{BFN} 处理组较 CK 对照组铁膜铁含量显著增加($P<0.05$)。G_{FN} 处理组增加了 79.63%；G_{BF} 处理组增加了 104.08%；G_{BFN} 处理组增加了 131.68%。添加 FeOB 所需的氮源可以显著促进水稻根表铁膜的形成，这是因为添加了氮源后可以加快 FeOB 的新陈代谢，从而增加 FeOB 的活性，促进土壤溶液中 Fe^{2+} 的氧化。前期研究结果表明，添加 BC-FeOS 也可以促进根表铁膜的形成(Wu C et al.，2018)。

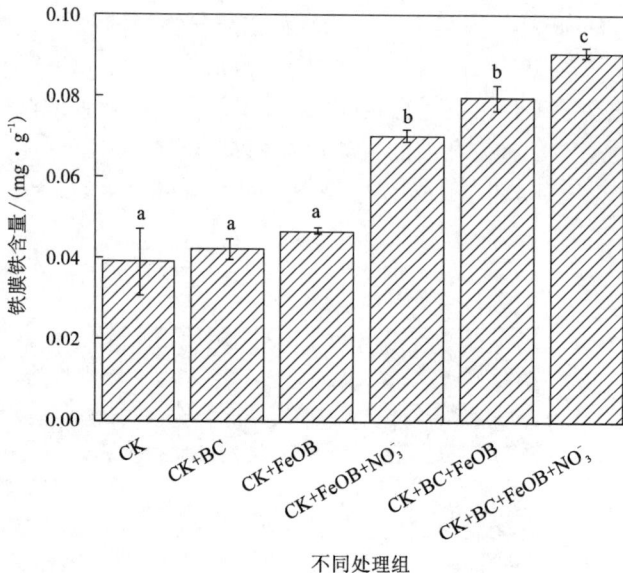

注：图中不同字母表示不同处理组铁膜铁含量的显著性差异 ($P<0.05$)。

图 4-77 不同处理组铁膜铁含量变化

水稻样品中有机砷 DMA 及 MMA 含量均未检出，大田水稻中只存在无机态的砷(表 4-22)。不同处理组水稻根部 As(Ⅲ)含量由大到小排序为 CK 组、G_B 组、G_F 组、G_{BF} 组、G_{FN} 组、G_{BFN} 组。G_B 处理组根部 As(Ⅲ)含量为 12.06 mg/kg，较 CK 组降低了 1.88 mg/kg，但没有显著性差异($P>0.05$)。G_B、G_F、G_{BF}、G_{FN} 及 G_{BFN} 处理组根部 As(Ⅲ)含量较 CK 组分别降低了 12.95%、42.45%、73.81%、

65.83%、79.50%，两者之间存在显著性差异[$P<0.05$，图 4-78(a)]；如图 4-78(b)所示，与 CK 对照组相比，G_B、G_F、G_{FN} 及 G_{BF} 处理组根系 As(V)含量分别降低 1.84%、6.30%、24.15% 和 14.70%，两者没有显著性差异($P>0.05$)。G_{BFN} 处理组根系 As(V)含量为 21.70 mg/kg，较 CK 组显著降低 43.04%($P<0.05$)。不同处理组降低水稻根部总砷含量的效果由大到小为 G_{BFN}、G_{FN}、G_{BF}、G_F、G_B。G_{BFN} 处理组对水稻根部砷积累的修复效果最明显。

表 4-22 水稻的根、茎叶、谷壳和籽粒中不同形态 As 的含量(平均值±标准差，$n=3$)

部位	处理组	三价砷含量/(mg·kg⁻¹)	差异性	五价砷含量/(mg·kg⁻¹)	差异性	DMA 含量/(mg·kg⁻¹)	MMA 含量/(mg·kg⁻¹)	As[①]含量/(mg·kg⁻¹)	回收率/%
根系	CK	13.90±0.89	a	38.10±3	a	ND	ND	52.00	79.70
	G_B	12.10±0.89	a	37.4±2	a	ND	ND	49.50	79.57
	G_F	8.00±0.04	b	35.7±1	ab	ND	ND	43.70	83.31
	G_{FN}	3.64±0.65	c	28.9±4	ab	ND	ND	32.54	80.85
	G_{BF}	4.75±0.35	bc	32.5±2	ab	ND	ND	37.25	80.68
	G_{BFN}	2.85±0.02	c	21.7±2	b	ND	ND	24.55	65.47
茎叶	CK	1.03±0.69	a	1.30±0.1	a	ND	ND	2.33	108.8
	G_B	0.62±0.05	a	1.80±0.2	a	ND	ND	2.42	104.10
	G_F	1.46±0.30	a	1.94±0.5	a	ND	ND	3.40	116.30
	G_{FN}	0.90±0.06	a	1.76±0.2	a	ND	ND	2.66	121.70
	G_{BF}	0.42±0.13	a	1.44±0.4	a	ND	ND	1.86	122.30
	G_{BFN}	0.51±0.03	a	1.19±0.8	a	ND	ND	1.70	119.80
谷壳	CK	0.04±0.00	a	0.50±0.10	a	ND	ND	0.54	112.70
	G_B	0.02±0.01	a	0.47±0.04	a	ND	ND	0.49	93.60
	G_F	0.10±0.04	a	0.450±0.02	a	ND	ND	0.55	94.84
	G_{FN}	0.03±0.01	a	0.390±0.02	a	ND	ND	0.42	84.60
	G_{BF}	0.06±0.02	a	0.380±0.08	a	ND	ND	0.44	85.57
	G_{BFN}	0.05±0.03	a	0.430±0.02	a	ND	ND	0.48	113.40

续表4-22

部位	处理组	三价砷含量/ (mg·kg⁻¹)	差异性	五价砷含量/ (mg·kg⁻¹)	差异性	DMA含量/ (mg·kg⁻¹)	MMA含量/ (mg·kg⁻¹)	As[①]含量/ (mg·kg⁻¹)	回收率/%
谷粒	CK	0.26±0.02	a	0.14±0.01	a	ND	ND	0.40	111.50
	G_B	0.15±0.02	b	0.050±0.005	ab	ND	ND	0.20	79.31
	G_F	0.11±0.01	bc	0.040±0.002	abc	ND	ND	0.15	70.48
	G_{FN}	0.08±0.01	c	0.010±0.001	bc	ND	ND	0.09	67.89
	G_{BF}	0.11±0.00	bc	0.030±0.001	abc	ND	ND	0.14	113.90
	G_{BFN}	0.06±0.01	c	0.01±0.0001	c	ND	ND	0.07	129.50

注：①表示由4种形态的含量相加的总As含量；ND表示未检测到相关含量；表中同列不同小写字母表示水稻不同部位，不同处理组不同形态As含量有显著性差异($P<0.05$)。

不同处理组水稻茎叶和谷壳中的As(Ⅲ)及As(Ⅴ)含量没有显著性变化($P>0.05$)(表4-22)。水稻茎叶和谷壳中砷含量分别占总砷含量的5.40%~8.89%和1.25%~2.09%。水稻谷粒中砷的占总砷的0.50%~1.00%。CK、G_B、G_F、G_{FN}、G_{BF}及G_{BFN}处理组谷粒中总砷含量分别为0.40、0.20、0.15、0.09、0.14和0.07(mg/kg)。与CK对照组相比，G_B、G_F、G_{FN}、G_{BF}及G_{BFN}处理组谷粒中As(Ⅲ)含量分别下降42.31%、57.69%、69.23%、57.69%和76.92%，两者之间有显著性差异($P<0.05$)[图4-78(a)]；As(Ⅴ)含量分别下降64.29%、71.43%、92.86%、78.57%和92.86%，两者之间有显著性差异($P<0.05$)[图5-78(b)]。与空白试验组相比，G_B、G_F、G_{FN}、G_{BF}及G_{BFN}处理组水稻谷粒中总砷含量分别下降50%、62.5%、77.5%、65%、82.5%。

不同处理组降低水稻谷粒总砷含量的效果由强到弱为G_{BFN}组、G_{FN}组、G_{BF}组、G_F组、G_B。CK对照组水稻谷粒中无机砷总量为0.40 mg/kg，超过《食品安全国家标准食品中污染物限量》(GB 2762—2022)标准限值的两倍。添加FeOB和BC-FeOS的处理组谷粒砷积累量均降到该标准限值以下，大米品质符合国家食品卫生标准。研究结果显示，G_{FN}处理组较G_F处理组谷粒总砷含量下降0.06 mg/kg，说明施加的氮源可以降低谷粒中的砷积累量；BC-FeOS和FeOB在降低谷粒砷积累过程中起到协同促进的作用。

水稻砷不同部位积累砷量差异显著(表4-22)，大田水稻砷含量在不同部位由大到小的排序为根系、茎叶、谷壳、谷粒。Yin等(Yin D et al.,2017)将浓度为1%的铁改性生物炭添加至复合污染土壤中，水稻各部位砷含量由大到小的顺序为：根、茎、谷壳、糙米，与本研究结果一致。有关研究表明，接种FeOB(strain D_{54})到土壤中可降低水稻茎叶、谷壳和谷穗等部位17.89%~26.81%的砷积累量，这是由于 FeOB 可以促进 Fe 膜的形成，将 As 阻隔在水稻根表铁膜上，从而减少水稻组织中的 As 积累（Dong M F et al.，2016），这与本研究结果一致。本书接种 FeOB（*Ochrobactrum sp.* EEELCW01）后，水稻谷粒总砷含量下降 62.5%，其对谷粒中砷积累的降低效果较 strain D$_{54}$ 更为显著。从稻田土壤中分离的 FeOB 在外源添加浓度为 10 mmol/L Fe（Ⅱ）的情况下，在将 96% 的 Fe（Ⅱ）氧化为 Fe（Ⅲ）矿物的过程中可以将 As（Ⅲ）氧化为 As（Ⅴ），同时通过吸附或共沉淀作用耦合去除 85% 以上的砷，从而降低 As 的移动性抑制 As 在谷粒中的积累（王兆苏等，2011）。王等（王兆苏，2010）在水稻土壤的厌氧氧化阶段，在测定到培养基中铁浓度下降的同时发现硝酸根离子浓度下降，在此过程中，检测到 1.2 mmol/L NH$_4^+$ 和 0.35 mmol/L NO$_2^-$ 的积累，说明稻田土壤中的 FeOB 在氧铁化的同时需要硝酸根离子的参与。硝酸盐依赖型 FeOB 在有氮源的情况下，在进行氧化铁的同时，可以耦合外加硝酸根氮源的还原，在此过程中耦合土壤砷成矿（见 4.3.1 节）固定，从而降低谷粒中的砷积累量。BC-FeOS 表面负载有黄钾铁矾［KFe$_3$（SO$_4$）$_2$（OH）$_6$］，提供可供 AsO$_4^{3-}$ 阴离子发生置换反应的 SO$_4^{2-}$（Nazari B et al.，2014；Wu C et al.，2018），因此土壤中的总砷含量下降，从而可降低谷粒中的砷积累量。

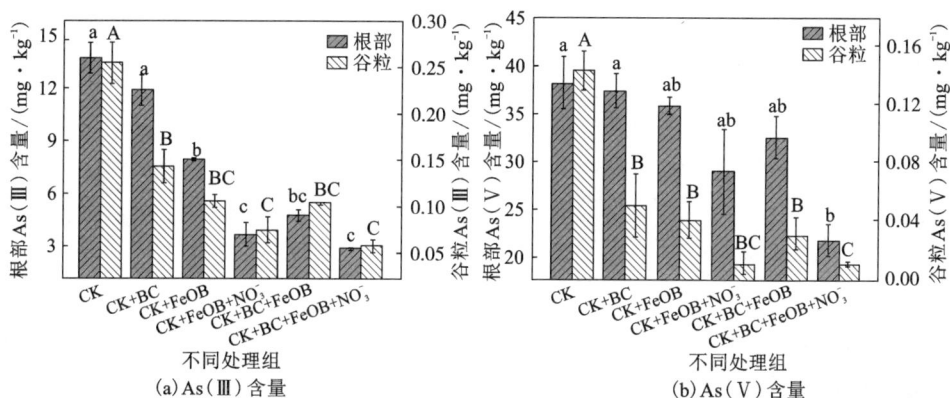

注：图中不同小写字母表示不同处理组根部有显著性差异（*P*<0.05）；不同大写字母表示
不同处理组谷粒有显著性差异（*P*<0.05）。

图 4-78　水稻根部及谷粒中土壤As（Ⅲ）及As（Ⅴ）含量

　　从稻田土壤中筛选出一株最适生长条件为 pH = 7、*T* = 28℃ 的铁氧化菌 *Ochrobactrum sp.* EEELCW01。该菌株为硝酸盐依赖型铁氧化菌，可通过反硝化作用耦合亚铁氧化，并利用吸附和耦合砷成矿作用生成纤铁矿、脆砷铁矿和斜方砷铁矿等晶形矿物，去除溶液中 90% 以上的砷。同时土培和盆栽试验表明，添加 *Ochrobactrum sp.* EEELCW01 可显著降低土壤有效态砷含量，增加结晶铁铝氧化物态砷含量，且硝酸盐可促进该菌株的氧化效率。此外，该菌株的添加还可降低水稻根际、茎叶和谷粒中的砷积累，有效保障大米食用安全。铁氧化剂的添加还可以改变土壤微生物群落结构，提高土壤中砷/铁及氮转化相关功能基因（aioA、arsC、arsM、narG、nirS 和 nosZ）的丰度，促进土壤砷形态转化和氮素循环。大田试验表明，*Ochrobactrum sp.* EEELCW01 与生物炭联合使用可显著降低土壤孔隙水砷和土壤有效态砷含量，并增加结晶铁铝氧化物态砷含量。生物炭和铁氧化菌联合修复还可促进水稻根表铁膜形成，降低水稻根系和谷粒中砷含量，使谷粒砷积累量降至《GB 2762—2017》标准限值以下，大米品质符合国家食品卫生标准。

第 5 章　稻米质量安全研究

　　稻米是我国重要的粮食作物之一，稻米质量安全事关国计民生。稻米在我国粮食作物中占 40%，小麦、玉米、薯类总计占 60%（孔贺等，2016）。近年来，发生了"毒大米""陈化粮"及"香精米"等稻米质量安全事件，如 2002 年，在我国广东、广西等地查出"毒大米"数百吨，2013 年湖南也曾报道了"毒大米"事件，这些稻米质量安全事件再次为我们敲响了警钟。了解稻米质量安全评价与标准，对保证稻米质量安全具有重要的意义。对于农田土壤，可以采取分级使用措施来保障稻米质量安全，对于重金属含量严重超标的区域，应严禁种植水稻等粮食作物，应对其进行修复后再利用；对于中轻度污染土壤应因地制宜，合理选择水稻的品种降低水稻籽粒的超标率。对于金属矿冶区，则需要统筹管理，优化管理模式，构建标准化优质水稻体系，进行低累积品种的筛选及改良。

　　本章对我国稻米质量安全评价与标准进行简要阐述，并提出稻米质量安全控制技术，最后对金属矿冶区稻米质量安全提出整改对策，以期为稻米质量安全控制提供依据。

5.1　稻米质量安全评价与标准

5.1.1　稻米质量安全评价

　　稻米是世界上第二大粮食作物，是全球近一半人口的主要粮食，也是我国第一大粮食来源，65% 以上的人口以稻米为主食，在人们的日常饮食消费中起着举足轻重的作用（应兴华等，2010；张良运，2009）。据国家统计局年鉴数据，2020 年稻谷种植面积达 3008 万公顷，全年稻谷总产量 21186 万吨，占全年谷物类产量的 34.35%。我国水稻种植地 90% 分布在南方地区，仅湖南地区 2019 年稻谷种植面积就达到 385.52 万公顷，产量为 2611.5 万吨。伴随着中国工农业的迅速发展，农田和农作物的重金属污染日益严重，土壤污染导致的农产品重金属超标已危及人类健康（陈程等，2010）。据报道中国受到重金属污染的土壤近 2000 万公顷，而湖南作为中国的有色金属冶炼之乡，采矿及冶炼等工业活动导致的污染土地面积约为 280 万公顷，占全省总面积的 13%（蒋逸骏等，2017）。

　　中国作为世界上最大的水稻生产国和消费国，稻田重金属污染严重影响水稻的生长发育，导致水稻产量下降，并且超标的重金属可通过土壤—稻米—人类的食物链进入人体，对人类的生命健康安全造成直接的威胁（蒋逸骏等，2017；张良运，2009）。有研究报道，土壤中高浓度的铜会打破植物体内元素的平衡，而镉会通过影响植物细胞质膜的通透性抑制水稻叶片矿物质元素的累积（王满等，2014）。土壤中锌含量过高会损害水稻的根系，使其正常的水分及养分摄入受到干扰，从而影响水稻的正常生长发育（陈程等，2010）。此外土壤中重金属浓度过高会引起重金属在水稻籽粒中富集，有研究表明，当表层土壤镉含量达到 5 mg/kg 时，水稻籽粒中的镉含量为 0.264～0.337 mg/kg；而当表层土壤镉含量达到 10 mg/kg 时，水稻籽粒中的镉含量为了 0.418～0.554 mg/kg（陈程等，2010）。张红振等（张红振等，2010）通过收集整理国内外农田重金属污染的文献，对其中的 485 组数据进行了分析；结合其调查某铜冶炼厂周围农田的 135 组污染数据及"七五"国家科技攻关环保项目"土壤环境容量研究"（75600203）的 216 组数据，对水稻籽粒砷、镉、铅的富集系数进行了整理分析，结果表明稻米对镉的富集系数高于铅、砷，且稻米籽粒重金属富集系数受土壤污染程度、环境条件及作物本身特性的影响很大，其主要结果见表 5-1。1955—1977 年日本富山县神通川流域铅锌冶炼厂排放含镉废水污染了该区域的水体，当地居民因食用含镉稻米引起骨痛病的事件震惊全球，稻米重金属污染引起了全世界的强烈关注，此事件也被列为 8 大公害事件及 20 世纪 10 大环境污染事件之一。

表 5-1　稻米对 As、Cd、Pb 的富集系数

元素		数据量/n	最小值	最大值	标准偏差	平均值
Pb	污染调查	120	0.0042	0.090	0.017	0.030
	添加盐盆栽实验	78	0.0032	0.033	0.0064	0.012
	污染调查	134	0.014	1.470	0.2900	0.2600
	添加盐盆栽实验	72	0.056	1.70	0.4100	0.4900
	污染调查	77	0.00094	0.031	0.0073	0.0086
	添加盐盆栽实验	53	0.00057	0.019	0.0035	0.0031

　　注：以上富集系数由张红振等（张红振等，2010）通过收集整理 30 年来有关中国农田重金属污染的 485 组文献数据及调查某铜冶炼厂周围农田得到 135 组污染数据及"七五"国家科技攻关环保项目"土壤环境容量研究"（75600203）的 216 组数据进行分析得到。

　　近年来我国稻米也存在重金属超标现象，汞米、铅米、镉米等相关事件也均有报道，大量学者也对我国不同地区的稻米重金属污染状况展开了详细的调查（张良运，2009）。谭周镃等对湖南本省 152 个稻米样品进行调研，其中铅、镉、

铬检出率分别为 85.4%、92.1% 和 85.4%（谭周镒，1999）。蒋定安等对江苏宜兴 12 个稻米样品品质进行了研究，结果表明铅含量超标率为 54.5%（蒋安定等，2002）。学者们也在辽宁沈阳、福建全省、四川全省、广东粤北、江苏南京、湖北黄石等地开展了稻米质量安全调研，发现重金属含量水平均有着不同程度的超标。在中国，农田土壤重金属污染主要包括 Cd、Hg、Cr、Pb、Cu、Zn 等的污染（史海娃等，2008；孙波等，2003；王潇等，2014）。且土壤重金属污染往往与工业区紧密相关，李永华等在湘西铅锌矿矿区进行的试验表明，铅在铅锌矿粮食污染中风险较高，与对照相比高铅污染风险平均增加 3.4 倍，且矿区粮食中出现了诸如汞、铅、镉等重金属共同富集现象（李永华等，2008）。通过对太湖地区某冶炼厂周边农田土壤和水稻等农产品中多种重金属分析，刘洪莲等发现水稻土壤中 Cd、Pb、As 等重金属污染严重，而水稻籽粒中的 Cd、Pb、As 含量也超过了国家食品卫生标准（刘洪莲等，2006）。黄永源等（黄永源等，1987）对南方一些铅锌矿污染区域进行的重金属研究表明，该污染区域的主要粮食大米中 Cd 含量是对照区的 11~22 倍，铅含量是对照区的 36~86 倍，有 25% 的样品成为"镉米"，污染区域居民的尿和头发中的 Cd、尿蛋白阳性率明显高于对照区。附近人群的癌症发病率与稻米中超标的铅、镉等重金属也存在着密不可分的关系。

5.1.2 稻米质量安全标准

制定环境基准和标准，控制有毒重金属对人类的危害，已成为环境研究和应用的重要课题。国际组织和国家观定了谷物中有毒重金属（allowable maximum value，AMV）的最大允许量，已应用在国际贸易运输中。就稻米而言，中国《食品安全国家标准食品中污染物限量》（GB 2762—2022）规定大米中镉、铅的最大允许值为 0.2 mg/kg。此外金属铬、汞及苯并芘等也均有限量值。国外的稻米质量安全标准通常是以法规形式发布的，包括欧盟的《食品中特定污染物的最大残留限量》、日本的《食品中镉的规格标准》和《食品卫生法》、韩国的《食品法典》、美国的《联邦食品、药品及化妆品法案》、俄罗斯的《食品安全及食品价值的卫生学要求》（表 5-2）。Horiguchi（Horiguchi et al.，2004）对 1381 名日本女性农民的膳食 Cd 暴露进行了调查，并将日本 Cd 的安全标准从 1 mg/kg 改为建议值 0.4 mg/kg，虽然糙米中 Cd 含量为 1 mg/kg 时不会损害人体健康，但由于人会通过其他膳食途径增加镉的富集，因此降低了糙米中 Cd 的安全标准。世界卫生组织（WHO）和联合国粮农组织（FAO）规定谷物中的 AMV：Cd 为 0.1 mg/kg，Cr 为 0.1 mg/kg，As 为 0.4 mg/kg，Pb 为 0.2 mg/kg（Codex Alimentarius Commission，2000）。而 USEPA（2000）规定成年人有毒元素最大允许摄入量（RFD 值）：Cd 为 0.1 μg/（kg·d），Hg 为 0.3 μg/（kg·d），Pb 为 3.5 μg/（kg·d），As 为 0.3 μg/（kg·d），Cr 为 3.5 μg/（kg·d）。

表 5-2　国内外稻米质量安全标准对照

质量安全参数	中国[①]	韩国[②]	美国[③]	俄罗斯[④]	欧盟[⑤]
Pb 含量 /(mg·kg⁻¹)	≤0.2	≤0.2	—	≤0.5	≤0.2
Cd 含量 /(mg·kg⁻¹)	≤0.2	≤0.2	—	≤0.1	≤0.2
总 Hg 含量 /(mg·kg⁻¹)	≤0.02	—	≤1.0	≤0.03	—
Cr 含量 /(mg·kg⁻¹)	≤1.0	—	—	—	—
无机 As 含量 /(mg·kg⁻¹)	≤0.35	≤0.2	—	≤0.2	≤0.2
黄曲霉毒素 B₁ 含量 /(μg·kg⁻¹)	≤10	≤10	≤20		2

注：①GB 2761—2017《食品安全国家标准食品中真菌毒素限量》、GB 2762—2022《食品安全国家标准食品中污染物限量》；②《韩国食品法典》(2019)；③《联邦食品、药品及化妆品法案》、FDA 21 CFR 109.7、CPG Sec 555.400《食品-掺入黄曲霉毒素》；④СанПиН 2.3.2.1078-01《食品安全及食品价值的卫生学要求》；⑤EC(NO)1881/2006《食品中特定污染物的最大残留限量》。

联合国粮农组织和我国为满足人体所需的微量元素，对稻米中的稀有元素也制定了标准。世界卫生组织(WHO)规定稻米中 Se 的含量不得低于 0.1 mg/kg 且不得高于 5 mg/kg，否则易导致人体缺硒或导致硒中毒。而我国的食品标准规定，稻米中硒的正常含量为 0.1~0.3 mg/kg(魏丹等，2005)。中国营养协会规定成人每日的硒摄入量为 0.050~0.200 mg/d，每日硒最低摄入量为 0.040 mg/d；成人每日 Zn 摄入量为 15 mg/d，每日 Zn 摄入量不超过 45 mg/d，WHO 推荐成人每日 Zn 摄入量为 11 mg/d，美国为 15 mg/d(蒋逸骏等，2017)。

5.2　稻米质量安全控制技术

稻米质量安全控制的首要方法是对农田土壤分级使用，对重金属含量严重超标的区域，严禁种植水稻等粮食作物，应对其进行修复后再利用。对于中轻度污染土壤应因地制宜，合理选择水稻的品种，降低水稻籽粒的超标率。筛选推广使用重金属富集系数低的水稻品种是保障稻米质量安全的有效途径之一(曹方彬，2014)。何玉亭等(何玉亭等，2019)研究了 23 个不同水稻品种籽粒产量、糙米铅含量及铅富集系数的差异变化，并从中筛选出了 3 个籽粒产量较高、糙米铅富集能力较弱的品种(川作优 1727、泸优 11092、宜香优 2115),可在轻度重金属污染区进行推广种植。Cao 等(Cao et al.,2013)和 Zeng 等(Zeng et al.,2008)均筛选出水稻籽粒镉、铬和铅积累量低的品种。相较于高积累品种而言,即使处于非污染土地上其可食用部位重金属含量也有可能超过国家安全标准;因而筛选和培育低重金属积累品种也是一种安全有效的解决重金属污染的方法(曹方彬,2014)。对于清洁的土壤,应防患于未然加强监管保护,使农田土壤避免受到污染,影响稻米质量安全(徐建明等,2018)。可通过灌溉、施肥、耕作轮换等手段降低水稻籽粒中重金属的累积(曹方彬,2014)。

曹仁林等(曹仁林等,1999)研究表明污水灌溉是造成稻米重金属污染的重要因素之一,在孕穗期经污水灌溉的稻米受到的污染尤为严重。大量研究表明,在水稻种植期间保持适当的含水层用于调节氧化还原电位及调控硫离子的含量可减少稻米中重金属的累积。日本农林渔业部门鼓励在镉污染土地上种植水稻的农民在水稻抽穗的前后期使稻田始终处于水淹状态以降低对镉的吸收(Uranguchi& Fujiwara,2012)。王凯荣等(王凯荣等,1997)研究也表明在水稻抽穗期进行排水管理会促进氧化条件的形成,使水稻籽粒中重金属的含量更高。朱海江等(朱海江等,2004)也发现与常规水分管理相比,采用旱作水分管理会增加水稻籽粒铅含量。合理施加肥料不仅可以改善土壤理化性质,促进植物生长发育,还可以改变重金属在土壤中的赋存形态及植物对重金属的累积量。李先喆等(李先喆等,2015)研究表明在向土壤中施加有机肥后可使土壤中交换态的镉向着结合有机态镉、锰氧化物结合态镉转化,从而减少其在水稻籽粒中的富集。有机肥与重金属之间的作用机制主要有 3 点:①腐殖质分解的腐殖酸与重金属形成相对稳定的螯合物或络合物;②加入有机肥可以改变土壤理化性质,如 pH 及土壤胶体的正负电荷数量等;③某些有机肥会增加土壤中的胡富比[胡敏酸(HA)与富里酸(FA)的比值],使土壤腐殖酸芳构化程度上升,重金属有效性降低。诸如氮、磷、钾、硅等无机肥也影响土壤中重金属的形态。Jalloh 等(Jallon et al.,2009)通过施加不同类型氮肥(尿素、硝态氮和铵态氮)研究水稻对镉的吸收和积累,发现硝态氮和铵态氮在水稻各组织中分别具有最高和最低镉含量,倍数相差 3.2~8.3 倍。楼玉兰等人(楼玉兰等,2005)的研究结果也表明硝态氮能提高根际土壤的 pH,降低土壤镉等重金属的活性,促进水稻等作物对镉等重金属的吸收,而铵态氮的作用则刚好相反。磷肥中的磷酸铵可以有效地降低土壤的 pH,从而使土壤中重金属的活性增加,而加入的钾肥同样会影响土壤的 pH 及理化性质。因此投加无机肥时需注意适量,并注意投加肥料自身的化学性质(Li et al.,2011)。由于各经济类作物对重金属的吸收作用差异较大。因此,在重金属含量较高的地区,可根据当地实际情况,选择不同类型和不同轮种的作物,同样可达到治理的目的(张良运,2009)。由于重金属在作物不同部位的富集量由大到小为根、茎、叶、籽粒，因而在轻度重金属污染的土壤上避免种植叶菜类、块根类蔬菜，应种植瓜果类蔬菜或果树，可以有效地减少重金属对农产品的污染。对于中、重度重金属污染的土壤，可采用稻米—绿肥—蚕豆（蔬菜、西瓜、玉米）—稻、油菜—稻等轮作体系。采用此种轮作体系可使土壤中腐殖质含量增多，从而降低植物对重金属的富集量（张良运，2009）。

此外还可以通过施加无机、有机、微生物、复合等钝化剂，改变土壤中重金属的形态和降低重金属活性，从而减少粮食作物对重金属的吸收，以达到稻米质量安全控制的目的（徐建明等，2018）。有机钝化剂包括生物炭（Beesley & Marmiroli，2011，Zhang et al.，2017）、秸秆（Li et al.，2014）、腐殖酸（Yao Y，2018）和污泥（Bose& Bhattacharyya，2008）等；有机物料如生物炭可通过离子交换、表面络合和吸附沉淀等作用来降低重金属生物有效性；腐殖酸等则可与重金属发生络合或螯合反应降低重金属有效性。无机钝化剂包括石灰（Gray et al.，2006）、沸石（Shi et al.，2009）、磷酸盐（Qiao et al.，2017）和赤泥（Hua et al.，2017）等，这类钝化剂在重金属污染土壤中的应用最为广泛，主要通过吸附、固定等作用降低重金属的有效性。微生物钝化剂可改变土壤重金属价态和吸附固定重金属，目前已报道了一些硫酸盐还原菌和革兰氏阴性菌钝化剂的使用，但其作用机制尚不十分清楚，涉及应用的钝化剂研究较少（徐建明等，2018）。此外使用离子拮抗剂，即使用一些对人体无害或有益的金属元素，减少稻田中有害的重金属元素拮抗作用。因为 Cd 和 Zn 具有类似的化学性质和地球化学行为，所以 Zn 在植物吸收方面对 Cd 有拮抗作用；Cd 在植物体内的吸收受土壤 Cd、Zn 含量比率影响较大，加入 Zn 可抑制 Cd 吸收。结果表明，Se 可以降低水稻对 Pb、Cd、Cr 等重金属元素的吸收，从而降低大米的含水率，其效果在早灿方面优于杂交晚稻（谭周镒，1999）。由于土壤重金属污染往往是复合型污染，单一的钝化剂通常无法全面修复复合型污染土壤，因此复合钝化材料的研发制备及应用推广将成为土壤安全利用的重要发展方向。

5.3　金属矿冶区稻米质量安全问题与对策

5.3.1　金属矿冶区稻米质量安全问题

伴随着我国城市化、工业化的加速，重金属污染已成为农业生产过程中不可忽视的问题。而金属矿区及冶炼区往往重金属污染最为严重，在湖南省各地区的水稻样品中，衡阳常宁市水口山铅锌矿区稻谷样品中砷、铅、镉污染最严重，其次是株洲清水塘冶炼区和湘潭锰矿区的稻米（左雄建，2012）。近几年来，城市生活污水、工业废水及排水矿山开采、金属冶炼等通过不同途径进入水体，导致水体中重金属含量急剧上升。我国 7 大水系中，黄河水系的镉含量超过 16.7%，淮河水系的镉含量超过 16.7%，滦河水系的镉含量为 16.7% ~ 83.9%。水田作为水稻生产的重要资源，受到日益严重的水体有毒元素的污染，使稻米重金属污染防治成为一项艰巨的任务(应兴华等，2010)。农业部对我国 140 万公顷污水灌溉区域调查发现，土壤重金属超标面积占 64.8%(徐建明等，2018)。此外水稻田多采用沟渠灌溉，采矿和冶炼厂附近的水稻田土壤污染现象日趋严重，湖南石门县雄黄矿周边的稻田土壤 As 总量为 84 ~ 296 mg/kg，湖南常宁县水稻田 As 总量为 92 ~ 840 mg/kg，湖南郴州市农田砷含量为 50 ~ 153 mg/kg(廖晓勇等，2003)。整体来看，我国重金属污染控制形势严峻，稻米质量安全问题不容乐观。

5.3.2 金属矿冶区稻米质量安全对策

统筹管理职能，优化管理模式。当前，我国大米质量安全管理分属于农业、工商、卫生、环保、质监等多个部门，各部门自成体系，监管责任不明，导致大米质量安全一体化管理体系难以形成，最终难以实施有效管理。为适应稻米生产、加工、经营一体化的发展趋势，借鉴发达国家(如德国、英国)农产品质量安全统一监管的管理模式，我国应调整多头管理的局面。按照我国现行法律规定，要明确农业主管部门的主导地位，赋予相应的行政权，整合分散的质量安全管理权力，建立统一的监管体系，以农业部门为监管主体，多方参与，明确各方职责分工，强化部门责任，按照法律法规赋予的职责实现"从稻田到餐桌"全程监管的目标(应兴华等，2010)。

构建标准化优质水稻体系。稻米标准化生产是指在稻米生产的产前、产中、产后各个环节，制定出符合稻米生产标准的工艺流程和措施，保证稻米产品质量安全。今后中国水稻生产标准体系的构建，应侧重于建立完整的稻米产业链体系，加强稻米标准化推广，加强标准化建设的保障措施。稻米标准化生产是保证粮食安全、提高产品市场竞争力、提高农民收入的重要保障，是保护和合理利用资源的重要技术手段，也是现代农业发展和农业科技进步的必然要求和必然结果。

低累积量品种的筛选及改良。不同基因型的水稻在重金属的吸收和积累方面均有显著差异。当前应加强对最新培育出的高产品种和新品种对重金属吸收、分配的差异性研究；同时应加强水稻对铜、铬等重金属和复合污染富集能力的研究，并从遗传学和分子生物学的角度加强对不同品种的重金属吸收和分配规律的研究。为此，有必要扩大水稻品种的筛选范围，从耐重金属污染的水稻品种和抗病基因入手，通过转基因技术选育耐重金属富集的水稻品种。鉴于粮食作物品种的区域性特征十分明显，目前迫切需要针对不同种植区域、不同重金属元素、不同作物类型建立重金属低积累品种资源库，并对其栽培调控措施和田间应用规范进行分类，以期实现农田安全利用，最终实现安全种植水稻的目标。

参考文献

[1]蔡妙珍,林咸永,罗安程,等.过量Fe²⁺对水稻生长和某些生理性状的影响[J].植物营养与肥料学报,2002,8(1):96-99.

[2]蔡艳,郝明德,臧逸飞,等.不同轮作制下长期施肥旱地土壤微生物多样性特征[J].核农学报,2015,29(2):344-350.

[3]曹方彬.水稻重金属积累的品种与环境效应及调控技术研究[D].杭州:浙江大学,2014.

[4]曹仁林,贾晓葵,张建顺.镉污染水稻土防治研究[J].天津农林科技,1999(6):12-17.

[5]常西亮,胡雪菲,蒋煜峰,等.不同温度下小麦秸秆生物炭的制备及表征[J].环境科学与技术,2017,40(4):24-29.

[6]陈程,陈明.环境重金属污染的危害与修复[J].环境保护,2010(3):55-57.

[7]陈桂葵,杨杰峰,黎华寿,等.高氯酸盐和铬复合污染对水稻生理特性的影响[J].生态学报,2010(15):4144-4153.

[8]陈鹏程,李晓敏,李芳柏.水稻土Fe(Ⅱ)氧化耦合NO₃⁻还原的微生物变化[J].中国环境科学,2017,37(1):358-366.

[9]陈温福,张伟明,孟军.农用生物炭研究进展与前景[J].中国农业科学,2013,46(16):3324-3333.

[10]陈娅婷,李芳柏,李晓敏.水稻土嗜中性微好氧亚铁氧化菌多样性及微生物成矿研究[J].生态环境学报,2016,25(4):547-554.

[11]崔晓丹.不同水分管理对土壤锑、砷有效性及水稻吸收土壤锑的影响研究[D].北京:中国科学院大学,2015.

[12]崔晓丹,王玉军,周东美.水分管理对污染土壤中砷锑形态及有效性的影响[J].农业环境科学学报,2015(9):1665-1673.

[13]董春娟,李亮,张志刚,等.壳聚糖对黄瓜穴盘苗根际细菌多样性的影响[J].中国农业大学学报,2018,23(1):54-62.

[14]董双快,徐万里,吴福飞,等.铁改性生物炭促进土壤砷形态转化抑制植物砷吸收[J].农业工程学报,2016,32(15):204-212.

[15]丁琼,陈志良,李核,等.长株潭地区农业土壤重金属全量与有效态含量的相关分析[J].生态环境学报,2012(12):2002-2006.

[16]豆长明,陈新才,施积炎,等.超积累植物美洲商陆根中锰的累积与解毒[J].土壤学报,2010,47(1):168-171.

[17]豆小敏,张昱,杨敏,等.砷在金属氧化物/水界面上的吸附机制Ⅱ.电荷分布多位络合模型模拟[J].环境科学学报,2006,26(10):1592-1599.

[18]杜艳艳.负载铁生物炭和氧化钙对稻田土壤砷、镉的钝化效能与机理[D].长沙:湖南师范

大学, 2019.

[19] 杜艳艳, 王欣, 谢伟城, 等. 负载铁生物炭对雄黄矿尾渣砷的钝化效果[J]. 环境科学研究, 2017(1): 159-165.

[20] 段传人, 刘爱喜, 郑国铝, 等. 应用 Faecalibacterium 菌示踪水环境粪便污染研究进展[J]. 应用与环境生物学报, 2013, 19(6): 1073-1078.

[21] 范军, 殷霞, 章伟光, 等. N, N-二苄基二硫代氨基甲酸金属配合物的合成、晶体结构及其热稳定性研究[J]. 化学学报, 2004, 62(17): 1626-1634.

[22] 方精云, 王襄平, 沈泽昊, 等. 植物群落清查的主要内容、方法和技术规范[J]. 生物多样性, 2009, 17(6): 533-548.

[23] 冯彦房, 杨林章, 薛利红, 等. 载镧生物质炭吸附水体中 As(V) 的过程与机制[J]. 农业科学学报, 2015, 34(11): 2190-2197.

[24] 符建荣. 土壤中铅的积累及污染的农业防治[J]. 农业环境科学学报, 1993(5): 223-226.

[25] 龚元石, 曹巧红. 土壤容重和温度对时域反射仪测定土壤水分的影响[J]. 土壤学报, 1999, 36(2): 145-153.

[26] 顾磊, 许科伟, 汤玉平, 等. 基于高通量测序技术研究玉北油田上方微生物多样性[J]. 应用与环境生物学报, 2017(2): 276-282.

[27] 郭观林, 周启星, 李秀颖. 重金属污染土壤原位化学固定修复研究进展[J]. 应用生态学报, 2005, 16(10): 1990-1996.

[28] 郭莉. 硫化后污酸中砷、镉去除的工艺及机理研究[D]. 武汉: 中南民族大学, 2013.

[29] 郭利敏, 艾绍英, 唐明灯, 等. 不同改良剂对镉污染土壤中小白菜吸收镉的影响[J]. 中国生态农业学报, 2010(3): 654-658.

[30] 郭伟, 朱永官, 梁永超, 等. 土壤施硅对水稻吸收砷的影响[J]. 环境科学, 2006, 27(7): 1393-1397.

[31] 郭道宇, 张金屯, 宫辉力, 等. 安太堡矿区复垦地植被恢复过程多样性变化[J]. 生态学报, 2005, 25(4): 763-770.

[32] 韩蕊. Shewanella oneidensis MR-1 外膜细胞色素 c 介导的胞外电子传递过程研究[D]. 广州: 华南理工大学, 2016.

[33] 郝晓伟, 黄益宗, 崔岩山, 等. 赤泥对污染土壤 Pb、Zn 化学形态和生物可给性的影响[J]. 环境工程学报, 2010, 4(6): 1431-1435.

[34] 郝晓伟, 黄益宗, 崔岩山, 等. 赤泥和骨炭对污染土壤 As 化学形态及其生物可给性的影响[J]. 环境化学, 2010, 29(3): 383-387.

[35] 何绪生, 张树清, 佘雕, 等. 生物炭对土壤肥料的作用及未来研究[J]. 中国农学通报, 2011, 27(15): 16-25.

[36] 何玉亭, 谢丽红, 孙娟, 等. 轻度铅胁迫下不同水稻品种籽粒铅富集及产质量差异研究[J]. 四川农业科技, 2019(3): 43-46.

[37] 侯彦林, 郭伟, 朱永官. 非生物胁迫下硅素营养对植物的作用及其机理[J]. 土壤通报, 2005, 36(3): 426-429.

[38] 胡恭任, 于瑞莲, 刘海婷, 等. 模拟酸雨对街道灰尘重金属淋溶的累积释放特征与释放模

型[J].环境化学,2013,32(5):886-892.

[39]胡正义,夏旭,吴丛杨慧,等.硫在稻根微域中化学行为及其对水稻吸收重金属的影响机理[J].土壤,2009,41(1):27-31.

[40]黄崇玲.不同铁氧化物对土壤镉有效性及水稻累积镉的影响[D].南宁:广西大学,2013.

[41]黄进.模拟酸雨淋溶对土壤镉迁移的影响[J].淮阴师范学院学报(自然科学版),2006,5(3):223-228.

[42]黄卫,张梅.陈健.新鲜砷渣与陈渣中As溶出比较实验[J].贵州环保科技,1998,4(2):40-41.

[43]黄益宗,朱永官,黄凤堂,等.镉和铁及其交互作用对植物生长的影响[J].生态环境,2004,13(3):406-409.

[44]黄永源,周秀达,柯世超,等.多种金属污染环境对健康的影响[J].环境与健康杂志,1987(2):14-16.

[45]蒋定安,汤旭东.宜兴市农田保护区重金属铅污染状况研究[J].土壤,2002(3):156-159.

[46]蒋绍妍,王文星,薛向欣,等.利用PCR-DGGE分析茂名油页岩矿区土壤细菌群落组成[J].中南大学学报(自然科学版),2015,46(12):4719-4724.

[47]蒋逸骏,胡雪峰,舒颖,等.湘北某镇农田土壤-水稻系统重金属累积和稻米食用安全研究[J].土壤学报,2017,54(2):410-420.

[48]孔贺,高发瑞,杜中民.稻米质量安全的影响因素及建议[J].现代农业科技,2016(6):274-275.

[49]黎慧娟,彭静静.水稻土中铁还原菌多样性[J].应用生态学报,2011(10):2705-2710.

[50]黎俏文,秦俊豪,陈桂葵,等.H_2O_2介导的Fenton反应对砷镉污染下水稻生物量的影响[J].农业环境科学学报,2015,34(7):1233-1238.

[51]李娟,刘新春,余志晟,等.煤渣吸附水中氟和砷的研究[J].中国科学院大学学报,2014(4):471-476.

[52]李娟,陆建军,陆现彩,等.铜陵矿区废矿石次生氧化产物及其成因初探[J].矿物学报,2011,31(4):676-682.

[53]李凝玉,郭彬,傅庆林,等.改性明矾浆对土壤中镉、铅可提取性的影响研究[J].农业环境科学学报,2014(8):1526-1531.

[54]李仁英,张婍,谢晓金,等.不同品种水稻对砷的吸收转运及其健康风险研究[J].土壤通报,2019,50(2):489-496.

[55]李思妍,史高玲,娄来清,等.P、Fe及水分对土壤砷有效性和小麦砷吸收的影响[J].农业环境科学学报,2018,37(3):415-422.

[56]李士杏,骆永明,章海波,等.红壤不同粒级组分中砷的形态——基于连续分级提取和XANES研究[J].环境科学学报,2011,31(12):2733-2739.

[57]李爽.水稻土厌氧硝酸盐还原耦合亚铁氧化与砷氧化机制[D].广州:中国科学院大学(中国科学院广州地球化学研究所),2018.

[58]李廷强,杨肖娥.土壤中水溶性有机质及其对重金属化学与生物行为的影响[J].应用生态

学报, 2004, 15(6): 1083-1087.

[59]李先喆, 徐庆国, 刘红梅. 栽培条件对水稻镉积累的影响研究进展[J]. 湖南农业科学, 2015(3): 144-147.

[60]李永华, 杨林生, 姬艳芳, 等. 铅锌矿区土壤-植物系统中植物吸收铅的研究[J]. 环境科学, 2008(1): 196-201.

[61]廖强强, 王中瑗, 李义久, 等. 三乙烯四胺基双(二硫代甲酸钠)及其重金属配合物的光谱研究[J]. 光谱学与光谱分析, 2009, 29(3): 829-832.

[62]廖晓勇, 陈同斌, 肖细元, 等. 污染水稻田中土壤含砷量的空间变异特征[J]. 地理研究, 2003(5): 635-643.

[63]林超峰, 龚骏. 嗜中性微好氧铁氧化菌研究进展[J]. 生态学报, 2012, 32(18): 5889-5899.

[64]刘春生, 张福锁. 过量铜对苹果树生长及代谢的影响[J]. 植物营养与肥料学报, 2000, 6(4): 451-456.

[65]刘达, 涂路遥, 赵小虎, 等. 镉污染土壤施硒对植物生长及根际镉化学行为的影响[J]. 环境科学学报, 2016, 36(3): 999-1005.

[66]刘洪莲, 李艳慧, 李恋卿, 等. 太湖地区某地农田土壤及农产品中重金属污染及风险评价[J]. 安全与环境学报, 2006(5): 60-63.

[67]刘平. 煤矸石及其燃后灰渣中砷、硒、锑的淋溶释放研究[D]. 南昌: 南昌大学, 2013.

[68]刘昭兵, 纪雄辉, 彭华, 等. 淹水条件下含硫锌肥与蒜皮对镉生物有效性及水稻产量的影响[J]. 土壤通报, 2011, 42(6): 1481-1485.

[69]刘文菊, 朱永官. 湿地植物根表的铁锰氧化物膜[J]. 生态学报, 2005, 25(2): 358-363.

[70]刘志彦, 田耀武, 陈桂珠. 矿区周围稻米重金属积累及健康风险分析[J]. 生态与农村环境学报, 2010, 26(1): 25-30.

[71]楼玉兰, 章永松, 林咸永. 氮肥形态对污泥农用土壤中重金属活性及玉米对其吸收的影响[J]. 浙江大学学报(农业与生命科学版), 2005(4): 392-398.

[72]吕洪涛, 贾永锋, 闫洪, 等. pH、碱类型及预停留时间对铁砷共沉淀物长期稳定性的影响[J]. 生态学杂志, 2008, 27(9): 1576-1579.

[73]卢明, 屠乃美, 胡华勇. 氯化铁和硫酸铁对酸性土壤中有效态镉和铅污染的修复作用[J]. 环境工程学报, 2015, 9(1): 469-476.

[74]罗遥, 康荣华, 余德祥, 等. 脱硫石膏对酸化森林土壤短期修复效果的研究[J]. 环境科学, 2012(6): 2006-2012.

[75]马玉玲, 马杰, 陈雅丽, 等. 水铁矿及其胶体对砷的吸附与吸附形态[J]. 环境科学, 2018, 39(1): 179-186.

[76]钱春香, 王明明, 许燕波. 土壤重金属污染现状及微生物修复技术研究进展[J]. 东南大学学报(自然科学版), 2013, 43(3): 669-674.

[77]石荣, 贾永锋, 王承智. 土壤矿物质吸附砷的研究进展[J]. 土壤通报, 2007, 38(3): 584-589.

[78]史海娃, 宋卫国, 赵志辉. 我国农业土壤污染现状及其成因[J]. 上海农业学报, 2008(2):

122-126.

[79]史静,潘根兴,张乃明.镉胁迫对不同杂交水稻品种 Cd、Zn 吸收与积累的影响[J].环境科学学报,2013,33(10):2904-2910.

[80]司友斌,王娟.异化铁还原对土壤中重金属形态转化及其有效性影响[J].环境科学,2015,39(9):3533-3542.

[81]苏加坤,徐达,郭磊,等.基于宏基因组测序的烟叶表面微生物多样性分析[J].基因组学与应用生物学,2017(4):1538-1545.

[82]孙波,周生路,赵其国.基于空间变异分析的土壤重金属复合污染研究.农业环境科学学报,2003(2):248-251.

[83]孙林,王寅,司友斌.三种铁氧化物对 As(Ⅲ)和 As(Ⅴ)的吸附研究[J].土壤通报,2016,47(1):198-206.

[84]孙叶芳,谢正苗,徐建明,等.TCLP 法评价矿区土壤重金属的生态环境风险[J].环境科学,2005(3):152-156.

[85]谈波.针铁矿、赤铁矿对铅的吸附及其 CD—MUSIC 模型拟合[D].武汉:华中农业大学,2012.

[86]谭海燕.土地利用方式改变对漂洗土壤铁元素转化迁移的影响[D].成都:四川农业大学,2011.

[87]谭周镒.稻米重金属污染的调查研究及其对策思考[J].湖南农业科学,1999(5):26-28.

[88]田杰,罗琳,范美蓉,等.赤泥对污染土壤中 Cd,Pb 和 Zn 形态及水稻生长的影响[J].土壤通报,2012,43(1):195-199.

[89]王长秋,马生凤,鲁安怀,等.黄钾铁矾的形成条件研究及其环境意义[J].岩石矿物学杂志,2005(6):607-611.

[90]王娟,韩涛,司友斌.Shewanella oneidensis MR-1 对不同价态砷的生物转化与甲基化[J].中国环境科学,2015,35(11):3396-3402.

[91]王凯荣.我国农田镉污染现状及其治理利用对策[J].农业环境保护,1997(6):35-39.

[92]王立群,罗磊,马义兵,等.不同钝化剂和培养时间对 Cd 污染土壤中可交换态 Cd 的影响[J].农业环境科学学报,2009,28(6):1098-1105.

[93]王萌萌,周启星.生物炭的土壤环境效应及其机制研究[J].环境化学,2013,32(5):768-780.

[94]汪明霞,王娟,司友斌.Shewanella oneidensis MR-1 异化还原 Fe(Ⅲ)介导的 As(Ⅲ)氧化转化[J].中国环境科学,2014,34(9):2368-2373.

[95]王潇,宋正国,武慧斌,等.CO$_2$ 浓度升高对铜镉污染土壤粳稻稻米安全品质的影响[J].生态学杂志,2014,33(5):1319-1326.

[96]王永强,肖立中,李诗殷,等.铅镉复合污染对土壤和水稻叶片生理生化特性的影响[J].中国农学通报,2010,26(18):369-373.

[97]王兆苏.水稻土中铁的微生物厌氧氧化还原循环对砷运移的影响[D].北京:中国科学院研究生院,2010.

[98]王兆苏,王新军,陈学萍,等.微生物铁氧化作用对砷迁移转化的影响[J].环境科学学报,

2011, 31(2): 328-333.

[99]魏丹,杨谦,迟凤琴,等.叶面喷施硒肥对水稻含硒量及产量的影响[J].土壤肥料, 2005(1): 39-41.

[100]魏建宏,罗琳,刘艳,等.赤泥颗粒和赤泥对污染土壤镉形态分布及水稻吸收的效应 [J].农业环境科学学报, 2012, 31(2): 318-324.

[101]魏亮,汤珍珠,祝贞科,等.水稻不同生育期根际与非根际土壤胞外酶对施氮的响应 [J].环境科学, 2017, 38(8): 3489-3496.

[102]吴川,黄柳,薛生国,等.赤泥对砷污染的调控研究进展[J].环境化学, 2016(1): 141-149.

[103]吴松,袁贝嘉,闫慧珺,等.两种典型炭材料对微生物还原含砷水铁矿的影响及其机制研究[J].农业环境科学学报, 2018, 37(7): 1370-1376.

[104]吴云当,李芳柏,刘同旭.土壤微生物—腐殖质—矿物间的胞外电子传递机制研究进展[J].土壤学报, 2016, 53(2): 277-291.

[105]谢亚巍.铁氧化物及其腐殖酸复合物对砷的吸持特性研究[D].西南大学, 2012.

[106]熊娟,杨成峰,陈鑫蕊,等.氧化铁/水界面 Cd 吸附研究: CD-MUSIC 模型模拟[J].农业环境科学学报, 2018, 37(7): 1362-1369.

[107]徐建明,孟俊,刘杏梅,等.我国农田土壤重金属污染防治与粮食安全保障[J].中国科学院院刊, 2018, 33(2): 153-159.

[108]许晴,张放,许中旗,等.Simpson 指数和 Shannon-Wiener 指数若干特征的分析及"稀释效应"[J].草业科学, 2011, 28(4): 527-531.

[109]许仙菊,张永春,沈睿,等.水稻不同生育期土壤砷形态分布特征及其生物有效性研究[J].生态环境学报, 2010, 19(8): 1983-1987.

[110]薛生国,李晓飞,祥峰,等.赤泥碱性调控研究进展[J].环境科学学报, 2017, 37(8): 2815-2828.

[111]杨俊兴,郭庆军,郑国砥,等.赤泥条件下水稻根际铁膜形成及镉吸收机理研究[J].生态环境学报, 2016, 25(4): 698-704.

[112]杨兰,李冰,王昌全,等.改性生物炭材料对稻田原状和外源镉污染土钝化效应[J].环境科学, 2016, 37(9): 3562-3574.

[113]杨锚,王火焰,周健民,等.不同水分条件下几种氮肥对水稻土中外源镉转化的动态影响[J].农业环境科学学报, 2006, 25(5): 1202-1207.

[114]杨婧,胡莹,王新军,等.两种通气组织不同的水稻品种根表铁膜的形成及砷吸收积累的差异[J].生态毒理学报, 2009, 4(5): 711-717.

[115]杨文弢,王英杰,周航,等.水稻不同生育期根际及非根际土壤砷形态迁移转化规律[J].环境科学, 2015, 36(2): 694-699.

[116]姚海兴.水稻根系渗氧和铁膜对 As、Cd 吸收动态的影响[D].广州:中山大学, 2009.

[117]应兴华,金连登,徐霞,等.我国稻米质量安全现状及发展对策研究[J].农产品质量与安全, 2010(6): 40-43.

[118]于志红,黄一帆,廉菲,等.生物炭-锰氧化物复合材料吸附砷(Ⅲ)的性能研究[J].农业

环境科学学报, 2015, 34(1): 155-161.

[119]曾路生, 廖敏, 黄昌勇, 等.镉污染对水稻土微生物量、酶活性及水稻生理指标的影响[J].应用生态学报, 2005, 16(11): 158-163.

[120]张春辉, 吴永贵, 付天岭, 等.矿山废水污染对稻田土壤环境特征及不同形态氮含量的影响[J].贵州农业科学, 2014(1): 122-126.

[121]张凤.生物炭和负载铁生物炭对镉、砷的吸附钝化效应与反应机制[D].长沙: 湖南师范大学, 2016.

[122]张红振, 骆永明, 章海波, 等.水稻、小麦籽粒砷、镉、铅富集系数分布特征及规律[J].环境科学, 2010, 31(2): 488-495.

[123]张良运.稻田土壤重金属污染和稻米 Cd 安全分析及控制技术探讨[D].南京: 南京农业大学, 2009.

[124]赵伟烨, 王智慧, 曹彦强, 等.石灰性紫色土硝化作用及硝化微生物对不同氮源的响应[J].土壤学报, 2018, 55(2): 479-489.

[125]钟松雄, 尹光彩, 陈志良, 等.水稻土中砷的环境化学行为及铁对砷形态影响研究进展[J].土壤, 2016, 48(5): 854-862.

[126]钟松雄, 尹光彩, 何宏飞, 等.不同铁矿物对水稻土砷的稳定化效果及机制[J].环境科学学报, 2017, 37(5): 1931-1938.

[127]周莹, 贺晓, 徐军, 等.半干旱区采煤沉陷对地表植被组成及多样性的影响[J].生态学报, 2009, 29(8): 4517-4525.

[128]朱海江.水稻对重金属铅的吸收积累特征及其农艺调控研究[D].杭州: 浙江大学, 2004.

[129]朱姗姗, 张雪霞, 王平, 等.多金属硫化物矿区水稻根际土壤中重金属形态的迁移转化[J].农业环境科学学报, 2013, 32(5): 944-952.

[130]朱司航, 赵晶晶, 尹英杰, 等.针铁矿改性生物炭对砷吸附性能[J].环境科学, 2019, 40(6): 283-292.

[131]朱雁鸣, 韦朝阳, 冯人伟, 等.三种添加剂对矿冶区多种重金属污染土壤的修复效果评估-大豆苗期盆栽实验[J].环境科学学报, 2011, 31(6): 1277-1284.

[132]祝晓雨, 苑春刚, 赵毅.电厂用煤砷形态分析[J].中国电力, 2013, 46(9): 142-144, 159.

[133]左雄建.湖南稻米农药残留及重金属超标现状及控制对策研究[D].长沙: 湖南农业大学, 2012.

[134]Abedin M J, Cotter-Howells J, Meharg A A. Arsenic uptake and accumulation in rice (*Oryza sativa* L.) irrigated with contaminated water[J]. Plant and Soil, 2002, 240(2): 311-319.

[135]Ackermann J, Vetterlein D, Kuehn T, et al. Minerals controlling arsenic distribution in flood plain soils[J]. European Journal of Soil Science, 2010, 61(4): 588-598.

[136]Craciun A R, Courbot M, Bourgis F, et al. Comparative cDNA-AFLP analysis of Cd-tolerant and -sensitive genotypes derived from crosses between the Cd hyperaccumulator Arabidopsis halleri and Arabidopsis lyrata ssp. Petraea[J]. Journal of Experimental Botany, 2006, 57(12): 2967-298.

[137] Agrafioti E, Kalderis D, Diamadopoulos E. Ca and Fe modified biochars as adsorbents of arsenic and chromium in aqueous solutions [J]. Journal of Environmental Management, 2014, 146: 444-450.

[138] Ahmad M, Sang S L, Lim J E, et al. Speciation and phytoavailability of lead and antimony in a small arms range soil amended with mussel shell, cow bone and biochar: EXAFS spectroscopy and chemical extractions[J]. Chemosphere, 2014, 95(1): 433-441.

[139] Akter K, Owens G, Davey D, et al. Arsenic speciation and toxicity in biological systems[M]// Ware G W. Reviews of environmental contamination and toxicology. New York: Springer Science+ Business, 2005: 97-149.

[140] Ali N A, Bernal M P, Ater M. Tolerance and bioaccumulation of copper in Phragmites australis and Zea mays[J]. Plant and Soil, 2002, 239(1): 103-111.

[141] Amiard J C, Amiard-Triquet C, Barka S, et al. Metallothioneins in aquatic invertebrates: Their role in metal detoxification and their use as biomarkers[J]. Aquatic Toxicology, 2006, 76 (2): 160-202.

[142] Amstaetter K, Borch T, Larese-casanova P, et al. Redox transformation of arsenic by Fe(II)-activated goethite (α - FeOOH) [J]. Environmental Science & Technology, 2010, 44 (1): 102-108.

[143] Andrews G K. Regulation of metallothionein gene expression by oxidative stress and metal ions [J]. Biochemical Pharmacology, 2000, 59 (59): 95-104.

[144] Annette P, Christian S D, Andreas K. Electron transfer fromhumic substances to biogenic and abiogenic Fe (III) oxyhydroxide minerals [J]. Environmental Science & Technology, 2014, 48(3): 1656-1664.

[145] Antelo J, Arce F, Fiol S. Arsenate and phosphate adsorption on ferrihydrite nanoparticles: Synergetic interaction with calcium ions[J]. Chemical Geology, 2015, 410: 53-62.

[146] Antelo J, Avena M, Fiol S, et al. Effects of pH and ionic strength on the adsorption of phosphate and arsenate at the goethite-water interface[J]. Journal of Colloid and Interface Science, 2005, 285(2): 476-486.

[147] Antelo J, Fiol S, Pérez C, et al. Analysis of phosphate adsorption onto ferrihydrite using the CD-MUSIC model[J]. Journal of Colloid and Interface Science, 2010, 347(1): 112-119.

[148] Ashley S, Jo H. Beyond the Venn diagram: The hunt for a core microbiome [J]. Environmental Microbiology, 2012, 14(1): 4-12.

[149] Assche F V, Clijsters H. Effects of metals on enzyme activity in plants[J]. Plant Cell & Environment, 2010, 13(3): 195-206.

[150] Atalay A, Bronick C, Pao S, et al. Nutrient and microbial dynamics in biosolids amended soils following rainfall simulation[J]. Soil & Sediment Contamination an International Journal, 2007, 16 (2): 209-219.

[151] Awwad N S, Gad H M H, Ahmad M I, et al. Sorption of lanthanum and erbium from aqueous solution by activated carbon prepared from rice husk [J]. Colloids and Surfaces B:

Biointerfaces, 2010, 81(2): 593-599.

[152] Aydin I, Aydin F, Saydut A, et al. Hazardous metal geochemistry of sedimentary phosphate rock used for fertilizer (Mazdag, SE Anatolia, Turkey)[J]. Microchemical Journal, 2010, 96(2): 247-251.

[153] Azzam A M, El-Wakeel S T, Mostafa B B, et al. Removal of Pb, Cd, Cu and Ni from aqueous solution using nano scale zero valent iron particles[J]. Journal of Environmental Chemical Engineering, 2016, 4(2): 2196-2206.

[154] Bai Y, Yang T, Liang J, et al. The role of biogenic Fe-Mn oxides formed in situ for arsenic oxidation and adsorption in aquatic ecosystems[J]. Water Research, 2016, 98: 119-127.

[155] Baig S A, Zhu J, Muhammad N, et al. Effect of synthesis methods on magnetic Kans grass biochar for enhanced As(Ⅲ, Ⅴ)adsorption from aqueous solutions[J]. Biomass and Bioenergy, 2014, 71: 299-310.

[156] Bandaru V, Daughtry C S, Codling E E, et al. Evaluating leaf and canopy reflectance of stressed rice plants to monitor arsenic contamination[J]. International Journal of Environmental Research & Public Health, 2016, 13(6): 606-621.

[157] Barrón V, Torrent J. Surface hydroxyl configuration of various crystal faces of hematite and goethite[J]. Journal of Colloid and Interface Science, 1996, 177(2): 407-410.

[158] Baxendale J H, Hardy H R, Sutcliffe L H. Kinetics and equilibria in the system ferrous iron+ ferric iron + hydroquinone + quinone [J]. Transactions of the Faraday Society, 1951, 47: 963-973.

[159] Bellés M, Albina M L, Sanchez D J, et al. Interactions in developmental toxicology: Effects of concurrent exposure to lead, organic mercury, and arsenic in pregnant mice[J]. Archives of Environmental Contamination & Toxicology, 2002, 42(1): 93-98.

[160] Bennett W W, Teasdale P R, Panther J G, et al. Investigating arsenic speciation and mobilization in sediments with DGT and DET: A mesocosm evaluation of oxic-anoxic transitions [J]. Environmental Science& Technology, 2012, 46(7): 3981-3989.

[161] Beesley L, Marmiroli M. The immobilisation and retention of soluble arsenic, cadmium and zinc by biochar[J]. Environmental Pollution, 2011, 159(2): 474-480.

[162] Beesley L, Marmiroli M, Pagano L, et al. Biochar addition to an arsenic contaminated soil increases arsenic concentrations in the pore water but reduces uptake to tomato plants (Solanum lycopersicum L.)[J]. Science of the Total Environment, 2013, 454-455(5): 598-603.

[163] Beesley L, Moreno-Jiménez E, Gomez-Eyles J L. Effects of biochar and green waste compost amendments on mobility, bioavailability and toxicity of inorganic and organic contaminants in a multi-element polluted soil[J]. Environmental Pollution, 2010, 158(6): 2282-2287.

[164] Bogdan K, Schenk M K. Arsenic inrice (Oryza sativa L.) related to dynamics of arsenic and silicic acid in paddy soils [J]. Environmental Science & Technology, 2008, 42(21): 7885-7890.

[165] Bolan N, Mahimairaja S, Kunhikrishnan A, et al. Sorption-bioavailability nexus of arsenic

and cadmium in variable-charge soils[J]. Jouranal of Hazardous Materials, 2013, 261: 725-732.

[166]Bolan N S, Adriano D C, Duraisamy P, et al. Immobilization and phytoavailability of cadmium in variable charge soils. III. Effect of biosolid compost addition[J]. Plant and Soil, 2003, 256(1): 231-241.

[167]Bolanz R M, Wierzbicka-Wieczorek M, Caplovicova M, et al. Structural incorporation of As(V) into hematite[J]. Environmental Science & Technology, 2013, 47(16): 9140-9147.

[168]Borch T, Inskeep W P, Harwood J A, et al. Impact of ferrihydrite and anthraquinone-2, 6-disulfonate on the reductive transformation of 2, 4, 6-trinitrotoluene by a gram-positive fermenting bacterium[J]. Environmental Science & Technology, 2005, 39(18): 7126-7133.

[169]Borch T, Kretzschmar R, Kappler A, et al. Biogeochemical redox processes and their impact on contaminant dynamics[J]. Environmental Science & Technology, 2010, 44(1): 15-23.

[170]Bose S, Bhattacharyya A. K. Heavy metal accumulation in wheat plant grown in soil amended with industrial sludge[J]. Chemosphere, 2008, 70(7): 1264-1272.

[171]Bradl H B. Adsorption of heavy metal ions on soils and soils constituents[J]. Journal of Colloid & Interface Science, 2004, 277(1): 1-18.

[172]Brunori C, Cremisini C, Massanisso P, et al. Reuse of a treated red mud bauxite waste: Studies on environmental compatibility[J]. Journal of Hazardous Materials, 2005, 117(1): 55-63.

[173]Burke J M, Fackler J P. Vibrational spectra of the thiocarbonate complexes of nickel(II), palladium(II), and platinum(II)[J]. Inorganic Chemistry, 1972, 11(11): 2744-2749.

[174]Candeias C, Melo R, Avila P F, et al. Heavy metal pollution in mine-soil-plant system in S. Francisco de Assis-Panasqueira mine(Portugal)[J]. Applied Geochemistry, 2014, 44 (3): 12-26.

[175]Cao X, Ma L, Liang Y, et al. Simultaneous immobilization of lead and atrazine in contaminated soils using dairy-manure biochar[J]. Environmental Science & Technology, 2011, 45(11): 4884-4889.

[176]Carey A, Norton G J, Deacon C, et al. Phloem transport of arsenic species from flag leaf to grain during grain filling[J]. New Phytologist, 2011, 192(1): 87-98.

[177]Carey A M, Scheckel K G, Lombi E, et al. Grain unloading of arsenic species in rice[J]. Plant Physiol, 2010, 152(1): 309-319.

[178]Castaldi P, Silvetti M, Enzo S, et al. Study of sorption processes and FT-IR analysis of arsenate sorbed onto red muds (a bauxite ore processing waste)[J]. Journal of Hazardous Materials, 2010, 175(1-3): 172-178.

[179]Chasapis C T, Loutsidou A C, Spiliopoulou C A, et al. Zinc and human health: An update [J]. Archives of Toxicology, 2012, 86(4): 521-534.

[180]Chen J, Gu B, Royer R A, et al. The roles of natural organic matter in chemical and microbial reduction of ferric iron[J]. Science of the Total Environment, 2003, 307(1): 167-178.

[181]Chen J, He F, Zhang X, et al. Heavy metal pollution decreases microbial abundance, diversity

and activity within particle-size fractions of a paddy soil[J]. Fems Microbiology Ecology, 2014, 87(1): 164-181.

[182] Chen J, Wang W, Wu F, et al. Hydrogen sulfide alleviates aluminum toxicity in barley seedlings[J]. Plant and Soil, 2013, 362(1-2): 301-318.

[183] Chen T, Liu X, Zhu M, et al. Identification of trace element sources and associated risk assessment in vegetable soils of the urban–rural transitional area of Hangzhou China[J]. Environmental Pollution, 2008, 151(1): 67-78.

[184] Chen X P, Zhu Y G, Hong M N, et al. Effects of different forms of nitrogen fertilizers on arsenic uptake by rice plants[J]. Environmental Toxicology & Chemistry, 2008, 27(4): 881-887.

[185] Chen Z, Wang Y, Xia D, et al. Enhanced bioreduction of iron and arsenic in sediment by biochar amendment influencing microbial community composition and dissolved organic matter content and composition[J]. Journal of Hazardous Materials, 2016, 311: 20-29.

[186] Chen Z, Wang Y P, Jiang X, et al. Dual roles of AQDS as electron shuttles for microbes and dissolved organic matter involved in arsenic and iron mobilization in the arsenic-rich sediment [J]. Science of the Total Environment, 2017, 574: 1684-1694.

[187] Cheng Q, Huang Q, Khan S, et al. Adsorption of Cd by peanut husks and peanut husk biochar from aqueous solutions[J]. Ecological Engineering, 2016, 87: 240-245.

[188] Cheng W, Tu Q, Da D, et al. Spectroscopic evidence for biochar amendment promotinghumic acid synthesis and intensifying humification during composting [J]. Journal of Hazardous Materials, 2014, 280: 409-416.

[189] Chintala R, Schumacher T E, Mcdonald L M, et al. Phosphorus sorption and availability from biochars and soil/biochar mixtures[J]. Clean-Soil, Air, Water, 2014, 42(5): 626-634.

[190] Christl I, Brechbühl Y, Graf M, et al. Polymerization of silicate on hematite surfaces and its influence on arsenic sorption [J]. Environmental Science & Technology, 2012, 46(24): 13235-13243.

[191] Clément J, Shrestha J, Ehrenfeld J G, et al. Ammonium oxidation coupled to dissimilatory reduction of iron under anaerobic conditions in wetland soils[J]. Soil Biology and Biochemistry, 2005, 37(12): 2323-2328.

[192] Colmer T D. Aerenchyma and an inducible barrier to radial oxygen loss facilitate root aeration in upland, paddy and deep-water rice (Oryza sativa L)[J]. Annals of Botany, 2003, 91(2): 301-309.

[193] Colmer T D. Long-distance transport of gases in plants: A perspective on internal aeration and radial oxygen loss from roots[J]. Plant, Cell and Environment, 2003, 26(1): 17-36.

[194] Conlin Timothy S S, Crowder Adele A. Location of radial oxygen loss and zones of potential iron uptake in a grass and two nongrass emergent species[J]. Canadian Journal of Botany, 1989, 67(3): 717-722.

[195] Coucouvanis D, Fackler J P. Sulfur chelates. IV. 1 sulfur addition to dithiolato complexes

of nickel(Ⅱ)[J]. Journal of the American Chemical Society, 1967, 89(6): 1346-1351.

[196] Croal L R, Jiao Y Q, Newman D K. The fox operon from Rhodobacter strain SW2 promotes phototrophic Fe(Ⅱ)oxidation in Rhodobacter capsulatus SB1003[J]. Journal of Bacteriology, 2006, 189(5): 1774-1782.

[197] Cudennec Y, Lecerf A. The transformation of ferrihydrite into goethite or hematite, revisited [J]. Journal of Solid State Chemistry, 2006, 179(3): 716-722.

[198] Cui D, Ma Y, Pang C, et al. Effects of Zn^{2+}, Cd^{2+} pollution on physiological and biochemical characters of sesbania cannabina pers[J]. Advanced Materials Research, 2012, 518-523: 2039-2044.

[199] Dakora F D, Phillips D A. Root exudates as mediators of mineral acquisition in low-nutrient environments[J]. Plant & Soil, 2002, 245(1): 35-47.

[200] Cummings D E, Caccavo J F, Scott Fendorf A, et al. Arsenic mobilization by the dissimilatory Fe(Ⅲ)-reducing bacterium Shewanella alga BrY[J]. Environmental Science & Technology Easton Pa, 1999, 33(5): 723-729.

[201] Dawood M, Cao F, Jahangir M M, et al. Alleviation of aluminum toxicity by hydrogen sulfide is related to elevated ATPase, and suppressed aluminum uptake and oxidative stress in barley [J]. Journal of Hazardous Materials, 2012, 209-210: 121-128.

[202] Dong M F, Feng R W, Wang R G, et al. Inoculation of Fe/Mn-oxidizing bacteria enhances Fe/Mn plaque formation and reduces Cd and As accumulation in rice plant tissues[J]. Plant and Soil, 2016, 404(1/2): 75-83.

[203] Dong X L, Ma L Q, Gress J, et al. Enhanced Cr(Ⅵ)reduction and As(Ⅲ)oxidation in ice phase: Important role of dissolved organic matter from biochar [J]. Journal of Hazardous Materials, 2014, 267: 62-70.

[204] Dosskey M G, Bertsch P M. Transport of dissolved organic matter through a sandy forest soil [J]. Soil Science Society of America Journal, 1997, 61(3): 920-927.

[205] Doušová B, Lhotka M, Grygar T, et al. In situ co-adsorption of arsenic and iron/manganese ions on raw clays[J]. Applied Clay Science, 2011, 54(2): 166-171.

[206] Duesterberg C K, Waite T D. Kinetic modeling of the oxidation of p-hydroxybenzoic acid by fenton's reagent: implications of the role of quinones in the redox cycling of iron [J]. Environmental Science & Technology, 2007, 41(11): 4103-4110.

[207] Rhine E D, Dominguez E G, Craig D Phelps A, et al. Environmental microbes can speciate and sycle arsenic[J]. Environmental Science & Technology, 2005, 39(24): 9569-9573.

[208] Edgar R C. UPARSE: highly accurate OTU sequences from microbial amplicon reads[J]. Nature Methods, 2013(10): 996-998.

[209] Ehlert K, Mikutta C, Jin Y, et al. Mineralogical controls on the bioaccessibility of arsenic in Fe(Ⅲ)-As(Ⅴ) coprecipitates [J]. Environmental Science & Technology, 2018, 52 (2): 616-627.

[210] Elsner M, Schwarzenbach R P, Haderlein S B. Reactivity of Fe(Ⅱ)-bearing minerals toward

reductive transformation of organic contaminants [J]. Environmental Science & Technology, 2004, 38(3): 799-807.

[211] Environment Agency. CLEA soil guideline value (SGV) for heavymetal [EB/OL]. (http://www. yara. co. uk/images/6-Heavy-Metals-tcm430-99440. pdf), 2009.

[212] Epstein E. The anomaly of silicon in plant biology [J]. Proceedings of the National Academy of Sciences of the United States of America, 1994, 91(1): 11-17.

[213] Fan J, Hu Z, Ziadi N, et al. Excessive sulfur supply reduces cadmium accumulation in brown rice (*Oryza sativa* L.) [J]. Environmental Pollution, 2010, 158(2): 409-415.

[214] Fan J X, Wang Y J, Liu C, et al. Effect of iron oxide reductive dissolution on the transformation and immobilization of arsenic in soils: New insights from X-ray photoelectron and X-ray absorption spectroscopy [J]. Journal of Hazardous Materials, 2014, 279: 212-219.

[215] Cao F B, I M A W. Genotypic and environmental variation of heavy metal concentrations in rice grains [J]. Journal of Food, Agriculture & Environment, 2013, 11(1): 718-724.

[216] FAO, WHO. Evaluation of certain food additives and contaminants: In sixty-first report of the joint FAO/WHO expert committee on food additives [M]. WHO Technical Report Series, 2010, 710 (2), 1-128.

[217] Fitz W J, Wenzel W W. Arsenic transformations in the soil-rhizosphere-plant system: Fundamentals and potential application to phytoremediation [J]. Journal of Biotechnology, 2002, 99(3): 259-278.

[218] Fleck A T, Mattusch J, Schenk M K. Silicon decreases the arsenic level in rice grain by limiting arsenite transport [J]. Journal of Plant Nutrition and Soil Science, 2013, 176(5): 785-794.

[219] Fortin D, Langley S. Formation and occurrence of biogenic iron-rich minerals [J]. Earth Science Reviews, 2005, 72(1-2): 1-19.

[220] Pratt A R. Vivianite auto-oxidation [J]. Physics and Chemistry of Minerals, 1997, 25: 24-27.

[221] Frau F, Addari D, Atzei D, et al. Influence of major anions on As(V) adsorption by synthetic 2-line ferrihydrite: Kinetic investigation and XPS study of the competitive effect of bicarbonate [J]. Water, Air, & Soil Pollution, 2010, 205(1-4): 25-41.

[222] Galán E, Gomez-Ariza J L, Gonzalez I, et al. Heavy metal partitioning in river sediments severely polluted by acid mine drainage in the Iberian Pyrite Belt [J]. Applied Geochemistry, 2003, 18 (3): 409-421.

[223] Garcia T A, Corredor L. Biochemical changes in the kidneys after perinatal intoxication with lead and/or cadmium and their antagonistic effects when coadministered [J]. Ecotoxicology and Environmental Safety, 2004, 57(2): 184-189.

[224] Garnier J M, Travassac F, Lenoble V, et al. Temporal variations in arsenic uptake by rice plants in Bangladesh: The role of iron plaque in paddy fields irrigated with groundwater [J]. Science of the Total Environment, 2010, 408(19): 4185-4193.

[225] Gibberd M R, Colmer T D, Cocks P S. Root porosity and oxygen movement in waterlogging-

tolerant trifolium tomentosum and – intolerant trifolium glomeratum[J]. Plant, Cell and Environment, 1999, 22(9): 1161-1168.

[226] Gimenez J, Martinez M, Depablo J, et al. Arsenic sorption onto natural hematite, magnetite, and goethite[J]. Journal of Hazardous Materials, 2007, 141(3): 575-580.

[227] Goldberg S. Competitive adsorption of arsenate and arsenite on oxides and clay minerals[J]. Soil Science Society of America Journal, 2002, 66: 413-421.

[228] Goldberg S, Johnston C T. Mechanisms of arsenic adsorption on amorphous oxides evaluated using macroscopic measurements, vibrational spectroscopy, and surface complexation modeling [J]. Journal of Colloid and Interface Science, 2001, 234(1): 204-216.

[229] Gong Y, Zhao D, Wang Q. An overview of field – scale studies on remediation of soil contaminated with heavy metals and metalloids: Technical progress over the last decade[J]. Water Research, 2018, 147(DEC. 15): 440-460.

[230] Gray C W, Dunham S J, Dennis P G, et al. Field evaluation of in situ remediation of a heavy metal contaminated soil using lime and red-mud[J]. Environmental Pollution, 2006, 142(3): 530-539.

[231] Gregory S J, Anderson C W N, Camps Arbestain M, et al. Response of plant and soil microbes to biochar amendment of an arsenic – contaminated soil [J]. Agriculture, Ecosystems & Environment, 2014, 191: 133-141.

[232] Gu Z, Fang J, Deng B. Preparation and evaluation of GAC-based iron-containing adsorbents for arsenic removal[J]. Environmental Science & Technology, 2005, 39(10): 3833-3843.

[233] Rosa G D L, Peralta-Videa J R, Milka M, et al. Cadmium uptake and translocation in tumbleweed (*Salsola kali*), a potential Cd-hyperaccumulator desert plant species: ICP/OES and XAS studies[J]. Chemosphere, 2004, 55(9): 1159-1168.

[234] Guo H M, Ren Y, Liu Q, et al. Enhancement of arsenic adsorption during mineral transformation from siderite to goethite: Mechanism and application[J]. Environmental Science & Technology, 2013, 47(2): 1009-1016.

[235] Guo W, Hou Y L, Wang S G, et al. Effect of silicate on the growth and arsenate uptake by rice (*Oryza sativa* L) seedlings in solution culture[J]. Plant and Soil, 2005, 272(1-2): 173-181.

[236] Guo W, Zhu Y G, Liu W J, et al. Is the effect of silicon on rice uptake of arsenate As(V) related to internal silicon concentrations, iron plaque and phosphate nutrition? [J]. Environmental Pollution, 2007, 148(1): 251-257.

[237] Halder D, Bhowmick S, Biswas A, et al. Risk of arsenic exposure from drinking water and dietary components: Implications for risk management in rural Bengal [J]. Environmental Science & Technology, 2013, 47(2): 1120-1127.

[238] Hansel C M, Benner S G, Neiss J, et al. Secondary mineralization pathways induced by dissimilatory iron reduction of ferrihydrite under advective flow[J]. Geochimica et Cosmochimica Acta, 2003, 67(16): 2977-2992.

[239] Hansel C M, Fendorf S, Sutton S, et al. Characterization of Fe plaque and associated metals on the roots of mine-waste impacted aquatic plants[J]. Environmental Science & Technology, 2001, 35(19): 3863-3868.

[240] Har-Peled S, Sharir M, Varadarajan K R. The effects of biochar and compost amendments on copper immobilization and soil microorganisms in a temperate vineyard[J]. Agriculture Ecosystems & Environment, 2015, 201(201): 58-69.

[241] Hartley W, Dickinson N M, Riby P, et al. Arsenic mobility in brownfield soils amended with green waste compost or biochar and planted with Miscanthus[J]. Environmental Pollution, 2009, 157(10): 2654-2662.

[242] Hartley W, Edwards R, W. Lepp N. Arsenic and heavy metal mobility in iron oxide-amended contaminated soils as evaluated by short- and long-term leaching tests[J]. Environmental Pollution, 2004, 131(3): 495-504.

[243] Harvey O R, Herbert B E, Rhue R D, et al. Metal interactions at the biochar-water interface: Energetics and structure-sorption relationships elucidated by flow adsorption microcalorimetry [J]. Environmental Science & Technology, 2011, 45(13): 5550-5556.

[244] Hiemstra T, De Wit J C M, Van Riemsdijk W H. Multisite proton adsorption modeling at the solid/solution interface of (hydr)oxides: A new approach: II. Application to various important (hydr)oxides[J]. Journal of Colloid and Interface Science, 1989, 133(1): 91-104.

[245] Hiemstra T, Van Riemsdijk W H. On the relationship between charge distribution, surface hydration, and the structure of the interface of metal hydroxides[J]. Journal of Colloid and Interface Science, 2006, 301(1): 1-18.

[246] Hiemstra T, Venema P, Riemsdijk W H V. Intrinsic proton affinity of reactive surface groups of metal (hydr)oxides: The bond valence principle[J]. Journal of Colloid and Interface Science, 1998, 184(2): 680-692.

[247] Hohmann C, Winkler E, Morin G, et al. AnaerobicFe(II)-oxidizing bacteria show as resistance and immobilize as during Fe(III)mineral precipitation[J]. Environmental Science & Technology, 2010, 44(1): 94-101.

[248] Honma T, Ohba H, Kaneko-Kadokura A, et al. Optimal soil Eh, pH, and water management for simultaneously minimizing arsenic and cadmium concentrations in rice grains[J]. Environmental Science & Technology, 2016, 50(8): 4178-4185.

[249] Hori T, Müller A, Igarashi Y, et al. Identification of iron-reducing microorganisms in anoxic rice paddy soil by 13C-acetate probing[J]. ISME Journal, 2010, 4(2): 267-278.

[250] Horiguchi H, Oguma E, Sasaki S, et al. Dietary exposure to cadmium at close to the current provisional tolerable weekly intake does not affect renal function among female Japanese farmers [J]. Environmental Research, 2004, 95(1): 20-31.

[251] Hu M, Li F B, Liu C P, et al. The diversity and abundance of As(III)oxidizers on root iron plaque is critical for arsenic bioavailability to rice[J]. Scientific Reports, 2015, 5: 13611-13620.

[252] Hu P, Ouyang Y, Wu L, et al. Effects of water management on arsenic and cadmium speciation and accumulation in an upland rice cultivar [J]. Journal of Environmental Sciences, 2015, 27(1): 225-231.

[253] Hua B, Yan W G, Wang J M, et al. Arsenic accumulation in rice grains: Effects of cultivars and water management practices [J]. Environmental Engineering Science, 2011, 28(8): 591-596.

[254] Hua Y, Heal K V, Friesl-Hanl W. The use of red mud as an immobiliser for metal/metalloid-contaminated soil: A review [J]. Journal of Hazardous Materials, 2017, 325: 17-30.

[255] Huang J, Matzner E. Dynamics of organic and inorganic arsenic in the solution phase of an acidic fen in Germany [J]. Geochimica Et Cosmochimica Acta, 2006, 70(8): 2023-2033.

[256] Huang J H, Hu K N, Decker B. Organicarsenic in the soil environment: Speciation, occurrence, transformation, and adsorption behavior [J]. Water Air & Soil Pollution, 2011, 219(1-4): 401-415.

[257] Huang J H, Voegelin A, Pombo S A, et al. Influence of arsenate adsorption to ferrihydrite, goethite, and boehmite on the kinetics of arsenate reduction by Shewanella putrefaciens strain CN-32 [J]. Environmental Science & Technology, 2011, 45(18): 7701-7709.

[258] Altundogan Hs, Altundogan S, Tümen F, et al. Arsenic adsorption from aqueous solutions by activated red mud [J]. Waste Management, 2002, 22(3): 357-363.

[259] Iqbal M, Puschenreiter M, Oburger E, et al. Sulfur-aided phytoextraction of Cd and Zn by Salix smithiana combined with in situ metal immobilization by gravel sludge and red mud [J]. Environmental Pollution, 2012, 170(4): 222-231.

[260] Islam F S, Gault A G, Christopher B, et al. Role of metal-reducing bacteria in arsenic release from Bengal delta sediments [J]. Nature, 2004, 430(6995): 68-71.

[261] Jalloh M A, Chen J, Zhen F, et al. Effect of different N fertilizer forms on antioxidant capacity and grain yield of rice growing under Cd stress [J]. Journal of Hazardous Materials, 2009, 162(2-3): 1081-1085.

[262] Janzen H H, Bettany J R. Measurement of sulfur oxidation in soils [J]. Soil Science, 1987, 143(6): 444-452.

[263] Jardine P M, Mccarthy J F, Weber N L. Mechanisms of dissolved organic carbon adsorption on soil [J]. Soil Science Society of America Journal, 1989, 53(5): 1378-1385.

[264] Jia Y, Huang H, Chen Z, et al. Arsenicuptake by rice is influenced by microbe-mediated arsenic redox changes in the rhizosphere [J]. Environmental Science & Technology, 2014, 48(2): 1001-1007.

[265] Jia Y, Huang H, Zhong M, et al. Microbialarsenic methylation in soil and rice rhizosphere [J]. Environmental Science & Technology, 2013, 47(7): 3141-3148.

[266] Jiang J, Bauer I, Paul A, et al. Arsenic redox changes by microbially and chemically formed semiquinone radicals and hydroquinones in a humic substance model quinone [J]. Environmental

Science & Technology, 2009, 43(10): 3639-3645.

[267] Jiang J P, Yuan X B, Ye L L, et al. Characteristics of straw biochar and its influence on the forms of arsenic in heavy metal polluted soil[J]. Applied Mechanics and Materials, 2013, 409-410: 133-138.

[268] Jiang S, Lee J, Kim D, et al. Differential arsenic mobilization from As-bearing ferrihydrite by *iron-respiring shewanella* strains with different arsenic-reducing activities[J]. Environmental Science & Technology, 2013, 47(65): 8616-8623.

[269] Jiang S H, Lee J H, Kim M G, et al. Biogenic formation of As-S nanotubes by diverse *shewanella* strains[J]. Applied and Environmental Microbiology, 2009, 75(21): 6896-6899.

[270] Jin R, Chow V T K, Tan P H, et al. Metallothionein 2A expression is associated with cell proliferation in breast cancer[J]. Carcinogenesis, 2002, 23(1): 81-86.

[271] Johnston R B, Singer P C. Solubility of symplesite (ferrous arsenate): Implications for reduced groundwaters and other geochemical environments[J]. Soil Science Society of America Journal, 2007, 71(1): 101-107.

[272] Jordan N, Ritter A, Scheinost A C, et al. Selenium(IV) uptake by maghemite ($\gamma-Fe_2O_3$) [J]. Environmental Science & Technology, 2014, 48(3): 1665-1674.

[273] Joseph S D, Campsarbestain M, Lin Y, et al. An investigation into the reactions of biochar in soil[J]. Soil Research, 2010, 48(7): 501-515.

[274] Kaabi R, Abderrabba M, Gómez-Ruiz S, et al. Bioinspired materials based on glutathione-functionalized SBA-15 for electrochemical Cd(II) detection [J]. Microporous and Mesoporous Materials, 2016, 234: 336-346.

[275] Kaiser K, Kaupenjohann M. Influence of the soil solution composition on retention and release of sulfate in acid forest soils[J]. Water Air & Soil Pollution, 1998, 101(1-4): 363-376.

[276] Kalbitz K, Wennrich R. Mobilization of heavy metals and arsenic in polluted wetland soils and its dependence on dissolved organic matter[J]. Science of the Total Environmental, 1998, 209(1): 27-39.

[277] Kappler A. Geomicrobiological cycling of iron[J]. Reviews in Mineralogy & Geochemistry, 2005, 59(1): 85-108.

[278] Kappler A, Newman D K. Formation of Fe(III)-minerals by Fe(II)-oxidizing photoautotrophic bacteria[J]. Geochimica et Cosmochimica Acta, 2004, 68(6): 1217-1226.

[279] Kappler A, Pasquero C, Konhauser K O, et al. Deposition of banded iron formations by anoxygenic phototrophic Fe(II)-oxidizing bacteria[J]. Geology, 2005, 33(11): 865-868.

[280] Kappler A, Schink B, Newman D K. Fe(III) mineral formation and cell encrustation by the nitrate-dependent Fe(II)-oxidizer strain BoFeN1 [J]. Geobiology, 2005, 3(4): 235-245.

[281] Kappler A, Wuestner M L, Ruecker A, et al. Biochar as an electron shuttle between bacteria and Fe(III) minerals [J]. Environmental Science & Technology Letters, 2014, 1(8): 339-344.

[282] Kashem M A, Singh B R. Transformations in solid phase species of metals as affected by flooding and organic matter [J]. Communications in Soil Science & Plant Analysis, 2004, 35(9-10): 1435-1456.

[283] Katja B, Schenk M K. Arsenic in rice (*Oryza sativa* L.) related to dynamics of arsenic and silicic acid in paddy soils [J]. Environmental Science & Technology, 2008, 42 (21): 7885-7890.

[284] Kelly D P, Wood A P. Reclassification of some species of *Thiobacillus* to the newly designated genera *Acidithiobacillus* gen. nov., Halothiobacillus gen. nov. and Thermithiobacillus gen. nov. [J]. International Journal of Systematic and Evolutionary Microbiology, 2000, 50(2): 511-516.

[285] Kersten M, Daus B. Silicic acid competes for dimethylarsinic acid (DMA) immobilization by the iron hydroxide plaque mineral goethite [J]. Science of the Total Environment, 2015, 508: 199-205.

[286] Kim C S, Chi C, Miller S R, et al. (Micro) spectroscopic analyses of particle size dependence on arsenic distribution and speciation in mine wastes [J]. Environmental Science & Technology, 2013, 47(15): 8164-8171.

[287] Kim E J, Jeon E, Baek K. Role of reducing agent in extraction of arsenic and heavy metals from soils by use of EDTA [J]. Chemosphere, 2016, 152: 274-283.

[288] Klueglein N, Zeitvogel F, Stierhof Y, et al. Potential role of nitrite for abiotic Fe(II) oxidation and cell encrustation during nitrate reduction by denitrifying bacteria [J]. Applied and Environmental Microbiology, 2014, 80(3): 1051-1061.

[289] Klu-pfel L, Keiluweit M, Kleber M. Redox properties of plant biomass-derived black carbon (biochar) [J]. Environmental Science & Technology, 2014, 48(10): 5601-5611.

[290] Kocar B D, Borch T, Fendorf S. Arsenic repartitioning during biogenic sulfidization and transformation of ferrihydrite [J]. Geochimica et Cosmochimica Acta, 2010, 74(3): 980-994.

[291] Komárek M, Antelo J, Králová M, et al. Revisiting models of Cd, Cu, Pb and Zn adsorption onto Fe(III) oxides [J]. Chemical Geology, 2018, 493: 189-198.

[292] Kong X F, Guo Y, Xue S G, et al. Natural evolution of alkaline characteristics in bauxite residue [J]. Journal of Cleaner Production, 2016, 143: 224-230.

[293] Koo N, Lee S, Kim J. Arsenic mobility in the amended mine tailings and its impact on soil enzyme activity [J]. Environmental Geochemistry and Health, 2012, 34(3): 337-348.

[294] Kopittke P M, de Jonge M D, Wang P, et al. Laterally-resolved speciation of arsenic in roots of wheat and rice using fluoreslenle-XANES, maging [J]. New Phytologist, 2014, 201 (4): 1251-1262.

[295] Kumpiene J, Lagerkvist A, Maurice C. Stabilization of As, Cr, Cu, Pb and Zn in soil using amendments - A review [J]. Waste Management, 2008, 28: 215-225.

[296] Kuzyakov Y. Review: Factors affecting rhizosphere priming effects [J]. Journal of Plant Nutrition & Soil Science, 2002, 165(4): 66-70.

[297]Ladeira A C Q, Ciminelli V S T, Duarte H A, et al. Mechanism of anion retention from EXAFS and density functional calculations: Arsenic (V) adsorbed on gibbsite [J]. Geochimica et Cosmochimica Acta, 2001, 65(8): 1211-1217.

[298]Lafferty B J, Loeppe rt R H. Methyl arsenic adsorption and desorption behavior on iron oxides [J]. Environmental Science & Technology, 2005(39): 2120-2127.

[299]Laufer K, Nordhoff M, Roy H, et al. Coexistence of microaerophilic, nitrate-reducing, and phototrophic Fe(Ⅱ)oxidizers and Fe(Ⅲ)reducers in coastal marine sediment[J]. Applied and Environmental Microbiology, 2016, 82(5): 1433-1447.

[300]Laverman A M, Blum J S, Schaefer J K, et al. Growth of strain SES-3 with arsenate and other diverse electron acceptors [J]. Applied & Environmental Microbiology, 1995, 61 (10): 3556-3561.

[301]Lee C, Hsieh Y, Lin T, et al. Iron plaque formation and its effect on arsenic uptake by different genotypes of paddy rice[J]. Plant and Soil, 2013, 363(1-2): 231-241.

[302]Lee J H, Roh Y, Kim K W, et al. Organic acid-dependent iron mineral formation by a newly isolated iron-reducing bacterium, *shewanella* sp. HN-41[J]. Geomicrobiology Journal, 2007, 24(1): 31-41.

[303]Lee S, Kim E Y, Park H, et al. In situ stabilization of arsenic and metal-contaminated agricultural soil using industrial by-products[J]. Geoderma, 2011, 161(1-2): 1-7.

[304]Lee S W. Enhancement of arsenic mobility by Fe (Ⅲ)-reducing bacteria from iron oxide minerals[J]. Journal of Material Cycles & Waste Management, 2013, 15(3): 362-369.

[305]Lehmann J, Rillig M C, Thies J, et al. Biochar effects on soil biota - A review[J]. Soil Biology & Biochemistry, 2011, 43(9): 1812-1836.

[306]Li H, Man Y B, Ye Z H, et al. Do arbuscular mycorrhizal fungi affect arsenic accumulation and speciation in rice with different radial oxygenloss? [J]. Journal of Hazardous Materials, 2013, 262: 1098-1104.

[307]Li H, Wu C, Ye Z H, et al. Uptake kinetics of different arsenic species in lowland and upland rice colonized with *Glomus intraradices*[J]. Journal of Hazardous Materials, 2011, 194(5): 414-421.

[308]Li H, Ye Z H, Wei Z J, et al. Root porosity and radial oxygen loss related to arsenic tolerance and uptake in wetland plants[J]. Environmental Pollution, 2011, 159(1): 30-37.

[309]Li J, Jia C, Lu Y, et al. Multivariate analysis of heavy metal leaching from urban soils following simulated acid rain[J]. Microchemical Journal, 2015, 122: 89-95.

[310]Li J, Li C, Sun H J, et al. Arsenic relative bioavailability in contaminated soils: Comparison of animal models, dosing schemes and biological endpoints [J]. Environmental Science & Technology, 2016, 50(1): 453-461.

[311]Li M, Tian X, Liu R, et al. Combined application of rice straw and fungus penicillium chrysogenum to remediate heavy-metal-contaminated soil[J]. Soil & sediment contamination, 2014, 23(3): 328-338.

[312]Li R, Wang J J, Zhou B, et al. Enhancing phosphate adsorption by Mg/Al layered double hydroxide functionalized biochar with different Mg/Al ratios [J]. Science of the Total Environment, 2016, 559: 121-129.

[313]Li R Y, Stroud J L, Ma J F, et al. Mitigation of arsenic accumulation in rice with water management and silicon fertilization[J]. Environmental Science & Technology, 2009, 43(10): 3778-3783.

[314] Li S, Li X, Li F. Fe (II) oxidation and nitrate reduction by a denitrifying bacterium, *Pseudomonas stutzeri* LS-2, isolated from paddy soil[J]. Journal of Soils and Sediments, 2018, 18(4): 1668-1678.

[315]Li T, Liang C, Han X, et al. Mobilization of cadmium by dissolved organic matter in the rhizosphere of hyperaccumulator Sedum alfredii[J]. Chemosphere, 2013, 91(7): 970-976.

[316]Li X, Xiao W, Liu W, et al. Recovery of alumina and ferric oxide from Bayer red mud rich in iron by reduction sintering[J]. Transactions of Nonferrous Metals Society of China, 2009, 19(5): 1342-1347.

[317]Li X, Zhang W, Liu T, et al. Changes in the composition and diversity of microbial communities during anaerobic nitrate reduction and Fe (II) oxidation at circumneutral pH in paddy soil [J]. Soil Biology and Biochemistry, 2016, 94: 70-79.

[318]Li X, Ziadi N, Bélanger G, et al. Cadmium accumulation in wheat grain as affected by mineral N fertilizer and soil characteristics [J]. Canadian Journal of Soil Science, 2011, 91 (4): 521-531.

[319]Li X M, Liu T X, Li F B, et al. Reduction of structural Fe(III) in oxyhydroxides by *Shewanella decolorationis* S12 and characterization of the surface properties of iron minerals[J]. Journal of Soils and Sediments, 2012, 12(2): 217-227.

[320]Li Y, Wang L, Yang L, et al. Dynamics of rhizosphere properties and antioxidative responses in wheat (*Triticum aestivum* L.) under cadmium stress[J]. Ecotoxicology & Environmental Safety, 2014, 102(102): 55-61.

[321]Liao X Y, Chen T B, Xie H., et al. Soil As contamination and its risk assessment in areas near the industrial districts of Chenzhou city, Southern China[J]. Environment International, 2005, 31: 791-798.

[322]Liang B, Lehmann J, Sohi S P, et al. Black carbon affects the cycling of non-black carbon in soil[J]. Organic Geochemistry, 2010, 41(2): 206-213.

[323]Liu C, Kondo T, Ni N, et al. Three-to two-dimensional transition of the electronic structure in CaFe₂As₂: A parent compound for an iron arsenic high-temperature superconductor [J]. Physical Review Letters, 2009, 102(16): 167004-167007.

[324]Liu H, Zhang J, Christie P, et al. Influence of iron plaque on uptake and accumulation of Cd by rice (*Oryza sativa* L.) seedlings grown in soil[J]. Science of the Total Environment, 2008, 394(2-3): 361-368.

[325]Liu J, Cao C, Wong M, et al. Variations between rice cultivars in iron and manganese plaque

on roots and the relation with plant cadmium uptake[J]. Journal of Environmental Science, 2010, 22(7): 1067-1072.

[326] Liu J, Liu YP, Habeebu S M, et al. Chronic combined exposure to cadmium and arsenic exacerbates nephrotoxicity, particularly in metallothionein-I/II null mice[J]. Toxicology, 2000, 147: 157-166.

[327] Liu W, McGrath S P, Zhao F. Silicon has opposite effects on the accumulation of inorganic and methylated arsenic species in rice[J]. Plant and Soil, 2014, 376(1-2): 423-431.

[328] Liu W J, Zhu Y G, Hu Y, et al. Arsenic sequestration in iron plaque, its accumulation and speciation in mature rice plants (*Oryza sativa* L.)[J]. Environmental Science & Technology, 2006, 40(18): 5730-5736.

[329] Liu W J, Zhu Y G, Smith F A. Effects of iron and manganese plaques on arsenic uptake by rice seedlings (*Oryza sativa* L.) grown in solution culture supplied with arsenate and arsenite [J]. Plant and Soil, 2005, 277: 127-138.

[330] Liu Y, Naidu R. Hidden values in bauxite residue (red mud): Recovery of metals[J]. Waste Management, 2014, 34(12): 2662-2673.

[331] Lloyd J R, Lovley D R. Microbial detoxification of metals and radionuclides[J]. Current Opinion in Biotechnology, 2001, 12(3): 248-253.

[332] Lockwood C L, Mortimer R J G, Stewart D I, et al. Mobilisation of arsenic from bauxite residue (red mud) affected soils: Effect of pH and redox conditions[J]. Applied Geochemistry, 2014, 51(3): 268-277.

[333] Loganathan P, Vigneswaran S, Kandasamy J, et al. Cadmiumsorption and desorption in soils: A review [J]. Critical Reviews in Environmental Science & Technology, 2012, 42 (5): 489-533.

[334] Lomax C, Liu W J, Wu L, et al. Methylated arsenic species in plants originate from soil microorganisms[J]. New Phytologist, 2012, 193(3): 665-672.

[335] Lombi E, Zhao F J, Zhan G, et al. In situ fixation of metals in soils using bauxite residue: chemical assessment[J]. Environmental Pollution, 2002, 118(3): 435-443.

[336] Lone A H, Najar G R, Ganie M A, et al. Biochar for sustainable soil health: a review of prospects and concerns[J]. Pedosphere, 2015, 25(5): 639-653.

[337] Lopes G, Guilherme L R G, Costa E T S, et al. Increasing arsenic sorption on red mud byphosphogypsum addition[J]. Journal of Hazardous Materials, 2013, 262(8): 1196-1203.

[338] Lorenz S E, Hamon R E, Mcgrath S P. Differences between soil solutions obtained from rhizosphere and non-rhizosphere soils by water displacement and soil centrifugation[J]. European Journal of Soil Science, 1994, 45(4): 431-438.

[339] Lovley D R, Holmes D E, Nevin K P. Dissimilatory Fe(III) and Mn(IV) reduction[J]. Advances in Microbial Physiology, 2004, 49(2): 219-286.

[340] Luo W J, Jiang C R, Li Y M, et al. Highly crystallized α-FeOOH for a stable and efficient oxygen evolution reaction[J]. Journal of Materials Chemistry A, 2017, 5: 2021-2028.

[341] Ma J F, Yamaji N, Mitani N, et al. Transporters of arsenite in rice and their role in arsenic accumulation in rice grain[J]. Proceedings of the National Academy of Sciences of the United States of America, 2008, 105(29): 9931-9935.

[342] Ma J F, Yamaji N, Tamai K, et al. Genotypic difference in silicon uptake and expression of silicon transporter genes in rice[J]. Plant Physiology, 2007, 145(3): 919-924.

[343] Mahmoud M E, Nabil G M, El-Mallah N M, et al. Kinetics, isotherm, and thermodynamic studies of the adsorption of reactive red 195 A dye from water by modified Switchgrass Biochar adsorbent[J]. Journal of Industrial and Engineering Chemistry, 2016, 37: 156-167.

[344] Mamindy-Pajany Y, Hurel C, Marmier N, et al. Arsenic adsorption onto hematite and goethite [J]. Comptes Rendus Chimie, 2009, 12(8): 876-881.

[345] Mamindy-Pajany Y, Hurel C, Marmier N, et al. Arsenic(V)adsorption from aqueous solution onto goethite, hematite, magnetite and zero-valent iron: Effects of pH, concentration and reversibility[J]. Desalination, 2011, 281: 93-99.

[346] Manju G N, Raji C I, Anirudhan T S. Evaluation of coconut husk carbon for the removal of arsenic form water[J]. Water Resource, 1998, 32(10): 3062-3070.

[347] Margoshes M, Vallee B L. A cadmium protein from equine kidney cortex[J]. Journal of the American Chemical Society, 1957, 79: 4813-4814.

[348] Marsh K B, Peterson L A. Gradients in Mn accumulation and changes in plant form for potato plants affected by Mn toxicity[J]. Plant & Soil, 1990, 121(2): 157-163.

[349] Martinez-Alcalá I, Walker D J, Bernal M P. Chemical and biological properties in the rhizosphere of Lupinus albus alter soil heavy metal fractionation [J]. Ecotoxicology Environmental Safety, 2010, 73(4): 595-602.

[350] Matsumoto S, Kasuga J, Makino T, et al. Evaluation of the effects of application of iron materials on the accumulation and speciation of arsenic in rice grain grown on uncontaminated soil with relatively high levels of arsenic[J]. Environmental & Experimental Botany, 2016, 125: 42-51.

[351] McBeth J M, Emerson D. Insitu microbial community succession on mild steel in estuarine and marine environments: Exploring the role of iron-oxidizing bacteria [J]. Frontiers in Microbiology, 2016, 7: 767.

[352] Mcbride, Murray B. Cadmium uptake by crops estimated from soil total Cd and pH[J]. Soil Science, 2002, 167(1): 62-67.

[353] Mccammon C A, Burns R G. The oxidation mechanism of vivianite as studies by Möessbauer spectroscopy[J]. American Mineralogist, 1980, 65: 361-366.

[354] Mcgrath S P, Zhao F J. Phytoextraction of metals and metalloids from contaminated soils [J]. Current Opinion in Biotechnology, 2003, 14(3): 277-282.

[355] Mei X Q, Wong M H, Yang Y, et al. The effects of radial oxygen loss on arsenic tolerance and uptake in rice and on its rhizosphere[J]. Environmental Pollution, 2012, 165: 109-117.

[356] Mei X Q, Ye Z H, Wong M H. The relationship of root porosity and radial oxygen loss on

arsenic tolerance and uptake in rice grains and straw[J]. Environmental Pollution, 2009, 157: 2550-2557.

[357] Melton E D, Stief P, Behrens S, et al. High spatial resolution of distribution and interconnections between Fe - and N - redox processes in profundal lake sediments [J]. Environmental Microbiology, 2014, 16(10): 3287-3303.

[358] Mohan D, Rajput S, Singh V K, et al. Modeling and evaluation of chromium remediation from water usinglow cost bio-char, a green adsorbent[J]. Journal of Hazardous Materials, 2011, 188(1-3): 319-333.

[359] Moreno-Jiménez E, Gamarra R, Carpena-Ruiz R O, et al. Mercury bioaccumulation and phytotoxicity in two wild plant species of Almadén area [J]. Chemosphere, 2006, 63: 1969-1973.

[360] Morin G, Ona-Nguema G, Wang Y, et al. Extended X-ray absorption fine structure analysis of arsenite and arsenate adsorption on maghemite[J]. Environmental Science & Technology, 2008, 42(7): 2361-2366.

[361] Muehe E M, Morin G, Scheer L, et al. Arsenic(V)incorporation in vivianite during microbial reduction of arsenic(V)-bearing biogenic Fe(Ⅲ)(oxyhydr) oxides[J]. Environmental Science & Technology, 2016, 50(5): 2281-2291.

[362] Muehe E M, Scheer L, Daus B, et al. Fate of arsenic during microbial reduction of biogenic versus abiogenic As-Fe(Ⅲ)-mineral coprecipitates[J]. Environmental Science & Technology, 2013, 47: 8297-8307.

[363] Murugesan G S, Sathishkumar M, Swaminathan K. Arsenic removal from groundwater by pretreated waste tea fungal biomass[J]. Bioresource Technology, 2006, 97(3): 483-487.

[364] Mühe E M, Gerhardt S, Schink B, et al. Ecophysiology and the energetic benefit of mixotrophic Fe(Ⅱ) oxidation by various strains of nitrate - reducing bacteria [J]. FEMS Microbiology Ecology, 2009, 70(3): 35-343.

[365] Nazari B, Jorjani E, Hani H, et al. Formation of jarosite and its effect on important ions for *Acidithiobacillus* ferrooxidans bacteria[J]. Transactions of Nonferrous Metals Society of China, 2014, 24(4): 1152-1160.

[366] Noriko Y, Toshiaki O, Yoshio T, et al. Arsenicdistribution and speciation near rice roots influenced by iron plaques and redox conditions of the soil matrix[J]. Environmental Science & Technology, 2014, 48(3): 1549-1556.

[367] Norra S, Berner Z A, Agarwala P, et al. Impact of irrigation with As rich groundwater on soil and crops: A geochemical case study in West Bengal Delta Plain, India [J]. Applied Geochemistry, 2005, 20(10): 1890-1906.

[368] Norton G J, Adomako E E, Deacon C M, et al. Effect of organic matter amendment, arsenic amendment and water management regime on rice grain arsenic species [J]. Environmental Pollution, 2013, 177(4): 38-47.

[369] Norton G J, Pinson S R M, Alexander J, et al. Variation in grain arsenic assessed in a diverse

panel of rice (*Oryza sativa*) grown in multiple sites [J]. New Phytologist, 2012, 193(3): 650-664.

[370] Nurmi J T, Tratnyek P G. Electrochemical properties of natural organic matter (NOM), fractions of NOM, and model biogeochemical electron shuttles [J]. Environmental Science & Technology, 2002, 36(4): 617-624.

[371] Okibe N, Koga M, Sasaki K, et al. Simultaneous oxidation and immobilization of arsenite from refinery waste water by thermoacidophilic iron – oxidizing archaeon, *Acidianus brierleyi* [J]. Minerals Engineering, 2013, 48(7): 126-134.

[372] O'loughlin E J, Gorski C A, Scherer M M, et al. Effects of oxyanions, natural organic matter, and bacterial cell numbers on the bioreduction of lepidocrocite (γ – FeOOH) and the formation of secondary mineralization products [J]. Environmental Science & Technology, 2010, 44(12): 4570-4576.

[373] Onu P U, Quan X, Xu L, et al. Evaluation of sustainable acid rain control options utilizing a fuzzy TOPSIS multi – criteria decision analysis model frame work [J]. Journal of Cleaner Production, 2017, 141: 612-625.

[374] Oremland R, Stolz J. The ecology of arsenic [J]. Science, 2003, 300: 939-944.

[375] Ottakam Thotiyl M M, Basit H, Sánchez J A, et al. Multilayer assemblies of polyelectrolyte – gold nanoparticles for the electrocatalytic oxidation and detection of arsenic(Ⅲ) [J]. Journal of Colloid and Interface Science, 2012, 383(1): 130-139.

[376] Otte M L, Dekkers I M J, Rozema J, et al. Uptake of arsenic by Aster tripolium in relation to rhizosphere oxidation [J]. Canadian Journal of Botany, 1991, 69(12): 2670-2677.

[377] Otte M L, Rozema J, Koster L, et al. Iron plaque on roots of aster tripolium L.: Interaction with zinc uptake [J]. New Phytologist, 1989, 111(2): 309-317.

[378] Pan W, Wu C, Xue S, et al. Arsenic dynamics in the rhizosphere and its sequestration on rice roots as affected by root oxidation [J]. Journal of Environmental Sciences, 2014, 26(4): 892-899.

[379] Papadakis I E, Giannakoula A, Therios I N, et al. Mn – induced changes in leaf structure and chloroplast ultrastructure of *Citrus volkameriana* (L.) plants [J]. Journal of Plant Physiology, 2007, 164(1): 100-103.

[380] Park J H, Bolan N S, Chung J W, et al. Environmental monitoring of the role of phosphate compounds in enhancing immobilization and reducing bioavailability of lead in contaminated soils [J]. Journal of Environmental Monitoring, 2011, 13(8): 2234-2242.

[381] Park J H, Choppala G K, Bolan N S, et al. Biochar reduces the bioavailability and phytotoxicity of heavy metals [J]. Plant & Soil, 2011, 348(1-2): 439-451.

[382] Park J H, Han Y, Ahn J S. Comparison of arsenic co – precipitation and adsorption by iron minerals and the mechanism of arsenic natural attenuation in a mine stream [J]. Water Research, 2016, 106: 295-303.

[383] Paul, Cynthia J, Ford, et al. Assessing the selectivity of extractant solutions for recovering

labile arsenic associated with iron (hydr) oxides and sulfides in sediments [J]. Geoderma, 2009, 152(1): 137-144.

[384]Peak D, Regier T. Direct observation of tetrahedrally coordinated Fe(Ⅲ) in ferrihydrite[J]. Environmental Science & Technology, 2012, 46(6): 3163-3168.

[385]Peng H Y, Hu Y, Si Y B, et al. Spatial distributions and sources of heavy metal pollution in soils around recycled lead industrial park[J]. Soil, 2014(46): 869-874(in Chinese).

[386]Perfetti E, Pokrovski G S, Ballerat-Busserolles K, et al. Densities and heat capacities of aqueous arsenious and arsenic acid solutions to 350℃ and 300 bar, and revised thermodynamic properties of, and iron sulfarsenide minerals[J]. Geochimica et Cosmochimica Acta, 2008, 72(3): 713-731.

[387]Pi N, Tam N F Y, Wu Y, et al. Root anatomy and spatial pattern of radial oxygen loss of eight true mangrove species[J]. Aquatic Botany, 2009, 90(3): 222-230.

[388]Piepenbrock A, Schröder C, Kappler A. Electron transfer from humic substances to biogenic and abiogenic Fe(Ⅲ) oxyhydroxide minerals[J]. Environmental Science & Technology, 2014, 48(3): 1656-1664.

[389]Pokhrel D, Viraraghavan T. Arsenic removal from an aqueous solution by a modified fungal biomass[J]. Water Research, 2006, 40(3): 549-552.

[390]Pokhrel D, Viraraghavan T. Organic arsenic removal from an aqueous solution by iron oxide-coated fungal biomass: An analysis of factors influencing adsorption [J]. Chemical Engineering Journal, 2008, 140(1): 165-172.

[391]Ponthieu M, Juillot F, Hiemstra T, et al. Metal ion binding to iron oxides[J]. Geochimica et Cosmochimica Acta, 2006, 70(11): 2679-2698.

[392]Postma D. Formation of siderite and vivianite and the pore-water composition of arecent bog sediment in Denmark[J]. Chemical Geology, 1981, 31: 225-244.

[393]Pratt A R. Vivianite auto-oxidation [J]. Physics and Chemistry of Minerals, 1997, 25: 24-27.

[394]Punshon T, Adriano D C, Weber J T. Effect of flue gas desulfurization residue on plant establishment and soil and leachate quality[J]. Journal of Environmental Quality, 2001, 30 (30): 1071-1080.

[395]Qiao J T, Li X M, Hu M, et al. Transcriptional activity of arsenic-reducing bacteria and genes regulated by lactate and biochar during arsenic transformation in flooded paddy soil [J]. Environmental Science & Technology, 2017, 52(1): 61-70.

[396]Qiao J T, Li X M, Li F B. Roles of different active metal-reducing bacteria in arsenic release from arsenic-contaminated paddy soil amended with biochar [J]. Journal of Hazardous Materials, 2017, 344: 958-967.

[397]Qiao Y, Wu J, Xu Y, et al. Remediation of cadmium in soil by biochar-supported iron phosphate nanoparticles[J]. Ecological Engineering, 2017, 106: 515-522.

[398]Qin J H, Li H S, Lin C X. Fenton process-affected transformation of roxarsone in paddy rice

soils: Effects on plant growth and arsenic accumulation in rice grain[J]. Ecotoxicology and Environmental Safety, 2016, 130: 4-10.

[399] Qin J H, Li Y J, Feng M L, et al. Fenton reagent reduces the level of arsenic in paddy rice grain[J]. Geoderma, 2017, 307: 73-80.

[400] Ram L C, Masto R E. Fly ash for soil amelioration: A review on the influence of ash blending with inorganic and organic amendments[J]. Earth-Science Reviews, 2014, 128: 52-74.

[401] Ratering S, Schnell S. Nitrate - dependent iron (II) oxidation in paddy soil [J]. Environmental Microbiology, 2001, 3(2): 100-109.

[402] Redman A D, Macalady D L, Ahmann D. Natural organic matter affects arsenic speciation and sorption onto hematite[J]. Environmental Science & Technology, 2002, 36(13): 2889-2896.

[403] Reguera G, Mccarthy K D, Mehta T, et al. Extracellular electron transfer via microbial nanowires[J]. Nature, 2005, 435(7045): 1098-1101.

[404] Roberts L C, Hug S J, Ruettimann T, et al. Arsenic removal with iron (II) and iron (III) in waters with high silicate and phosphate concentrations [J]. Environmental Science & Technology, 2004, 38(1): 307-315.

[405] Roden E E, Kappler A, Bauer I, et al. Extracellular electron transfer through microbial reduction of solid-phase humic substances[J]. Nature Geoscience, 2010, 3(6): 417-421.

[406] Saalfield S L, Bostick B C. Changes in iron, sulfur, and arsenic speciation associated with bacterial sulfate reduction in ferrihydrite - rich systems [J]. Environmental Science & Technology, 2009, 43(23): 8787-8793.

[407] Samal S, Ray A K, Bandopadhyay A. Proposal for resources, utilization and processes of red mud in India - A review[J]. International Journal of Mineral Processing, 2013, 118: 43-55.

[408] Samsuri A W, Sadegh-Zadeh F, Seh-Bardan B J. Adsorption of As(III) and As(V) by Fe coated biochars and biochars produced from empty fruit bunch and rice husk[J]. Journal of Environmental Chemical Engineering, 2013, 1(4): 981-988.

[409] Sarkar A, Kazy S K, Sar P. Studies on arsenic transforming groundwater bacteria and their role in arsenic release from subsurface sediment[J]. Environmental Science and Pollution Research, 2014, 21(14): 8645-8662.

[410] Schilder R J, Hall L, Monks A, et al. Metallothionein gene expression and resistance to cisplatin in human ovarian cancer [J]. International Journal of Cancer, 1990, 45 (3): 416-422.

[411] Senn D B, Hemond H F. Nitrate controls on iron and arsenic in an Urban Lake[J]. Science, 2002, 296(5577): 2373-2376.

[412] Seyfferth A L, Fendorf S. Silicate mineral impacts on the uptake and storage of arsenic and plant nutrients in rice (*Oryza sativa* L.) [J]. Environmental Science & Technology, 2012, 46(24): 13176-13183.

[413] Seyfferth A L, McCurdy S, Schaefer M V, et al. Arsenic concentrations in paddy soil and rice

and health implications for major rice-growing regions of cambodia[J]. Environmental Science & Technology, 2014, 48(9): 4699-4706.

[414]Seyfferth A L, Webb S M, Andrews J C, et al. Defining the distribution of arsenic species and plant nutrients in rice(*Oryza sativa* L.)from the root to the grain[J]. Geochim et Cosmochim Acta, 2011, 75(21): 6655-6671.

[415]Shi J, Li L, Pan G. Variation of grain Cd and Zn concentrations of 110 hybrid rice cultivars grown in a low – Cd paddy soil [J]. Journal of Environmental Sciences, 2009, 21 (2): 168-172.

[416]Shi W, Shao H, Li H, et al. Progress in the remediation of hazardous heavy metal-polluted soils by natural zeolite[J]. Journal of Hazardous Materials, 2009, 170(1): 1-6.

[417]Sigdel A, Park J, Kwak H, et al. Arsenic removal from aqueous solutions by adsorption onto hydrous iron oxide – impregnated alginate beads [J]. Journal of Industrial and Engineering Chemistry, 2016, 35: 277-286.

[418]Smebye A, Alling V, D Vogt R, et al. Biochar amendment to soil changes dissolved organic matter content and composition[J]. Chemosphere, 2016, 142: 100-105.

[419]Snars K E, Gilkes R J, Wong M T F. The liming effect of bauxite processing residue (red mud)on sandy soils[J]. Soil Research, 2004, 42(3): 321-328.

[420]Sø H U, Postma D, Jakobsen R, et al. Competitive adsorption of arsenate and phosphate onto calcite: Experimental results and modeling with CCM and CD-MUSIC[J]. Geochimica et Cosmochimica Acta, 2012, 93: 1-13.

[421]Soda S, Kanzaki M, Yamamuara S, et al. Slurry bioreactor modeling using a dissimilatory arsenate – reducing bacterium for remediation of arsenic – contaminated soil [J]. Journal of Bioscience & Bioengineering, 2009, 107(2): 130-137.

[422]Somenahally A C, Hollister E B, Loeppert R H, et al. Microbial communities in rice rhizosphere altered by intermittent and continuous flooding in fields with long – term arsenic application[J]. Soil Biology and Biochemistry, 2011, 43(6): 1220-1228.

[423]Somenahally A C, Hollister E B, Yan W, et al. Water management impacts on arsenic speciation and iron – reducing bacteria in contrasting rice – rhizosphere compartments [J]. Environmental Science & Technology, 2011, 45(19): 8328-8335.

[424]Song W Y, Yamaki T, Yamaji N, et al. A rice ABC transporter, OsABCC1, reduces arsenic accumulation in the grain [J]. Proceedings of the National Academy of Sciences, 2014, 111(44): 15699-15704.

[425]Stachowicz M, Hiemstra T, Van Riemsdijk W H. Surface speciation of As(Ⅲ)and As(Ⅴ)in relation to charge distribution [J]. Journal of Colloid and Interface Science, 2006, 302 (1): 62-75.

[426]Stachowicz M, Hiemstra T, Van Riemsdijk W H. Multi-competitive interaction of As(Ⅲ)and As(Ⅴ)oxyanions with Ca^{2+}, Mg^{2+}, PO_4^{3-}, and CO_3^{2-}ions on goethite[J]. Journal of Colloid and Interface Science, 2008, 320(2): 400-414.

［427］Stephen J R, Chang Y J, Macnaughton S J, et al. Effect of toxic metals on indigenous soil β-subgroup proteobacterium ammonia oxidizer community structure and protection against toxicity by inoculated metal-resistant bacteria［J］. Applied Environmental Microbiology, 1999, 65(1): 95-101.

［428］Stevens J G, Khasanov A M, Mabe D R. Mössbauer and X-Ray diffraction investigations of a series of b-doped ferrihydrites［J］. Hyperfine Interactions, 2005, 161(1-4): 83-92.

［429］Straub K L, Benz M, Schink B, et al. Anaerobic, nitrate-dependent microbial oxidation of ferrous oron［J］. Applied and Environmental Microbiology, 1996, 62(4): 1458-1460.

［430］Stroud J L, Norton G J, Islam M R, et al. The dynamics of arsenic in four paddy fields in the Bengal delta［J］. Environmental Pollution, 2011, 159(4): 947-953.

［431］Su H J, Fang Z Q, Tsang P E. Stabilisation of nanoscale zero-valent iron with biochar for enhanced transport and in-situ remediation of hexavalent chromium in soil［J］. Environmental Pollution, 2016, 214: 94-100.

［432］Sun C S, Cai X D, Zhang R Z, et al. GIS-based spatialvariability and pollution evaluation studies of heavy metal in arable layer of Baiyin district［J］. Arid Land Geography, 2014, 37: 750-758. (in Chinese).

［433］Sun L, Chen D, Wan S, et al. Performance, kinetics, and equilibrium of methylene blue adsorption on biochar derived from eucalyptus saw dust modified with citric, tartaric, and acetic acids［J］. Bioresource Technology, 2015, 198: 300-308.

［434］Sun Y, Li J, Huang T, et al. The influences of iron characteristics, operatingconditions and solution chemistry on contaminants removal by zero-valent iron: A review［J］. Water Research, 2016, 100: 277-295.

［435］Syu C H, Jiang P Y, Huang H H, et al. Arsenic sequestration in iron plaque and its effect on As uptake by rice plants grown in paddy soils with high contents of As, iron oxides, and organic matter［J］. Soil Science & Plant Nutrtion, 2013, 59(3): 463-471.

［436］Takahashi Y, Minamikawa R, Hattori K H, et al. Arsenic behavior in paddy fields during the cycle of flooded and non-flooded periods［J］. Environmental Science & Technology, 2004, 38(4): 1038-1044.

［437］Tan G, Xiao D. Adsorption of cadmium ion from aqueous solution by ground wheat stems ［J］. Journal of Hazardous Materials, 2009, 164(2-3): 1359-1363.

［438］Tan Z, Wang Y, Kasiuliené A, et al. Cadmium removal potential by rice straw-derived magnetic biochar［J］. Clean Technologies and Environmental Policy, 2017, 19(3): 761-774.

［439］Tang L, Yu J F, Pang Y, et al. Sustainable efficient adsorbent: Alkali-acid modified magnetic biochar derived from sewage sludge for aqueous organic contaminant removal［J］. Chemical Engineering Journal, 2018, 336: 160-169.

［440］Tao S, Chen Y J, Xu F L, et al. Changes of copper speciation in maize rhizosphere soil ［J］. Environmental Pollution, 2003, 122(3): 447-454.

［441］Taty-Costodes V C, Fauduet H, Porte C, et al. Removal of Cd(II) and Pb(II) ions, from aqueous solutions, by adsorption onto sawdust of Pinus sylvestris [J]. Journal of Hazardous Materials, 2003, 105(1-3): 121-142.

[442] Taylor G J, Crowder, Rodden R. Formation and morphology of an iron plaque on the roots of *Typha latifolia* L. grown in solution culture[J]. American Journal of Botany, 1984, 71(5): 666-675.

[443] Taylor Gregory J, Crowder A A. Uptake and accumulation of heavy metals by *Typha latifolia* in wetlands of the Sudbury, Ontario region [J]. Canadian Journal of Botany, 1983, 61(1): 63-73.

[444] Tejada M, Gonzalez J L. Influence of two organic amendments on the soil physical properties, soil losses, sediments and runoff water quality[J]. Geoderma, 2008, 145(3-4): 325-334.

[445] Tessier A, Campbell P G C, Bisson M. Sequential extraction procedure for the speciation of particulate trace metals[J]. Analytical Chemistry, 1979, 51(7): 844-851.

[446] Thomas B, Ruben K, Andreas K, et al. Biogeochemical redoxprocesses and their impact on contaminant dynamics[J]. Environmental Science & Technology, 2010, 44(1): 15-23.

[447] Thomasarrigo L K, Mikutta C, Lohmayer R, et al. Sulfidization of organic freshwater flocs from a minerotrophic peatland: Speciation changes of iron, sulfur, and arsenic[J]. Environmental Science & Technology, 2016, 50(7): 3607-3616.

[448] Tiberg C, Kumpiene J, Gustafsson J P, et al. Immobilization of Cu and As in two contaminated soils with zero-valent iron long-term performance and mechanisms[J]. Applied Geochemistry, 2016, 67: 144-152.

[449] Tipping E, Woof C, Rigg E, et al. Climatic influences on the leaching of dissolved organic matter from upland UK moorland soils, investigated by a field manipulation experiment [J]. Environment International, 1999, 25(1): 83-95.

[450] Tyrovola K, Nikolaidis N P. Arsenic mobility and stabilization in topsoils[J]. Water Research, 2009, 43(6): 1589-1596.

[451] Uchimiya M, Chang S, Klasson K T. Screening biochars for heavy metal retention in soil: Role of oxygen functional groups[J]. Journal of Hazardous Materials, 2011, 190(1-3): 432-441.

[452] Ueno D, Koyama E, Yamaji N, et al. Physiological, genetic, and molecular characterization of a high-Cd-accumulating rice cultivar, JARJAN[J]. Journal of Experimental Botany, 2011, 62(7): 2265-2272.

[453] Ultra V U J, Nakayama A, Tanaka S, et al. Potential for the alleviation of arsenic toxicity in paddy rice using amorphous iron-(hydr)oxide amendments[J]. Soil Science & Plant Nutrition, 2010, 55(1): 160-169.

[454] Uraguchi S, Fujiwara, T. Cadmium transport and tolerance in rice: perspectives for reducing grain cadmium accumulation[J]. Rice (New York, N. Y.), 2012, 5(1): 1-8.

[455] Van der Zee F P, Cervantes F J. Impact and application of electron shuttles on the redox (bio)transformation of contaminants: A review[J]. Biotechnology Advances, 2009, 27(3): 256-277.

[456] Venema P, Hiemstra T, Weidler P G, et al. Intrinsic proton affinity of reactive surface groups of metal (hydr)oxides: Application to iron (hydr)oxides[J]. Journal of Colloid and Interface Science, 1998, 198(2): 282-295.

[457] Wah C, Chow K L. Synergistic toxicity of multiple heavy metals is revealed by a biological assay using a nematode and its transgenic derivative[J]. Aquatic Toxicology, 2002, 61: 53-64.

[458] Wang C, Liu D, Bai E. Decreasing soil microbial diversity is associated with decreasing microbial biomass under nitrogen addition[J]. Soil Biology and Biochemistry, 2018, 120: 126-133.

[459] Wang J, Wu M Y, Lu G, et al. Biotransformation and biomethylation of arsenic by Shewanella oneidensis MR-1[J]. Chemosphere, 2016, 145: 329-335.

[460] Wang N, Xue X M, L Juhasz A, et al. Biochar increases arsenic release from an anaerobic paddy soil due to enhanced microbial reduction of iron and arsenic[J]. Environmental Pollution, 2017, 220: 514-522.

[461] Wang S, Ang H M, Tadé M O. Novel applications of red mud as coagulant, adsorbent and catalyst for environmentally benign processes[J]. Chemosphere, 2008, 72(11): 1621-1635.

[462] Wang S, Gao B, Zimmerman A R, et al. Removal of arsenic by magnetic biochar prepared from pinewood and natural hematite[J]. Bioresource Technology, 2015, 175: 391-395.

[463] Wang X, Peng B, Tan C, et al. Recent advances in arsenic bioavailability, transport, and speciation in rice[J]. Environmental Science and Pollution Research, 2015, 22(8): 5742-5750.

[464] Wang X, Song D, Liang G, et al. Maize biochar addition rate influences soil enzyme activity and microbial community composition in afluvo-aquic soil[J]. Applied Soil Ecology, 2015, 96: 265-272.

[465] Wang Y, Morin G, Ona-Nguema G, et al. Arsenic(Ⅲ) and arsenic(Ⅴ) speciation during transformation of lepidocrocite to magnetite[J]. Environmental Science & Technology, 2014, 48(24): 14282-14290.

[466] Wang Z, Yang Y, Cui J, et al. Effects of exogenous silicon and organic matter on arsenic species in As-contaminatedpaddy soil solution during flooded period[J]. Journal of Soil and Water Conservation, 2013, 27(2): 183-188.

[467] Wang ZZ, Li R, Cui L L, et al. Characterization and acid-mobilization study for typical iron-bearing clay mineral[J]. Journal of Environmental Sciences, 2018, 71: 222-232.

[468] Weber K A, Pollock J, Cole K A, et al. Anaerobicnitrate-dependent iron(Ⅱ) bio-oxidation by a novel lithoautotrophic betaproteobacterium, strain 2002[J]. Applied and Environmental Microbiology, 2006, 72(1): 686-694.

[469] Wei Z, Liang K, Wu Y, et al. The effect of pH on the adsorption ofarsenic(Ⅲ) and arsenic(Ⅴ) at the TiO₂ anatase[101] surface[J]. Journal of Colloid and Interface Science, 2016, 462: 252-259.

[470] Wei Z, Somasundaran P. Cyclic voltammetric study of arsenic reduction and oxidation in

hydrochloric acid using a Pt RDE[J]. Journal of Applied Electrochemistry, 2004, 34(2): 241-244.

[471]Welch S A, Christy A G, Kirste D, et al. Jarosite dissolution I-Trace cation flux in acid sulfate soils[J]. Chemical Geology, 2007, 245(3-4): 183-197.

[472]Weng L P, Van Riemsdijk W H, Koopal L K, et al. Adsorption of humic substances on goethite: Comparison between humic acids and fulvic acids[J]. Environmental Science & Technology, 2006, 40: 7494-7500.

[473]Wenzel W W, Kirchbaumer N, Prohaska T, et al. Arsenic fractionation in soils using an improved sequential extraction procedure[J]. Analytica Chimica Acta, 2001, 436(2): 309-323.

[474]WHO. Maximum level of inorganic arsenic in huskedrice[EB/OL]. Available at: (http://www.who.int/foodsafety/areas-work/food-standard/CAC/en/), 2016.

[475]Wilfert P, Dugulan A I, Goubitz K, et al. Vivianite as the main phosphate mineral in digested sewage sludge and its role for phosphate recovery[J]. Water Research, 2018, 144: 312-321.

[476]Witte K M, Wanty R B, Ridley W I. Engelmann spruce (Picea engelmannii) as a biological monitor of changes in soil metal loading related to past mining activity[J]. Applied Geochemistry, 2004, 19: 1367-1376.

[477]Wong S C, Li X D, Zhang G, et al. Heavy metals in agricultural soils of Pearl River Delta, South China[J]. Environmental Pollution, 2002, 119: 33-44.

[478]Wu C, Cui M Q, Xue S G, et al. Remediation of arsenic-contaminated paddy soil by iron-modified biochar[J]. Environmental Science and Pollution Research, 2018, 25(21): 20792-20801.

[479]Wu C, Huang L, Xue S, et al. Effect of arsenic on the spatial pattern of radial oxygen loss (ROL) and iron plaque formation in rice[J]. Transactions of Nonferrous Metals Society of China, 2017, 27: 413-419.

[480]Wu C, Huang L, Xue S G, et al. Oxic and anoxic conditions affect arsenic(As) accumulation and arsenite transporter expression in rice[J]. Chemosphere, 2017, 168: 969-975.

[481]Wu C, Li H, Ye Z H, et al. Effects of As levels on radial oxygen loss and As speciation in rice[J]. Environmental Science and Pollution Research, 2013, 20(12): 8334-8341.

[482]Wu C, Wang Q L, Xue S G, et al. Do aeration conditions affect arsenic and phosphate accumulation and phosphate transporter expression in rice (Oryza sativa L.)? [J]. Environmental Science and Pollution Research, 2016, 25(1): 43-51.

[483]Wu C, Ye Z, Li H, et al. Do radial oxygen loss and external aeration affect iron plaque formation and arsenic accumulation and speciation inrice? [J]. Journal of Experimental Botany, 2012, 63(8): 2961-2970.

[484]Wu C, Ye Z, Shu W, et al. Arsenic accumulation and speciation in rice are affected by root aeration and variation of genotypes[J]. Journal of Experimental Botany, 2011, 62(8): 2889-2898.

[485] Wu C, Zou Q, Xue S G, et al. Effects of silicon (Si) on arsenic (As) accumulation and speciation in rice (*Oryza sativa* L.) genotypes with different radial oxygen loss (ROL) [J]. Chemosphere, 2015, 138(5): 447-453.

[486] Wu C, Zou Q, Xue S G, et al. Effect of silicate on arsenic fractionation in soils and its accumulation in rice plants[J]. Chemosphere, 2016, 165: 478-486.

[487] Wu C, Zou Q, Xue S G, et al. The effect of silicon on iron plaque formation and arsenic accumulation in rice genotypes with different radial oxygen loss (ROL) [J]. Environmental Pollution, 2016, 212(5): 27-33.

[488] Wu S, Fang G D, Wang D J, et al. Fate of As(Ⅲ) and As(Ⅴ) during microbial reduction of arsenic-bearing ferrihydrite facilitated by activated carbon[J]. ACS Earth and Space Chemistry, 2018, 2(9): 878-887.

[489] Xu N, Tan G, Wang H, et al. Effect of biochar additions to soil on nitrogen leaching, microbial biomass and bacterial community structure[J]. European Journal of Soil Biology, 2016, 74: 1-8.

[490] Xu X Y, Mcgrath S P, Meharg A A, et al. Growing rice aerobically markedly decreases arsenic accumulation[J]. Environmental Science & Technology, 2008, 42(15): 5574-5579.

[491] Xu Y, Fang Z, Tsang E P. In situ immobilization of cadmium in soil by stabilized biochar-supported iron phosphate nanoparticles[J]. Environmental Science & Pollution Research, 2016, 23(19): 1-9.

[492] Xue S, Jiang X, Wu C, et al. Microbial driven iron reduction affects arsenic transformation and transportation in soil-rice system[J]. Environmental Pollution, 2020, 260: 114010.

[493] Xue S G, Kong X F, Zhu F, et al. Proposal for management and alkalinity transformation of bauxite residue in China[J]. Environmental Science and Pollution Research, 2016, 23(13): 12822-12834.

[494] Xue S G, Shi L Z, Wu C, et al. Cadmium, lead, and arsenic contamination in paddy soils of a mining area and their exposure effects on human HEPG2 and keratinocyte cell-lines[J]. Environmental Research, 2017, 156: 23-30.

[495] Yamaguchi N, Ohkura T, Takahashi Y, et al. Arsenic distribution and speciation near rice roots influenced by iron plaques and redox conditions of the soil matrix[J]. Environmental Science & Technology, 2014, 48(3): 1549-1556.

[496] Yamaguchi N, Nakamura T, Dong D, et al. Arsenic release from flooded paddy soils is influenced by speciation, Eh, pH, and iron dissolution[J]. Chemosphere, 2011, 83(7): 925-932.

[497] Yan B, Methé B A, Lovley D R, et al. Computational prediction of conserved operons and phylogenetic footprinting of transcription regulatory elements in the metal-reducing bacterial family Geobacteraceae[J]. Journal of Theoretical Biology, 2004, 230(1): 133-144.

[498] Yan X L, Lin L Y, Liao X Y, et al. Arsenic stabilization by zero-valent iron, bauxite residue, and zeolite at a contaminated site planting Panaxnotoginseng[J]. Chemosphere, 2013, 93(4): 661-667.

[499] Yang C, Li S, Liu R, et al. Effect of reductive dissolution of iron (hydr) oxides on arsenic behavior in a water – sediment system: First release, then adsorption [J]. Ecological Engineering, 2015, 83: 176-183.

[500] Yang L. Simultaneous removal of fluoride and arsenic from aqueous solution using activated red mud[J]. Separation Science and Technology, 2014, 49(15): 2412-2425.

[501] Yang Z H, Liu L, Chai L Y, et al. Arsenic immobilization in the contaminated soil using poorly crystalline Fe – oxyhydroxy sulfate[J]. Environmental Science and Pollution Research, 2015, 22: 12624-12632.

[502] Yao Y, Gao B, Fang J, et al. Characterization and environmental applications of clay – biochar composites[J]. Chemical Engineering Journal, 2014, 242: 136-143.

[503] Yao Yu, Y W A Y. Effects of the addition and aging of humic acid-based amendments on the solubility of Cd in soil solution and its accumulation in rice[J]. Chemosphere, 2018, 196: 303-310.

[504] Ye J, Rensing C, Rosen B P, et al. Arsenic biomethylation by photosynthetic organisms [J]. Trends in Plant Science, 2012, 17(3): 155-162.

[505] Ye W L, Khan M A, McGrath S P, et al. Phytoremediation of arsenic contaminated paddy soils with (*Pteris vittata*) markedly reduces arsenic uptake by rice[J]. Environmental Pollution, 2011, 159(12): 3739-3743.

[506] Yin D, Wang X, Chen C, et al. Varying effect of biochar on Cd, Pb and As mobility in a multi-metal contaminated paddy soil[J]. Chemosphere, 2016, 152: 196-206.

[507] Yin D, Wang X, Peng B, et al. Effect of biochar and Fe-biochar on Cd and As mobility and transfer in soil-rice system[J]. Chemosphere, 2017, 186: 928-937.

[508] Ying S C, Kocar B D, Griffis S D, et al. Competitive microbially and Mn oxide mediated redox processes controlling arsenic speciation and partitioning [J]. Environmental Science & Technology, 2011, 45(13): 5572-5579.

[509] Young I W R, Naguit C, Halwas S J, et al. Natural revegetation of a boreal gold mine tailings pond[J]. Restoration Ecology, 2013, 21(4): 498-505.

[510] Yu J F, Tang L, Pang Y, et al. Magnetic nitrogen-doped sludge-derived biochar catalysts for persulfate activation: Internal electron transfer mechanism[J]. Chemical Engineering Journal, 2019, 364: 146-159.

[511] Zecchin S, Corsini A, Martin M, et al. Rhizospheric iron and arsenic bacteria affected by water regime: Implications for metalloid uptake by rice[J]. Soil Biology & Biochemistry, 2017, 106: 129-137.

[512] Zeng F, Chen S, Miao Y, et al. Changes of organic acid exudation and rhizosphere pH in rice plants under chromium stress[J]. Environmental Pollution, 2008, 155(2): 284-289.

[513] Zeng F, Mao Y, Cheng W, et al. Genotypic and environmental variation in chromium, cadmium and lead concentrations in rice[J]. Environmental Pollution, 2008, 153(2): 309-314.

[514] Zeng F R, Chen S, Miao Y, et al. Changes of organic acid exudation and rhizosphere pH in rice

plants under chromium stress[J]. Environmental Pollution, 2008, 155(2): 284-289.

[515]Zhai W, Wong M T, Luo F, et al. Arsenic methylation and its relationship to abundance and diversity of arsm genes in composting manure[J]. Scientific Reports, 2017, 7: 42198-42208.

[516] Zhang D, Zhao W, Zhang G. Soil moisture and salt ionic composition effects on species Distribution and diversity in semiarid inland saline habitats, northwestern China[J]. Ecological research, 2018, 33(2): 505-515.

[517] Zhang F G, Lei G P. Study on spatial variability of soil mercury of Zhaoyuan County in Heilongjiang Province[J]. Research of Soil and Water Conservation, 2013, 20: 273-276.

[518]Zhang G, Liu F, Liu H, et al. Respective role of Fe and Mn oxide contents for arsenic sorption in iron and manganese binary oxide: an X-ray absorption spectroscopy investigation [J]. Environmental Science & Technology, 2014, 48(17): 10316-10322.

[519] Zhang H, Luo Y, Makino T, et al. The heavy metal partition in size-fractions of the fine particles in agricultural soils contaminated by waste water and smelter dust [J]. Journal of Hazardous Materials, 2013, 248-249: 303-312.

[520] Zhang M, Gao B. Removal of arsenic, methylene blue, and phosphate by biochar/ AlOOH nanocomposite[J]. Chemical Engineering Journal, 2013, 226: 286-292.

[521] Zhang P J, LI L Q, Pan G X, et al. Influence of long-term fertilizer management on topsoil microbial biomass and genetic diversity of a paddy soil from the Tai Lake region, China [J]. Acta Ecologica Sinica, 2004, 24(12): 2818-2824.

[522]Zhang R, Li Z, Liu X, et al. Immobilization and bioavailability of heavy metals in greenhouse soils amended with rice straw-derived biochar [J]. Ecological Engineering, 2017, 98: 183-188.

[523]Zhang S Y, Su J Q, Sun G X, et al. Land scale biogeography of arsenic biotransformation genes in estuarine wetland[J]. Environmental Microbiology, 2017, 19(6): 2468-2482.

[524]Zhang S Y, Zhao F J, Sun G X, et al. Diversity and abundance of arsenic biotransformation genes in paddy soils from Southern China[J]. Environmental Science & Technology, 2015, 49(7): 4138-4146.

[525]Zhang Z N, Yin N Y, Du H L, et al. The fate of arsenic adsorbed on iron oxides in the presence ofarsenite-oxidizing bacteria[J]. Chemosphere, 2016, 151: 108-115.

[526]Zhao F J, Harris E, Yan J, et al. Arsenic methylation in soils and its relationship with microbial arsM abundance and diversity, and As speciation in rice [J]. Environmental Science & Technology, 2013, 47(13): 7147-7154.

[527]Zhao F J, Ma Y, Zhu Y G, et al. Soil contamination in China: Current status and mitigation strategies[J]. Environmental Science & Technology, 2015, 49(2): 750-759.

[528]Zhao F J, Mcgrath S P, Meharg A A. Arsenic as a food chain contaminant: Mechanisms of plant uptake and metabolism and mitigation strategies [J]. Annual Review of Plant Biology, 2010, 61(1): 535-559.

[529]Zhao F J, Zhu Y G, Meharg A A. Methylated arsenic species in rice: Geographical variation,

origin, and uptake mechanisms [J]. Environmental Science & Technology, 2013, 47(9): 3957-3966.

[530] Zhao L, Dong H, Kukkadapu R, et al. Biological oxidation of Fe (Ⅱ) in reduced nontronite coupled with nitrate reduction by *Pseudogulbenkiania* sp. Strain 2002[J]. Geochimica et Cosmochimica Acta, 2013, 119: 231-247.

[531] Zheng N, Wang Q, Zheng D. Health risk of Hg, Pb, Cd, Zn, and Cu to the inhabitants around Huludao Zinc plant in China via consumption of vegetables [J]. Science of the Total Environmental, 2007, 383: 81-89.

[532] Zhong W H, Cai Z C. Long-term effects of inorganic fertilizers on microbial biomass and community functional diversity in a paddy soil derived from quaternary red clay[J]. Applied Soil Ecology, 2007, 36(2-3): 84-91.

[533] Zhou H, Zeng M, Zhou X, et al. Heavy metal translocation and accumulation in iron plaques and plant tissues for 32 hybrid rice (*Oryza sativa* L.) cultivars [J]. Plant and Soil, 2015, 386(1/2): 317-329.

[534] Zhou G W, Yang X R, Li H, et al. Electron shuttles enhance anaerobic ammonium oxidation coupled to iron (Ⅲ) reduction[J]. Environmental Science & Technology, 2016, 50 (17): 9298-9307.

[535] Zhu F, Li Y W, Xue S, et al. Effects of iron-aluminium oxides and organic carbon on aggregate stability of bauxite residues[J]. Environmental Science and Pollution Research, 2016, 23(9): 9073-9081.

[536] Zhu F, Xue S, Hartley W, et al. Novel predictors of soil genesis following natural weathering processes of bauxite residues [J]. Environmental Science and Pollution Research, 2015, 23(3): 1-8.

[537] Zhu J, Zhang H, Ma L, et al. Diversity of themicrobial community in rice paddy soil with biogas slurry irrigation analyzed by illumina sequencing technology[J]. Environmental Science, 2018, 39(5): 2400-2411.

[538] Zhu X F, Zheng C, Hu Y T, et al. Cadmium-induced oxalate secretion from root apex is associated with cadmium exclusion and resistance inlycopersicon esulentum[J]. Plant Cell & Environment, 2011, 34(7): 1055-1064.

[539] Zhu Y G, Yoshinaga M, Zhao F J, et al. Earth abides arsenicbiotrans-formations[J]. Annual review earth planetary sciences, 2014, 42(1): 443-467.

[540] Zou Q, An W, Wu C, et al. Red mud-modified biochar reduces soil arsenic availability and changes bacterial composition[J]. Environmental Chemistry Letters, 2018, 16: 615-622.